知识管理与智能服务研究前沿丛书

教育部人文社科重点研究基地重大项目研究最终成果

大数据资源规划理论与统筹发展研究

Research on Big Data Resources Planning Theory and Overall Development

周耀林　常大伟　著

WUHAN UNIVERSITY PRESS
武汉大学出版社

图书在版编目(CIP)数据

大数据资源规划理论与统筹发展研究/周耀林,常大伟著.—武汉:武汉大学出版社,2023.6
知识管理与智能服务研究前沿丛书
ISBN 978-7-307-23186-3

Ⅰ.大…　Ⅱ.①周…　②常…　Ⅲ.数据管理—资源管理(电子计算机)　Ⅳ.TP274

中国版本图书馆 CIP 数据核字(2022)第 132759 号

责任编辑:徐胡乡　　责任校对:汪欣怡　　版式设计:马　佳

出版发行:**武汉大学出版社**　(430072　武昌　珞珈山)
(电子邮箱:cbs22@ whu.edu.cn　网址:www.wdp.com.cn)
印刷:武汉市金港彩印有限公司
开本:720×1000　1/16　印张:35.5　字数:511 千字　插页:3
版次:2023 年 6 月第 1 版　2023 年 6 月第 1 次印刷
ISBN 978-7-307-23186-3　定价:128.00 元

周耀林，男，1965年出生，管理学博士，武汉大学信息管理学院二级教授、博士生导师，武汉大学信息资源研究中心专职研究员，武汉大学政务管理研究中心主任，武汉市档案技术研究会理事长。曾任武汉大学信息管理学院副院长、国家保密学院副院长、国家网络安全学院副院长。巴黎第一大学、法国藏品保护研究中心访问学者。

“全国档案领军人才”、“全国档案专家”，湖北省“七个一百”人才工程入选者，教育部高等学校档案学专业教育指导委员会委员，中国档案学会常务理事，中国档案学会档案保护技术委员会副主任，中国感光协会影像保护专业委员会副主任，全国档案工作标准化技术委员会委员。

主持国家哲学社会科学重大项目1项、重点项目1项、一般项目2项，主持教育部人文社科重点研究基地重大项目等省部级课题10余项、横向项目20余项，出版著作、教材20余部，发表学术论文170余篇，其中被《新华文摘》、人大复印资料《档案学》全文转载和观点摘编20余篇。获教育部高等学校科学研究优秀成果奖三等奖1项，湖北省人民政府发展奖二等奖1项，国家档案局优秀科技成果二等奖2项、三等奖7项，其余奖励10余项。

常大伟，男，1989年出生，管理学博士、公共管理博士后，郑州大学信息管理学院副教授、硕士生导师，全国青年档案业务骨干，河南省档案学会保管保护与安全工作专业委员会副主任，《档案学通讯》《山西档案》审稿人。

主持国家社科基金一般项目1项、河南省社科基金青年项目1项、河南省博士后基金资助项目1项，参与国家社科基金重大项目等省部级以上课题10余项；在《档案学研究》《档案学通讯》等专业期刊发表学术论文55篇，其中人大复印资料《档案学》全文转载5篇；出版学术专著1部，参编学术著作2部。

前　言

随着信息技术的不断发展和应用，以云计算、物联网、人工智能为代表的新一代信息技术迅速融入人类生活的方方面面，由此催生了一种全新的“数”文明形态①——大数据文明。大数据在增加人类知识盈余、揭示事物发展规律、助力科学高效决策、构建数据思维模式等方面的重要作用正逐步凸显，已经成为比肩自然资源和人力资源的一种新型社会资源。世界主要国家已经意识到大数据资源的战略价值，将其视为新环境下实现国家创新发展的新动能，从国家发展的战略高度对大数据前沿技术的研发与应用、数据资源的存取、开放与共享、数据隐私安全的保护与控制等方面进行前瞻性规划部署。短短几年时间，从国外到国内，从中央到地方，从区域到行业，大数据战略转型已经迫在眉睫。

对大数据资源及其获取、管理、开发、利用的整个生命周期进行规划，对其涉及的技术、设备、人员、资金等相关要素进行统筹管理，已经成为国家和组织能否获取这一发展新动能、最大限度地实现其价值进而掌握发展主动权的关键所在。然而，中国大数据战略布局才开始起步，区域大数据资源规划尚待规范，行业大数据发展水平参差不齐，大数据服务机制还未理顺，大数据保障机制也尚未形成，解决这些问题不仅亟待宏观规划、顶层设计和统筹发展，

① 涂子沛. 数文明：大数据如何重塑人类文明、商业形态和个人世界［M］. 北京：中信出版社，2018：26.

而且需要理论支撑。鉴于此，本课题组以“大数据资源规划理论与统筹发展研究”为主题，以规划理论与应用为切入点，形成大数据资源规划理论，建立大数据资源规划模型，理顺基于规划的大数据资源统筹发展路径，并以面向公共文化服务的大数据资源规划与统筹发展应用为案例进行剖析，不仅有利于大数据资源管理理论的形成和发展，而且能够促进大数据资源的多场景综合应用、服务大数据政策规划的制定和国家大数据战略的实现。围绕课题研究的目标和内容，本报告共分为八个章节。

第一章，绪论。大数据资源规划与统筹发展是新技术背景下提出的重大命题。在综合分析大数据资源规划与统筹发展研究的实践背景，以及系统梳理国内外大数据资源规划与统筹发展研究成果和政策文献的基础上，厘清了大数据、大数据资源、大数据资源规划、大数据资源统筹发展等相关概念，明确了研究的实践需求、研究基础、研究意义、研究思路和研究框架。

第二章，大数据资源规划与统筹发展的进展、需求与障碍。将大数据置于国家战略高度，通过国家层面的整体战略规划来推动大数据技术研发、产业发展和相关行业的推广应用，是世界主要国家确保领先地位的重要选择。在实现大数据资源供需平衡、助推大数据资源治理现代化、促进大数据资源利用服务、夯实大数据资源发展基础、助力数据强国建设、实现决策科学化、变革组织管理模式、适应数据密集型科学研究范式兴起的过程中，大数据资源规划与统筹发展在理论认知、法律制度、组织管理和技术方法等方面还面临诸多障碍。

第三章，大数据资源规划理论。大数据是一种新的基础性战略资源，对其进行合理规划是组织应对内外部复杂环境，实现创新发展的重要举措。大数据资源规划是组织在海量数据环境下，通过监测与分析数据动态，寻找数据关系，做到用数据说话、用数据决策、用数据管理、用数据创新，实现组织跨层级、跨地域、跨系统、跨部门、跨业务的协同管理和服务的过程。将战略规划、协同发展、信息资源规划和信息资源配置作为大数据资源规划的理论基础，构建由规划原则、规划功能、规划层次和规划类型构成的大数据资源规划理论框架。

第四章，大数据资源规划模型。探索大数据资源在宏观、中观和微观层面的规划模型与方法，可以为大数据资源规划的实践工作提供理论依据。在充分考虑大数据资源的数据分布、数据规模、数据结构、数据来源、数据价值密度以及技术处理手段、数据管理方式、数据资源应用模式、法律伦理风险的基础上，以突出实用性、强化科学性、提升可扩展性、注重可移植性为指导原则，设计由流程模式、组织模型、文本模型和评估模型组成的大数据资源规划模型。

第五章，基于规划的大数据资源统筹发展。基于规划的大数据资源统筹发展，是将大数据资源规划理论与大数据资源统筹发展实践相结合，在大数据资源规划的指导和约束下，不断完善和推进大数据资源统筹发展实践的过程。在论证大数据资源规划与大数据资源统筹发展衔接方式和协同方法的基础上，从基于规划的大数据资源统筹发展的内容构成、路径设计、实施策略等方面，搭建基于规划的大数据资源统筹发展的内容框架。

第六章，大数据资源规划与统筹发展保障体系。构建和完善大数据资源规划与统筹发展保障体系，有利于从体制机制、法律法规、技术安全、行业标准等方面促进大数据资源的规划、建设、利用和共享，促进大数据战略的可持续发展。针对我国数据资源开放共享程度低、数据质量不高、技术支撑能力不强等问题，从机制保障、政策保障、标准保障、技术保障、安全保障五个方面，构建大数据资源规划与统筹发展的保障体系。

第七章，案例：公共文化大数据资源规划与统筹发展。借助大数据资源规划，应用大数据技术，更加科学、准确地保障公众的文化权益，满足人民群众日益增长的文化需求，这是现代政府的基本职责之一。将大数据资源规划与统筹发展的理论成果应用于公共文化领域，通过公共文化大数据资源规划和统筹发展的理论框架建构、环境分析、流程设计、文本编制、规划实施与统筹发展、保障体系建设、成效评估七个环节，有助于科学地、有效地管理和利用公共文化大数据资源，提升公共文化服务效能，带动现代公共文化体系的全面建设，为我国基本公共文化服务标准化和均等化提供支持。

第八章，研究总结与展望。大数据资源规划与统筹发展作为一种顶层设计和战略管理手段，兼具指导功能和工具属性，在引导多元主体参与大数据资源建设、规范大数据资源应用、促进大数据产业发展、保障大数据资源安全等方面有着积极作用。为进一步深化研究的内容，还需从强化大数据资源共建共享、加强域外大数据资源规划与统筹发展的理论和实践借鉴、丰富大数据资源规划理论与统筹发展的应用场景等方面，拓展大数据资源规划与统筹发展的研究领域与实践应用。

目　　录

1 绪　　论

1.1 研究背景与意义

1.1.1 研究背景

“大数据”这一概念最早可追溯至美国著名未来学家托夫勒1980年出版的《第三次浪潮》，被称为“继农业革命、工业革命后人类社会第三次浪潮的华彩乐章”。① 2011年5月，世界著名咨询机构麦肯锡(McKinsey & Company)发布《大数据：下一个创新、竞争和生产力的前沿》研究报告，② 提出“大数据是指大小超出了典型数据库软件的采集、储存、管理和分析等能力的数据集”，这成为有关大数据的首次专业化界定，由此催生了一种全新的数据形态，并引发全球范围的广泛关注。正如维克托·迈尔·舍恩伯格等在《大数据时代——生活、工作与思维的大变革》中所言，“大数据时

---

① ［美］阿尔温·托夫勒．第三次浪潮［M］．朱志焱，潘琪，译．北京：生活·读书·新知三联书店，1983.

② McKinsey Global Institute. Big Data：The Next Frontier for Innovation, Competition［R］. McKinsey & Company，2011.

代将带来思维变革、商业变革和管理变革，随着大数据在商业等领域崭露头角，一场为发掘和利用数据价值的竞赛正在全球上演，人类将面临根本性的时代变革”。①

2012 年 1 月，瑞士达沃斯世界经济论坛将“大数据”作为主题之一，并发布题为《大数据，大影响》(*Big Data*，*Big Impact*)的报告，将大数据视为类似于货币和黄金一样新的经济资产类别。大数据在增加人类知识盈余、揭示事物发展规律、助力科学高效决策、构建数据思维模式等方面的重要作用正逐步凸显，并被不断地赋予“21 世纪的钻石矿”“未来的新石油”“数字经济的燃料”等称谓，已经成为比肩自然资源和人力资源的一种新型社会资源。“数据已取代石油，成为世界上最有价值的资源。”②伴随数字化进程与数字经济的不断发展，世界主要国家和地区纷纷意识到大数据资源的战略价值，将其视为新环境下实现国家创新发展的新动能，从国家和地区发展的战略高度对大数据前沿技术的研发与应用，数据资源的存取、开放与共享，数据隐私安全的保护与控制等方面进行前瞻性规划部署。

2012 年 3 月，美国联邦政府投资 2 亿美元用于医疗、国防等领域的大数据分析与应用，③ 由此拉开了大数据从商业层面上升至国家科技战略层面的序幕。此后，欧盟、日本、英国等相继展开大数据的战略部署并出台相关配套政策，直接推动了国家层面大数据战略的形成与发展。

美国作为率先推进大数据战略的国家，通过不断出台并逐步细化大数据发展相关政策，在大数据技术研发、大数据知识与应用、隐私安全保护等方面形成了完整的战略规划布局，从而构筑起了全

① [英]维克托·迈尔·舍恩伯格，肯尼思·库克耶．大数据时代：生活、工作与思维的大变革[M]．盛杨燕，周涛，译．杭州：浙江人民出版社，2013.

② 中国政府网．国家大数据专家咨询委成立[EB/OL]．[2020-03-22]. http：//www. gov. cn/xinwen/2017-05/26/content_5197124. htm.

③ 美国政府投资 2 亿美金推动大数据发展[EB/OL]．[2021-10-10]. https：//www. ctocio. com/ccnews/5181. html.

球领先优势。2012年,《大数据研究发展计划》出台,旨在大力提升大数据核心技术的开发及在科学与工程学领域的创新应用;2014年,《大数据:把握机遇,守护价值》白皮书发布,提出应在紧抓大数据这一发展机遇的同时,关注大数据应用所涉及的隐私及公平问题;2016年5月,《联邦大数据研发战略计划》(*The Federal Big Data Research and Development Strategic Plan*)发布,旨在构建数据驱动战略体系,激发联邦机构和整个国家的发展新潜能;2019年6月,美国政府发布《2019—2020联邦数据战略行动计划》草案,①旨在通过采取16个基本行动步骤开展联邦政府的第一年数据战略实践。

欧盟作为一个多元合一经济政治共同体,主要以数据开放共享及数据价值转化为核心进行大数据战略部署。2011年,欧盟正式推进《开放数据:创新、增长和透明治理的引擎》战略,②旨在促进、提升政府的开放、创新、发展与透明度;2014年,欧盟发布《数据驱动经济战略》,深入研究基于大数据价值链的创新机制;2015年,欧盟大数据价值联盟正式发布《欧盟大数据价值战略研究和创新议程》,明确指出了欧盟建立良好的大数据生态系统面临的数据可用性、可访问性等七大挑战,提出了创新空间、灯塔项目、科技项目、协作项目这四大应对机制,其目的在于确保欧洲在世界大数据发展中的领先地位;2017年,欧盟发布报告《打造欧洲数据经济》(*Building a European Data Economy*),聚焦数字驱动型经济,对基于数据的数字化改革、数据驱动型经济的潜能、面临的障碍及解决方案进行分析总结;③ 2018年,欧盟通过《通用数据保护条例》,细化了数据安全和个人信息保护的政策内容。

日本主要以务实的技术革新为主,以推进本国信息产业发展为

① 美政府发布《联邦数据战略》[EB/OL].[2021-10-10]. https://www.secrss.com/articles/11352.

② 转引自:大数据助推我国经济转型[EB/OL].[2021-10-10]. http://finance.china.com.cn/roll/20160922/3914005.shtml.

③ Zech H. Building a European Data Economy[EB/OL].[2021-10-03]. IIC 48, 501-503(2017). https://doi.org/10.1007/s40319-017-0604-z.

抓手规划本国的大数据发展蓝图。2012 年 7 月，日本发布《面向 2020 年的 ICT 综合战略》，重点关注大数据应用所需的社会化媒体等智能技术开发、新医疗技术开发等公共领域应用；2013 年 6 月，日本发表《创建尖端 IT 国家宣言》，强调“提升日本竞争力，大数据应用不可或缺”，具体推进公共数据面向民间开放及促进大数据广泛应用等政策；2014 年 6 月，日本出台《智慧日本 ICT 战略》，提出要在农业、医疗和社会基础设施等领域灵活运用大数据和开放数据。①

英国将美国大数据发展经验与本国实际需求相结合，在大数据研发、顶层设计、部分领域重点应用等方面进行战略部署。2012 年，英国将大数据作为八大前瞻性技术之首进行科研与创新投资；2013 年，英国发布《把握数据带来的机遇：英国数据能力战略规划》(*Seizing the Opportunities of Data*：*The UK Data Capability Strategy*)，将全方位构建数据能力上升为国家战略；2017 年，英国政府发布《英国数字战略》(*UK Digital Strategy*)，为打造和推进世界一流数字经济体进行全面部署，英国商业、能源和工业战略部发布《工业战略：建设适应未来的英国》(*Industrial Strategy*：*Building a Britain Fit for the Future*)白皮书，旨在通过科技创新带动英国经济的发展与转型。② 2018 年 1 月，国际发展部(DFID)发布了《DFID 数字战略 2018—2020 年：在数字世界中保持发展》，其最终目标是“打造世界数字之都”。③

从上述代表性国家和地区大数据发展战略可以看到，大数据资源可谓是一座巨大的宝藏，在现代经济社会发展过程中的价值越发凸显。如何对大数据资源及其获取、管理、开发、利用的整个生命周期进行规划，对其涉及的技术、设备、人员、资金等相关要素进

① Industrial Strategy：Building a Britain Fit for the Future[EB/OL].[2021-10-10]. https：//apo. org. au/node/121251.

② 英国白皮书《产业战略：建设适应未来的英国》解读[EB/OL].[2021-10-10]. http：//www. istis. sh. cn/list/list. aspx? id=11595.

③ 闫德利 . 数字英国：打造世界数字之都[J]. 新经济导刊，2018(10)：28.

行统筹管理，已经成为国家和组织能否获取这一发展新动能，最大限度实现资源价值，进而掌握发展主动权的关键所在。因此，尽管“大数据”概念提出的时间很短，但各国都在积极响应，推动大数据战略的形成和不断发展。在不到十年时间里，大数据战略已经成为各国关注的焦点和前沿领域。

其实，早在2012年5月，联合国“全球脉动”计划(Global Pulse)就发布《大数据开发：机遇与挑战》报告。① 这对于全国的大数据发展具有一定的引领作用，也为发展中国家发展大数据战略提供了重要参考。作为发展中国家，我国积极应对大数据带来的发展机遇与挑战，通过出台一系列国家性、地方性大数据相关政策文件，设立专门的大数据管理机构等，在顶层设计、产业集聚、技术创新和行业应用等方面推进我国大数据实现多层次的突破性发展。

2013年7月，习近平总书记视察中国科学院时指出：“大数据是工业社会的‘自由’资源，谁掌握了数据，谁就掌握了主动权。”②

2014年3月，“大数据”作为一种新兴产业，首次进入政府工作报告。

2015年7月，国务院发布《国务院关于积极推进“互联网+”行动的指导意见》，提出要研究出台国家大数据战略。③

2015年8月，国务院正式印发《促进大数据发展行动纲要》，旨在全面推进大数据的发展和应用，加快建设数据强国。④

---

① 联合国“全球脉动”计划发布《大数据开发：机遇与挑战》报告[EB/OL]. [2021-10-10]. http：//www.ecas.cas.cn/xxkw/kbcd/201115_89141/ml/xxhcxyyy/glxh/201207/t20120702_3607723.html.

② 赋能新时代，习近平的大数据之道[EB/OL]. [2021-01-10]. http：//big5.chbcnet.com/web/content_115011.shtml.

③ 国务院关于积极推进“互联网+”行动的指导意见[EB/OL]. [2021-10-11]. http：//www.cicpa.org.cn/Column/hyxxhckzl/zcyxs/201708/t20170802_50095.html.

④ 国务院．促进大数据发展行动纲要[EB/OL]. [2021-10-11]. http：//www.gov.cn/zhengce/content/2015/09/05/content_10137.htm.

2015年11月，党的十八届五中全会提出“实施国家大数据战略”，这是“大数据”首次被写入党的全会决议，标志着大数据战略正式上升为国家战略。①

2016年3月，《中华人民共和国国民经济和社会发展第十三个五年规划纲要》正式出台，明确提出实施国家大数据战略，对全面促进大数据发展提出方向性目标和任务。

2020年4月，国家工业和信息化部颁布《关于工业大数据发展的指导意见》，旨在促进工业数字化转型，激发工业数据资源要素潜力，加快工业大数据产业发展。

2020年12月，国家发展与改革委员会发布《关于加快构建全国一体化大数据中心协同创新体系的指导意见》，以深化数据要素市场化配置改革为核心，优化数据中心建设布局，推动算力、算法、数据、应用资源集约化和服务化创新。

除了国家层面的大数据战略规划以外，企业层面的大数据战略规划也引起了各个国家的高度重视。

早在2013年，麦肯锡就提出了“大数据为企业带来的技术挑战与组织挑战，促使企业必须精心制定大数据规划，从而推动公司战略层面的决策，避免陷入行动僵局”②的观点，指出了在企业层面实施大数据规划的重要性。据IDG(International Data Group)开展的随机调查显示，截至2016年，724个被调研企业中，部署或规划部署大数据项目的企业占75%。③ 这表明，做好大数据资源规划已经引起了广泛的关注，大部分企业着手部署规划大数据并付诸实践。

例如，IBM、Microsoft等国外大型企业，一直走在大数据技术与应用发展的前沿，并率先制定大数据战略规划。2012年5月，

① 五中全会，大数据战略上升为国家战略[EB/OL]．[2021-10-11]．http：//politics. people. com. cn/n/2015/1108/c1001-27790239. html.

② 美国麦肯锡(上海)咨询有限公司．大数据：你的规划是什么？[M]．上海：上海交通大学出版社，2014：86.

③ IDG. 2016Data&Analytics Research[EB/OL]．[2021-10-12]．http：//www. idgenterprise. com/resource/research/tech-2016-data-analytics-research.

“IBM 智慧的分析洞察”(IBM Smarter Analytics Signature Solutions)正式发布，为处于大数据环境下的企业描绘了一幅宏伟的战略蓝图。① 以此为基础，IBM 全面整合内部资源，搭建集软件、硬件、服务为一体的大数据平台，旨在为企业量身定制易执行、低成本和高效率的大数据解决方案。② 随后，微软发布大数据解决方案的三大战略，即大掌控(支持所有数据类型的现代化管理层)、大智汇(提高数据价值的富集层)和大洞察(为所有用户提供直观洞察力的洞悉层)，主张通过发现数据、分析数据和对数据进行可视化处理三种方式思考大数据的使用。

在国内，阿里巴巴 2012 年确立“平台、金融、数据”三步走战略。此后，阿里巴巴遵循从业务数据化到数据业务化的理念，着力提升数据能力，探索数据标准化、数据安全管理等问题，着力打造一个立体的数据平台和生态体系。2018 年 3 月，阿里巴巴技术委员会主席王坚在 2018 中国(深圳)IT 领袖峰会上表示，要像规划土地资源一样规划数据资源，要像规划垃圾处理一样规划数据处理，要像规划一个城市的供电能力一样规划计算能力。③

2020 年 9 月，贵阳朗玛信息技术股份有限公司获评“贵州省大数据创新创业基地”。10 月，该公司的“降低人体三维姿态识别的计算复杂度”项目荣获“2020 年中国创新方法大赛贵州赛区决赛三等奖”。11 月，由该公司旗下 39 互联网医院带头编制的贵州首个《互联网医院服务规范》团体标准发布并顺利通过验收，④ 由此带动了我国互联网医院的快速发展。

---

① IBM smarter analytics signature solutionss[EB/OL]. [2021-09-30]. https://www.researchgate.net/publication/293147575_IBM_smarter_analytics_signature_solutions.

② IBM 大数据的战略和技术优势[EB/OL]. [2021-10-10]. http://cio.it168.com/a2012/0921/1400/000001400926.shtml.

③ 大数据资源很有价值但一定要规划好[EB/OL]. [2021-10-10]. http://www.elecfans.com/d/653651.html.

④ 以“数”为媒 开启医疗“云”模式[EB/OL]. [2021-10-10]. http://www.cbdio.com/BigData/2020-12/17/content_6161878.htm.

2020年11月，云上贵州大数据产业发展有限公司获评《数据管理能力成熟度评估模型》(DCMM)四级(量化管理级)，是目前全国企业已获认证的最高等级。该公司已将数据作为企业发展的重要优势资源，建立了科学的数据管理体系，实现了数据管理流程的全面优化。该公司通过我国首个数据管理领域的国家标准《数据管理能力成熟度模型》贯标实施，推动了全省政务数据资源管理的标准化和规范化，支撑了全省"一云一网一平台"建设，为将数据资源转变为产业发展资源、开展政府数据资源有效开发利用奠定坚实基础。①

在国家层面大数据战略的牵引下，企业和组织机构都试图结合自身特点和大数据资源用途，制定具有自适应性的大数据战略以改善企业或机构的决策。例如，耐克旨在建立一个"供应商索引"，使用大数据优化供应链；蚂蚁金服通过数据整合分析，开启人工智能商业模式；苏宁通过运营报告支持驱动前台业务，为企业提供商业决策。② 正如亚马逊前首席科学家安德雷斯·韦思岸所言，"不用数据做任何决策，这个数据就是零"。③ 大数据资源的价值在于决策，而挖掘大数据资源价值的关键在于科学合理的规划与统筹。

对于组织机构的发展而言，管理大数据资源的能力同样至关重要。如果企业拥有成功的大数据战略，就会产生一种以信息为中心的文化——所有员工都充分认识到，经过细致分析和可视化处理的信息将有助于产生更优秀的决策。大数据资源管理除涉及相关技术应用之外，更涵盖战略发展、人才培养、文化建设、资金投入等诸多方面，关乎组织机构发展的全局。

此外，在我国，区域性和行业性的大数据规划也在不断形成。前者较典型的有《贵州省大数据发展应用促进条例》(2016年)、

① 云上贵州公司数据管理能力获肯定[EB/OL].[2021-10-10]. http://www.cbdio.com/BigData/2020-11/27/content_6161584.htm.

② 大数据战略下，企业的未来有哪些重点[EB/OL].[2021-10-10]. http://www.sohu.com/a/214597578_462503.

③ 转引自：SAIF金融E沙龙丨揭秘亚马逊、阿里巴巴的大数据战略[EB/OL].[2021-10-04]. https://dba.saif.sjtu.edu.cn/show-236-249.html.

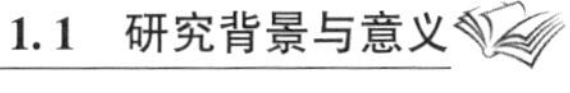

《湖北省大数据发展行动计划(2016—2020 年)》、《北京市大数据和云计算发展行动计划(2016—2020 年)》等，后者如工信部《大数据产业发展规划(2016—2020 年)》、环保部《生态环境大数据建设总体方案》、国家林业局《关于加快中国林业大数据发展的指导意见》等。

同时，大数据相关的政策法律也不断出台。例如，2020 年 9 月 25 日，贵州省发布《贵州省政府数据共享开放条例》，旨在推动政府数据开放、共享、汇聚、融通、应用，提升政府社会治理能力和公共服务水平；2020 年 12 月，吉林省出台《吉林省促进大数据发展应用条例》，对促进大数据发展应用，规范数据处理活动，保护公民、法人和其他组织的合法权益，推进数字吉林建设有着积极意义；2020 年 12 月，山东省发布《山东省推进工业大数据发展的实施方案(2020—2022 年)》，该方案坚持企业主体、多方协同、需求牵引、示范带动，加快工业大数据平台、工业基础大数据库和工业大数据中心建设，推动工业大数据应用落地，等等。

总之，在国际大数据管理不断发展的背景下，我国大数据发展政策逐渐从国家层面的全面、总体规划向区域、行业、企业和组织机构层面不断延伸。这种延伸可以看作国家战略的落地，由此形成了国际—国家或地区—行业—企业或组织机构的大数据规划体系的雏形，也表明我国系统化的大数据资源规划政策体系正逐步形成。

从上述背景可以看到，伴随信息技术与生产生活的加速融合，大数据资源在海量聚集，与之相伴的规划与统筹发展问题也引起了国内外政府机构及企业组织的高度关注，纷纷出台相关的大数据战略，旨在通过顶层设计和规划部署，统筹大数据资源发展全局，更好地发挥大数据资源在社会经济发展、国家现代化治理、企业高效运营等方面的积极作用。这些实践涵盖大数据技术研发、大数据资源整合共享、大数据决策支撑、大数据人才培养、大数据隐私保护等诸多方面，在大数据资源规划与统筹方面取得了一定的成绩，也为进一步地探索和发展完善工作提供了宝贵的经验积累，奠定了重要的实践基础。

与此同时，我们也应认识到，“大数据”概念兴起至今毕竟还不到十年，“大数据”建设方兴未艾，但问题也开始显露。

在政府服务和监管方面，市场主体数量快速增长，全社会信息量爆炸式增长，对政府运用大数据进行建设、服务和监管的能力提出了新挑战。尤其是，在建设“数字中国”的时代背景下，各个行业、组织机构的数据都是不可或缺的部分，但却各自为政，缺乏共享，造成了数据鸿沟和数据孤岛现象。

在行业层面，不同行业都在开展大数据建设项目，在推进大数据发展的同时也带来了无序发展。例如，同一行业建立了多个几乎雷同的大数据项目，彼此数据并没有共享，客观上造成了浪费。

在商业应用方面，存在利用大数据侵害消费者正当利益的现象。例如，央视二套财经频道 2020 年 9 月 15 日点名在线旅游平台的大数据杀熟现象，报道了同一产品或服务在相同条件下设置差异化价格的问题。2020 年 12 月，网友在网上发布一篇题为《我被美团会员割了韭菜》的文章，指出美团外卖存在会员与非会员在同一送餐地址、同一外卖商户订餐，会员配送费高于非会员配送费的情况。

在个人隐私信息保护方面，个人信息一旦泄露、传播，可能使信息被公开人员及其家人的身心健康受到损害或引发歧视性待遇，给一些信息被公开人员的生活造成困扰。

总体来看，大数据建设项目一拥而上之势非常明显，导致了区域或行业、领域发展不平衡、重复建设等问题，迫切要求推进大数据资源的统筹规划和协调发展。与此同时，大数据发展也已进入以深度挖掘和融合应用为主要特征的智能化阶段，而在这一关键的转折期，数据鸿沟、数据隐私、数据权力等问题依然存在且渐趋复杂。

在此背景下，如何实现大数据资源各分布区域、各要素及各环节的合理规划与统筹发展，进而最大限度消解大数据资源管理与应用过程中存在的不利因素，将大数据资源的价值优势发挥到极致，仍是国家、组织机构需要考虑的重中之重。为此，开展“大数据资源规划理论与统筹发展”这一课题的研究工作必要且紧迫，可以为大数据关键技术的研发与创新、大数据资源的全方位建设与多场景应用、大数据资源的安全保障等提供理论参考，进而助推大数据资源在新时期实现协调有序发展。

1.1.2 研究意义

2015年，国务院印发《促进大数据发展行动纲要》，将“统筹规划大数据基础设施建设”作为促进我国大数据发展的主要任务，提出“建立国家大数据发展和应用统筹协调机制”。① 2017年12月，习近平总书记强调，“大数据发展日新月异，我们应该审时度势、精心谋划、超前布局、力争主动”，“要推动实施国家大数据战略，加快完善数字基础设施，推进数据资源整合和开放共享，保障数据安全，加快建设数字中国”。② 由此可见，在当今建设“数字中国”的宏大背景下，“规划”与“统筹”对于大数据发展战略的实施和大数据资源价值的实现至关重要。开展“大数据资源规划理论与统筹发展”这一课题的研究工作，不仅是对国家大数据发展政策的积极响应，也是从宏观视角和顶层设计出发，对大数据资源规划模型及统筹发展路径的重要探索，具有重要的理论意义和现实价值。

1.1.2.1 理论意义

首先，厘清了“大数据资源规划”“统筹发展”等基本概念，廓清了本课题研究的范畴，为该领域的进一步学术研究奠定了重要基础。由于国内外关于大数据资源规划与统筹等相关研究均处于起步阶段，对于一些概念的认识较为模糊，不利于后期相关研究的深入推进。本课题在梳理大数据发展实践状况及相关研究成果的基础上，借鉴信息资源管理、信息资源规划、战略规划等理论，对本课题研究中涉及的“大数据”“大数据资源”“大数据资源规划”“大数

---

① 国务院．促进大数据发展行动纲要[EB/OL].[2021-10-11]. http：//www.gov.cn/zhengce/content/2015/09/05/content_10137.htm.

② 习近平主持中共中央政治局第二次集体学习并讲话[EB/OL].[2021-10-15]. http：//www.gov.cn/xinwen/2017-12/09/content_5245520.htm.

据资源统筹发展”等核心概念在系统梳理的基础上进行了界定和内涵解析，对于该领域研究的推进和深入开展颇为重要。

其次，提出了大数据资源规划理论，并构建了大数据资源规划的主要模型，为大数据资源规划研究提供了理论分析框架。正是由于大数据资源规划研究处于起步阶段，存在“零散式”研究偏多而系统研究缺乏，以“建议式”研究为主而深入研究不足等问题，使得该领域的理论基础较为薄弱。本课题在梳理大数据资源规划相关的战略规划理论、协同发展理论、信息资源规划理论及信息资源配置理论等依据的基础上，提出了涵盖大数据资源规划原则、规划功能、规划层次及规划类型等具体要素的大数据资源规划理论，并构建了大数据资源规划的流程模型、组织模型、文本模型和评估模型这四大规划模型，形成了关于大数据资源规划的系统研究成果，具有重要的理论价值。

1.1.2.2 现实价值

首先，明确了大数据资源规划与统筹发展的主要障碍与基本需求，能够为大数据资源规划及统筹发展的实践工作提供重要的参考资料和理论借鉴。本课题对国外主要发达国家及国内的大数据法规政策、大数据发展项目、大数据规划方案等方面进行了系统调研，从数据管理和数据应用的视角出发，从国家战略、政府决策、组织管理、数据治理、资源配置、价值服务、科学研究和发展保障八大视角总结了大数据资源规划与统筹发展的主要需求，并归纳出大数据资源规划与统筹发展存在的五大障碍，即理论障碍、体制障碍、制度障碍、管理障碍和技术与安全障碍。这些调研数据及理论分析成果可以帮助实践部门科学认知大数据资源统筹发展需要解决的关键问题点以及政策规划应予以倾斜的方向，具有重要的实践指导价值。

其次，提供了“面向公共文化服务的大数据资源规划与统筹发展”的案例，将前期理论成果应用于公共文化服务场域，可以实现基于场景的示范性应用。本课题将大数据资源规划与统筹发展需求以及障碍分析、大数据资源规划理论、基于规划的大数据资源统筹

发展路径及大数据资源规划与统筹发展保障体系等前期理论研究成果与公共文化服务相结合，从文化大数据资源规划和统筹发展的框架建构、环境分析、流程设计、文本编制、规划实施与统筹发展、保障体系建设、成效评估七大方面系统设计了公共文化服务场景下大数据资源规划与统筹发展的基本流程与核心内容，能够为公共文化服务领域大数据资源规划的编制及统筹发展政策的制定提供直接指导，同时对其他场景的应用也具有较高的示范作用和参考价值。

总而言之，随着大数据资源战略地位的提升，围绕大数据资源管理开展多层面、多维度研究已成为诸多学科领域探索的重点。管理科学、信息科学等领域的专家更多关注大数据管理技术、大数据管理影响因素、大数据管理框架、大数据管理方案等问题，在大数据技术研发、大数据资源管理、大数据产业应用等方面形成了较为系统的成果，推动了大数据政策制定、大数据商业化应用、大数据产业示范区建设以及工业大数据、健康大数据、安全大数据应用等方面取得新的进展。在此背景下，"大数据资源规划理论与统筹发展研究"这一课题的开展，不仅体现了图书情报与档案管理领域积极投身大数据应用与研究浪潮的热情，而且通过将本学科的理论知识与大数据资源规划与统筹相结合，并借鉴其他学科的理论成果，形成大数据资源规划理论，建立大数据资源规划模型，并研究基于规划的大数据资源统筹发展路径，辅以公共文化服务大数据资源规划与统筹发展应用案例，不仅有利于大数据资源管理研究的进一步发展和完善，而且在大数据资源的多场景综合应用、统筹规划政策制定乃至国家大数据战略体系的完整构建和"数字中国"宏伟蓝图的实现方面均具有重要的现实意义。

1.2 国内外研究综述

随着大数据资源战略价值的日益凸显，国家层面和组织层面大数据战略规划制定热度不断高涨，关于大数据资源规划与统筹的学术研究也逐渐引起国内外学界的广泛关注，相关研究成果不断出现，促使大数据资源规划与统筹发展的理论研究与实践工作不断发展。系统地梳理国内外相关研究成果，有助于全面掌握大数据资源规划与统筹发展这一领域在国内外的最新研究进展，理性分析现有研究取得的成绩与尚存的不足之处，进而为该课题研究的深入开展奠定基础。

1.2.1 国外研究综述

以 Web of science、Taylor & Francis、Springer、Emerald、Wiley 等数据库为检索平台，采用 SU =（"big data" OR "big data resources"）AND（"management" OR "plan" OR "planning" OR "strategy" OR "overall-planning" OR "development planning"）为检索式进行主题检索（检索时间为 2021 年 11 月 26 日）。经剔除重复及无关文献后，对获取的有效文献进行梳理与解读，发现直接围绕"大数据资源"展开的相关研究较少，仅有部分学者探讨了物联网金融大数据资源服务平台的建设①、教育大数据资源整合共享②等问题，多数学者并未对"大数据资源"与"大数据"这两个概念进行明确区分，而是直接围绕"大数据"这一核心词展开管理、战略规划等相关研究。为此，本课题组将国外该领域研究从大数据管理、大数据规划两个方面进行综述分析。

1.2.1.1 大数据管理研究

大数据管理（Big Data Management，BDM）作为融合了新老技术与最佳实践、团队、数据类型及自主开发或供应商构建的功能混合体，可以提升组织洞察力、数据分析能力、提取大数据价值能力

① Jiang C，Ding Z，Wang J，et al. Big Data Resource Service Platform for the Internet Financial Industry [J]. Chinese Science Bulletin，2014，59（35）：5051-5058.

② Jing X，Liu Y，Wei L. Ontology-Based Integration and Sharing of Big Data Educational Resources [C]// Web Information System & Application Conference，2015.

等，同时也面临着组织在大数据管理支持方面的业务成熟度、技术成熟度较低等问题。① 在此背景下，大数据管理技术、大数据管理影响因素、大数据管理框架、大数据管理方案等问题开始引起管理科学、信息科学等领域的关注。

(1)技术层面的大数据管理研究

技术层面的大数据管理研究，主要涉及大数据管理系统与平台的设计与优化、大数据管理相关的具体技术问题探讨等方面。例如，Pirzadeh P 等基于一定标准，对四种代表性的大数据管理系统进行了功能评估，认为这些大数据管理系统均具有存储与管理及查询与处理的功能，旨从功能评估结果中分析经验和教训。② Sarjapur K 等试图将个性化匿名技术引入健康隐私保护之中，探索个人隐私大数据管理系统的构建。③ Hameurlain A 等探讨了云环境下的大数据管理问题，旨在为大数据管理提供一种综合而全面的技术状态，以保证下一代大数据应用的大规模数据管理系统的可行性。④ Zhimin Z 针对扶贫旅游大数据管理平台存在的平台模式单一以及虚拟化程度不高等问题，提出了一种基于 Hadoop 的扶贫旅游大数据管理平台的设计方法，并通过实验证明该方法可以通过建立客户界面的注册机制和虚拟化技术，实现旅游大数据的分类、存

① Philip Russom. Managing Big Data [R]. [2021-08-15]. http://www.2portsug.org/images/MeetingDocs/tdwi-managing-big-data-106702.pdf.

② Pirzadeh P, Carey M J, Westmann T. Big FUN: A Performance Study of Big Data Management System Functionality [C]// International Conference on Big Data, IEEE, 2015: 507-514.

③ Sarjapur K, Suma V, Christa S, et al. Big Data Management System for Personal Privacy Using SW and SDF [M]// Information Systems Design and Intelligent Applications. Springer India, 2016.

④ Hameurlain A, Morvan F. Big Data Management in the Cloud: Evolution or Crossroad? [J]. Beyond Databases, Architectures and Structures, BDAS, 2016: 23-38.

储、挖掘，并具有良好的信息保护能力。① Sunny Orike 研究了云计算环境下大数据聚合与大数据高效管理的相关性，旨在提升组织的成本效益、决策实效性及盈利能力。② 针对用于大数据管理的分布式系统存在的节点之间负载不平衡问题，设计并描述了一个通用 API 以实现分布式系统的负载平衡，并试图将其扩展至更广泛的大数据存储系统。③

(2)应用层面的大数据管理研究

应用层面的大数据管理研究，主要涉及大数据管理在信息企业、医疗卫生、市政建设等各领域、各行业中的应用及存在的问题研究。例如，Jade Yang 通过对谷歌公司发表的 10 篇关于大数据管理的重要论文进行分析，总结其近十年的大数据项目成果，旨在为大数据解决方案提供深层次的概念支撑，并对构建更加完善的、可扩展的大数据处理系统提出相关见解。④ Zhiwen Pan 等研究了残障数据集(即包含残障人群信息的数据集)的管理问题，提出了一种残障大数据管理、挖掘与分析方法，认为可以通过估计缺失属性值、检测异常和低质量数据实例来提高残障数据的质量，进而为专业人士制定相关政策提供帮助。⑤ Purti Beri 和 Sanjay Ojha 聚焦"社

① Zhimin Z. Study on Big Data Management Platform of Pro-poor Tourism [C]// 2017 International Conference on Smart Grid and Electrical Automation (ICSGEA), IEEE, 2017.

② Orike S, Brown D. Big Data Management: An Investigation into Wireless and Cloud Computing [J]. International Journal of Interdisciplinary Telecommunications and Networking(IJITN), 2016, 8(4): 34-50.

③ Antoine M, Pellegrino L, Huet F, et al. A Generic API for Load Balancing in Distributed Systems for Big Data Management[J]. Concurrency and Computation: Practice and Experience, 2016, 28(8): 2440-2456.

④ Yang J. From Google File System to Omega: A Decade of Advancement in Big Data Management at Google[C]// Proceedings of First International Conference on Big Data Computing Service and Applications, IEEE, 2015: 249-255.

⑤ Zhiwen Pan, Wen Ji, Yiqiang Chen, Lianjun Dai and Jun Zhang. Big Data Management and Analytics for Disability Datasets[C]//Proceedings of The 3rd International Conference on Crowd Science and Engineering, ICCSE, 2018.

交网站的大数据管理”这一主题，对比分析了 Facebook 和 Twitter 两大社交平台如何利用 Hadoop 数据分析技术进行大数据管理的问题。① Hao Gui 等聚焦医疗保健领域，提出了医疗大数据管理与分析的体系结构，并在其指导下提出了一种人体健康问题和生命体征实施监测的原型系统。② Schaeffer C 等聚焦美国医疗行业的大数据管理实践，旨在通过研究检验和评估美国医疗行业的大数据有效利用能力，预测大数据成功使用可能出现的潜在效益，结果表明，大数据分析技术的采用、实施和利用将对美国医疗服务行业产生深远影响。③

(3)策略层面的大数据管理研究

策略层面的大数据管理研究，主要涉及大数据管理在组织建设、隐私保护、合规性等方面面临的挑战、影响因素及应对策略。例如，Yunchuan Sun 等认为金融大数据在管理、分析与应用中面临着五大挑战：金融大数据的有效组织与管理；从金融大数据中寻找新的商业模式；处理诸如财务分析、风险管理等传统的金融问题；整合不同来源的各种异构数据；确保金融系统安全与个人隐私保护。为此，需要针对金融大数据的分析技术与管理开展基础性研究。④ Richard Kemp 认为大数据项目成功与否与四大关键因素密切相关：理解大数据的法律框架以及如何适用于相关组织；将机构的

① Beri P, Ojha S. Comparative Analysis of Big Data Management for Social Networking Sites [C]// Proceedings of The 3rd International Conference on Computing for Sustainable Global Development(INDIACom), IEEE, 2016: 1196-1200.

② Gui H, Zheng R, Ma C, et al. An Architecture for Healthcare Big Data Management and Analysis[M]// Health Information Science. Springer International Publishing, 2016.

③ Schaeffer C, Booton L, Halleck J, et al. Big Data Management in US Hospitals: Benefits and Barriers[J]. The Health Care Manager, 2017, 36(1): 87-95.

④ Sun Y, Shi Y, Zhang Z. Finance Big Data: Management, Analysis, and Applications[J]. International Journal of Electronic Commerce, 2019, 23(1): 9-11.

信息技术及法律智能科学有效纳入大数据计划；明确机构的大数据应用与管理目标；大数据治理的战略、政策及流程方面的结构化方法。① Uğur N G 和 Turan A H 从大数据采用的影响因素这一视角切入，通过定量研究方法，以已经采用或考虑采用大数据的组织管理者或决策者为调研对象，探讨其采用大数据的影响因素，结果表明，感知易用性、感知有用性和使用态度这三大概念与大数据采用行为意向具有强相关性。② Lee Kung 等认为大数据处理与分析关乎企业竞争的成败，已经不仅仅是一个简单的技术问题，而是一个复杂的管理和战略问题，需要企业制定数据管理战略并具备大数据能力、IT 能力和组织应变能力。③ Saqib Shamim 等从动态能力观视角出发探讨了大数据管理在提升中国企业大数据决策能力和质量中的作用，认为这些能力受领导力、人才管理、技术和组织文化等大数据管理挑战的影响。④ Saeed Ullah 等从资源管理视角出发，探讨云环境下大数据资源管理系统的分类、大数据框架的关键特性及相关挑战等问题。⑤

① Kemp R. Legal Aspects of Managing Big Data [J]. Computer Law & Security Review the International Journal of Technology Law & Practice, 2014, 30 (5): 482-491.

② Uğur N G, Turan A H. Managing Big Data: A Research on Adoption Issues[C]// Proceedings of the Fifth International Management Information Systems Conference, IMISC, 2018: 70-75.

③ Kung L, Kung H, Jones-Farmer A, Wang Y. Managing Big Data for Firm Performance: A Configurational Approach [C]//Proceedings of the Twenty-First Americas Conference on Information Systems, AMCIS, 2015.

④ Shamima S, Zenga Syed J, Shariqb M, et al. Role of Big Data Management in Enhancing Big Data Decision-making Capability and Quality Among Chinese Firms: A Dynamic Capabilities View [J]. Information & Management, 2019, 56(6).

⑤ Ullah S, Awan M D, Khiyal M S H. Big Data in Cloud Computing: A Resource Management Perspective[J]. Scientific Programming, 2018.

1.2.1.2 大数据规划研究

大数据资源所蕴含的战略价值引发政府机构以及大型企业的高度关注，相继出台大数据发展规划，旨在抓住大数据时代这一历史性机遇。与此同时，不少咨询公司敏锐洞察到了这一商机，开始为企业量身定制大数据战略规划并提供相关配套服务。①② 伴随上述实践活动的发展，大数据战略规划相关研究也逐渐推进。这些研究主要涉及大数据战略规划制定的重要性及组织开展大数据战略规划的初步探讨。

(1)基于大数据分析技术的行业发展规划研究

研究中，学者们较多关注大数据分析技术在各行业、各领域发展规划制定中的辅助作用，主要涉及城市规划、旅游规划、交通规划、健康规划、出行规划等诸多方面。例如，Niels van Oort 和 Oded Cats 认为公共交通行业大数据能够应对提高交通管理效率、增加客流量和满意度等挑战，并介绍了荷兰和瑞典两个国家利用大数据进行规划和流程管理方面的实际案例，进一步揭示大数据分析在决策支持和公共交通改善中的重要价值。③ Ashish Patel J 等认为医疗保健数据的规模决定了新的大数据分析框架极为必要，并针对医疗大数据在传输、存储、分析等方面存在的挑战提出解决方案。④

---

① EY. Big Data Strategy to Support the CFO and Governance Agenda[EB/OL].[2019-08-15]. http://www.de.ey.com/Publication/vwLUAssets/EY-big-data-strategy-to-support-the-cfo-andgovernance-agenda/$FILE/EY-big-data-strategy-to-supportthe-cfo-and-governance-agenda.pdf.

② PlanClear Services[EB/OL].[2019-08-15]. http://www.planclear.com/planclear-services.php.

③ Van Oort N, Cats O. Improving Public Transport Decision Making, Planning and Operations by Using Big Data: Cases from Sweden and the Netherlands[C]// Proceedings of 18th International Conference on Intelligent Transportation Systems, IEEE, 2015.

④ Ashish Patel J, Sharma P. Big Data for Better Health Planning[C]// Proceedings of 2014 International Conference on Advances in Engineering & Technology Research(ICAETR-2014), IEEE, 2015: 1-5.

M. Mazhar Rathore 等提出了一种基于物联网的智能城市发展与城市规划相结合的大数据分析系统，该系统更具扩展性，可以对智能家居、智能停车及监控等物联网数据进行实时分析、处理和评估，有助于智慧城市规划及未来发展。① Ming Zhu 等认为公共车辆系统将成为未来智能城市的高效交通管理平台，与此同时，路径规划也将成为首要问题，为此提出了一种有效的路径规划策略，可以通过制定每个公共车辆的搜索区域，使其具有均衡的服务质量，从而节省大量的计算量，进而保证实时调度。② Mahdis Banaie D 等将旅游地的旅游成本、交通、天气及旅游时间等重要参数考虑在内，提出了一种基于用户需求的旅游规划新模型，可以利用交通数据、天气数据、事件数据、旅游数据、旅游概况等为用户生成各种旅游规划。③

(2)基于大数据分析技术的行业战略规划研究

随着研究的逐步深入，也有学者开始关注不同行业、不同领域大数据战略规划的制定问题，主要涉及信息科技、医疗卫生、电信、金融等行业。例如，Michael Stonebraker 等介绍了英特尔大数据科学与技术中心的大数据愿景及前期实施的计划。④ Charles Auffray 等认为在欧洲医疗体系发展中，大数据存在巨大潜力的同时也面临着数据分析、数据获取与管理、数据共享、数据质量控制、法律法规建设、隐私保护、基础设施建设、培训教育等挑战，

---

① Rathore M M, Ahmad A, Paul A, et al. Urban Planning and Building Smart Cities Based on the Internet of Things using Big Data Analytics[J]. Computer Networks, 2016, 101(C): 63-80.

② Zhu M, Liu X, Qiu M, et al. Traffic Big Data Based Path Planning Strategy in Public Vehicle Systems [J]. Proceedings of the 24th International Symposium on Quality of Service(IWQoS), IEEE, 2016: 1-2.

③ Dezfouli M, Nadimi-Shahraki M H, Zamani H. A Novel Tour Planning Model using Big Data [C]//Proceedings of International Conference on Artificial Intelligence and Data Processing(IDAP), IEEE, 2018.

④ Stonebraker M, Madden S, Dubey P. Intel "Big Data" Science and Technology Center Vision and Execution Plan[J]. ACM SIGMOD Record, 2013, 42(1): 44.

欧盟及各成员国的政策制定者可参考以下五项建议：开展健康大数据应用试点；利用公众科学的潜力开发健康领域的大数据；促进所有利益相关者参与项目；支持快速过渡到新的计算、统计和其他数学分析方法之中；加快协调欧洲卫生相关研究和数据共享的监管框架。① 聚焦证券行业大数据，在分析证券行业大数据应用现状、现有应用情况的优缺点的基础上，从收集、存储、管理和集成、应用领域和人才培训五个方面提出了具体的大数据应用策略。② Mu Mingjun 等基于大数据计算投资区域的相关指标，通过因子分析挖掘指标之间的内在联系，展现投资区域的不同特征，进而为电信运营商的投资战略提供技术支持。③

(3)大数据战略规划制定的基本问题研究

大数据战略规划制定的基本问题涉及规划需求、规划方法、规划实施策略等方方面面，国外学者对相关问题进行了探讨。例如，Van Rijmenam 认为大数据正在给商业带来革命性的变化，并通过分享实施大数据战略的实践，进一步阐释了大数据战略规划制定的重要性，认为大数据规划已经成为影响组织发展的不可或缺的重要因素。④ John Stevens 认为大数据战略规划包括初始大数据规划和长期大数据规划，已经成为企业强大的基础和未来发展的重要指导，在制定大数据战略时，需要关注以下重要事项：创建大数据愿景声明、与业务利益相关者一起制定大数据战略、确定大数据业务价值主张、确定大数据如何改变业务和组织、开发大数据解决方案

① Auffray C, Balling R, Barroso I, et al. Making Sense of Big Data in Health Research: Towards an EU Action Plan[J]. Genome Medicine, 2016, 8(1): 71.

② Min X, He Y. Research on the Application Strategy of Big Data of Securities Companies [C]//Proceedings of International Conference on Strategic Management(ICSM 2016), 2016: 187-190.

③ Mingjun M, Yongfeng W, Weiwei C. Telecom Big Data Based Investment Strategy of Value Areas[C]//Proceedings of 1st International Conference on Signal and Information Processing, Networking and Computers(ICSINC), 2016: 281-287.

④ Rijmenam B M V. Think Bigger: Developing a Successful Big Data Strategy for Your Business[M]. AMACOM Div American Mgmt Assn, 2014: 21-40.

路线图、识别大数据对企业的投资回报、确定大数据战略中的各种风险。① Stefan Biesdorf 等认为大数据规划的难点在于如何确定投资重点，如何在速度、成本和接受度三者中进行权衡，以及如何为一线员工积极参与创造条件，只有解决了这些关键问题的大数据战略规划才是成功的。② CDWG 提出政府机构制定大数据战略规划之前应进行环境评估并明确业务需求，进而保证需求与行动的高度匹配。③ Hyeon N S 等提出了制定大数据规划的具体方法，包括自上而下、自下而上的数据驱动和原型化方法。④ Urbanski A 认为制定大数据战略应涵盖基准与评估、路线图绘制与实施三阶段流程。⑤ Kelly T 则认为大数据战略应该由业务战略、数据战略、技术战略和交付模型等战略要素构成。⑥ Budin Posavec A 认为许多组织在制定和采用大数据战略规划的过程中面临着来自组织内部及法律要求的挑战，并围绕组织在监管和法律方面的大数据战略规划制定面临的挑战进行探讨。⑦ Pooya Tabesh 等提出了成功实施大数据战略的必要步骤，强调管理责任、提供持续的承诺和支持、有效的沟通和

---

① Stevens J P. Big Data-Before You Jump in Make Sure You are Planning Appropriately [EB/OL]. [2019-08-15]. http://www.datasciencecentral.com/profiles/blogs/big-data-before-youjump-in-make-sure-you-are-planning.

② Biesdorf S, Court D, Willmott P. Big Data: What's Your Plan? [EB/OL]. [2019-12-15]. http://www.mckinsey.com/business-functions/digital-mckinsey/our-insights/big-data-whatsyour-plan.

③ CDWG. Proactive Planning for Big Data [EB/OL]. [2019-12-16]. http://www.fedtechmagazine.com/sites/default/files/122210-wp-big-data-df.pdf.

④ Hyeon N S, Kyoo-Sung N. A Study on the Effective Approaches to Big Data Planning[J]. Journal of Digital Convergence, 2015, 13(1): 227-235.

⑤ Urbanski A. Big Data Needs Big Planning[J]. Direct Marketing News, 2013(4): 10.

⑥ Kelly T. Transforming Big Data into Big Value[EB/OL]. [2019-12-15]. http://www.slideshare.net/ThomasKellyPMP/transforming-big-data-into-big-value.

⑦ Budin A, Krajnović S. Challenges in Adopting Big Data Strategies and Plans in Organizations [C]//Proceedings of the 39th International Convention on Information and Communication Technology, Electronics and Microelectronics (MIPRO), Opatija, 2016: 1229-1234.

协调努力以及大数据知识和专业知识的发展在大数据战略实施中具有重要作用。[①] Pooja Pant 等着重阐述了大数据及其特点、大数据架构、不同层次涉及的各种技术、大数据规划与设计以及在企业规模上构建大数据架构所面临的挑战。[②]

总体来看，无论是在大数据管理研究还是大数据规划研究方面，国外学者侧重于从中观和微观层面出发对其中涉及的问题展开探讨，致力于解决大数据资源规划中出现的具体问题。其中，在大数据管理研究方面，国外学者重点关注大数据管理的支撑技术、系统平台的设计与优化、各行业领域的应用及存在问题、组织建设、隐私保护、合规性等方面面临的挑战、影响因素及应对策略，形成了涉及技术层面、应用层面和策略层面三个层面的大数据管理研究成果；在大数据规划研究方面，国外学者较多关注大数据技术在规划制定中的辅助作用，不同行业的大数据规划需求、规划方法、规划实施策略等方面。

1.2.2 国内研究综述

以“读秀”“中国知网(包括期刊全文数据库、优秀硕博学位论文库、重要会议全文数据库、重要报纸全文数据库)”为检索平台，采用主题=(“大数据”OR“大数据资源”)AND(“管理”OR“计划”OR“规划”OR“战略”OR“统筹规划”OR“战略规划”OR“发展规划”)为检索式进行主题检索，检索时间为2021年11月28日。经剔除重复及无关文献后，对获取的有效文献进行深入研读，本课题组从大数据管理、大数据战略与规划、大数据资源统筹发展几个方面对与本课题研究相关的文献进行梳理和分析。

---

① Tabesh P, Mousavidin E, Hasani S. Implementing Big Data Strategies: A Managerial Perspective[J]. Business Horizons, 2019, 62(3): 347-358.

② Pant P, Kumar P, Alam I, Rawat S. Analytical Planning and Implementation of Big Data Technology Working at Enterprise Level [C]// Proceedings of Information Systems Design and Intelligent Applications, Springer, 2018: 1031-1043.

1.2.2.1 大数据管理研究

大数据作为新时代的“数字宝矿”，已经成为推动中国经济转型发展的新动力。大数据引领的不仅仅是一场技术变革，更是一场新的管理革命，唯有充分挖掘大数据管理蕴含的价值前景，预估大数据管理面临的风险挑战，并筹谋大数据管理相应的战略对策，才能在这场革命大潮中立于不败之地。① 面对这样的新需求与新挑战，国内学者主要从大数据资源属性着眼，围绕大数据/大数据资源管理的理论基础、技术、平台、框架、体系、制度、方式、建设、服务与共享等内容展开探讨。

(1)大数据(大数据资源)管理理论基础研究

大数据(大数据资源)管理理论基础涉及相关的概念、特征及意义。例如，朱扬勇在《大数据资源》一书中探讨了大数据资源的概念、治理及质量控制等问题，认为典型的大数据资源包括政府数据资源、科学大数据资源、农业数据资源、金融数据资源等。② 邵剑兵等认为大数据资源具有公共资源与非公共资源的双元属性。③ 段忠贤等认为大数据资源产权包括所有权、占有权、管理权和收益权，而处于不同生命周期中的大数据，其产权结构不尽相同。④ 周耀林等认为大数据管理主要是指对大数据从采集、存储到分析利用的整个生命周期的管理，广义的大数据资源管理是指管理主体对大数据资源本身及其开发利用所需的要素进行组织、规划、协调、配

① 林志刚，彭波．大数据管理的现实匹配、多重挑战及趋势判断[J]．改革，2013(8)：15-23.

② 朱扬勇．大数据资源[M]．上海：上海科学技术出版社，2018.

③ 邵剑兵，刘力钢，赵鹏举．大数据资源的双元属性与互联网企业的商业环境重构及战略选择[J]．辽宁大学学报(哲学社会科学版)，2018，46(5)：67-75.

④ 段忠贤，吴艳秋．大数据资源的产权结构及其制度构建[J]．电子政务，2017(6)：23-30.

置和控制的过程。① 张兴旺提出了大数据资产的概念，认为图书馆大数据资产是指在大数据环境下，由过去图书馆管理、服务或各项事项形成的，由图书馆拥有或控制的、预期会给图书馆未来生存与发展带来一定影响的大数据资源，是大数据资源的子集，具有可控制性、可变现性、可量化性、可估值性、可流通性等特征。② 李见恩认为政府加强大数据管理有助于促进政府由“凭经验”决策向“看数据”决策过渡，开展基于人工智能的社会治理，实现服务精准预测与供给，实现社会状况的实时分析及社会事务的及时处理，提升网络舆情引导能力。③ 马亮认为大数据分析技术为政府绩效管理提供了契机，同前大数据时代的传统政府绩效管理模式相比，大数据时代的政府绩效管理模式在许多方面具有显著优势，可以实现以民为本和数据驱动，有力推动了政府绩效持续改进。④ 胡登峰指出大数据资源获取与机会识别是新型产业创新生态系统构建的基础，大数据资源管理是提高产业创新生态系统运行绩效的“催化剂”。⑤

(2)大数据管理技术研究

在大数据管理技术方面，孟小峰等认为大数据是一种基础性资源，大数据处理的基本框架以及云计算技术在大数据管理中具有重要作用。⑥ 姚晓闯探讨了大规模矢量数据资源的管理问题，提出了一套面向大规模矢量数据组织与管理的方法体系和关键技术。⑦ 沈

① 周耀林，赵跃，Zhou Jiani. 大数据资源规划研究框架的构建[J]. 图书情报知识，2017(4)：59-70.

② 张兴旺，廖帅，张鲜艳. 图书馆大数据资产的内涵、特征及其合理利用研究[J]. 情报理论与实践，2019，42(11)：15-20.

③ 李见恩. 政府怎样加强大数据管理[J]. 人民论坛，2018(36)：82-83.

④ 马亮. 大数据时代的政府绩效管理[J]. 理论探索，2020(6)：14-22.

⑤ 胡登峰. 大数据资源管理与新型产业创新生态系统建设[J]. 中国高校社会科学，2021(6)：101-107.

⑥ 孟小峰，慈祥. 大数据管理：概念、技术与挑战[J]. 计算机研究与发展，2013，50(1)：146-169.

⑦ 姚晓闯. 矢量大数据管理关键技术研究[J]. 测绘学报，2018，47(3)：423.

志宏等分析了关联大数据的概念、内涵与特征，认为 NoSQL 数据存储技术、分布式图计算技术、大数据流水线技术以及 gETL 系统的采用，有助于解决关联大数据的管理问题。① 刘光亮等构建了由基础设施层、技术支持层、数据支撑层、业务应用层和用户层 5 个层次组成的烟叶生产大数据管理信息系统，从而实现对多源、多格式烟叶生产大数据的存储、管理与分析。② 向红梅等研究了城市地理时空大数据的管理与应用平台的建设问题，针对不同的地理数据制定适应性的管理方案，并开发了资源创建与管理系统、信息集成共享系统、数据交互应用系统三大实用的应用系统。③ 吴晓英等聚焦数据挖掘技术，构建了基于数据挖掘的大数据管理模型，该模型以 Hadoop 开源平台为支撑，可以有效提高海量复杂数据资源分析的动态性、执行效率与智能水平，进而实现一体化的数据采集、存储与分析。④ 王旸等构建了更具一般性的、可扩展的、系统化的社会化媒体大数据资源模型。⑤ 周晓剑等提出了一种融合 DEA 与 RBF 的预测方法，利用 DEA 对大数据进行预处理，筛选出有效数据，然后利用 RBF 对所得数据进行建模，并与未经预处理的原始数据的预测精度进行比较。⑥ 巴志超等为响应国家安全大数据战略，提出了“大数据集成理论架构→城市数据画像建模→资源池构建与智能推演→数据蜂巢系统规划与开发→面向城市或区域的数据

---

① 沈志宏，姚畅，侯艳飞，吴林寰，李跃鹏．关联大数据管理技术：挑战、对策与实践[J]．数据分析与知识发现，2018，2(1)：9-20.

② 刘光亮，徐茜，徐辰生，等．烟叶生产大数据管理信息系统设计及应用[J]．中国烟草科学，2019，40(2)：92-98.

③ 向红梅，郭明武．城市地理时空大数据管理与应用平台建设技术和方法研究[J]．测绘通报，2017(11)：91-95.

④ 吴晓英，明均仁．基于数据挖掘的大数据管理模型研究[J]．情报科学，2015，33(11)：131-134.

⑤ 王旸，蔡淑琴．社会化媒体平台大数据资源模型研究[J]．管理学报，2018，15(10)：1064-1071.

⑥ 周晓剑，陈烯烯．基于大数据融合 DEA 和 RBF 的预测方法[J]．统计与决策，2020，36(22)：36-39.

集成调研与示范研究”的实现国家安全大数据综合信息集成的技术路径。①

(3)大数据管理平台研究

在大数据管理平台搭建方面，赵丹阳等提出构建以数据存储层、资源整合层、应用服务层和交流沟通层4级体系为架构的病案大数据资源共享平台，认为在平台具体建设过程中，可以采用关注病案大数据间的业务背景联系、综合应用尖端技术和借力现有基础等策略助力取得良好的效果。② 常振臣等研究了轨道交通车辆大数据管理平台的建设与实施问题，从流程规划、业务方案、量化设计、总体方案、数据管理、体系标准和平台推广7个方面系统阐述了该平台的具体实施方案。③ 刘洪霞等聚焦荒漠生态系统大数据资源平台建设与服务问题，从全球、全国、区域或流域、样地四个尺度出发，阐述了荒漠生态系统数据资源整合与挖掘及其数据驱动应用服务的构想，旨在为政府、社会组织、企业与公众等多元主体科学参与荒漠化治理和决策提供有力支撑。④ 蒋昌俊等探讨了大型数据资源服务平台架构及其3个主要组成部分：数据资源识别和获取、数据资源存储和分析、服务支撑平台，并介绍了项目组在面向可信网络金融交易的大型数据分析研究与应用方面所开展的工作。⑤ 余波等以“双一流”高校跟踪评估为切入点，探索大数据驱动下“双一流”高校跟踪评估平台的构建研究，研究了大数据驱动

---

① 巴志超，刘学太，马亚雪，李纲．国家安全大数据综合信息集成的战略思考与路径选择[J]．情报学报，2021，40(11)：39-49.

② 赵丹阳，姚健．病案大数据资源共享平台构建探析[J]．浙江档案，2017(4)：18-20.

③ 常振臣，逯骁，张海峰．轨道交通车辆大数据管理平台建设与实施[J]．城市轨道交通研究，2019，22(2)：1-4.

④ 刘洪霞，冯益明，曹晓明，卢琦，纪平，侯瑞霞．荒漠生态系统大数据资源平台建设与服务[J]．干旱区资源与环境，2018，32(9)：126-131.

⑤ 蒋昌俊，丁志军，王俊丽，闫春钢．面向互联网金融行业的大数据资源服务平台[J]．科学通报，2014，59(36)：3547-3554.

下双一流高校跟踪评估平台的构建及其功能和作用。①

(4)大数据管理框架构建研究

在大数据管理框架构建方面，孙想等针对畜禽诊断大数据资源存在的组织、共享与分析难题，提出了一套基于云服务架构的智能信息服务模式，并构建了云环境下的畜禽大数据管理和逻辑访问框架。② 迪莉娅提出应从国家战略规划层面制定我国的政务大数据发展策略，为提升政府的数据管理与应用能力提供支持。③ 王红梅认为大数据信息资源管理需要适应历史发展趋势，由传统的信息资源管理模式向知识服务模式转变，从而适应用户在大数据时代的知识服务获取需求，促进大数据资源实现有效利用。④ 张桂刚等提出了一种云环境下的海量数据资源管理框架，包含资源物理存储和逻辑存储、副本管理与迁移、海量存储网划分和负载均衡、资源虚拟化、用户资源使用方式及其资源组合等云环境下的数据资源管理的各个方面。⑤

(5)大数据管理体系建设研究

在大数据管理体系建设方面，曾子明等针对公共安全大数据资源管理体系建设较为滞后，且存在适应性改革欠缺问题，提出构建基于主权区块链网络的公共安全大数据资源管理体系，旨在实现公共安全数据从采集、处理、高效交互到智慧共用全过程的有效管理。⑥ 顾伟华等聚焦城市轨道交通大数据建设问题，认为科学的大

---

① 余波，赵蓉英，王旭，李丹阳．大数据驱动下“双一流”高校跟踪评估平台构建研究[J]．重庆大学学报(社会科学版)，2021(2)：122-132.

② 孙想，吴华瑞，李庆学，郝鹏．云环境下畜禽诊断大数据管理与服务机制[J]．计算机工程与设计，2018，39(11)：3584-3589.

③ 迪莉娅．我国大数据产业发展研究[J]．科技进步与对策，2014，31(4)：56-60.

④ 王红梅．基于知识创新的大数据资源管理系统研究[J]．管理观察，2018(26)：98-99.

⑤ 张桂刚，李超，张勇，邢春晓．云环境下海量数据资源管理框架[J]．系统工程理论与实践，2011，31(S2)：28-32.

⑥ 曾子明，万品玉．基于主权区块链网络的公共安全大数据资源管理体系研究[J]．情报理论与实践，2019(8)：110-115.

数据体系是城市轨道交通大数据资产有效形成、管控和应用的基础保障，认为城市轨道交通大数据建设应遵循统筹管理、数据治理、数据资源服务目录、数据开放共享、信息安全管理、大数据基础设施建设、人才培养等要点。① 李树栋等探讨了大数据管理的安全保障研究，要求制定具有针对性的大数据安全保障和防护体系，并积极开展大数据安全相关标准的研究与制定工作。② 化柏林等在充分分析公共文化大数据资源的基础上，对公共文化服务大数据的类型与分布进行分析，提出一个由数据来源层、系统集成层、数据融合层、存储层、应用层五个层次构成的公共文化服务大数据集成架构。③

(6)大数据管理机制创新研究

在大数据管理机制创新方面，蒋余浩综合运用财产规则和责任规则，构建了包括三项基本原则、两个交换平台、四条保护规则的“三—二—四”型政务大数据管理机制。④ 徐宗本等认为大数据是未来人类社会最重要的资源，大数据资源的共享机制及其信息孤岛互联技术是当今大数据研究的前沿课题之一，提出了需要从资源管理和政策的角度，针对大数据生态系统及其开放共享机制、大数据质量与价值评估、大数据权属与隐私 3 个方面开展基础和应用研究，以便有效地挖掘大数据所蕴含的巨大价值。⑤ 肖炯恩等从政府数据资源管理存在的资源壁垒及管理理念障碍等问题入手，提出涵盖基础层、数据层和服务层的政府全量数据资源管理的框架，并构

---

① 顾伟华，黄天印，郭鹏，赵时旻．城市轨道交通大数据体系建设的思考[J]．城市轨道交通研究，2018，21(9)：1-4.

② 李树栋，贾焰，吴晓波，李爱平，杨小东，赵大伟．从全生命周期管理角度看大数据安全技术研究[J]．大数据，2017，3(5)：3-19.

③ 化柏林，赵东在，申泳国．公共文化服务大数据集成架构设计研究[J]．图书情报工作，2020，64(10)：3-11.

④ 蒋余浩．开放共享下的政务大数据管理机制创新[J]．中国行政管理，2017(8)：42-46.

⑤ 徐宗本，冯芷艳，郭迅华，曾大军，陈国青．大数据驱动的管理与决策前沿课题[J]．管理世界，2014(11)：158-163.

建包括用户角色管理机制和数据交换流程机制在内的政府全量数据共享交换管理机制。① 夏义堃分析了大数据局的模式与运行机制，指出我国大数据局模式应在吸取首席数据官制度经验的基础上，在职责目标的优化明晰、权限结构的整体布局和数据驱动型政府建设的增强落地方面进一步改进。②

(7)大数据资源管理方式研究

在大数据资源管理方式方面，李见恩认为政府加强大数据管理需要深刻认识大数据管理工作，加快培育大数据管理人才，优化大数据管理保障措施。③ 杨善林等从管理视角出发，认为大数据资源具备六大管理特征，存在获取问题、加工问题、应用问题、产权问题、产业问题和法规问题等管理问题。④ 穆勇等提出了数据资源化管理的概念，认为可以从数据资源资产属性、权属界定、价值评估、会计核算、数据交易等关键问题着手分析，进而推进数据实现资源化管理。⑤ 韩丽华等以大数据背景的信息资源特征为基本研究出发点，挖掘数据科学与信息资源管理的关联，利用数据挖掘和数据分析以及新兴的智慧服务，构建了大数据背景下信息资源管理“物联网+大数据创新模式”“数据挖掘技术+信息资源融合模式”“技术框架+用户核心的信息服务模式”三种创新模式。⑥

(8)大数据资源建设、服务与共享研究

在大数据资源建设、服务与共享研究方面，常大伟认为面向政

① 肖炯恩，吴应良．大数据背景下的政府数据治理：共享机制、管理机制研究[J]．科技管理研究，2018，38(17)：195-201.

② 夏义堃．论政府首席数据官制度的建立：兼论大数据局模式与运行机制[J]．图书情报工作，2020，64(18)：21-29.

③ 李见恩．政府怎样加强大数据管理[J]．人民论坛，2018(36)：82-83.

④ 杨善林，周开乐．大数据中的管理问题：基于大数据的资源观[J]．管理科学学报，2015，18(5)：1-8.

⑤ 穆勇，王薇，赵莹，邵熠星．我国数据资源资产化管理现状、问题及对策研究[J]．电子政务，2017(2)：66-74.

⑥ 韩丽华，魏明珠．大数据环境下信息资源管理模式创新研究[J]．情报科学，2019，37(8)：158-162.

府决策的大数据资源建设在理论研究与实践推进方面存在诸多障碍，提出应构建涵盖基础设施层、数据层、数据处理层、数据应用层、综合保障层五个层面的面向政府决策的大数据资源建设内容框架。① 陈祖琴等从图书馆视角出发，针对大数据资源共建共享面临的数据格式不统一、安全及隐私保护等问题，探讨图书馆发展历程中的经验对于大数据资源共建共享的启示，提出围绕"藏""用""法"的大数据资源共建共享模式，并建议从数据保存、合理使用、隐私保护三个层面关注大数据立法。② 高国伟等借鉴和引入数据策展模型，采用数据即服务（DaaS）的理念，运用大系统综合集成的方法构建了面向政府大数据管理机构的数据即服务（DaaS）体系模型，包括用户导向，服务流程，服务蓝图，大数据潜力、容量和竞争与协同，安全和隐私五部分。③ 薛四新等指出大数据环境下政府机构对档案管理机构"一对一"的同步归档模式将转变为归档业务驱动下的电子档案异步传输与数据迁移模式，逐渐形成了电子政务系统的顶层设计、集约建设和政府信息资源集成管理与有效利用的政务信息化工作新生态。④

1.2.2.2 大数据战略研究

伴随着国家大数据发展战略的布局和落地实施，我国大数据应用领域不断拓宽，特色集聚化发展格局逐步形成。中国工程院院士邬贺铨提出，"大数据与日俱增，不以人的意志为转移，但大数据的应用先需要有明确的需求，务实的规划，合理的技术路径，高效

---

① 常大伟．面向政府决策的大数据资源建设研究[J]．图书馆学研究，2018(13)：28-32.

② 陈祖琴，蒋勋，苏新宁．图书馆视角下的大数据资源共建共享[J]．情报杂志，2015，34(4)：165-168.

③ 高国伟，竺沐雨，段佳琪．基于数据策展的政府大数据服务规范化体系研究[J]．电子政务，2020(12)：110-120.

④ 薛四新，黄丽华．大数据环境下政府信息资源归档模式研究[J]．中国档案，2021(5)：66-68.

的运维管理，精准的应用服务”①。在此背景下，与大数据发展息息相关的战略规划的制定、实施等问题也开始引起国内学者的关注，围绕国家、地方及行业层面的大数据战略制定与实施，面向规划的大数据分析与应用，大数据规划方法、模型等主题展开研究。

(1)国家层面的大数据战略研究

在大数据战略制定研究方面，沈国麟从数据主权的重要性出发，认为中国应从国家层面构建大数据战略体系，维护和实现中国的国家利益。② 陈明奇从国家发展战略、国家安全战略和国家ICT产业三个层面分析了美国大数据战略的特点，并对中美两国的大数据措施进行对比，认为我国应结合实际情况制定适合的大数据战略和发展路径，进而形成良好的大数据发展环境。③ 闫建认为应借鉴发达国家在大数据发展上的顶层设计、政策执行、发展应用、法律法规和人才培养等方面的经验，从国家战略需求出发，建立大数据管理专门机构，强化顶层设计，统筹推进大数据发展，并从大数据开发平台建设、公共服务大数据应用、大数据法律法规制定、大数据实用人才培养等多个方面提出相关建议。④ 李一男依据PV-GPG框架，认为我国的大数据战略应由政府主导，社会主体共同参与构建。⑤ 魏凯认为我国大数据发展在数据资源丰富程度、数据开放程度、大数据技术水平、大数据法律法规建设等方面存在突出问题，需要从促进大数据资源开放与流通、深化行业大数据应用、突破大数据关键技术产品、完善大数据法律法规、保障大数据安全五大方

① 转引自：谢朝阳．大数据：规划、实施、运维[M]．北京：电子工业出版社，2018.

② 沈国麟．大数据时代的数据主权和国家数据战略[J]．南京社会科学，2014(6)：113-119.

③ 陈明奇．大数据国家发展战略呼之欲出——中美两国大数据发展战略对比分析[J]．人民论坛，2013(15)：28-29.

④ 闫建，高华丽．发达国家大数据发展战略的启示[J]．理论探索，2015(1)：91-94.

⑤ 李一男．世界主要国家大数据战略的新发展及对我国的启示——基于PV-GPG框架的比较研究[J]．图书与情报，2015(2)：61-68.

面完善国家大数据战略。① 梁卓在论述我国战略生物资源大数据及应用问题时指出，生物资源是国家重要的战略性资源，以中国科学院战略生物资源服务网络建设为契机，形成了包括数据管理规范、数据汇集平台、数据门户和数据可视化系统在内的一套完整的数据生态，从而有效地促进了中国科学院战略生物资源数据的集成、共享、挖掘和利用。② 易成岐等从数网、数枢、数链、数脑、数盾五个方面解析了全国一体化大数据中心协同创新体系总体框架，基于“聚焦一条主线、把握两大定位、实现三个一体化”视角阐述了全国一体化大数据中心协同创新体系的战略价值。③

(2)国家和地方层面的大数据战略研究

在国家和地方层面的大数据战略实施方面，李信将霍尔模型应用于大数据战略的实施研究，探讨了大数据战略的“三点撑一”框架和三维空间结构，并从时间维度、逻辑维度和知识维度出发对大数据战略进行了整体归纳，旨在为我国政府、企业及高校高效地、顺利地实施大数据战略提供参考。④ 宁家骏从推动国家大数据资源开放共享、强化政府大数据应用和加快信息惠民工程实施等方面阐述了推进我国大数据战略实施的重要举措和具体内容。⑤ 周世佳等提出了山西省实施大数据战略的具体路径，包括加大政策引导力度、尽快制定省域大数据战略规划，以智慧城市建设为契机、加大信息基础设施建设力度，鼓励科学研究、吸引大数据人才入晋。⑥

---

① 魏凯．对大数据国家战略的几点考虑[J]．大数据，2015，1(1)：115-121.

② 梁卓，褚鑫，曾艳，周桔，马俊才．我国战略生物资源大数据及应用[J]．中国科学院院刊，2019，34(12)：1399-1405.

③ 易成岐，窦悦，陈东，等．全国一体化大数据中心协同创新体系：总体框架与战略价值[J]．电子政务，2021(6)：2-10.

④ 李信．基于霍尔模型的大数据战略实施体系构建[J]．数字图书馆论坛，2016(6)：28-33.

⑤ 宁家骏．推进我国大数据战略实施的举措刍议[J]．电子政务，2015(9)：2-5.

⑥ 周世佳，殷杰．山西省实施大数据战略：优势、差距及路径[J]．理论探索，2014(4)：108-111.

李月等认为，地方政府在大数据战略方向与推进路径的选择上，应强化问题导向、理性发展大数据，突出自身优势、关注区域分工与合作，加深对大数据的认识、突出数据价值，关注政策落地、制定监督和问责机制。①

(3)行业层面的大数据战略研究

在行业层面的大数据战略实施方面，赵振营认为制定档案馆大数据战略的框架包括构建云计算平台、进行大数据处理和结果显示三个主要步骤，并提出包括数据存储、数据处理和数据传输三个方面在内的大数据战略实施路径。② 李娟认为在基于生态危机治理的大数据战略推进方面，必须前瞻性地为大数据战略推进制定制度规范，制定与时俱进的数据政策，恰当处理数据共享与数据安全之间的关系，加强数据技术创新与数据基础建设，建立生态数据法律法规体系。③ 吴晓光等提出金融大数据战略实施的关键在于做好数据的顶层设计，打破固有业务边界和思维模式的限制，围绕目标最大限度地推动各类数据的共享和融合，实现对数据的统一管理。④ 孟庆麟提出出版行业需要转变观念并加快人才培养，出版企业需要选择适合的大数据发展策略。⑤ 何湾认为大数据时代制造业企业经营环境发生了翻天覆地的变化，为企业战略管理提供了丰富的信息资源，通过对这些海量数据的发掘和分析，能够快速捕捉企业未来发展方向和关键战略环节，提升企业的市场核心竞争力。⑥ 曹平等指出大数据是信息技术产业发展的重要方向，本质上是创新知识发掘

① 李月，侯卫真，李琳琳．我国地方政府大数据战略研究[J]．情报理论与实践，2017，40(10)：31-35.

② 赵振营．档案馆实施大数据战略实践的路径分析[J]．北京档案，2016(7)：24-26.

③ 李娟．生态危机治理的大数据战略[J]．理论探索，2016(2)：76-81.

④ 吴晓光，王振．金融大数据战略的关键[J]．中国金融，2018(7)：58-59.

⑤ 孟庆麟，刘巍．新时代出版业与大数据战略[J]．中国出版，2018(13)：21-24.

⑥ 何湾．大数据在制造业企业战略管理中的应用[J]．辽宁大学学报(哲学社会科学版)，2020，48(5)：76-81.

和企业知识管理的全面提升。大数据战略对信息技术企业和大型企业的创新促进作用更加突出。①

1.2.2.3 大数据规划研究

从已有的研究成果看，国内关于大数据规划的研究主要集中在大数据规划方法与模型，以及面向城市规划的大数据应用研究。

周耀林等研究了面向政府决策的大数据资源规划问题，认为面向政府决策的大数据资源规划模型的构建主要涉及规划模型框架构建、规划模型内容建设、规划模型具体应用、规划模型调整迭代四个阶段的主要内容。② 王正青等认为应借鉴美国教育大数据战略的实施经验，制定我国教育大数据方面的指导性政策。③ 周耀林等认为大数据时代的信息资源规划将上升至战略层面，在进行信息资源规划过程中需要明确规划主体的层次性、把握规划对象的多V性、具有清晰明确的规划目标、运用多样化的规划手段，同时在未来研究中应重点加强大数据资源规划的基础理论、大数据资源规划的模型方法的研究。④ 商皓等研究了电网供应链大数据应用的规划方法问题，提出该领域的大数据应用规划应遵循数据需求分析、数据质量分析、数据分类整合、数据应用价值分析的整体思路。⑤ 荣芳阐释了政府大数据的规划方法，提出需要通过梳理业务库、主题库、共性库等进行数据资源规划与设计，通过数据管理、数据交换、数据查询服务、统计分析及决策支持进行数据中心功能规划，旨在实

---

① 曹平，陆松，梁明柳．大数据战略、知识管理能力与中国企业创新[J]．产经评论，2021，12(2)：102-119.

② 周耀林，常大伟．面向政府决策的大数据资源规划模型研究[J]．情报理论与实践，2018，41(8)：42-47.

③ 王正青，徐辉．大数据时代美国的教育大数据战略与实施[J]．教育研究，2018，39(2)：120-126.

④ 周耀林，赵跃，段先娥．大数据时代信息资源规划研究发展路径探析[J]．图书馆学研究，2017(15)：35-41.

⑤ 商皓，雷明，马海超，刘俊杰，周若馨．电网供应链大数据应用规划方法研究[J]．中国电力，2017，50(6)：69-74.

现知识管理和数据分析决策。① 谢朝阳对企业大数据系统的规划、建设、运维和应用等问题进行了深入解读，提出了一整套从规划到实施再到后续运维的技术路线与策略。② 秦萧在探讨国土空间规划大数据应用方法框架时，引入能够直接反映人类活动时空变化的大数据，重点从国土空间适宜性评价、生态空间规划、农业空间规划及城镇空间规划四个环节探讨了大数据应用的方向与具体方法框架，强调自然空间+社会经济活动相互作用下的国土空间规划编制的科学化路径。③

在面向规划的大数据分析与应用研究方面，主要集中在城市规划这一特定的场景。例如，施卫良讨论了大数据技术介入城市规划的方式和应用场景，认为在规划编制阶段，大数据能够提供更多的辅助数据资源。④ 席广亮等聚焦大数据与城市规划创新，认为大数据将推动城市规划在思维方式、价值导向及技术方法等方面的创新，具体而言，大数据可以为城市规划调研过程提供新的技术平台和手段，创新空间分析方法和研究手段，创新公众参与方式，促进部门规划的整合和协同，引导动态的城市仿真模拟。⑤ 席广亮等提出大数据带来了城市规划评估思路与方法的转变，提出了一个基于多源数据整合、多主体参与的城市规划评估框架，并提出通过大数据进行城市系统运行的动态监测评估、规划实施成效评估、城市宜居性与可持续发展能力评价等思路方法。⑥ 袁

① 荣芳．试论政府大数据规划与设计[J]．信息与电脑(理论版)，2015(13)：101-102.

② 谢朝阳．大数据规划、实施、运维[M]．北京：电子工业出版社，2018.

③ 秦萧，甄峰，李亚奇，陈浩．国土空间规划大数据应用方法框架探讨[J]．自然资源学报，2019，34(10)：2134-2149.

④ 施卫良．专访施卫良：城市规划转型中的大数据规划实践[J]．建筑创作，2018(5)：8-11.

⑤ 席广亮，甄峰．过程还是结果？——大数据支撑下的城市规划创新探讨[J]．现代城市研究，2015(1)：19-23.

⑥ 席广亮，甄峰．基于大数据的城市规划评估思路与方法探讨[J]．城市规划学刊，2017(1)：56-62.

源等构建了基于弹性和效率的大数据应用框架，并分析了宏观与微观尺度下的实践场景，认为大数据技术方法在国土空间规划编制、落实区域协调发展、乡村振兴、可持续发展等国家重大战略中具有重要作用。① 冯意刚等构建了一套“对象—问题—数据—模型—目标”的大数据应用范式，建立了一套完整、可操作的大数据规划应用体系。②

1.2.2.4 大数据资源统筹发展研究

据统计，在国务院印发的《促进大数据发展行动纲要》中，与“统筹发展”一词高度相关的“统筹规划”“统筹协调”“统筹管理”“统筹利用”等词汇累计出现14次，由此可见，统筹发展在我国大数据战略制定与实施中具有非常重要的地位。

时至今日，大数据早已不只是一个技术问题。对大数据资源的规划管理涵盖资源收集与加工、分析与处理、挖掘与利用等全生命周期，同时还涵盖政策支持、产业发展、法规建设、组织管理、文化建设、安全保障、产权界定、隐私保护等方方面面。在此背景下，加强大数据资源的统筹发展研究可谓至关重要。

从文献调研情况来看，研究大数据统筹规划的成果并不多见。代表性成果集中在统筹规划的重要性、原则与对策方面，例如，庄荣文认为落实《促进大数据发展行动纲要》，关键在于加强战略统筹，形成政策合力。③ 崔伟针对教育领域面临的大数据治理问题，认为需要坚持统筹规划和创新发展的原则。④ 徐志发提出应加强大

① 袁源，王亚华，周鑫鑫，张小林．大数据视角下国土空间规划编制的弹性和效率理念探索及其实践应用[J]．中国土地科学，2019，33(1)：9-16.

② 冯意刚，喻定权，张鸿辉，黄军林．城市规划中的大数据应用与实践[M]．北京：中国建筑工业出版社，2017.

③ 庄荣文．抓好大数据发展战略统筹形成政治合力[J]．信息安全与通信保密，2015(12)：19.

④ 崔伟．教育大数据应用行动要坚持“统筹规划、创新发展”——落实教育大数据应用所面临的困境[J]．中小学信息技术教育，2018(9)：15-17.

数据统筹规划，提升大数据安全保障能力。① 周耀林、常大伟认为大数据资源统筹发展在理论认知、法律制度、组织管理和技术方法方面面临困境，并从大数据资源统筹发展认知水平提升、机制创新、保障体系构建及实施效果提升等方面提出应对之策。② 也有成果以行业切入，提出了行业大数据层面的统筹规划。例如，谢俊奇分析了北京市“智慧国土”的主要经验做法，包括坚持“大统筹格局”、狠抓“大数据基础”和强化“大融合理念”。③

总体来看，无论是在大数据治理、大数据战略、大数据规划还是大数据资源统筹发展研究方面，国内学者均侧重于从中观和宏观层面出发对其中涉及的问题展开探讨，致力于为我国大数据资源管理、大数据战略制定提供一般性的建议。此外，以政府、国土、法律、金融、文化、教育等行业为结合点，部分学者探讨了政府和这些行业实施大数据规划和管理的必要性、模式以及经验设想。现有的成果中，关于大数据资源规划理论研究、大数据统筹发展研究方面的成果并不多见。

1.2.3 国内外研究述评

从国内外文献调研情况来看，伴随大数据的广泛应用、国家大数据战略的纷纷出台以及企业对大数据战略规划重视程度的不断加深，关于大数据资源规划与统筹发展相关的研究逐渐引起国内外学术界的广泛关注。

目前看来，国内外关于大数据管理、大数据战略制定的研究成果并不少见，主要集中在大数据管理技术、应用和策略制定方面，围绕大数据技术、大数据平台、大数据框架、大数据建设方式、大

① 马红丽．徐志发：加强大数据的统筹规划[J]．中国信息界，2017(1)：26.

② 周耀林，常大伟．大数据资源统筹发展的困境分析与对策研究[J]．图书馆学研究，2018(14)：66-70.

③ 谢俊奇，尹岷，李建林．大统筹、大数据、大融合，北京智慧国土的探索与实践[J]．国土资源信息化，2016(6)：7-10.

数据服务与共享等内容展开了探讨，既有宏观方面的研究，也有微观方面的研究，可以为国家层面、地区层面及行业领域的大数据资源管理提供参考。

与此同时，与大数据管理、大数据战略研究相关的大数据资源规划、大数据统筹发展的研究则处于起步阶段，与之直接相关的研究成果并不多见。国外学者较多关注大数据技术在规划制定中的辅助作用、不同行业的大数据规划需求与实施。国内学者主要围绕国家层面的大数据战略制定与实施、各地方及各行业层面的大数据战略实施展开研究。总体看来，国内外关于大数据资源规划的成果都不多见，关于大数据资源统筹发展的研究成果更为少见。除此之外，大数据资源规划与统筹发展方面的研究成果还存在以下问题：

(1)大数据资源规划与统筹发展的研究定位有待明确

国内外学者围绕大数据资源规划与统筹发展这一主题开展的相关研究，涉及宏观、中观和微观三个层面，涵盖政策、技术、组织、文化等多重视角，但研究定位始终有待明确，直接影响到大数据资源规划与统筹发展研究基础的夯实及研究方向的把握。

具体而言，在研究的概念与范畴方面，大数据与大数据资源、大数据管理与大数据资源管理、大数据规划与大数据资源规划在本质上是不同的，但在研究中，除周耀林等极少数学者对大数据资源、大数据资源规划、大数据资源统筹发展等进行概念界定和辨析之外，鲜有研究成果是基于对上述概念与范畴的清晰把握而开展的，多数研究存在概念和范畴模糊不清等问题，甚至存在混为一谈等情况，从而直接影响到研究定位的确定。在研究的需求与障碍方面，由于大数据资源规划与统筹发展研究来源于实践活动，同时其研究目的也是为实践活动提供指导和参考，这就决定了在研究正式开始之前必须进行充分的研究需求调研与研究障碍分析，使得研究能切合实际、切中要害，形成针对性较强的研究成果。但纵观国内外该领域的相关研究，对需求与障碍问题虽有所触及但较为泛化，系统性和深入性均有所欠缺，这就导致该领域研究存在定位不清的问题。

(2)大数据资源规划与统筹发展的理论研究较为薄弱

国内外学者在大数据资源规划与统筹发展研究中，围绕国家层面和行业发展层面的大数据战略规划的制定与实施等问题展开理论探讨，也有学者就大数据资源规划研究框架的构建、面向政府决策的大数据资源规划模型的构建以及大数据资源统筹发展的困境与对策等开展了相关的理论研究，但从整体来看，关于该领域的直接理论研究成果依然较少，理论研究基础仍较为薄弱。

一方面，大数据资源规划的理论体系有待构建。大数据资源规划理论研究涉及战略规划理论等相关理论基础的梳理及其适用性研究，大数据资源规划的主体、客体、功能、原则、方法、模型研究等方方面面，而现有的研究成果对于上述部分内容，诸如大数据资源规划理论研究框架、大数据资源规划模型等有所涉及，但系统全面研究上述内容的直接研究成果尚未出现，大数据资源规划理论体系有待搭建。

另一方面，基于规划的大数据资源统筹发展研究明显不足。通过对当前国内外关于大数据资源规划与统筹发展研究成果的梳理和分析发现，学者或研究大数据资源规划的方法与模型，或研究大数据战略的制定与实施，或研究大数据资源统筹发展的建议与策略，而将大数据资源规划理论与大数据资源统筹发展实践结合开展的研究尚未出现，这一关键研究内容的缺失，使得关于大数据资源规划与统筹发展的理论研究较为薄弱。

(3)大数据资源规划与统筹发展的研究深度尚且不够

国内外在大数据资源规划与统筹发展这一领域开展的相关研究，涵盖大数据管理、大数据规划与大数据资源统筹发展三个主要方面，但研究深度尚且不够。

一方面，较多倾向于“宏观性”论述与“建议式”研究。国内外相关学者从国家层面或组织层面出发，对大数据资源规划与统筹发展中涉及的政策制定、技术提升、法规完善、组织构建、文化发展等多方面的问题进行了探讨，但是研究较多倾向于“宏观性”和“建议性”的论述，缺乏对实践发展需求的调研分析与精准把握，提出的发展对策缺乏针对性和深入性。

另一方面，大数据管理与大数据规划、统筹发展的研究存在不平衡的现象。大数据资源规划与统筹发展研究是一项实践性很强的课题，旨在为规划与统筹发展实践提供有效的指导。而目前该领域围绕大数据管理与大数据资源管理开展的研究较多，而围绕大数据规划、大数据资源规划和大数据资源统筹发展开展的研究较少。这些直接相关的研究成果主要涉及大数据分析技术在各类规划制定中的应用研究及相关战略规划的分析与解读，而直接研究大数据资源规划与统筹发展的基本框架、可供操作的规划方法以及可以实现的规划模型等相对更少，仅有的少量研究成果也主要为基本思路及描述性方法研究，缺乏系统性和理论深度。

正是由于上述问题的存在，明晰大数据资源规划与统筹发展研究的基本定位、构建大数据资源规划理论体系，阐明基于规划的大数据资源统筹发展路径，对于促进该领域研究成果的丰富化、系统化和深入化至关重要且极为迫切。为此，本课题组在总结已有研究成果的基础上，以“大数据资源规划理论与统筹发展研究”为主题，旨在通过探究大数据资源规划与统筹发展的需求与障碍，构建大数据资源规划理论体系与基本模型，设计基于规划的大数据资源统筹发展的实现路径、保障体系及应用场景等，为大数据资源规划实践发展与统筹推进提供理论借鉴和实践参考。

1.3 相关概念界定

概念是反映事物特有属性(固有属性或本质属性)的思维形态,[①] 是客观事物的本质在人们头脑中的反映，构成了认识事物的前提和基础。对核心概念的内涵和外延予以界定和把握，进一步明晰其“所谓”和“所指”，是任何一项科学研究的逻辑起点和基本前提。自大数据兴起之后，如何对这一数据“金矿”资源实施有效规划、管理以实现统筹发展，已成为学界、业界面临的重要课题。然而，大数据作为一场颠覆性的技术革命和思维变革，已经渗透到社

① 金悦霖．形式逻辑[M]．北京：人民出版社，1979：18.

会的各行各业，与之相关的概念也往往因研究者所处行业、领域等不同而存在理解上的差异。因而，对大数据资源规划理论与统筹发展研究中涉及的诸如“大数据”“大数据资源”“数据资源规划”“大数据资源统筹发展”等核心概念在系统梳理的基础上加以界定和解析，是一项最为基础又极为必要的工作。

1.3.1　大数据

“大数据”一词现如今可谓炙手可热，大数据时代伴着铿锵有力的节奏引领了世界的新潮流。① 据新浪微热点统计，“大数据”一词在2017年度中文互联网中被提及2542万次，其中，以大数据技术为核心的“人工智能”成为2017年我国十大战略趋势之一，该词网络传播热度指数高达23.77。② 然而火热的背后，我们仍需冷静思考何为大数据的问题？截至目前，关于大数据这一概念尚且没有统一的定义，国内外行业专家和研究学者往往从各自所处领域出发以不同的视角加以解读，因而，对这些不同见地加以梳理，对其特征加以把握，有助于对大数据的内涵形成更为清晰的认识。

1.3.1.1　大数据的起源与发展

大数据的产生是互联网发展和信息数据化的结果，③ 是信息技术掀起的新浪潮。涂子沛认为，1966年摩尔定律的提出，人类保存数据的能力增强，是形成大数据现象的物理基础；1989年兴起的数据挖掘，人类生产数据的能力增强，是让大数据产生“大价值”的关键；2004年出现的社交媒体，人类使用数据的能力增强，

① 黄颖．一本书读懂大数据[M]．长春：吉林出版集团有限责任公司，2014：1.

② 搜狐．2017年度大数据全网十大热词发布，看看去年大家最关心啥[EB/OL]．[2020-07-17]．http：//www.sohu.com/a/233297267_119665.

③ 海天电商金融研究中心．玩转大数据：商业分析+运营推广+营销技巧+实战案例[M]．北京：清华大学出版社，2017：2.

是大数据“大容量”形成的主要原因。①

进入 21 世纪，大数据开始展现出前所未有的影响力并逐渐渗透到社会的各行各业。2008 年 9 月，*Nature* 杂志推出大数据专刊，探讨了大数据在数理、生化、工程以及社会人文等领域的应用前景，大数据从此进入国际主流学术圈的研究视野。② 2011 年 2 月，*Science* 推出《数据处理》(*Dealing with Data*)专刊，围绕研究数据的海量增加展开了一系列的讨论。③ 2011 年 5 月，世界著名咨询机构麦肯锡(McKinsey & Company)发布《大数据：下一个创新、竞争和生产力的前沿》研究报告，对“大数据”这一概念做了系统阐述。④ 这是专业机构首次对大数据的认知与阐释，此后大数据开始成为各行各业关注的焦点。

2012 年 1 月，瑞士达沃斯召开世界经济论坛，发布了《大数据，大影响》的报告，宣称数据已经成为一种新的经济资产类别。2012 年 3 月 29 日，美国政府发布《大数据研究和发展计划》(*Big Data Research and Development Initiative*)，提出“将提升美国利用收集的庞大而复杂的数字资料提炼真知灼见的能力，协助加速科学、工程领域创新步伐，强化美国国土安全，转变教育和学习模式”。⑤ 自此，“大数据”这一概念开始从专业技术术语上升至国家科技战略层面。

2012 年，IT 研究与顾问咨询公司高德纳(Gardner)使用 3V(Volume、Velocity、Variety)对大数据进行定义，认为大数据是高

---

① 涂子沛．数据之巅：大数据革命，历史、现实与未来[M]．北京：中信出版社，2014：269.

② 廖鲽尔，王嘉兴．“数据驱动”思维下的新闻演绎：一项基于人民网、新浪网、《卫报》数据新闻实践的比较研究[EB/OL]．[2020-07-17]．http：//media.people.com.cn/n1/2016/0309/c402792-28184805.html.

③ 科学网．《科学》推出“数据处理”专题[EB/OL]．[2020-07-17]．http：//news.sciencenet.cn/htmlnews/2011/2/243737.shtm.

④ McKinsey Global Institute. Big Data：The Next Frontier for Innovation，Competition[R]．McKinsey & Company，2011：5.

⑤ 王忠．美国推动大数据技术发展的战略价值及启示[EB/OL]．[2020-07-17]．http：//theory.people.com.cn/GB/82288/83853/83865/18250483.html.

容量、高速度或多样性的信息资产，需要具有成本效益的、创新的信息处理形式，以增强洞察力、决策能力和过程自动化，① 并将大数据视作一种信息资产，对其特征进行了概括总结。

2012年，维克托·迈尔·舍恩伯格在《大数据时代：生活、工作思维的大变革》中指出，“大数据是人们获得新的认知，创造新的价值的源泉；大数据还是改变市场、组织结构，以及政府与公民关系的方法”，并前瞻性地提出大数据时代迎来的三大转变：不是随机抽样而是全体数据、不是精确性而是混杂性、不是因果关系而是相关关系，大数据正带给我们生活、工作和思维的转变。② 此后，大数据在各行业、各职能领域的地位愈发重要。

2015年8月，中华人民共和国国务院印发《促进大数据发展行动纲要》，认为大数据是以容量大、类型多、存取速度快、应用价值高为主要特征的数据集合，正快速发展为对数量巨大、来源分散、格式多样的数据进行采集、存储和关联分析，并从中发现新知识、创造新价值、提升新能力的新一代信息技术和服务业态。

此外，随着大数据应用范围的不断拓展，行业大数据日益引起政府部门和专业领域的关注，正在成为大数据应用的新方向。例如，2020年4月，《工业和信息化部关于工业大数据发展的指导意见》指出，工业大数据是工业领域产品和服务全生命周期数据的总称，为促进工业数字化转型、激发工业数据资源要素潜力、加快工业大数据产业发展提供了重要动力。再如，2020年6月，《国务院办公厅关于促进和规范健康医疗大数据应用发展的指导意见》指出，健康医疗大数据是国家重要的基础性战略资源，推进健康医疗大数据应用发展将带来健康医疗模式的深刻变化。

① Gartner. Big Data[EB/OL]. [2020-07-17]. https://www.gartner.com/it-glossary/big-data.

② [美]维克托·迈尔·恩伯格，肯尼斯·库克耶. 大数据时代：生活、工作思维的大变革[M]. 盛杨燕，周涛，译. 杭州：浙江人民出版社，2013.

1.3.1.2 大数据的概念界定

理论来源于实践。随着大数据向各行业、各领域的加速渗透和全面辐射，人们对“大数据”的认知也不仅仅局限于表意层面，而是向更为深入的方向拓展，将其视为一种重要资产、一种战略资源或一种思维模式，或从更为宏观、更为综合的视角进行考量。总体而言，近年来，学界和业界对大数据的相关探讨主要体现在涵盖大数据技术特性及数据来源、数据存储和数据处理与分析的技术层面，涵盖数据价值、数据资产、战略资源、新思维、新方法等非技术层面，以及从资源、技术、应用等宏观视角考量的综合层面等。

(1)技术层面

互联网是大数据应用的发源地，搜索引擎是最早的大数据应用，其不断发展推动谷歌在 2000 年左右提出了 MapReduce/BigTable 等技术，由此开启了大数据技术发展的新篇章,① 因而，学界和业界对“大数据”这一概念的探讨多聚焦于技术领域，包括大数据的技术特性及数据处理各环节。

在技术特性方面，Gartner 于 2012 年率先使用 3V(volume、velocity、variety)来定义大数据，认为大数据具有高容量、高速度和多样性特征。② 此后，IDC 为强调从现有大数据中获取经济利益的重要性，又增加了“价值”(value)特性。③ White M 则建议加入第五维度“准确性”(veracity)以强调质量数据的重要性及对各种数据源的信任程度。④

---

① 工业和信息化部电信研究院. 工信部电信研究院大数据白皮书(2014年)[R]. 北京：工业和信息化部电信研究院，2014.

② Gartner. Big Data[EB/OL]. [2020-07-18]. https://www.gartner.com/it-glossary/big-data/.

③ IDC. The Digital Universe in 2020: BigData, Bigger Digital Shadows, and Biggest Growth in the Far East[EB/OL]. [2020-07-18]. https://www.emc.com/collateral/analyst-reports/idc-the-digital-universe-in-2020.pdf.

④ White M. Digital Workplaces: Vision and Reality[J]. Business Information Review, 2012, 29(4): 205.

在数据技术处理环节方面，除麦肯锡率先将大数据界定为一种数据集合之外，Hashem I A T 等结合对大数据本质的观察和分析，认为“大数据是一组技术，需要新的集成形式，以从不同的、复杂的、大规模的大型数据集中发现大型隐藏值”。① Johnson B D 认为大数据是与消费者行为、社交网络帖子、地理信息、传感器输出相关的大量数据。② Davenport T H 等则提出大数据包括从网络点击数据到生物研究、医学基因组、蛋白质组数据的所有数据。③ Fisher D 等从数据处理角度认为“大数据是无法以直接方式管理和处理的数据”。④ Havens T C 等认为大数据是无法加载到计算机工作内存中的数据。⑤

(2)非技术层面

随着大数据由技术领域向商业领域拓展，并逐渐上升至国家战略高度，业界和学界针对“大数据”这一概念的探讨也由技术层面向经济资产、战略资源、新思维、新方法等非技术层面拓展。

在数据资产方面，2012 年发布的报告《大数据，大影响》(*Big Data*, *Big Impact*)宣称，大数据已经成为一种类似于货币或黄金一样的经济资产。⑥ 邬贺铨认为，大数据是提升管理和服务的重要抓

---

① Hashem I A T, Yaqoob I, Anuar N B, et al. The Rise of “Big Data” on Cloud Computing[J]. Information Systems, 2015, 47(C): 100.

② Johnson B D. Thesecret Life of Data[J]. Futurist, 2012, 46(4): 21.

③ Davenport T H, Barth P, Bean R. How Big Data is Different[J]. MIT Sloan Management Review, 2012, 54(1): 22.

④ Fisher D, DeLine R, Czerwinski M, Drucker S. Interactions with Big Data Analytics[J]. Interactions, 2012, 19(3): 50.

⑤ Havens T C, Bezdek J C, Leckie C, Hall L O, Palaniswami M. Fuzzy C-means Algorithms for Very Large Data[J]. Fuzzy Syst IEEE Trans, 2012, 20(6): 1130.

⑥ World Economic Forum. Big Data, Big Impact: New Possibilities for International Development[EB/OL]. [2018-07-18]. http://www3.weforum.org/docs/WEF_TC_MFS_BigDataBigImpact_Briefing_2012.pdf.

手，是智慧城市的重要资产。①

在战略资源方面，白春礼认为大数据蕴藏着巨大的价值和潜力，是与自然资源、人力资源一样重要的战略资源。②

在新思维方面，维克托·迈尔·舍恩伯格率先提出大数据是一种新的价值观和方法论，大数据时代正掀起一场思维的变革。

在新方法方面，Wamba S F 等将"大数据"定义为管理、处理和分析5 V(即数量、种类、速度、准确性和价值)的整体方法，以便为持续价值交付、衡量绩效和建立竞争优势创建可操作的见解。③ 曾凡斌认为，"大数据"通常是非结构化数据，通过数据挖掘技术在非结构化的数据中获取规律性的东西，应该是管理者梦寐以求的，也必然会对管理思维、管理方法、管理手段带来变革性的革命。④

(3)综合层面

除技术层面及非技术层面以外，也有一些组织和学者从综合层面认识大数据。例如，工业和信息化部电信研究院的《大数据白皮书》从资源、技术、应用三个层次出发，认为大数据是具有体量大、结构多样、时效强等特征的数据。⑤ 朱扬勇、熊斌则提出大数据包含数据、技术和应用三要素。⑥ Boyd D、Crawford K 把大数据定义为一种文化、技术和学术现象。⑦ 安晖认为大数据的内涵应当

---

① 邬贺铨．大数据是智慧城市的重要资产——例说大数据在城市精细化管理中的作用[N]．北京日报，2016-12-26(14)．

② 白春礼．大数据：塑造未来的战略资源[J]．电子政务，2017(6)：2.

③ Wamba S F，Akter S，Edwards A，et al. How "Big Data" Can Make Big Impact：Findings From a Systematic Review and a Longitudinal Case Study [J]. International Journal of Production Economics，2015，165：235.

④ 曾凡斌．大数据：一场管理革命[J]．中国传媒科技，2013(1)：70.

⑤ 工业和信息化部电信研究院．工信部电信研究院大数据白皮书(2014年)[R]．北京：工业和信息化部电信研究院，2014.

⑥ 朱扬勇，熊赟．大数据是数据、技术、还是应用[J]．大数据，2015，1(1)：71-81.

⑦ Boyd D，Crawford K. Critical Questions for Big Data：Provocations for a Cultural，Technological，and Scholarly Phenomenon [J]. Information，Communication & Society，2012，15(5)：663.

是数据、技术与应用三者的统一。①

无论从哪个角度去认识，大数据技术与各行业、各领域的融合力度都在日益加深。大数据之于国家的战略价值，之于企业的商业价值愈发凸显。“第四次工业革命的战略资源”“21 世纪的钻石矿”等已成为大数据的代名词，大数据的资源特征在现代经济社会发展过程中日益彰显。2015 年 5 月 26 日，李克强总理向贵阳国际大数据产业博览会暨全球大数据时代贵阳峰会发表贺信时表示，“数据是基础性资源，也是重要生产力”。② 2017 年 5 月 6 日，《经济学人》发表封面文章称“数据已取代石油成为世界上最有价值的资源”。③ 从资源视角出发，综合学界和业界的观点，我们将大数据理解为：组织通过各种渠道持续获取的、结构类型复杂多样但具有潜在价值的海量数据资源。④

1.3.2 大数据资源

大数据既然是海量数据资源，就需要进一步对“大数据资源”这一概念及其类型和特征进行分析。遗憾的是，国内外学者针对大数据资源的开发利用、服务平台设计及资源保护等问题展开了一系列论述，但对“大数据资源”尚且缺乏明晰认识，有待于作进一步的探讨。

---

① 安晖．大数据竞争前沿动态[J]．人民论坛，2013(15)：15.

② 新华网．克强向 2015 贵阳国际大数据产业博览会暨全球大数据时代贵阳峰会致贺信[EB/OL]．[2020-07-23]．http：//www. xinhuanet. com/video/2015-05/26/c_127844404. htm.

③ The Economist. The world's most valuable resource is no longer oil, but data—The data economy demands a new approach to antitrust rules[EB/OL]．[2020-07-23]．https：//www. economist. com/leaders/2017/05/06/the-worlds-most-valuable-resource-is-no-longer-oil-but-data.

④ 周耀林，赵跃，Zhou Jiani. 大数据资源规划研究框架的构建[J]．图书情报知识，2017(4)：63.

1.3.2.1 大数据资源的概念

麦肯锡公司、IBM 公司和 Gartner 公司提出大数据是重要的生产因素①、是一类新的自然资源②、是一种信息资产③。邬贺铨、白春礼分别提出大数据是与自然资源、人力资源一样重要的战略资源。④⑤ 显然，无论是实践领域还是理论层面，无论是国家战略发展还是企业运营与管理创新视角，大数据已成为足以与自然资源和人力资源相媲美的重要社会资源。

从大数据的管理、治理等视角出发，有学者进一步将大数据阐释为一种信息资源。例如，刘强强、石乾新立足公共治理语境，认为从"数据本位"到"信息管理"再到"管理资源"的连贯性视角分析，大数据是蕴藏巨大收益的战略性资本和可投资资源。⑥ 段忠贤、吴艳秋也认为"大数据资源在本质上是一种信息资源，来源于人类社会生活的各个方面又服务于人类社会生活的各个方面，大数据资源作为宝贵的信息资源，如同物体生命一样，包括产生、整理、分析、应用和销毁五个阶段"。⑦

既然大数据是一种信息资源，那就有必要结合学界对信息资源概念的讨论加以阐释。

目前学界对信息资源的理解主要有广义和狭义两个方面。例

① McKinsey Global Institute. Big Data: The Next Frontier for Innovation, Competition[R]. McKinsey & Company, 2011, 5.

② IBM. Big data: The new natural resource[EB/OL]. [2020-05-20]. http://www.Ibmbigdatahub.com/infographic/big-data-new-natural resource, 2013.

③ Gartner. Big data[EB/OL]. [2020-05-20]. http://www.gartner.com/it-glossary/big-data/, 2013.

④ 邬贺铨. 大数据是智慧城市的重要资产——例说大数据在城市精细化管理中的作用[N]. 北京日报, 2016-12-26(14).

⑤ 白春礼. 大数据：塑造未来的战略资源[J]. 电子政务, 2017(6): 2.

⑥ 刘强强, 石乾新. 大数据背景下的治理现代化：何以可能与何以可为[J]. 大数据, 2016(2): 20.

⑦ 段忠贤, 吴艳秋. 大数据资源的产权结构及其制度构建[J]. 电子政务, 2017(6): 23.

如，马费成、赖茂生持广义的理解，认为信息资源是指人类社会信息活动中积累起来的以信息为核心的各类信息活动要素的集合。① 而程焕文、潘燕桃则基于狭义的角度，认为信息资源是经过人类筛选、组织、加工，并可以存取和能够满足人类需求的各种有用信息的集合。② 总体看来，广义的信息资源由以下三部分组成：人类社会经济活动中各类有用信息的集合；为某种目的而生产各种有用信息的信息生产者的集合；加工、处理和传递信息的技术的集合。狭义的信息资源是指人类社会活动中经过加工处理的、有序化并大量积累的有用信息的集合。③

正如从广义和狭义两个层面认识信息资源一样，学者们对"大数据资源"这一概念的界定同样也是从广义和狭义两个视角进行理解。例如，狭义的大数据资源(Big Data Resource)是指大数据资源本身，也就是通常所说的大数据集；而广义的大数据资源(Big Data Resource)是指大数据资源及其获取、管理、利用整个生命周期所需要的人员、设备、技术、资金等各种要素的总称。④

结合本课题的研究需求，从系统论角度出发，我们认为大数据资源是指以大数据资源为核心，涵盖其整个生命周期的各类要素(人员、设备、技术、资金)的集合，这是一种广义的理解。

1.3.2.2 大数据资源的类型

分类是人们认识事物的基本方法。若要实现对大数据资源的科学规划与统筹发展，明确这一资源的类型所属至关重要。正如学者们对信息资源类型的探讨一样，从不同视角出发可以将大数据资源划分为不同的类型。例如，杨善林和周开乐借鉴云计算中对不同类

① 马费成，赖茂生．信息资源管理[M]．北京：高等教育出版社，2006：5.

② 程焕文，潘燕桃．信息资源共享[M]．北京：高等教育出版社，2006：1-2.

③ 孙建军．信息资源管理概论[M]．南京：东南大学出版社，2008.

④ 周耀林，赵跃，Zhou Jiani. 大数据资源规划研究框架的构建[J]．图书情报知识，2017(4)：63.

型"云"的划分思想，从数据所有权归属的角度，将大数据资源划分为私有大数据、公有大数据和混合大数据三种类型。其中，私有大数据是由于安全性和保密性等特殊要求限制，仅能由某些特定企业或组织所有、开发和利用的大数据资源，而公有大数据是可以由公众共享的大数据资源，混合大数据则介于私有大数据和公有大数据之间，可以通过交易、购买或转让等方式在私有大数据和公有大数据之间转换。① 朱扬勇将大数据资源划分为国有数据资源和市场数据资源。其中，国有数据资源包括政务数据资源、公共数据资源(教学科研、医疗健康、城市交通、环境气象等公共机构形成的数据资源)、国有企业数据资源(国有控股企业生产活动中形成的数据资源)，而市场数据资源是指各类非国有法人机构和个人自己采集数据，整理汇集成数据资源，如电商平台积累的数据资源、互联网金融平台收集的数据资源、APP 应用收集的数据资源等。② 按照应用领域，大数据资源划分为政府大数据资源、科学数据资源、农业数据资源、制造业大数据资源、金融大数据资源、交通大数据资源、能源大数据资源、医疗大数据资源等类型。③ 邵峰晶认为，大数据资源根据其不同源出、用途、内容，可确定为公共数据资源、商业数据资源及其他各类数据资源。④ 也有学者认为大数据资源可以从宏观角度划分为政府大数据资源、企业大数据资源和个人大数据资源。⑤ 总体来看，大数据在类型划分上具有多种不同观点，而根据大数据的产生和应用领域来区分大数据类型是较为普遍的做法。

---

① 杨善林，周开乐．大数据中的管理问题：基于大数据的资源观[J]．管理科学学报，2015(5)：5.

② 朱扬勇．大数据资源[M]．上海：上海科学技术出版社，2018：10-11.

③ 朱扬勇．大数据资源[M]．上海：上海科学技术出版社，2018：23.

④ 陈小艳，代桂云．邵峰晶代表：制定大数据资源保护法[N]．北京政协报，2016-03-14(18).

⑤ 聂天奇．大数据时代信息资源的利用[J]．图书情报导刊，2015(18)：120.

参考广义视角的信息资源划分方法，笔者按照数据生产和汇聚的方向，即业务—部门—机构—区域/行业—全国，① 将大数据资源分为国家大数据资源、区域大数据资源、行业大数据资源和机构大数据资源。

(1)国家大数据资源

国家大数据资源是从宏观层面出发，在保障国家安全、推行社会治理、促进经济发展过程中，通过在微观层面全面汇集、关联最小单元的数据而形成的国家战略性数据资源。② 国家大数据资源又可以分为政务大数据资源、公共大数据资源、国有企业大数据资源。③ 其中，政务大数据资源主要是指政务借助于电子政务系统开展政务公务活动过程中生产的大数据资源，及其获取、管理、利用整个生命周期所需要的人员、设备、技术、资金等各种要素的总称；公共大数据资源是由政府财政资金支持而形成的各类数据资源，如教学科研、医疗健康、城市交通、环境气象等公共机构形成的数据资源；国有企业大数据资源是指国有控股企业生产经营活动中所形成的数据资源。④

(2)区域大数据资源

区域大数据资源是指从中观层面出发，某一区域在推行社会治理、促进经济发展过程而形成的数据资源，区域大数据资源包含本区域的所有数据资源，及其获取、管理、利用的整个生命周期所需要的人员、设备、技术、资金等各种要素的总称。这里，“区域”既可以是一个市，也可以是一个省，或者跨省(市)。在完善社会治理、促进经济转型升级过程中，随着大数据创新应用、大数据产业聚集、大数据要素流通、数据中心整合利用等方面的不断探索，推动大数据实现创新发展的过程中积累了极其丰富的区域大数据资

① 朱扬勇．大数据资源[M]．上海：上海科学技术出版社，2018：8.

② 习近平：实施国家大数据战略，加快建设数字中国[EB/OL]．[2021-01-10]．https：//www. ccps. gov. cn/xytt/201812/t20181212_123952. shtml.

③ 朱扬勇．大数据资源[M]．上海：上海科学技术出版社，2018：42.

④ 朱扬勇．大数据资源[M]．上海：上海科学技术出版社，2018：10.

源，这些资源涵盖本区域各领域、各行业产生的所有数据资源及其相关要素。

(3)行业大数据资源

行业大数据资源是指在某一专业领域内所进行的社会经济活动中所产生和使用的数据资源，及其获取、管理、利用整个生命周期所需要的人员、设备、技术、资金等各种要素的总称，涵盖农业、金融、医疗、能源、商贸、食品等各类行业产生的数据资源。其中，农业大数据资源包括农业积累的数据资源和农业相关领域的数据资源；① 金融大数据资源包括证券期货数据资源、银行数据资源、保险数据资源、跨行业互联网金融数据资源、外汇数据资源及与金融业相关的数据资源等；② 医疗数据资源包括临床医疗数据资源、非临床医疗数据资源和医疗相关领域数据资源；③ 能源大数据资源不仅包括企业的能源数据，还包括企业的生产数据、经济数据、用能设备数据等多方面的数据资源。④

(4)机构大数据资源

机构大数据资源是指机关、团体或其他工作单位在从事政治、经济、文化等活动中积累的数据资源，及其获取、管理、利用整个生命周期所需要的人员、设备、技术、资金等各种要素的总称。简而言之，各个机构在从事相关活动中积累的数据资源是构成行业大数据资源、区域大数据资源乃至国家大数据资源的基础数据，是实现国家、区域、行业大数据资源采集、整合、共享和利用的基本条件，是深化大数据创新应用、提升大数据服务能力的基础动力之源。

1.3.2.3 大数据资源的特征

大数据资源作为关键性的信息资源，具有一些和其他类型信息

---

① 朱扬勇．大数据资源[M]．上海：上海科学技术出版社，2018：68.

② 朱扬勇．大数据资源[M]．上海：上海科学技术出版社，2018：140.

③ 朱扬勇．大数据资源[M]．上海：上海科学技术出版社，2018：225.

④ 朱扬勇．大数据资源[M]．上海：上海科学技术出版社，2018：204.

资源共有的特征，如共享性、时效性、累积性、再生性、可传播性、价值的可增长性等特征。与此同时，由于大数据本身表现为规模性、多样性、高速性、价值性、准确性、可视性、合法性等特性，① 由国家、机构、企业等拥有的数据不断累积到一定规模后而形成的大数据资源，已成为重要的生产因素和社会财富，成为关乎国家社会经济发展、企业竞争力提升的重要战略性资产，因而，大数据资源自然具有不同于一般类型信息资源的独有特征。

(1)共享性

共享是指共同分享，数据共享是指同样的数据被多个共享者所拥有，并且每个拥有者具有完全一样的数据量、数据形式和数据内容，即拥有数据的复本。② 共享性是信息资源的本质属性之一，大数据资源作为关键性的信息资源，在资源利用过程中，各主体可以在同一公共平台同时间、同程度地共享同一大数据资源，而不存在严格意义上的竞争关系，且数据资源也不会因反复利用产生消耗，反而有助于降低数据收集成本，实现同类数据社会效益的最大化。③

同信息资源相比，大数据资源的共享性特征表现更为显著，大数据资源只有被多方共享，其生命力才会得以彰显，其社会价值和经济价值才能得以提升，才能实现多源头的跨域分析，进而实现多行业、多领域的跨越式发展。

(2)价值性

当今时代，数据已经取代石油成为最有价值的资源，价值性也就成为大数据资源的重要特征之一。大数据价值的产生有其内在规律，其中数据量大是大数据具有价值的前提，数据关联是大数据实现价值的基础，而计算分析则是使大数据最终产生价值的必然途

① 段忠贤，吴艳秋．大数据资源的产权结构及其制度构建[J]．电子政务，2017(6)：24.

② 朱扬勇，熊赟．数据学[M]．上海：复旦大学出版社，2009：3.

③ 邓灵斌，余玲．大数据时代数据共享与知识产权保护的冲突与协调[J]．图书馆论坛，2015(6)：62.

径，同时唯有广泛地应用才能使得大数据效益倍增。①

大数据资源作为一种重要的社会资源、数据资产，具有不可估量的社会价值和经济价值。在社会价值方面，大数据资源涵盖政务管理、医疗健康、城市交通、环境安全等各行业、各领域，对这些大数据资源进行系统整合、深入挖掘、关联分析并加以应用，将会发挥出极大的决策支撑作用，从而在政府管理、社会治理、民生改善等方面创造出不可估量的社会价值。在经济价值方面，国家大数据资源的挖掘和应用，是推动经济转型发展的动力，也是提升国家综合竞争力的关键，而企业对拥有的大数据资源的分析和应用，同样是降低生产成本、提高经济效益的关键所在。

(3)时效性

同信息资源相比，由于大数据产生和更新的高速性、规模性和即时性等特征，数据爆炸性增长而不断累积形成的大数据资源具有高速增长的动态性，其时间敏感性更强，加之大数据的内容及其数量增长容易受到偶然因素的影响，如社会突发事件在社会媒体上的传播等，② 在数据资源采集、数据资源加工和数据资源应用等方面表现出明显的时效性。

以城市交通大数据资源为例，通过分析公众出行数据、交通流量数据等数据资源为公众提供实时的出行建议和路径规划时，需要尽可能使用与当前时间点更为接近的数据，并需要对获取的数据资源作出快速响应和及时准确的分析和处理，以获取更为科学精准的预测效果。以企业大数据资源为例，在企业开展商业竞争的过程中，注重数据资源的时效性，更有助于把握商机，作出更为科学有效的决策。

(4)战略性

① 形成者．深入学习贯彻习近平新时代中国特色社会主义思想 让大数据创造大价值[EB/OL]．[2021-09-10]．http：//theory. people. com. cn/n1/2018/0802/c40531-30191526. html.

② Oh O，Agrawal M，Rao H R. Community Intelligence and Social Media Services：A Rumor Theoretic Analysis of Tweets During Social Crises[J]．Mis Quarterly，2013，37(2)：407-426.

随着大数据与各行业、各领域的融合日益加深，由数据流引领技术流、人才流、资金流、物资流，推动生产要素的集约化整合、协作化开发、高效化利用、网络化共享,① 大数据的重要程度不断彰显，被誉为“21 世纪的钻石矿”“数字经济的燃料”等，大数据资源已成为一种重要的现代战略资源，表现出明显的战略性特征。

对于国家而言，大数据资源在宏观上具有战略性特征，不仅是国家重要战略资源和核心创新要素，而且已经成为大国之间博弈的重要工具，是国家之间政治、经济竞争的关键所在。

对于企业而言，大数据资源是开展商业竞争的核心要素，大数据资源的拥有量、数据整合与分析、挖掘与利用的能力等都将会对企业的战略决策产生至关重要的影响，甚至决定着企业竞争的成败。

除上述特征之外，大数据资源还具有扩展性、无限性、复杂性、决策有用性、高速增长性、可重复开采性、功能多样性和价值稀疏性等特征。②③ 限于篇幅，笔者不再赘述。

1.3.3 大数据资源规划

早在 2014 年，Gartner 发布的《预测 2015：大数据挑战从技术转向组织》报告中预测：关于大数据的重点正在发生改变，组织如何管理大数据将取代大数据相关的技术问题成为最需要关注的部分。④ 此后，Gartner 在 2015 年发布的“新兴技术成熟度曲线”中，

① 大数据已成为重要战略性资源[EB/OL].［2021-09-11］. https://www.sohu.com/a/191710708_678947.

② 张弛. 大数据资源扩展性探究[J]. 山西师大学报(社会科学版), 2015(1): 61.

③ 杨善林，周开乐. 大数据中的管理问题：基于大数据的资源观[J]. 管理科学学报，2015(5): 3.

④ Nick Heudecker. Big Data Challenges Move from Tech to the Organization [EB/OL]. [2020-08-07]. https://blogs.gartner.com/nick-heudecker/big-data-challenges-move-from-tech-to-the-organization/.

大数据则从曲线上消失。① 大数据已成为一项具体的、逐渐成熟的关键技术,② 已经从概念炒作阶段进入理性发展阶段。在与各行各业快速融合的过程中，其对组织和整个社会的影响日益加深，并由重技术应用向重组织管理转变。在此过程中，大数据资源作为组织、国家的战略资产、战略资源，对组织管理模式、决策方式及组织整体架构的选择和布局，对国家数据资源安全、国家战略决策制定与实施等都具有深远的影响。由此不难看到，面对海量、异构、多源的大数据资源，如何实现大数据资源的合理规划至关重要。

1.3.3.1 大数据资源规划的概念

规划，英文为 planning。在汉语中，“规”作为名词，在中国古代是一种度量工具；同时，作为动词，“规”又有谋划、打算之意，因而对“规划”一词可以基本理解为以量度为主要手段对未来作出安排。③ 实际上，规划一词的含义较为广泛，基于不同行业、不同领域或不同层次的规划，其具体内涵也各不相同。就整体而言，规划是为实现战略目标而对各有关行动所作出的构思,④ 能为组织认清当前形势、把握前进方向、确定发展重点、进行科学决策提供重要引领，具有一定的长远性、全局性和前瞻性。在国家层面，发展规划已经成为阐明国家意图、明确政府工作重点、引导市场主体行为的重要抓手。⑤ 在企业层面，规划已经成为企业管理中的一项重

---

① 中华人民共和国商务部．Gartner 发布 2015 年新兴技术成熟度曲线报告[EB/OL].［2020-08-07］. http：//cys. mofcom. gov. cn/article/cyaq/201509/20150901113640. shtml.

② 搜狐．“大数据”从概念炒作回归理性！［EB/OL］.［2020-08-07］. http：//www. sohu. com/a/218357079_99991187.

③ 宋建阳，张良卫．物流战略与规划［M］. 广州：华南理工大学出版社，2006：34.

④ 宋建阳，张良卫．物流战略与规划［M］. 广州：华南理工大学出版社，2006：33.

⑤ 文辉．城镇发展规划研究与实践［M］. 北京：中国经济出版社，2013：3-4.

要的战略性管理职能,① 规划制定是否科学将会直接影响企业的未来发展方向以及其在经营管理中所做出的各项战略决策。总之，对于国家发展和企业管理而言，规划的重要性日益凸显。

在信息资源管理领域，20 世纪 80 年代，学者高复先在引进信息工程(Information Engineering)理论并借鉴信息资源管理与数据管理理论的基础上提出企业信息资源管理(IRP)的概念，即对组织所需要的信息，从产生、获取到处理、存储、传输及利用进行全面的规划。② 此后，学界对信息资源规划的关注度逐渐提升。例如，柯新生将信息资源规划的研究范围扩展到企业管理级层面，提出基于网络的企业信息资源规划理论与方法；马费成等则从政府、国家层面出发，提出数字信息资源规划的理论与方法，从而将信息资源规划的研究视野由重技术的微观视野引领到重顶层发展的宏观视野。

随着全球信息化的加速推进，2011 年之后，大数据逐渐成为全球关注的焦点。随着大数据与各行各业的融合力度日益加深，时至今日，大数据已经跨过概念炒作期转而朝着更为理性的方向发展。大数据资源作为一种战略性的信息资源已经成为共识，信息资源规划也由此在大数据时代迎来发展和变革。如何对海量、异构、多源的大数据资源进行管理和规划，也已成为企业乃至国家不能回避的问题。对于企业而言，大数据资源规划关乎企业整个组织架构的科学性及企业战略决策方向的正确性。对于国家而言，大数据资源规划更是关乎国家各行业、各领域的发展大局。

综合学界的研究成果，可以发现，国内外学者对大数据资源规划的认识存在一定差异。

国外学者多着眼于微观层面，强调大数据的成功需从战略制定开始，呼吁组织重视大数据战略，并积极探索组织制定大数据战略

① 陈京民．人力资源规划[M]．上海：上海交通大学出版社，2006：33.

② 高复先．信息资源规划：信息化建设基础工程[M]．北京：清华大学出版社，2002：26.

的应对之策。① 例如，麦肯锡认为，制订计划是企业在大数据和高级分析管理革命中获取最大收益的最好的解决方案。② Mark Van Rijmenam 认为，大数据所带来的洞察力能够为组织带来更高的收益，提升自身竞争力；正因为如此，企业应该知道如何利用正确的工具、技术、算法和度量来使用这些大数据资源，即应该制定一个“如何使用大数据”的战略。③ John P. Stevens 认为，制定大数据战略将确保公司有一个强大的基础来指导其后续的战略实施和长期规划活动。④

国内学者则从更为宏观的视角出发，认为制定国家大数据战略尤为重要，需要树立资源观，强化顶层设计进而统筹推进大数据发展全局。例如，沈国麟认为大数据是国家战略资源，并从数据主权视角提出中国为维护和实现国家利益，亟需提高自己的数据掌控分析能力，并应从国家层面构建自己的大数据战略体系。⑤

总之，从国内外学界、业界对大数据资源规划认识的重视性及差异性来看，大数据资源规划显然成为大数据资源管理中的重要内容，并在具体操作过程中需要针对不同类型、不同规模的组织，不同的行业，不同的地区，做到具体问题具体分析。此外，大数据资源规划作为一种行为，并不是一蹴而就的，而是一个动态往复的过程，需要管理者结合内外部环境条件反复思考和论证。据此，大数据资源规划(Big Data Resources Planning)是指管理者根据内外部环

① 周耀林，赵跃，段先娥．大数据时代信息资源规划研究发展路径探析[J]．图书馆学研究，2017(15)：39.

② Biesdorf S，Court D，Willmott P. Big Data：What's Your Plan？[J]. Mckinsey Quarterly，2013(2)：40-51.

③ M Van Rijmenam. Think bigger：Developing a Successful Big Data Strategy for Your Business[M]．AMACOM，a Division of American Management Associ-ation，2014：21-40.

④ Stevens J P. Big Data -Before you jump in make sure you are planning appropriately [EB/OL]．[2020-08-25]．http：//www. datasciencecentral. com/profiles/blog/big data before you jump in make sure you are planning appropriately.

⑤ 沈国麟．大数据时代的数据主权和国家数据战略[J]．南京社会科学，2014(6)：119.

境的研判以及现有的知识，对开发利用和有效管控大数据资源的未来构想及其实施方案选择的过程。①

1.3.3.2 大数据资源规划的特征

进入大数据时代，信息资源规划实现了进一步的拓展，信息资源规划层次将上升至战略高度。在此过程中，规划的关注点也将转移到数据层面，从而面向大数据资源这一重要的战略性信息资源进行大数据资源规划。② 与此同时，这些变化也对大数据资源规划提出了新的要求，使得大数据资源规划在规划主体、规划手段和规划对象方面也具有一些不同的特征。

(1)规划主体具有层次性和关联性

大数据资源规划主体是大数据资源的拥有者和管理者，也是大数据资源规划的设计者，承担着研判内外环境，合理利用并有效管控大数据资源，选择并制定科学规划方案的重任。可以说，规划主体的角色功能定位、资源管理需求及战略思维能力与大数据资源规划定位的确立、规划重点和难点的把握及最终规划方案的制定和实施息息相关。

就组织层面而言，由于大数据本也处于不断发展之中，在历经炒作热潮之后，逐步进入应用与管理的初期阶段。在此过程中，随着大数据技术与各行各业的融合力度日益加深，组织对大数据的认知也呈现出从概念化认识到实践化应用的阶段，不同行业类型、不同业务领域及不同运营特点的企业在大数据的应用中则存在一个梯度渗透的过程，体现为应用程度及应用规模参差不齐的特点。正是由于这种现象的存在，决定了大数据资源规划的主体表现出较为明显的层次化特征。以组织层面的企业主体为例，不同行业、不同领域的企业在数据资源数量及类型、数据分析技术、组织整体架构、

① 周耀林，赵跃，Zhou Jiani. 大数据资源规划研究框架的构建[J]. 图书情报知识，2017(4)：65.

② 周耀林，赵跃，段先娥. 大数据时代信息资源规划研究发展路径探析[J]. 图书馆学研究，2017(15)：37.

统筹规划能力等方面存在差异性，在大数据资源规划路径的选择方面必然表现出不同的需求。

在国家层面，宏观领域的大数据资源规划体现为国家的顶层设计，具有统筹大数据资源规划与发展全局的作用，引导着政府、行业等整个大数据产业链条的健康发展。正因为如此，金融、医疗、教育、文化等各行业、各领域及各地方政府在制定大数据资源规划战略时必须与国家层面的总体规划目标保持一致，这就使得大数据资源规划主体之间形成了一定的关联效应。

(2)规划对象具有复杂性和差异性

同传统的信息资源规划相比，大数据资源规划的对象已发生明显变化。

一方面，大数据的多 V 技术特性以及在状态变化和开发方式等方面存在的不确定性，① 决定了大数据资源作为管理和规划对象具有复杂性。具体而言，大数据资源具有数据体量巨大、数据来源广泛、数据结构类型复杂、形态结构多样等特征。同时，巨大的数据样本量也为数据分析和数据处理以及有价值数据的有效获取带来不便。正是由于规划对象极为复杂，组织在管理和规划大数据资源过程中也面临着数据的异构性和不完备性、大数据资源处理的时效性与高耗能性及大数据资源管理的易用性等方面的巨大挑战。

另一方面，由于大数据资源规划主体具有层次性特征，不同规划主体的规划对象也存在一定差异。例如，能源大数据资源多来源于企业内部，包括企业能源数据及企业生产数据、经济数据、用能设备数据等多方面的数据源，表现为体量大、类型多、速度快、数据即能量、数据即交互和数据即共情等特点。② 而对于发展较快、用户依赖性更强的互联网行业来讲，数据的流通与共享变得更为重要，诸如电子商务、互联网金融等企业，其数据源既会来自组织内部信息系统，同时也会源于外部互联网大数据以及其他的公共数据

① 杨善林，周开乐．大数据中的管理问题：基于大数据的资源观[J]．管理科学学报，2015，18(5)：1-8.

② 朱扬勇．大数据资源[M]．上海：上海科学技术出版社，2018：204.

资源，从而使得互联网企业在大数据资源类型方面与传统企业相比较表现得更为复杂多样，对时效性的要求也更高。因而，大数据资源在规划对象方面除了表现为复杂性之外，还由于规划主体的层次性特征而呈现出一定的差异性。

(3)规划方法具有多样性和灵活性

随着扎克曼(Zachman)框架、美国联邦企业架构(FEA)等企业架构(Enterprise Architecture，EA)理论的引入，企业和政府的信息资源规划更具全局性和系统性，信息资源规划的方法体系也进一步丰富。进入大数据时代，信息资源规划所要面临的内外环境发生深刻变革，信息资源规划的重点已逐渐转移到大数据资源上来，企业和政府等组织迫切需要解决的是海量、多源、异构大数据资源的开发、管理与利用等问题。为此，急需借鉴战略规划、大数据生命周期、数据科学等领域的研究成果，以应对新环境下的新挑战，从而形成战略规划、大数据生命周期的全过程规划和项目驱动规划等多样化的大数据资源规划方法。

战略规划方法。在国家层面，大数据资源规划必须站在战略性和全局性的高度，为各地区、各行业、各领域的具体规划提供总体性指导；在组织层面，大数据资源规划则需要站在组织架构的视角，进一步明确大数据愿景、战略目标与需求，并结合大数据资源可获得的条件进行全过程规划。因而，无论在宏观的国家层面还是微观的企业、政府等组织层面，战略规划都是必须采用的手段和方法。

结合大数据生命周期的全过程规划法。数据从产生、发展到最后被使用形成了一个完整的生命周期，分为数据管理阶段、数据挖掘阶段和数据驱动阶段，因而，大数据资源规划战略的制定，同样需要注重结合大数据的整个生命周期进行全过程规划。①

项目驱动的规划方法。对于组织而言，在进行大数据资源规划的过程中，也可以从开展的大数据项目入手，围绕其整个生命周期

① 张平．构建企业数据战略——访 SAP 公司大数据专家卢东明[J]．企业管理，2013(6)：104-107.

管理的不同阶段进行针对性规划，或制定一个企业大数据项目结构框架，为组织提供大数据应用的整体路线图。① 此外，由于不同类型的组织在大数据愿景、战略目标与需求等方面存在一定的差异性，因而组织在进行大数据资源规划的过程中也应结合实际情况做出灵活性的选择。

正是因为各种不同规划方法的存在，为我们在不同场景的灵活运用提供了选择。

1.3.4 大数据资源统筹发展

大数据资源在区域分布、流通、配置等方面存在极大的不平衡性。为了抓住大数据发展带来的时代机遇，有效发掘大数据资源的潜在价值，为国家治理、政府决策、行业管理、商业应用等提供资源支撑，有必要做好大数据资源的统筹发展，进而促进大数据资源的合理配置和利用最大化，实现大数据资源的共建共享。在政策层面，统筹发展作为政策制定的重要方法论依据，在大数据发展战略中的思想指导和方法依据地位日益凸显。从当前我国大数据发展的现状来看，仍然存在政府数据开放共享不足、产业基础薄弱、法律法规建设滞后、创新应用领域不广等问题。② 为此，如何实现大数据发展各要素、各环节、各区域的统筹协调发展，进一步促进大数据资源公共服务、社会管理、决策支持和科学研究等价值的实现，显得尤为重要。

1.3.4.1 大数据资源统筹发展的概念

统筹发展作为政策制定的重要方法论依据，在公共政策制定的

① Dutta D, Bose I. Managing a Big Data project: The Case of Ramco Cements Limited[J]. International Journal of Production Economics, 2015(165): 293-306.

② 国务院．促进大数据发展行动纲要[EB/OL].[2020-09-11]. http://www.gov.cn/zhengce/content/2015/09/05/content_10137.htm.

整个过程中统筹兼顾好公共政策各要素之间的关系，可以更好地发挥公共政策的各项功能。① 随着我国大数据发展由政策制定向实践应用的不断推进，如何有效协调数据资源、基础设施、保障因素、数据处理能力等在内的大数据资源体系的规划和建设，以便发挥大数据资源在国家治理和政府决策中的巨大应用价值，亟需从宏观视角出发，探讨大数据资源的统筹发展问题。

从现有研究成果来看，关于大数据资源统筹发展的研究尚少见。仅有部分学者从大数据发展战略的政策解读、大数据应用行业的统筹等视角出发进行探讨。例如，庄荣文认为，抓好《促进大数据发展行动纲要》的落实，最重要的是加强战略统筹，形成政策合力。推进网络安全和信息化工作，要深入学习贯彻习近平总书记关于网络安全和信息化的重要思想，把思想和行动统一到讲话精神上来，统一到中央重大决策部署上来，同心协力推动各项重点任务落到实处、取得实效。② 吴韶鸿认为，大数据应用加速从互联网领域向其他行业扩散，大数据部署进程加快，大企业应用需求更加强烈，国外政府继续推动大数据应用并重视大数据隐私保护，在此背景下，大数据逐步深入发展，应于下一步着手制定战略统筹规划。③ 谢俊奇、尹岷等从大数据与智慧国土应用的结合出发，提出要坚持"大统筹"格局，强化顶层设计，统一平台建设，狠抓"大数据基础"，强化"大融合"理念，探索国土资源的深化改革之路，推进智慧国土升级版踏入发展的新征程。④ 这些研究，为进一步深化对大数据资源统筹发展的认知提供了重要的研究基础。

为了适应大数据实践的发展，还应进一步深化对大数据资源统

① 张建荣．统筹兼顾：公共政策制定的方法论依据[J]．大连理工大学学报(社会科学版)，2011(1)：76-81.

② 庄荣文．抓好大数据发展战略统筹形成政治合力[J]．信息安全与通信保密，2015(12)：19.

③ 吴韶鸿．大数据逐步深入发展　下一步制定战略统筹规划[J]．世界电信，2015(Z1)：111-116.

④ 谢俊奇，尹岷，李建林．大统筹、大数据、大融合，北京智慧国土的探索与实践[J]．国土资源信息化，2016(6)：7-10.

筹发展的理论认知，拓展研究视角，除了借鉴信息资源规划、信息资源配置、信息资源管理等图书情报领域的相关理论，还要将认知的视角进一步延伸到战略规划、信息治理、统筹发展、协同创新等新的研究领域，并注意从信息论、控制论、协同论、治理论等多种理论中吸取研究经验，形成对大数据资源统筹发展概念、内涵的更为全面和系统的认知。

结合前文从广义视角出发探讨的大数据资源的界定，笔者认为大数据资源统筹发展就是立足广义的大数据资源视角，对大数据资源的构成要素进行战略管理、宏观协调和综合开发的过程。具体来讲，大数据资源统筹发展是政府或组织机构，以促进大数据资源协调发展和价值实现为目标，利用行政、法律、管理、技术等多种手段，对大数据资源及其功能定位、发展方向、环境构建、实施步骤、区间布置、场景应用、保障服务等进行统筹安排和促进实施的过程。①

1.3.4.2 大数据资源统筹发展的内涵

大数据资源统筹发展是一种顶层规划和战略管理手段，兼具指导功能和工具属性，在引导多元主体参与大数据资源建设、规范大数据资源应用、促进大数据产业发展、保障大数据资源安全等方面有着积极作用。大数据资源统筹发展的内涵可以阐释如下：

(1)大数据资源统筹发展是多主体、多层面协调的发展

例如，国务院《促进大数据发展行动纲要》是在国家层面，对大数据资源发展进行全局性统筹和战略性规划；广东省《促进大数据发展行动计划(2016—2020年)》是在省级行政区域内部，统筹大数据资源发展的各要素，是对国家大数据战略的落实和细化；环保部《生态环境大数据建设总体方案》是在专业领域围绕生态治理，进行大数据资源的统筹建设和协同应用；《阿里巴巴全域数据建设》是在企业层面，以全域大数据建设为中心，对大数据采集、加

① 周耀林，常大伟．大数据资源统筹发展的困境分析与对策研究[J]．图书馆学研究，2018(14)：66-70.

工、服务、消费全链路的各个环节加以统筹。

(2)大数据资源统筹发展是多要素、多环节相互支持的发展

大数据资源统筹发展要以数据资源为核心和基础，统筹利用政务数据资源和社会数据资源；积极发展大数据基础设施和大数据关键技术，构建大数据资源开发和应用支撑体系；创新大数据资源的应用方式，推动大数据资源的多场景应用，加快大数据资源在国家治理、政府决策、社会服务、商业开发等实践中的应用转化；促进大数据资源的产业化发展，完善大数据资源产业链；强化数据安全、政策扶持、环境营造、人才培养，形成大数据资源发展的保障体系。

(3)大数据资源统筹发展是多方法、多技术相互配合的发展

大数据资源统筹发展需要通过政策引导、法律保障、技术推进等多种方式加以推进。具体来讲，就是通过制定大数据资源发展规划、大数据资源整合共享方案、大数据产业布局和试点项目规范等行政措施，进行引导和监督；通过制定政务信息资源管理办法、大数据技术标准、大数据行业应用标准、数据导入接口规范等标准进行规范和约束；通过大数据资源获取技术、处理技术、存储技术、安全技术等技术方法进行支持和保障。

(4)大数据资源统筹发展是多领域、多阶段相互衔接的发展

大数据资源统筹发展涉及政治、经济、文化、科技等众多领域，其发展也是一个由易到难、循序渐进的过程。这就要求科学规划、充分协调、合理衔接大数据资源统筹发展各领域、各阶段的关系，从而在强化数据资源建设、大数据基础设施建设、制度环境建设、核心技术攻关等的基础上，探索不同领域大数据资源应用和价值转化的具体方式，拓展大数据资源应用的领域和范围，构建大数据产业链与价值生态。

1.4 研究的内容框架与主要方法

本书在分析大数据资源规划与统筹发展研究的实践背景以明确

研究需求，梳理国内外关于大数据资源规划与统筹发展研究的现有成果以确立研究重点的基础上，进一步厘清了大数据、大数据资源、大数据资源规划、大数据资源统筹发展等基本概念，从而明确了该课题研究的实践需求、研究基础及研究定位。在研究中，本课题组遵循提出问题——分析问题——解决问题的基本思路组织研究内容，并采用文献调研、政策分析、比较研究、跨学科研究、案例分析等方法进行了比较系统的研究。

1.4.1 本书的内容框架

本课题在梳理与分析国内外大数据资源规划与统筹发展研究成果的基础上，总结研究成绩及不足之处，引入大数据资源规划理论与统筹发展研究的必要性与研究需解决的核心问题。在此基础上，本课题组进一步明确了大数据资源规划与统筹发展的基本内涵，系统调研了国内外大数据资源规划与统筹发展的现实状况、基本需求及障碍，以此为切入点构建了系统化的大数据资源规划理论框架，提出了四种大数据资源规划模型，设计了基于规划的大数据资源统筹发展的推进路径，构建了大数据资源规划与统筹发展的保障体系，并通过面向公共文化服务的大数据资源规划与统筹发展研究对上述研究成果进行了实证分析。

总之，课题研究依据“提出问题——分析问题——解决问题”的总体思路展开，共分为以下八个章节对研究内容进行系统论述：

第一章为绪论。主要论述了本课题的研究背景与研究意义，梳理了国内外研究现状，并对涉及的相关概念予以辨析和界定，在此基础上提出本课题研究的主要内容、采用的主要研究方法及研究的创新之处。

第二章为“大数据资源规划与统筹发展的进展、需求与障碍”。主要在调研国内外大数据资源规划与统筹发展的实践进展的基础上，从国家战略、政府决策、数据治理、资源配置等视角分析大数据资源规划与统筹发展的需求，从理论、体制、制度、管理、技术等方面梳理和分析大数据资源规划与统筹发展的障碍，进而为后文研究奠定前提和基础。

第三章为“大数据资源规划理论”。从战略规划、协同发展、信息资源规划与信息资源配置四个方面理清大数据资源规划的相关理论基础，并从规划原则、规划功能、规划层次和规划类型四个方面构建大数据资源规划的理论框架，为后文研究的开展提供理论支撑。

第四章为“大数据资源规划模型”。在理清大数据资源规划模型构建整体思路的基础上，具体探讨大数据资源规划流程模型、组织模型、文本模型和评估模型的构建问题，促进从大数据资源规划理论到大数据资源规划实践的发展。

第五章为“基于规划的大数据资源统筹发展”。从大数据资源规划与大数据资源统筹发展衔接、基于规划的大数据资源统筹发展的内容构成、基于规划的大数据资源统筹发展路径设计、基于规划的大数据资源统筹发展的实施策略四个方面，构建了基于规划的大数据资源统筹发展研究的内容框架。

第六章为“大数据资源规划与统筹发展保障体系”。从机制保障、政策保障、标准保障、技术保障、安全保障五个层面出发，构建起系统化的大数据资源规划与统筹发展保障体系。

第七章为“公共文化大数据资源规划与统筹发展”。从国家层面的规划视角出发，将大数据资源规划与统筹发展的前期理论成果应用于公共文化领域，从理论框架建构、内外部环境分析、实施流程设计、规划文本编制、实践推进、过程保障和效果评估等方面开展案例研究，旨在探索特定场景下大数据资源规划与统筹发展的实践策略。

第八章为“总结与展望”。对大数据资源规划理论与统筹发展的研究内容进行了总结与归纳，并对未来的研究方向进行展望。

基于上述研究思路及研究主要内容，本课题研究的组织框架如图 1-1 所示。

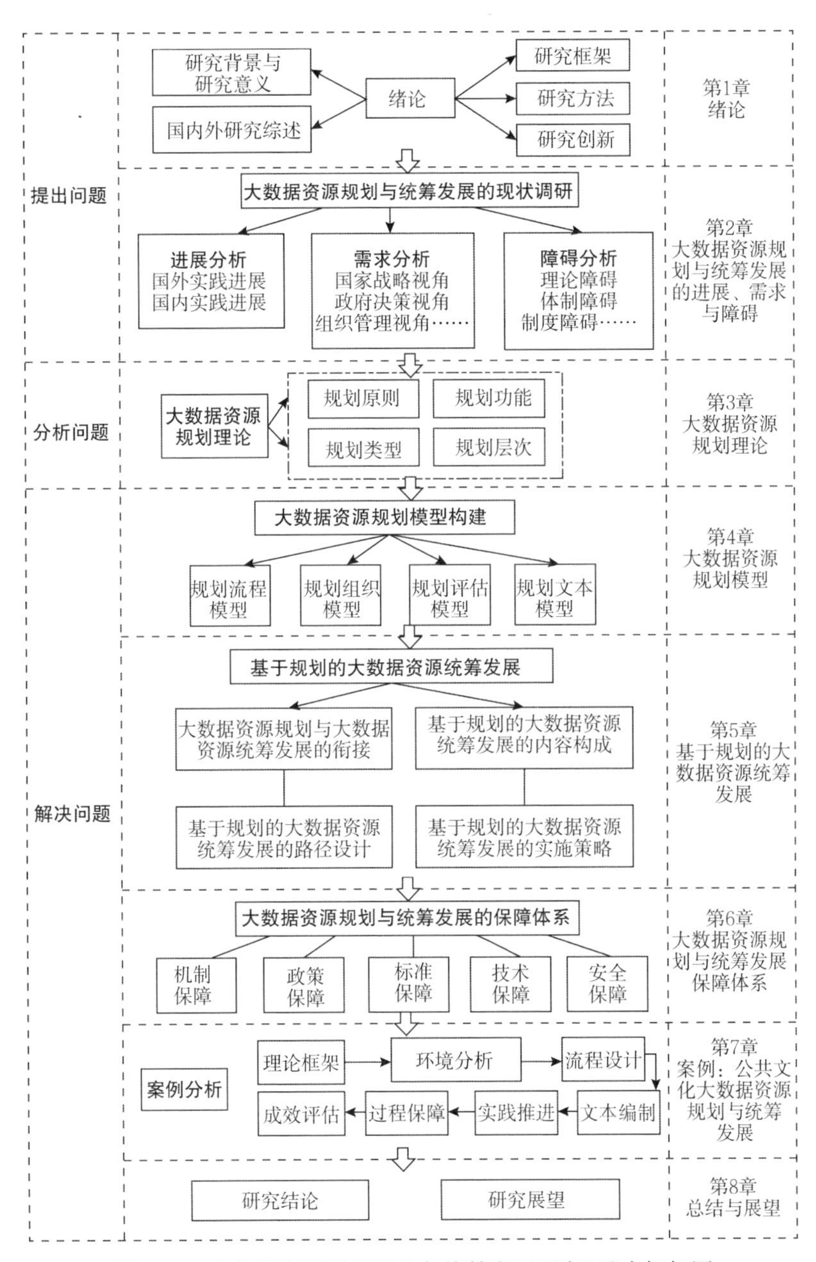

图 1-1 “大数据资源规划理论与统筹发展研究”基本框架图

1.4.2 研究的主要方法

为完成上述研究内容，本课题根据大数据资源规划理论与统筹发展研究的需求，主要采用文献调研法、网络调研法、政策分析法、比较研究法、跨学科研究法、案例分析法等研究方法。

1.4.2.1 文献调研法

围绕“大数据资源规划理论与统筹发展研究”这一选题，借助于读秀、CNKI、Web of Science、Taylor&Francis、Springer、Emerald、Wiley等中外文数据库及学术搜索引擎，对与研究主题相关的学术著作、期刊论文、会议论文、报纸等文献进行全面的检索，尽可能搜集全面的一手文献资料，在梳理分析与总结归纳的基础上，把握国内外该领域的研究进展，从而为本研究内容的确定与开展提供帮助和认识基础。

1.4.2.2 网络调研法

为了解国内外大数据资源规划与统筹发展的实践现状，借助于网络平台，对国内及国外主要国家的大数据政策、大数据项目、大数据战略规划、大数据发展方案及相关法律等进行调研，旨在洞察当前大数据资源规划与统筹发展的实践进展，为发展需求与发展障碍的分析提供支撑。

1.4.2.3 政策分析法

国内外在大数据发展、大数据战略规划等方面出台的发展计划、法律法规、制度标准等政策文件，是管窥国内外大数据资源规划与统筹发展整体状况的重要参考资料来源。采用政策分析的方法对国内外的这些政策文件进行系统梳理与分析解读，可以把握国家层面的大数据资源规划与统筹发展的战略取向、核心内容等，进而有助于把握大数据资源规划与统筹发展在体制、制度方面的需求与障碍。

1.4.2.4 跨学科研究法

“大数据资源规划理论与统筹发展研究”课题是一项复杂的系统工程，涉及信息学科、管理学科、图书情报等多学科领域，需要借鉴战略规划理论、信息资源规划理论、信息资源配置理论等不同学科的理论方法开展研究，从而可以从多学科的理论视角出发对大数据资源规划与统筹发展研究形成更为科学的认知，使得研究成果更为系统、深入和全面。

1.4.2.5 案例研究法

“大数据资源规划理论与统筹发展研究”的开展，旨在为多场景应用提供理论指导。为此，本课题从国家层面的规划视角出发，将大数据资源规划与统筹发展的前期理论成果应用于公共文化服务领域开展案例研究，旨在实现基于这一场景应用的示范性效果。

1.5 研究创新与不足

本课题以“大数据资源规划理论与统筹发展研究”为选题，从宏观层面出发，以战略规划理论、信息资源规划理论、信息资源配置理论等为理论依据，在明确了大数据资源规划与统筹发展的基本内涵、大数据资源规划与统筹发展的基本需求及障碍的基础上，构建了系统化的大数据资源规划理论框架，提出了四种大数据资源规划模型，设计了基于规划的大数据资源统筹发展的推进路径，构建了大数据资源规划与统筹发展的保障体系，并通过面向公共文化服务的大数据资源规划与统筹发展研究对上述研究成果进行了实证分析。本课题创新之处主要体现在以下三个方面：

(1)构建了大数据资源规划理论体系。针对已有的研究成果缺乏对大数据资源规划理论方面的研究，本课题结合当前开展大数据资源规划与统筹发展的数据管理需求与数据应用需求，以及在理论、体制、制度、管理、技术方面存在的障碍，以战略规划理论、协同理论、信息资源规划理论和信息资源配置理论为理论依据，构建了涵盖大数据资源规划原则、大数据资源规划功能、大数据资源规划层次、大数据资源规划类型在内的大数据资源规划理论体系，形成了大数据资源规划的系统化的理论成果。

(2) 设计了基于规划的大数据资源统筹发展策略。针对大数据资源统筹发展过程中缺乏明确路径引导的现实，本课题在大数据资源规划理论的指导下，将大数据资源规划理论与大数据资源统筹发展实践相结合，从大数据资源规划与大数据资源统筹发展衔接、基于规划的大数据资源统筹发展的内容构成、基于规划的大数据资源统筹发展路径设计、基于规划的大数据资源统筹发展的实施四个方面，设计了基于规划的大数据资源统筹发展策略，有助于推动大数据资源规划理论转化为大数据资源统筹发展实践，有益于实现大数据资源的全面统一管理和精细靶向管理。

(3) 构筑了大数据资源规划与统筹发展保障体系。针对当前大数据项目不断立项实施但缺乏保障的现实，本课题针对大数据资源规划与统筹发展这一项复杂工程，构筑了由机制保障、政策保障、标准保障、技术保障、安全保障在内的系统完善的大数据资源规划与统筹发展保障体系，能够确保大数据资源规划与统筹发展实践的协调、有序推进。

同时，本课题研究尚存在以下不足之处，主要体现在：

(1) 本课题着重突出宏观视角下的大数据资源规划理论的建构及大数据资源统筹发展路径的探索，对于大数据资源的建设、利用与服务等具体环节关注较少。

(2) 本课题以公共文化服务领域为具体应用场景，研究该场景下的大数据资源规划与统筹发展。但不同场景的大数据资源规划与发展需求存在差异，还需进一步探讨更多领域和场景下的大数据资源规划与统筹发展问题。

2　大数据资源规划与统筹发展的进展、需求与障碍

自从2011年5月麦肯锡(McKinsey & Company)发布《大数据：下一个创新、竞争和生产力的前沿》①研究报告以来，短短不到十年时间里，世界各国掀起了大数据应用实践和科学研究的高潮。在推进国家治理现代化的关键时期，中国共产党十九届五中全会要求"十四五"期间要进一步"发展战略性新兴产业，……推动互联网、大数据、人工智能等同各产业深度融合""系统布局新型基础设施，加快第五代移动通信、工业互联网、大数据中心等建设""加强宏观经济治理数据库等建设，提升大数据等现代技术手段辅助治理能力",② 明确了国家大数据战略的发展方向和目标任务。在此背景下，充分认识大数据在国家治理、政府治理和社会治理中的重要意义，统筹兼顾大数据发展过程中的顶层设计、政策落实、应用治理、法律规范和人才建设等问题显得尤为重要。为此，本章在调研国内外主要的大数据发展政策规划、管理服务机构、重点发展领域、项目实践进展的基础上，对国内外大数据资源规划与统筹发展

① McKinsey Global Institute. Big Data: The Next Frontier for Innovation, Competition[R]. McKinsey & Company, 2011.

② 中共中央关于制定国民经济和社会发展第十四个五年规划和二〇三五年远景目标的建议[EB/OL]. [2021-01-10]. http://www.xinhuanet.com/politics/2020-11/03/c_1126693293.htm.

的现状进行分析，为构建具有系统性、科学性和前瞻性的大数据资源规划战略和政策保障提供实践依据。

2.1 大数据资源规划与统筹发展的实践进展

大数据是近年来信息技术产业最具突破性的一次技术变革。在此背景下，世界各国从政策规划、技术研发、基础设施建设、人才队伍建设、应用场景拓展等方面积极推进大数据战略发展，形成了较为丰富的实践经验。鉴于此，本节对国内外大数据资源规划和统筹发展的实践进行梳理，并在此基础上剖析各国大数据实践的共性与不同，为我国进一步促进大数据资源规划和统筹发展提供参考。

2.1.1 国外实践进展

2.1.1.1 国外大数据资源规划与统筹发展实践

国外大数据资源规划与统筹发展实践主要在美国、澳大利亚等大国和欧洲地区展开，亚洲的日本、印度等也制定了相关的大数据资源规划政策。笔者遴选了美国、欧盟、英国、法国、澳大利亚、日本、印度七个国家和地区作为调研对象，通过比较研究和对比分析，总结其大数据发展的重点和路径，探讨其大数据资源规划与统筹发展的成果，从中攫取可供我国大数据资源规划与统筹发展的经验。

(1)美国

美国的大数据规划历程最早可以追溯到2009年的“开放政府计划”(*Open Government Initiative*)。2009年1月，时任总统奥巴马签署“开放和透明政府备忘录”(*Memorandum on Transparency and Open Government*)，要求建立更加透明开放、联动互惠的政府，并于同年5月正式实施“开放政府计划”，即通过Data.gov政府数据服务平台，对政府在工作程序、决策过程、实施结果等方面的信息进行

公开，推动政府更加开放、联动地开展管理工作，同时加强与公众的交流和反馈，凡不涉及个人隐私和国家安全的数据均可在这一平台公开发布，从而形成政府与社会的良性互动，实现政府行政效率的提升。

为落实开放和透明政府备忘录及开放政府计划，2009年12月8日，美国行政管理和预算局(Office of Management and Budget, OMB)发布开放政府指令，指示各机构打开大门为美国公众提供数据，① 提升政府信息的质量，营造一种开放政府的文化氛围并使其制度化。同年12月29日，奥巴马发布13526号总统令，要求政府机构减少对政府信息的过度定级，并要定期进行信息解密，促使政府信息的定密和解密更加公开、透明。2010年11月4日，13556号总统令颁布，进一步强调要为敏感但非涉密信息创建开放、标准的系统，减少对公众的过度隐瞒。

2011年3月，总统科技顾问委员会(President's Council of Advisors on Science and Technology, PCAST)报告提出，各联邦机构都需要制定大数据战略，但政府在大数据技术方面的投入依旧不够，白宫科学和技术政策办公室(Office of Science and Technology Policy, OS-TP)为此专门组建大数据高级监督组，以协调和推动大数据领域投资。②

2012年1月，瑞士达沃斯世界经济论坛(World Economic Forum, WEF)发布《大数据，大影响》(*Big Data, Big Impact*)后，联邦政府又启动《美国信息共享与安全保障国家战略》(*National Strategy for Information Sharing and Safeguarding*)，其核心内容是国家安全依赖于在正确的时间将正确的信息分享给正确的人，确保信

① Executive Office of the President Office of Management and Budget. Memorandum for the heads of executive departments and agencies: open government directive [EB/OL]. [2020-07-03]. http://www.whitehouse.gov/sites/default/files/omb/assets/2010/m10-06.pdf.

② PR Newswire. Report to the President: Every Federal Agency Needs a 'Big Data' Strategy [Z]. [2021-02-01]. http://www.scientificcomputing.com/news/.2011-3-31, 6-12.

息可以在负责、无缝、安全的环境中共享。①

经过多年的开放数据准备和大数据发展前期预热，到 2012 年 3 月，时任总统奥巴马宣布正式启动白宫科学和技术政策办公室(OS-TP)牵头编制的《大数据研究与发展计划》(*Big Data Research and Development Initiative*)，从而标志着美国率先将大数据提升到国家战略的层面。

"大数据研究与发展计划"将国家大数据战略表述为"通过收集、处理庞大而复杂的数据信息，从中获得知识和洞见，提升能力，加快科学、工程领域的创新步伐，强化美国国土安全，转变教育和学习模式"。② 该计划旨在实现三大目标：一是开发能为大量数据进行收集、存储、维护、管理、分析和共享的先进技术；二是利用这些技术加快科学、工程学领域探索的进程，维护国家安全，转变现有的教学方式；三是扩大从事大数据技术开发和应用的人员数量。③ 第一波纳入"大数据研究与发展计划"的联邦政府部门及其具体行动计划见表 2-1。

"大数据研究与发展计划"投资 2 亿多美元，有效提高了从海量数据中访问、组织、收集、发现信息的技术水平，是美国在推动大数据发展领域做出的一项重大举措。

2012 年 5 月，奥巴马政府发布名为"构建 21 世纪数字政府"(*Building A 21st Century Digital Government*)的战略规划，通过 Data. gov 政府数据服务平台吸引更多国家政府参与，同时行政管理和预算局(OMB)带头推进政府公共数据开放。为进一步完善平台

---

① National Strategy for Information Sharing and Safeguarding[EB/OL]. [2021-02-01]. https://www. dni. gov/files/ISE/documents/DocumentLibrary/2012infosharingstrategy. pdf.

② Guerard J B, Rachev S T, Shao B P. Efficient Global Portfolios: Big Data and Investment Universes[J]. IBM Journal of Research and Development, 2013, 57(5): 1-11.

③ Big Data Research and Development Initiative[EB/OL]. [2020-9-11]. http://www. whitehouse. gov/sites/default/files/microsites/OS-TP/big_data_press_release_final_2. pdf, 2013-9-11.

功能，政府部署开发数据分级评定、用户交流以及和社交网络互动等功能，构建了开放政府平台(Open Government Platform，OGPL)，通过开源的政府平台代码，方便任何城市、组织或机构创建开放站点。

表 2-1　　　　美国联邦机构大数据资助计划

<table>
<tr><th>机构部门</th><th colspan="2">行动计划</th></tr>
<tr><td>国家科学基金会(NSF)</td><td>实施全面长期战略，从数据中获取知识的新方法，管理数据的基础设施、教育和队伍建设的新途径，包括：
(1)鼓励科研院校开展跨学科的研究生课程，培养下一代数据科学家和工程师；
(2)向加州大学伯克利分校提供 1000 万美元的资助，整合机器学习、云计算、众包，用于将数据转变为信息；
(3)为“Earth Cube”提供首轮资助，使地理学家可以访问、分析和共享地球信息；
(4)召集跨学科的研究人员以确定大数据对教育的影响</td><td rowspan="2">两机构联合招标的“促进大数据科学与工程的核心技术”项目促进对大规模数据集进行管理、分析、可视化，并从中抽取有用信息，增强核心科学技术的发展；国家卫生研究院关注与医疗和疾病有关的分子、化学、行为、临床等数据集</td></tr>
<tr><td>国家卫生研究院(NIH)</td><td>国家卫生研究院的千人基因组计划数据集将通过亚马逊网络服务免费对外开放。这些数据总量达到 200TB，是世界上最大的人类基因变异数据集之一</td></tr>
<tr><td>能源部(DOE)</td><td colspan="2">提供 2500 万美元建立“可拓展的数据管理、分析和可视化研究所”，帮助科学家对数据进行有效管理，促进其生物和环境研究计划、美国核数据计划等。研究所汇集 6 个国家实验室和 7 所大学的专家，开发新工具帮助管理和可视化来自能源部超级计算机的数据</td></tr>
</table>

续表

机构部门	行动计划
国防部(DOD)	每年投资2.5亿美元，在各军事部门开展一系列研究计划，旨在以创新方式使用海量数据，通过感知、认知和决策支持的结合，加强大数据决策力： “数据到决策”项目：开发计算技术和软件工具，分析与动态推理和推理机相连的海量数据(包括表格等半结构化数据和文本等非结构化数据)； 自动化：利用“数据到决策”项目取得的进展开发相关支持工具，这些工具能识别趋势、适应现实世界，即使没有人工干预也可在复杂、动态的环境中成功运行； 人机系统：促进人机接口的发展，以实现运行和培训方面的无缝合作
国防部高级研究计划局(DARPA)	启动“XDATA项目”，拟在未来四年每年投资2500万美元，开发分析大规模数据的计算技术和软件工具。项目拟解决的问题包括： (1)开发可升级的算法，处理分布式数据仓库； (2)创建有效的人机互动工具，可以根据不同的任务进行轻松定制； (3)支持开源软件工具包，为用户提供可在多种环境中进行大规模数据处理的软件
地质勘探局(USGS)	地质勘探局的约翰·韦斯利·鲍威尔分析与集成中心(John Wesley Powell Center for Analysis and Synthesis)启动8个新的研究项目，用来将地球科学理论的大数据集转变为科学发现

2013年5月，奥巴马提出，为激发大数据的创新活力，政府须实现新增和经处理数据的开放与机器可读。政府除了需要强化顶层设计，统筹推进技术研发、数据开放以外，还需要制定政策以支持数据驱动型创新，通过率先垂范、先行应用加以鼓励引导，以积极应对并减少大数据带来的负面问题，提升社会对政府的信任度，推进大数据资源的社会共享。

2013年11月，信息技术与创新基金会(Information Technology

and Innovation Foundation，ITIF）发布《支持数据驱动型创新的技术与政策》（*An Introduction to the Technologies and Policies Supporting Data-Driven Innovation*），建议各国政策制定者鼓励公共和私营部门开展数据驱动型创新，指出数据驱动型创新所需要的新技术和所面临的新挑战，并就政府如何支持数据驱动型创新提出了建议：一是政府应大力培养所需的有技能的劳动力；二是政府要推动数据相关技术的研发。① 截至 2020 年 12 月，全球已经有 53 个国家加入了开放数据的行列。②

随着应用的深入，美国政府对大数据带来的负面影响也更加重视，美国白宫 2014 年 5 月发布的《大数据：抓住机遇，守护价值》（*Big Data：Seizing Opportunities Preserving Values*）白皮书和《从技术视角看待大数据隐私》（*Big Data and Privacy：A Technological Perspective*）两份大数据研究报告通过大量调研和研究分析，从政策和技术两个层面向政府提出了六项建议，具体包括：改进消费者隐私权力法案，通过关于国家数据外泄的立法，将隐私保护扩展至非美籍人士，确保对在校学生的数据采集只被用于教育目的，发展技术以阻止大数据分析带来的群体歧视，以及修正电子通信隐私法。③④《大数据：抓住机遇，守护价值》尤其指出，在发挥正面价值的同时，应警惕大数据应用对隐私、公平等长远价值带来的负面影响。⑤

2015 年 3 月，联邦总务管理局（General Services Administration，

① Data Innovation 101：An Introduction to the Technologies and Policies Supporting Data-Driven Innovation [EB/OL]. [2021-02-01]. https：//www2.datainnovation.org/2013-data-innovation-101.pdf.

② Open Government [EB/OL]. [2021-02-01]. https：//www.data.gov/open-gov/.

③ EOP. Big Data：Seizing Opportunities Preserving Values[R]. Washington DC，2014.

④ PCAST. Big Data and Privacy：A Technological Perspective[R]. Washington DC，2014.

⑤ EOP. Big Data：Seizing Opportunities Preserving Values[R]. Washington DC，2014.

GSA）公民服务与科技创新办公室旗下的18F创新小组，会同联邦数字服务中心（United States Digital Service，USDS）、白宫科学和技术政策办公室（OS-TP）联名发布了关于政府网站的数字化分析仪表盘（Digital Analytics Dashboard），协助公众实时、便捷地了解美国联邦政府网站提供的社会公共服务。①

2016年5月，总统科技顾问委员会（President's Council of Advisors on Science and Technology，PCAST）发布《联邦大数据研究和开发战略计划》（*The Federal Big Data Research and Development Strategic Plan*）。该计划在已有基础上，构建数据驱动战略体系，激发联邦机构和整个国家的发展新潜能。该战略计划旨在构建大数据创新生态系统的基础上，确保国家在研发上的持续领导，借助大数据的实时分析、趋势预测和决策支持等功能，助力现代科学技术和经济社会发展，培育21世纪下一代科学家和工程师，提升联邦政府应对国际挑战和化解社会、环境与安全问题的能力，巩固美国在科学研究和国家发展中的持续领导地位。②

2017年5月，时任总统特朗普签署行政令，宣布成立美国科技委员会（American Technology Council，ATC）。该机构设立的目的在于：利用大数据在大学、私营部门和政府之间构建网络，实现美国政府数字化转型，更好地辅助决策，为公众提供更加智能化的公共服务。

2018年6月，美国行政管理和预算局（OMB）根据总统管理议程中有关综合联邦数据战略和跨机构优先目标的计划，推出了strategy. data. gov网站，以数据管理、数据质量和持续改进为主题，鼓励公众对联邦数据战略发表意见，以进一步提升联邦政府的技术

① Office of Management and Budget. Turning Government Data into Better Public Service［EB/OL］.［2015-03-20］. https：//www. whitehouse. gov/blog/2015/03/19/turning-government-data-better-public-service.

② The Federal Big Data Research and Development Strategic Plan［EB/OL］.［2021-02-01］. https：//digitalcommons. unl. edu/scholcom/20/.

水平和数据能力，扩充大数据人才队伍。① 同期，国立卫生研究院(NIH)发布《数据科学战略计划》(*Strategic Plan for Data Science*)，针对生物医药数据科学领域的大数据发展战略，提出了数据基础设施、数据生态系统现代化建设、数据管理分析方法和工具三大发展方向及其各自的战略目标和实施举措。②

2019年6月，美国政府发布《2019—2020联邦数据战略行动计划》(DRAFT 2019—2020 *Federal Data Strategy Action Plan*)草案，旨在通过采取3类16个基本的行动步骤开展联邦政府第一年数据战略实践。其中，第一类“共享行动：政府范围内的数据服务”包括：建立行政管理和预算局(OMB)数据管理委员会，编制数据科学技能目录，构建数据伦理框架，开发数据保护工具包，开发联邦数据战略资源库，试行一站式数据标准，试行自动存储工具，试行标准数据目录；第二类“团体行动：跨机构合作”包括：改善和发展人工智能研究数据资源，改进财务管理数据标准，改进地理空间数据标准；第三类“特定机构的行动：机构活动”包括：构建多元化的数据治理机构，评估数据和相关基础设施的成熟度，提高员工数据技能，识别数据需求以解决机构的核心问题，为机构开放数据计划确定优先数据集。③ 同年12月，美国在草案的基础上发布《2020年联邦数据战略行动计划》，在共享行动方案中增加了“改进数据管理工具”“开发数据质量衡量报告指南”两个基本行动，在团体行动方案中增加了“成立首席数据管委会”一个基本行动，在特定机构行动方案中增加了“发布和更新数据清单”一个基本行动，从而

① Federal Data Strategy Leveraging Data as a Strategic Asset [EB/OL]. [2021-02-01]. https://strategy.data.gov/.

② Nih Strategic Plan for Data Science [EB/OL]. [2021-02-01]. https://grants.nih.gov/grants/rfi/NIH-Strategic-Plan-for-Data-Science.pdf.

③ DRAFT 2019—2020 Federal Data Strategy Action Plan [EB/OL]. [2021-02-01]. https://strategy.data.gov/assets/docs/draft-2019-2020-federal-data-strategy-action-plan.pdf.

确定了2020年采取的20项关键行动。①

(2)欧盟

作为一个政治共同体，欧盟制定大数据战略的出发点与一般实体国家存在区别。它更强调技术导向的数据共享，从而消除成员国家间的信息屏障。

2010年3月，欧盟委员会公布了“欧盟2020战略”(Europe 2020 Strategy)。这是继2000年3月“里斯本战略”(Lisbon Strategy)之后欧盟的第二个十年经济发展规划。欧盟2020战略目标的重点是：经济与就业的高速增长；其思路是：以知识追求经济成长，创造价值，打造竞争环境，连接绿色经济；以教育、研究赋能社会公众，构建包容社会。在金融危机的困难局势下，唯有创新才可能走出经济困境，创造经济发展新的增长点。欧盟认为，为了加强其创新潜力，应尽可能以最好的方式使用资源，这些资源就包括数据。通过原始数据的再利用，创造就业机会，刺激经济增长、政策创新，提高公共政策的透明度，提高政府决策及公共服务的水平。可见，开放数据将成为拓展就业和实现经济增长的重要工具。②

2010年11月，在全球开放数据的推动下，欧盟通信委员会(EU Communication Commission)向欧洲议会提交了题为《开放数据：创新、增长和透明治理的引擎》(*Open Data: An Engine for Innovation, Growth, and Transparent Governance*)的研究报告，围绕开放数据制定大数据相关战略。该报告于2011年11月被欧盟数字议程(Digital Agenda for Europe)采纳，③ 作为“欧盟开放数据战略”

① Federal Data Strategy 2020 Action Plan [EB/OL]. [2021-02-01]. https://strategy.data.gov/assets/docs/2020-federal-data-strategy-action-plan.pdf.

② European Commission. Digital agenda: commission's open data strategy, questions&answers [EB/OL]. [2021-02-03]. http://europa.eu/rapid/pressReleasesAction.do?reference=MEMO/11/891.

③ European Commission. Open Data: An Engine for Innovation, Growth, and Transparent Governance[R/OL]. [2021-02-03]. http://eur-lex.europa.eu/LexUriServ/LexUriServ.do?uri=COM:2011:0882:FIN:EN:PDF.

部署实施。① 该报告的核心在于提高欧盟成员国政府拥有的公共数据的开放度与透明度，通过数据处理、共享平台与科研数据基础设施建设，向全社会开放欧盟公共管理部门的所有信息，实现“泛欧门户”成员国无障碍信息共享。②

2014 年，欧盟委员会发布了《迈向蓬勃发展的数据驱动经济》(*Towards a Thriving Data-driven Economy*)报告，聚焦深入研究基于大数据价值链的创新机制，提出大力推动“数据价值链战略计划”，通过一个以数据为核心的连贯性欧盟生态体系，让数据价值链的不同阶段产生价值。数据价值链的概念贯穿数据生命周期，包括从数据产生、验证以及进一步加工后，以创新的产品和服务形式实现利用与再利用。欧盟委员会于 2014 年 10 月宣布其同欧洲大数据价值协会(Big Data Value Association，BDVA)签署备忘录(*Memorandum of Understanding*，MoU)，合作推动欧洲大数据发展。③

2015 年 1 月，欧盟大数据价值联盟(European Big Data Value Partnership)正式发布了《欧盟大数据价值战略研究和创新议程》(*European Big Data Value cPPP-Strategic Research and Innovation Agenda*)。该创新议程设定了欧盟国家和区域层面的发展目标，以实现未来欧洲在世界创造大数据价值中的领先地位。该创新议程建议，建立欧盟大数据契约的合同制公私伙伴(Contractual Public Private Partnership，cPPP)应在“地平线 2020”(Horizon 2020)进行科研规划，并在各国和地区计划中推行此议程，增强泛欧的研究与创新工作，形成清晰的科学研究、技术发展和投资战略。其中，欧盟将在大数据等新兴技术领域的相关研究、创新和部署方面投资近

① Communication Commission. Open data engine of innovation，economic growth and transparent governance [EB/OL]. [2020-07-03]. http：//ec. europa. eu/information_society/. . . /opendata2012/. . . data. . /es. pdf.

② 曹凌. 大数据创新：欧盟开放数据战略研究[J]. 情报理论与实践，2013，36(4)：118-122.

③ Towards a thriving data-driven economy [EB/OL]. [2021-02-01]. https：//eur-lex. europa. eu/legal-content/EN/TXT/PDF/? uri=CELEX：52014DC0442&from=EN.

5 亿欧元，在健康医疗、食品农业等领域部署个性化的数字解决方案，① 此外还可为大数据研究人员和开发者提供开放数据实验平台并承担初创企业商业孵化器责任等，以提升欧洲大数据产业的整体实力，为欧洲未来数据驱动型经济发展奠定基础。上述创新议程指出了欧盟大数据生态系统所需要优先解决的七大技术挑战和四大非技术挑战，其中，技术挑战包括分析确定技术优先级、数据管理、优化架构、深度分析、隐私和匿名机制、高级可视化和用户体验、路线图和时间表，非技术挑战包括技能提高、生态系统和商业模式、政策法规及标准化、社会观念和社会影响。议程还对大数据发展目标的预期影响进行了研究，通过设定关键绩效指标评估预期影响。②

2017 年，欧盟委员会发布《打造欧洲数据经济》(*Building a European Data Economy*)报告，对基于数据的数字化改革、数据驱动型经济的潜能、面临的障碍和解决方案等进行了分析总结。报告指出，大数据是经济增长、就业和社会进步的重要资源，2015 年欧盟数据经济的价值是 2720 亿欧元，接近于欧盟地区生产总值的 1.9%。如果有适当的政策和法律解决方案，数据经济的价值将会在 2020 年翻一番。③

2018 年，欧盟委员会发布《建立一个共同的欧盟数据空间》(*Towards a Common European Data Space*)政策文件，重点关注公共机构数据开放、科研数据存取及私营机构数据分享等事项。④

① Draft Summary of Main Points Oecd-Gcoa-Cornell-Tech Expert Consultation Growing and Shaping the Internet of Things Wellness and Care Ecosystem Enablers and Barriers [EB/OL]. [2021-02-01]. http：//www. oecd. org/sti/ieconomy/iot-wellness-and-care-ecosystem-summary. pdf.

② European Big Data Value Strategic Research & Innovation Agenda [EB/OL]. [2021-02-01]. http：//www. nessi-europe. com/Files/Private/EuropeanBigDataValuePartnership_SRIA__v099%20v4. pdf.

③ Zech H. Building a European Data Economy [EB/OL]. [2021-02-01]. https：//doi. org/10. 1007/s40319-017-0604-z.

④ See European Commission, Towards a Common European Data Space, SWD(2018)125 Final.

2020年2月，欧盟委员会发布《欧洲数据战略》(*A European Strategy for Data*)，战略基于大数据技术变革、数据对经济社会发展的推动以及欧盟在数据经济中所具备的潜力等重要趋势，以建立开放的欧洲数据市场，促进增长、创造价值为愿景，重点分析了欧盟成员国之间分散化、市场力量失衡、数据互操作和质量、数据治理、数据基础架构与技术、网络安全等风险挑战，提出数据访问和使用跨部门治理，数据存储、处理、使用和互操作及基础设施建设的投资赋能，授权社会个体投资技能建设和中小企业能力建设，构建欧盟战略性部门和公共利益领域的共同数据空间四项核心措施。①

2020年11月，欧盟委员会在《欧洲数据战略》的基础上提出《数据治理法》(*Data Governance Act*)，整个法案的框架涉及三个层面，其一是对公共部门尚未设置共享使用的数据设置允许使用的条件；其二是设立非营利性的数据中介机构；其三是为数据利他主义思想的渗透创造有利的环境。②

(3)英国

英国的大数据发展同样萌芽于政府开放数据的需求和实践。英国政府较早意识到了数据潜在价值对提升政府工作效率的重要作用。2010年年初，英国开通政府数据网站 data. gov. uk，这是政府网络数据可再利用的首例，体现了英国政府提高政府工作透明度和效率的决心。data. gov. uk 同美国 data. gov 平台的功能类似，但更关注数据挖掘和信息获取能力的提升。

2012年5月，世界上首个开放数据研究所(The Open Data Institute，ODI)在英国政府的支持下建立，该机构能挖掘和利用公

① A European strategy for data [EB/OL]. [2021-02-01]. https://ec. europa. eu/info/sites/info/files/communication-european-strategy-data-19feb2020_en. pdf.

② Proposal for a Regulation of the European Parliament and of the Council on European data governance (Data Governance Act) [EB/OL]. [2021-02-01]. https://eur-lex. europa. eu/legal-content/EN/TXT/? uri = CELEX% 3A52020PC0767.

开数据的商业潜力，为公共部门、学术机构的创新发展以及国家可持续发展政策的制定提供帮助。同年，英国又发布了新的政府数字化战略，具体由英国商业创新技能部(Department for BIS)牵头，成立数据战略委员会(Data Strategy Board，DSB)，通过数据开放为政府、私人部门、第三方组织和个体提供相关服务，吸纳更多技术力量和资金支持，协助拓宽数据来源，以推动就业和新兴产业发展，实现大数据驱动的社会经济增长,① 实现政府服务的"默认数字化"。

2012年6月，《开放数据白皮书》(*Open Data White Paper*)正式颁布，其核心内容是：政府各部门应制定两到三年期的详细的数据开放策略，增强公共数据的可存取性，实现更智慧的数据利用。在个人隐私保护方面，白皮书确认将在公共部门透明度委员会设隐私保护专家，确保在开放过程中及时掌握并普及最新隐私保护措施，同时也为各部门配备隐私专家。这些做法体现了政府数据开放的立场、态度以及强硬的执行力，真正确保数据开放政策落到实处。

2013年，在经济低迷、财政紧缩的背景下，英国政府依然把大笔资金投入大数据技术研发上，商业创新技能(Department for Business，Innovation & Skills，BIS)部、经济和社会研究委员会(Economic and Social Research Council，ESRC)等部门分别于1月、4月斥巨资加大对大数据技术研发的支持，大幅提高了地球、医学、行政等领域的数据集成和分析能力，使得英国在新一代数据革命中获得了先发优势。同年5月，牛津大学成立了英国首个综合运用大数据技术的"李嘉诚卫生信息与发现中心"(The Li Ka Shing Centre for Health Information and Discovery)，该中心包括靶标发现研究所和大数据研究所两大机构，旨在通过搜集、存储和分析大量医疗信息，透过高通量生物数据，与业界共同界定药物标靶，处理目前在新药开发过程中关键的瓶颈问题，确定新药物的研发方向，减

① Yiu C. The Big Data Opportunity：Making Government Faster，Smarter and More Personal[R/OL]. [2020-02-13]. http：//www.policyexchange.org.uk/images/publications/the%20big%20data%20opportunity.pdf.

少药物开发成本，为发现新的治疗手段提供线索，之后还将汇集遗传学、流行病学、临床医学、化学和计算机科学等领域的顶尖人才，集中分析医疗大数据。时任首相卡梅伦认为："这一中心的成立，有望给英国医学研究和医疗服务带来革命性变化，它将促进医疗数据分析方面的新进展。"①

2013年10月，英国发布《把握数据带来的机遇：英国数据能力战略》(*Seizing the Opportunities of Data*：*The UK Data Capability Strategy*)。该战略依然由商业创新技能(BIS)部带头编制，旨在实现英国在数据挖掘和价值萃取中的世界领先地位，促进经济发展，为公众、企业、学术机构和公共部门带来更多效益。②

2017年3月，英国数字、文化、媒体和体育部(Department for Digital，Culture，Media & Sport，DCMS)发布《英国数字战略》(*UK Digital Strategy*)，阐述英国脱欧后推进数字化转型的具体战略部署，具体包括：连接战略、数字技能和包容性战略、数字产业战略、更广泛经济战略、网络空间安全战略、数字政府战略和数据战略共七项战略部署。③ 为保证数字化战略在今后的顺利实施，2018年，英国加大了对5G技术的试验和探索，数字、文化、媒体和体育部(DCMS)相继出台《5G城市互联社区项目》《5G试验台和试验计划》《5G试验台和试验计划更新》等阶段性计划文件，从而为数字传输的高速化发展发挥政策引领作用。

2020年9月，数字、文化、媒体和体育部(DCMS)正式发布《国家数据战略》(*National Data Strategy*，NDS)，该战略从数据价值、数据体制、数据使用、数据安全和数据流动五个方面制定了具

---

① Prime Minister joins Sir Ka-shing Li for launch of £90m initiative in big data and drug discovery at Oxford [EB/OL]. [2021-02-01]. http://www.cs.ox.ac.uk/news/639-full.html.

② Department for Business，Innovation & Skils，UK Government. UK Data Capability Strategy：Seizing the Data Opportunity [EB/OL]. [2020-07-31]. https://www.gov.uk/government/publications/uk-data-capability-strategy.

③ UK Digital Strategy 2017 [EB/OL]. [2021-02-01]. https://www.gov.uk/government/publications/uk-digital-strategy/uk-digital-strategy.

体任务，同时计划通过立法、培训、投资等方式加强政府、企业和组织对数据的利用和创新，改善社会公共服务，推动该国经济从疫情中复苏。①

（4）法国

2011年5月，《政府部门公共信息再利用》规定了政府部门所掌握信息和数据的开放格式和标准、收费、开放数据集的选择以及数据使用许可，由此拉开了法国大数据战略规划的序幕。

同年7月，工业部长Eric Besson宣布启动"开放数据比邻移动"（*Open Data Proxima Mobile*）项目，以实现公共数据在移动终端的使用，最大限度地挖掘其应用价值，项目内容涉及交通、文化、旅游、环境等多个领域。同年12月，法国推出Data. gouv. fr平台，网站数据由政府部门专员负责统计和收集，并持续更新。②

为抓住大数据发展机遇，促进本国大数据领域的发展，以便在经济社会发展中占据主动权，2013年2月，法国政府又发布了《数字化路线图》（*Feuille de route du Gouvernement sur le numérique*），表示会更广泛、便捷地开放公共数据，促进创新性再利用，为数据开放共享创造文化氛围，并改进现有法规框架等；同时宣布将投入1.5亿欧元大力支持包括大数据在内的5项战略性高新技术，该项资金用于7个大数据市场研发项目，通过试点探索，促进法国大数据的发展。③

2013年4月，经济、财政和工业部（Ministère de l'économie, des finances et de l'industrie，MEFI）宣布将投入1150万欧元用于支持7个未来投资项目，法国政府投资这些项目的目的在于"发展创新性解决方案，并将其用于实践，以促进法国在大数据领域的发展"。

---

① UK National Data Strategy（NDS）consultation［EB/OL］.［2021-02-01］. https：//www. gov. uk/government/consultations/uk-national-data-strategy-nds-consultation.

② Data. gouv. fr［EB/OL］.［2021-03-08］. https：//www. data. gouv. fr/fr/.

③ Feuille de route du Gouvernement sur le numérique［EB/OL］.［2020-10-09］. http：//www. gouvernement. fr/sites/default/files/fichiers_joints/feuille_de_route_du_gouvernement_sur_le_numerique. pdf，2013-10-09.

2013年7月，法国中小企业、创新和数字经济部(Ministère des PME, de l'innovation et de l'économie numérique, MPIE)发布了《法国政府大数据五项支持计划》(*French Government Support for Big Data*)，包括：①引进数据科学家教育项目，该项目体现了人才培养已经被法国政府纳入推进大数据发展的重要议程之中；②设立一个技术中心，给予新兴企业各类数据库和网络文档存取权；③通过为大数据设立一个全新的原始资本，促进创新；④在交通、医疗卫生等纵向行业领域设立大数据旗舰项目；⑤为大数据应用建立良好的生态环境，如在法国和欧盟层面建立用于交流的各类社会网络等。① 同年9月，该部颁发的《政府数据开放手册》将全面指导公共部门对于开放数据政策的理解。

2015年10月，法国总理瓦尔斯宣布了《法国国家数字安全战略》(*French National Digital Security Strategy*)，该战略围绕根本利益、数字信任、意识提升、环境政策、稳定自主五大战略目标展开论述，分析了每一个战略目标的风险、目标和方向。② 该战略由法国国家网络安全局(Agence nationale de la sécurité des systèmes d'information, ANSSI)负责具体实施，旨在推动法国社会的数字化转型，从而使法国成为促进欧洲数字战略自治路线图的领导者。

2018年3月起，法国政府又相继推出《法国人工智能发展战略》《5G发展路线图》《利用数字技术促进工业转型的方案》等一系列相关战略规划文件。其中，《法国人工智能发展战略》提出要重点关注人才培养、数据开放、资金投入和伦理建设，以数据获取与跨部门开放共享为基础，推动数字经济的发展。③

① French Government support for Big Data [EB/OL]. [2020-10-09]. http://www.invest-in-france.org/us/news/french-government-support-for-big-data.html, 2013-10-9.

② FRENCH national digital security strategy [EB/OL]. [2021-02-01]. https://www.ssi.gouv.fr/uploads/2015/10/strategie_nationale_securite_numerique_en.pdf.

③ Artificial Intelligence: "Making France a leader" [EB/OL]. [2021-02-01]. https://www.gouvernement.fr/en/artificial-intelligence-making-france-a-leader.

2019年7月，法国标准化协会(Association française de normalisation，AFNOR)发布《法国标准化战略2019》。该战略强调标准化在应对数字技术与网络、大数据与安全的互操作性等挑战上的重要作用，指出要将数字技术视为一项重要的跨职能主题，进一步加强标准化活动的数字化转换，以满足法国用户的要求，提高服务质量。①

(5)澳大利亚

早在2010年7月，澳大利亚政府就发表了《开放政府宣言》(*Declaration of Open Government*)，强调要加强公众存取政府信息的权利，创新在线方式使政府信息更易于存取和利用，营造一种信息开放的文化环境；同时，修改完善《信息自由法》(*Freedom of Information Act*)，并建立澳大利亚信息委员会办公室(Office of the Australian Information Commissioner，OAIC)，制定更为详细的信息开放方案。

2011年5月，澳大利亚公开发布《开放公共部门信息原则》(*Principles on Open Public Sector Information*)，其内容包括：信息的默认状态就应该是可以开放存取的；增强与公众的在线交流；将信息作为核心战略资产进行管理，实现高效信息治理；确保信息被公众及时查找与方便利用；明确公众对信息的再利用权利等。②

2012年7月，基于对数据安全的考虑，澳大利亚政府又发布了《信息安全管理指导方针：整合性信息的管理》，其为海量数据整合中所涉及的安全风险提供了最佳的管理实践指导。同年10月，澳大利亚政府再次发布《澳大利亚公共服务信息与通信技术战略

① French standardization strategy [EB/OL]. [2021-02-01]. https://telechargement-afnor. org/french-strategy-standardization-document? _ga = 2. 1805 30535. 1143773389. 1608451601-411894141. 1608451601.

② Principles on open public sector information: Report on review and development of principles [EB/OL]. [2021-02-01]. https://www. oaic. gov. au/information-policy/information-policy-resources/principles-on-open-public-sector-information-report-on-review-and-development-of-principles/.

2012—2015》(*Australian Public Service Information and Communications Technology Strategy 2012-2015*),强调应增强政府机构的数据分析能力,从而促进更好地传递服务和更科学地制定政策,并把制定一份大数据战略列为战略执行计划之一。

2013年2月,澳大利亚政府信息管理办公室(Australian Government Information Management Office, AGIMO)成立了跨部门工作组——"大数据工作组",启动了《公共服务大数据战略》(*Australian Public Service Big Data Strategy*)的制定工作,并于2013年8月正式对外发布。①

2016年5月,澳大利亚信息专员办公室(OAIC)发布了《大数据指南和澳大利亚隐私原则征求意见稿》(*Consultation draft: Guide to Big Data and the Australian Privacy Principles*)。该指南草案概述了关键的隐私要求,鼓励实施隐私管理框架。②

2018年11月,澳大利亚数字化转型管理局(Digital Transformation Agency, DTA)发布《数字化转型战略》(*Digital Transformation Strategy*),提出了数字化转型战略的五大关键原则,即需求第一、证明可信赖性、合作伙伴关系、创新和交付物有所值。③ 2020年12月,澳大利亚数字化转型管理局在2018年的数字化转型战略的基础上推出《数字化转型战略2.0》,对原有的战略规划进行了更新和修正,更新后的战略还将致力于克服数字化转型的

---

① Australian Government Information Management Office. The Australian Public ServiceBig Data Strategy: Improved Under-standing through Enhanced Data-analytics Capability Strategy Report [EB/OL]. [2021-04-20]. http://www.finance.gov.au/sites/default/files/Big-Data-Strategy.pdf.

② Office of the Australian Information Commissioner (OAIC) Consultation draft: Guide to big data and the Australian Privacy Principles (May 2016). [2021-04-20]. https://www.oaic.gov.au/resources/engage-with-us/consultations/guide-to-big-data-and-the-australian-privacy-principles/consultation-draft-guide-to-big-data-and-the-australian-privacy-principles.pdf.

③ Refreshed Australian digital transformation strategy to focus on people and reusable tech [EB/OL]. [2020-04-06]. https://www.zdnet.com/article/refreshed-australian-digital-transformation-strategy-to-focus-on-people-and-reusable-tech/.

各种障碍，尤其包括资金和业务流程中的障碍，力图在2025年通过在线渠道提供所有的政府服务，使澳大利亚成为世界三大数字政府之一。

(6)日本

日本的大数据资源规划主要依托于IT/ICT(*Information*, *Communication*, *Technology*)战略来制定和实施。其最早起源于2001年日本政府制定的《e-Japan战略》(e-Japan戦略)，后经过2004年12月的《u-Japan政策》、2006年1月的《IT新改革战略》(IT新改革戦略)、2008年7月的《xICT前景》(xICTビジョン)的发展，日本于2009年7月制定了《i-Japan战略2015》(i-Japan戦略2015)，该战略立足于对2015年数字社会发展的前景展望，阐述了电子政府和电子自治体、医疗健康、教育和人才培养三大领域的前景目标和战略举措。① 然而，由于2009年9月的"政权交代"，民主党取代自民党担任执政党，上述战略政策并未得到充分的实施。

2010年5月，日本发达信息通信网络社会推进战略本部(高度情報通信ネットワーク社会推進戦略本部，以下简称"IT综合战略本部")发布了《信息通信技术新战略》(新たな情報通信技術戦略)，其目的在于通过加强各政策的合作、相关府省之间的合作、政府和自治体的联合以及政府和民间的联合等，实现国民本位的电子行政、地域的纽带再生以及创造新市场和国际化发展。② 同年6月，日本又发布《信息通信技术新战略工程表》(新たな情報通信技術戦略工程表)，针对《信息通信技术新战略》的战略目标制定了30个工程表，确立了今后10年内的ICT推进计划。③

① 于凤霞，徐清源.《i-Japan战略2015》目录[J]. 中国信息化，2014(12).

② 高度情报通信ネットワーク社会推进戦略本部. 新たな情報通信技術戦略[R/OL]. [2020-04-06]. http://www.kantei.go.jp/jp/singi/it2/100511honbun.pdf.

③ 高度情报通信ネットワーク社会推进戦略本部. 新たな情报通信技术戦略工程表[R/OL]. [2020-04-06]. http://www.kantei.go.jp/jp/singi/it2/pdf/120704_siryou1.pdf.

2012年7月，日本总务省发布《面向2020年的ICT综合战略》，提出“活跃ICT日本”(Active Japan ICT)新综合战略，侧重于以技术革新发展大数据战略，推动大数据应用，并将其作为2013年6个主要任务之一，进而实现国民本位的电子政府和加强地区间互助关系的目标。在应用当中，无论是开发社会化媒体、云网络技术、终端OS、无线通信等智能技术，还是医疗、交通、行政、制造、地理信息等实践应用场景，日本的大数据战略都发挥了重要作用。ICT技术与大数据信息能力的结合同时还为协助应对抗灾救灾和核电事故等公共问题做出了贡献，实现了社会公共价值促生。①

2012年12月，政权再次“交代”，安倍晋三携自民党重回执政党宝座，继续加大对ICT战略的重视和实践。2013年6月，IT综合战略本部公布“创建最尖端IT国家宣言”(*Declaration to be the World's Most Advanced IT Nation*)。该宣言是以激活人、财、物和创造战略市场为目标的《日本再兴战略》(亦称为《政府全体成长战略》)的重要组成,② 阐述了2013—2020年以发展开放公共数据和大数据为核心的日本新IT国家战略，以人才培养、IT基础设施环境、网络安全、研究开发为基础，提出要打破经济和社会低迷，实现日本再兴，把日本建设成为一个具有世界最高水准的、广泛运用信息产业技术的社会，具体包括：创造新产业和新服务，建成促进全产业发展的社会；建成世界第一安全且抗灾性强的社会；实现一站式公共服务。③

2015年6月，日本政府经内阁会议决定，通过了2014年度

① 情報通信審議会情報通信政策部会新事業創出戦略委員会・研究開発戦略委員会第10回会合(合同開催)議事録[EB/OL].［2021-02-01］. https://www.soumu.go.jp/main_content/000172848.pdf.

② 国家戦略会议．日本再興戦略[R/OL].［2021-02-01］. http://www.kantei.go.jp/jp/singi/kokuminkaigi/dai16/sankou3.pdf.

③ 高度情报通信ネットワーク社会推进戦略本部．世界最先端IT国家創造宣言[R/OL].［2021-02-01］. http://www.kantei.go.jp/jp/singi/it2/pdf/it_kokkasouzousengen.pdf.

《制造业白皮书》。白皮书指出，日本制造业在积极发挥 IT 作用方面落后于欧美(如图 2-1 所示)，如果错过美德等国引导的制造业业务模式变革，日本制造业难保不会失去竞争力，因此建议将其转型为利用大数据的“下一代”制造业。白皮书还对大数据的具体应用场景进行了介绍，如日本中部电力公司在岛上核电站 2 号机组安装了基于大数据的 NEC 故障标志监测系统来自动检测异常行为，发现异常的时间比传统方法早了 7 个多小时。①

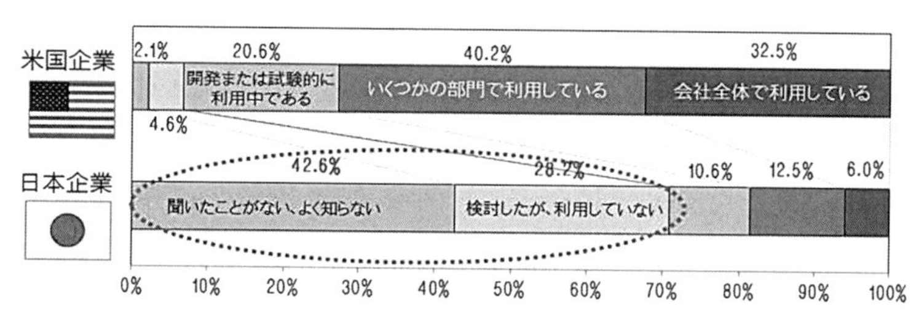

图 2-1　日美制造业大数据资源利用调查情况②

2017 年 10 月，公正交易委员会竞争政策研究中心发布了《数据与竞争政策研究报告书》。在这部报告书中，日本明确了运用《不正竞争防止法》界定不正当数据取得行为的范围和判断标准。③

继 e-Japan、u-Japan、i-Japan 战略计划后，在“社会 5.0 超智慧社会计划”的推动下，日本于 2018 年又发布了《科技创新综合战略 2017》《综合创新战略》《集成创新战略》《第 2 期战略性创新推进计

① FY2014 Summary of the White Paper on Manufacturing Industries (Monodzukuri) [EB/OL]. [2021-02-01]. https://www.meti.go.jp/english/report/downloadfiles/0609_01a.pdf.

② FY2014 Summary of the White Paper on Manufacturing Industries (Monodzukuri) [EB/OL]. [2021-02-01]. https://www.meti.go.jp/english/report/downloadfiles/0609_01a.pdf.

③ 不正競争防止法[EB/OL]. [2021-02-01]. https://www.meti.go.jp/policy/economy/chizai/chiteki/h30jyoubunn.pdf.

划(SIP)》等具体的战略计划，详细阐述了推动数字经济发展的行动方案。

2019年6月，日本经济产业省、厚生劳动省、文部科学省发布了2018年度《制造业白皮书》(2019年版ものづくり白書)，再次强调实现社会5.0计划需要进一步推进大数据等未来社会尖端技术的研发，并对一些实践进展做了汇报，如安川电机通过分析马达所取得的大数据，提升了生产效率和装置性能；米子工业高等专门学校致力于培养低年级的“数理·数据科学教育”、高年级的“医工联合·人性设计教育”等，活用医疗相关的大数据，并回馈社会的技术人员。①

2020年5月，第201次国会(常会)批准了由经济产业省、卫生劳动省、教育文化体育科学技术部三部委联合编写提出的《生产基础技术的振兴施测》(即2019年度《制造业白皮书》)，该年度的白皮书更加注重发挥大数据的实际应用场景，如：英田工程通过活用“iPark'n电子壳”中积累的大数据和AI，与冈山大学共同开发了精度高的成型机销售模拟系统和停车场大数据分析系统，实现了提高顾客收益的经营目标；在药物发现研究的临床开发阶段，通过大数据分析与疾病的发生和发展密切相关的基因突变和生物分子“生物标记”，可以缩小靶标的范围；北海道大学等科研机构在北海道数学和数据科学教育研究中心设立了“Nitori Mirai社会设计课程”，广泛收集行业和政府持有的大数据，用以开发人力资源，创造新价值；住友理工将收集振动和温度的传感器连接到生产设备，将收集到的信息实时显示在监视器上，并同时存储在总部工厂的服务器上，后期将利用这一大数据和AI构建更准确的故障预测机制。②

---

① 平成30年度 第198回国会(常会)提出 ものづくり基盤技術の振興施策[EB/OL].[2021-02-01]. https://www.meti.go.jp/press/2019/06/20190611002/20190611002_02.pdf.

② 令和元年度第201回国会(常会)提出[EB/OL].[2021-02-01]. https://www.meti.go.jp/press/2020/05/20200529001/20200529001-3.pdf.

(7)印度

2012年年初，印度批准了国家数据共享和开放政策，目的在于促进政府数据和信息的共享及使用。印度也制定了一站式政府数据门户网 Data. gov. in，把政府收集的所有非涉密数据集中起来。这些数据囊括了全国的人口、经济和社会信息等。同时，印度政府还拟定了一个非共享数据清单，以维护国家安全，保护隐私、机密、商业秘密和知识产权等数据的安全。

2013年1月，印度政府公布《科学技术和创新政策》(*Science, Technology & Innovation Policy 2013*，STI2013)，将2010—2020年作为“创新十年”，并组建国家创新委员会，不断加大研发投入在GDP中的占比。新政策既着眼于形成新的创新视角，又提出了到2020年跻身全球五大科技强国的发展目标。新政策强调印度将加强科学、技术与创新之间的协同，使之全方位融入社会经济进程。①

2018年6月，印度发布《人工智能国家战略》(*National Strategy for Artificial Intelligence*)，该战略聚焦社会公共服务效率的提升，提倡建立卓越研究中心(COREs)，明确人工智能技术在医疗、农业、教育、智慧城市和基础设施、交通运输等领域的大数据积累和应用，并试图构建基于机器学习的国家智能网格平台。②

2018年7月，印度政府高级别委员会发布《2018年个人数据保护法草案》(*The 2018 Personal Data Protection Bill*)，详细制定了数据保护义务、处理个人数据的依据、处理敏感个人数据的依据、儿童等敏感个人数据、数据主体权利、透明度和问责措施、境外个人数据传输、豁免、印度数据保护局、处罚和补救措施、过渡条款等

① Science, Technology and Innovation Pplicy 2013[EB/OL]. [2021-02-01]. http://dst. gov. in/sites/default/files/STI%20Policy%202013-English. pdf.

② National Strategy for Artificial Intelligence[EB/OL]. [2021-02-01]. https://niti. gov. in/sites/default/files/2019-01/NationalStrategy-for-AI-Discussion-Paper. pdf.

法律条文，为全印度个人数据保护提供法律保障。①

基于上述关于国外典型大数据发展实践的分析，笔者从战略目标、战略内容和重点发展领域三个方面出发，将各国代表性大数据资源战略规划及其相关发展政策进行简要总结，见表2-2。

表2-2　国外大数据资源战略规划或发展政策比较

国家	战略规划名称	战略目标	战略内容	重点发展领域
美国	大数据研究与发展计划(2012.3)	研发核心技术；推动科技进步和工程实践，维护国家安全，转变教学方式；培养大数据人才	规划和设定牵头部门(科学基金会、能源部、国防部等)；开展核心项目实践(生物、卫生、能源、地质等)；加大政策资金投入	科学研究；卫生；能源；国防与国家安全；地质勘探；航空航天
	"构建21世纪数字政府"战略规划(2012.5)	增进政府信息的可及性，强化政府责任，提高政府效率	利用整体、开放的网络平台，公开政府信息、工作程序和决策过程，以鼓励公众交流和评估	—
	联邦大数据研究和开发战略计划(2016.5)	对联邦机构的大数据相关项目和投资进行指导，促进各联邦部门深化大数据分析利用	提出了提高大数据处理能力，加强研发投入，健全基础设施，促进数据共享，注重隐私、安全、伦理，强化教育培训，促进大数据创新生态系统协同创新七个方面的战略计划	科学、医学和安全等领域

① The Personal Data Protection Bill, 2018 [EB/OL]. [2021-02-01]. https://www.meity.gov.in/writereaddata/files/Personal_Data_Protection_Bill,2018.pdf.

续表

国家	战略规划名称	战略目标	战略内容	重点发展领域
美国	数据科学战略规划(2018.6)	构建生物医药大数据科学生态系统	数据基础设施、数据生态系统现代化建设、数据管理分析方法和工具	生物、医药等领域
	2020年联邦数据战略行动计划(2019.12)	将数据作为战略资源开发，搭建国家层面大数据治理方案	共享行动：政府范围内的数据服务；团体行动：跨机构合作；特定机构的行动：机构活动，共3类20项行动计划	人工智能、财务管理、地理空间等
欧盟	欧盟开放数据战略(2010.11)	实现“泛欧门户”的成员国无障碍信息共享	促进成员国政府拥有的公共数据的开放度与透明度，通过数据处理、共享平台与科研数据基础设施建设，向全社会开方欧盟公共管理部门的所有信息	地理信息、统计数据、气象数据、公共资金资助研究项目、数字图书馆等
	欧盟大数据价值战略研究和创新议程(2015.1)	设定了欧盟国家和区域层面的发展目标，以实现未来欧洲在世界创造大数据价值中的领先地位	建立欧盟大数据契约的合同制公私伙伴(cPPP)，以在欧盟2020地平线、各国和地区计划中推行议程，增强泛欧的研究与创新工作，形成清晰的研究、技术发展和投资战略	个性化医疗、食品物流以及预测分析等

续表

国家	战略规划名称	战略目标	战略内容	重点发展领域
欧盟	欧洲数据战略(2020.2)	建立开放的欧洲数据市场，从而促进增长、创造价值	数据访问和使用的跨部门治理，数据存储、处理、使用和互操作及基础设施建设的投资赋能，授权社会个体投资技能建设和中小企业能力建设，战略性部门和公共利益领域的欧盟共同数据空间构建等	工业（制造业）、出行、医疗卫生、金融、能源、农业、公共行政、劳动技能等领域
英国	英国数据能力战略(2013.10)	实现英国在数据挖掘和价值萃取中的世界领先地位	强化数据分析技术；加强国家基础设施建设；推动研究与产研合作；确保数据被安全存取和共享	医疗保健、人口统计、农业和环境、数学和计算机科学领域
	英国数字战略(2017.3)	实现英国脱欧后的国家数字化转型	连接战略、数字技能和包容性战略、数字产业战略、更广泛经济战略、网络空间安全战略、数字政府战略和数据战略	—
	国家数据战略(2020.9)	加强数据利用创新，改善公共服务，推动经济从疫情中复苏	数据价值、数据体制、数据使用、数据安全和数据流动五个方面具体任务	—
法国	法国政府大数据五项支持计划(2013.7)	促进本国大数据发展，促进经济社会发展	人才培养、基础设施建设、资金扶持、项目规划	人才培养、交通、医疗卫生

续表

国家	战略规划名称	战略目标	战略内容	重点发展领域
法国	法国国家数字安全战略(2015.10)	推动法国数字化转型，使之成为促进欧洲数字战略自治路线图的领导者	根本利益、数字信任、意识提升、环境政策、稳定自主五大战略及其风险、目标和方向	—
澳大利亚	公共服务大数据战略(2013.2)	推动公共部门利用大数据分析创新服务、制定最佳公共政策	未来机遇与收益；大数据应用原则；行动计划及部门分工	—
	数字化转型战略(2018.11，2020.12)	通过在线渠道提供所有政府服务，使其成为世界三大数字政府之一	需求第一、证明可信赖性、合作伙伴关系、创新和交付物有所值五大关键原则；克服数字化转型中包括资金和业务案例流程在内的各种障碍	—
日本	信息通信技术新战略(2010.5)	实现国民本位的电子行政、地域纽带再生以及创造新市场和国际化发展	加强各政策的合作、相关府省之间的合作、政府和自治体的联合以及政府和民间的联合等	医疗、养老、防灾、教育、国际物流等
	活跃ICT日本(2012.7)	实现国民本位的电子政府，加强地区间的互助关系	以技术革新发展大数据战略，推动大数据应用	医疗、交通、抗灾救灾、核电事故救援

续表

国家	战略规划名称	战略目标	战略内容	重点发展领域
日本	创建最尖端IT国家宣言(2013.6)	把日本建设成为一个具有“世界最高水准的广泛运用信息产业技术的社会”	以发展开放公共数据和大数据为核心(2013—2020年)	—
	制造业白皮书(2015.6, 2019.6, 2020.5)	推动日本向利用大数据的“下一代”制造业转型,实现“社会5.0”超智慧社会	积极开展大数据的实际应用场景实践	核电、电机、药物等制造行业
印度	国家数据共享和开放政策(2012.1)	促进政府拥有的数据和信息得到共享及使用	Data.gov.in把政府收集的所有非涉密数据集中起来;同时,拟定一个非共享数据清单,保护国家安全、隐私、机密、商业秘密和知识产权等数据的安全	包括全国的人口、经济和社会信息等非涉密信息
	科学技术和创新政策(2013.1)	形成新的创新视角,到2020年跻身全球五大科技强国	加强科学、技术与创新之间的协同,使之全方位融入社会经济进程;组建国家创新委员会	—
	人工智能国家战略(2018.6)	利用大数据推动人工智能发展,实现社会公共服务效率的提升	建立卓越研究中心(COREs),加强实践领域的大数据积累和应用,构建基于机器学习的国家智能网格平台	医疗、农业、教育、智慧城市和基础设施、交通运输

国外大数据资源规划与统筹发展的实践不仅体现在国家战略政策规划制定层面，部分地方政府也制定了大数据资源规划与统筹发展的相关政策，并从实践层面加以推进，见表 2-3。

表 2-3 国外地方政府大数据发展应用实践的部分成功案例①

城市	项目名称	技术支持	数据平台	目标	时间	管理机构
西雅图(美)	大数据节能项目②	微软和埃森哲	Azure	市区整体能源消耗降低 25%	2013. 8	西雅图市政府、2030 城区
波士顿(美)	领养消防栓③	Esri	自建平台	市民志愿者为消防栓除雪	2015. 12	波士顿新城区办公室
芝加哥(美)	领养人行道④	Esri	自建平台	市民志愿者为人行道除雪	2013. 1	芝加哥市政厅
里昂(法)	决策支持系统优化器⑤	IBM	Info Sphere	优化交通缓解拥堵，突发事件应急处理	2012. 11	里昂市政府

① Code for America[EB/OL]. [2021-02-03]. http：//www. codeforamerica. org.

② Cities of big data：Seattle gets more from less power[EB/OL]. [2021-02-01]. https：//gcn. com/Articles/2013/08/02/big-data-cities-seattle. aspx.

③ Adopt a Fire Hydrant App Makes a Splash in Land of 10，000 Lakes[EB/OL]. [2021-02-01]. https：//www. esri. com/about/newsroom/arcwatch/adopt-a-fire-hydrant-app-makes-a-splash-in-land-of-10000-lakes/? rmedium. = arcwatch&rsource = https：//www. esri. com/esri-news/arcwatch/1215/adopt-a-fire-hydrant-app-makes-a-splash-in-land-of-10000-lakes.

④ Adopt-A-Sidewalk，Chicago's Next Big Push to Get Snow Off Streets[EB/OL]. [2021-02-01]. https：//chi. streetsblog. org/2013/01/25/adopt-a-sidewalk-chicagos-next-big-push-to-get-snow-off-streets/.

⑤ IBM Unveils Groundbreaking Technology to Reduce Traffic Jams on the Road [EB/OL]. [2021-02-01]. https：//mashable. com/2012/11/14/ibm-technology-traffic/.

续表

城市	项目名称	技术支持	数据平台	目标	时间	管理机构
洛杉矶（美）	整合式生物信息识别①	Morphotrak	Oracle 11g	指纹等生物信息传感，实现案件信息检索	2015.9	洛杉矶市警察局
孟菲斯（美）	蓝色粉碎预测分析系统	IBM	Blue CRUSH	通过犯罪预测来降低城市整体暴力犯罪率	2005.9	孟菲斯市警察局
路易斯维尔（美）	哮喘数据创新计划②	IBM 和 Asthmapolis	Info Sphere	监测与改善城市居民的哮喘病	2013.1	路易斯维尔市政府
纽约（美）	城市数据集成分析③	Data Bridge	Data Bridge	利用大数据实现城市治理创新（健康、商业、公共安全、教育、环境等各个领域）	2017.12	纽约市市长数据分析办公室
旧金山（美）	清除我的记录④	Code for America	Code for America	自动清除符合条件的低级犯罪记录	2016.4	旧金山市公共防卫办公室

① People and Products as Unique as the Fingers They Scan [EB/OL]. [2021-02-01]. https://integratedbiometrics.com/.

② Sickle D V, Smith T, Barrett M. Louisville Asthma Data Initiative-a municipal Digital Health Program to Improve Self-management and Public Health Surveillance of Asthma[C]// 141st APHA Annual Meeting and Exposition 2013.

③ Analytics Projects [EB/OL]. [2021-02-01]. https://www1.nyc.gov/site/analytics/initiatives/supporting-operations.page.

④ Clear My Record [EB/OL]. [2021-02-01]. https://www.codeforamerica.org/programs/clear-my-record.

从上述国外地方政府的案例来看，大数据发展涉及能源、交通、消防、生物、刑侦、医疗、地理、政治等众多领域；从大数据发展的实践策略来看，多数地方政府采取与科技企业合作的方式开展大数据统筹发展实践，部分案例还积极发动市民，注重加强社会参与。

但也应该看到，国外有关大数据资源规划的成功实践多数体现在国家政府层面。对于那些非政府性质的企业、组织、部门或团体，除了 IBM、Microsoft 这样的大型企业外，尚未真正关注和重视大数据资源规划问题。

结合 2013 年 Gartner 的一项调查来看，世界范围内的 720 个被调查对象中，已有 8%的组织部署大数据技术，但其中仅 18%制定了大数据战略。① 2013 年，《哈佛商业评论》对其约 1000 个读者进行的调查显示，仅 23%的人表示其组织拥有大数据战略。② 2013 年，TDWI(Transforming Data with Intelligence)对 461 位数据管理专业人士的调查发现，半数组织拥有管理大数据的战略，其中 30%的组织表示尽管知道大数据战略的重要性，但尚未制定大数据战略。③ 而 2014 年国际法律技术协会的调查显示，62%的受访者表示其组织没有大数据规划，10%的人表示正在制定大数据战略，仅有 6%的人表示其组织已经有大数据规划；④ 到 2015 年，没有人数

① Gartner, Inc. Gartner Survey Reveals That 64 Percent of Organizations Have Invested or Plan to Invest in Big Data in 2013[EB/OL]. [2021-02-01]. http://www.gartner.com/newsroom/id/2593815.

② Davenport T H. Big Data at Work: Dispelling the Myths, Uncovering the Opportunities[M]. Boston, MA: Harvard Business Review Press, 2014: 6.

③ Russom P. TDWI Best Practices Report: Managing Big Data[R/OL]. [2021-02-01]. http://iras.lib.whu.edu.cn:8080/rwt/401/http/MWZGTZ5VMWSXR6DBM7TT6Z5QNF/sms/sas/wp-content/uploads/2014/07/managing-big-data.pdf.

④ 2014 ILTA/InsideLegal Technology Purchasing Survey[EB/OL]. [2021-02-01]. https://insidelegal.typepad.com/files/2014/08/2014_ILTA_InsideLegal_Technology_Purchasing_Survey.pdf.

据规划的受访者的比例降低到 49%。① 仅从这三年的调研数据来看，尽管不少组织对大数据战略与规划问题的重视程度逐年加大，例如，IBM、Microsoft 等大型企业率先制定了大数据战略，但总体而言，当前各领域大数据规划状况不一，绝大多数组织和企业仍未涉足大数据领域，也未制定大数据战略或规划。因此，从世界范围来看，如何通过大数据资源规划与统筹发展实现大数据的发展与应用，是政府部门、商业机构以及相关组织迫切需要回答的问题。

2.1.1.2　国外大数据资源规划与统筹发展调查结果分析

通过比较可以发现，国外大数据战略规划有以下几个显著的共同点：

首先，世界各国或地区、组织的大数据战略总体目标基本相同，都将大数据上升到国家战略的高度，意图通过国家层面的整体战略规划来对大数据资源进行统筹和布局，以大数据资源为驱动力和重要引擎，推动大数据技术研发、产业发展和相关行业的推广应用，实现数字经济的繁荣发展，确保本国在大数据时代的领先地位。

其次，世界各国或地区、组织的战略规划均出台了明确而具体的行动计划和实践项目，并对拟重点发展的领域给予一定的资金补助和政策扶持。且这些计划和实践项目的更新频率比较高，即每隔一定的时间周期都要根据实际发展情况不断地进行更新和修订，以贴合现实中日益发展变化的大数据资源和利用需求。

再次，世界各国或地区、组织的大数据战略规划，基本都涉及数据管理、技术研发和利用服务三个维度。其中，数据管理是基础，世界各国普遍将数据开放作为大数据战略发展的前置条件，因此各国纷纷建立数据开放门户，加大对大数据资源的获取和存储力度；技术研发是动力，世界各国或地区、组织纷纷加大对新一代信

① 2015 ILTA/InsideLegal Technology Purchasing Survey[EB/OL]. [2021-02-02]. https://insidelegal.typepad.com/files/2015/08/2015_ILTA_InsideLegal_Technology_Purchasing_Survey.pdf.

息技术的研发投入，并成立专门的研发机构，从而有效地整合数据、挖掘数据和利用数据；利用服务是目的，因此各国或地区、组织积极开展项目实践，在多个不同时期对多个地方、多个行业领域开展大数据专项实践，并取得了一系列发展成果，从而推动了数字经济和信息产业化的发展。

最后，世界各国或地区、组织的大数据战略规划基本都框定了明确的管理机构和执行机构。例如，美国的白宫科技和技术政策办公室（OS-TP）、行政管理和预算局（OMB），欧盟的欧盟委员会，英国的商业创新技能（BIS）部以及数字、文化、媒体和体育部（DCMS），法国的中小企业、创新和数字经济部（MPIE），澳大利亚的政府信息管理办公室（AGIMO）、数字化转型管理局（DTA），日本的 IT 综合战略本部等。各国通过设置专门的管理和执行机构，将不同机构的权责利进行明确划分和界定，保证了大数据战略规划得以在顺畅的制度环境下有效地推进和实施。

当然，由于国情、时机和发展形势的不同，各国大数据资源战略规划也存在较大的差异。

首先，战略规划的推动路径各有千秋。美、英、法、澳等国的推动路径是通过政府行政职能的权责界定或优化改组等手段来推进大数据资源规划的落地实施。在这一推动路径下，各国的大数据推进也各有特色，其中，美国的特点在于“重点突出、以点带面”，即重要部门通过大数据战略规划厘清权责关系，对重点发展领域进行扶持，从而带动其他部门和社会参与发展大数据。不难看到，美国政府各部门是主导者。英、法、澳等国的行政手段则强调“资金扶持、政策兜底”，即充分发挥政府各部门在基础设施建设、人才培养、资金支持、交流通畅等方面的保障作用，通过原则指导和技术跟踪，带动社会各界开展与大数据资源相关的实践和应用。显然，英、法、澳的政府各部门是协助者或支持者。而欧盟和日本、印度等国的推动路径则弱化了政府的行政职能，更加推崇以技术革新和数据生态来推进大数据发展的落地实施，即政府通过技术革新和数据生态的发展为大数据发展提供支持和保障，借由技术革新和数据生态体系的优化来推动大数据的发展。

其次，战略规划的制定和管理机构不同。美国、澳大利亚、日本的战略制定和管理机构主要是科学技术相关部门，例如，美国白宫科技和技术政策办公室（OS-TP），澳大利亚政府信息管理办公室（AGIMO）、数字化转型管理局（DTA），日本IT综合战略本部等。英、法等国的战略制定和管理机构主要是经济发展相关部门，例如，英国商业创新技能（BIS）部以及数字、文化、媒体和体育部（DCMS），法国中小企业、创新和数字经济部（MPIE）。欧盟和印度的战略制定和管理机构则并非特定行业部门，而是其国家或地区的最高执行机构，如欧盟委员会、印度人民院等。

最后，战略规划的保障体系各有侧重。美国、英国、日本、印度等国更加强调技术创新和人才培养，保障体系侧重于理论保障、技术保障等层面。欧盟和法国更强调资金投入和共享合作，保障体系更侧重于资金保障和管理保障。澳大利亚则更强调业务流程和原则指导，保障体系更侧重于体制保障和制度保障。

综上所述，通过对国外大数据资源规划与统筹发展的实践调研可以看出，国外大数据规划起步相对较早、成果较多，对大数据的投入和布局已经全面铺开。

2.1.2　国内实践进展

我国大数据资源战略规划与发达国家相比虽略微滞后，但经过多年的重视和实践，发展态势基本与发达国家保持同步，不断取得阶段性的成果。在国家和行业政策方面，党中央在十八届五中全会上正式将大数据上升到国家战略的高度，随后国务院及各部委相继颁布了相关政策，大力推进大数据发展行动，并得到了各级地方政府的响应，大数据资源规划与统筹发展态势良好。此外，我国还设立了国家大数据综合试验区作为试点示范项目推动产业发展。

2.1.2.1　国家和行业政策

我国大数据国家政策的发展历程至今为止大致经历了四个阶段，即预热阶段、起步阶段、落地阶段和深化阶段。

(1)预热阶段(2014年3月以前)

这一时期，我国对大数据这一新兴事物，历经了从关注到认识、从探索到重视的发展历程，在党和政府的积极推动下，大数据国家政策开始预热。

2013年7月，习近平总书记在视察中国科学院时指出："大数据是工业社会的'自由'资源，谁掌握了数据，谁就掌握了主动权。"①这一前瞻性论断的提出拉开了大数据成为时代热点的序幕。

2014年3月，"大数据"作为一种新兴产业，首次进入政府工作报告，报告强调要"设立新兴产业创业创新平台，在新一代移动通信、集成电路、大数据、先进制造、新能源、新材料等方面赶超先进，引领未来产业发展"。② 我国由此迈入大数据政策元年。

(2)起步阶段(2014年3月至2015年8月)

这一时期，我国开始从国家层面开展大数据顶层设计，研究出台了《促进大数据发展行动纲要》这一纲领性文件。

2015年7月，国务院发布《国务院关于积极推进"互联网+"行动的指导意见》，提出要研究出台国家大数据战略，提升国家大数据掌控能力。③ 同月，国务院办公厅发布《关于运用大数据加强对市场主体服务和监管的若干意见》，肯定了大数据在市场监管服务中的重大作用，并在重点任务分工安排中提出建立大数据标准体系、信息质量保障和安全管理技术标准以及引导建立企业间信息共享交换的标准规范。④

同年8月，国务院正式印发《促进大数据发展行动纲要》，系

① "发展大数据确实有道理"习近平懂了你懂了吗[EB/OL].[2021-02-05]. http://www.xinhuanet.com/politics/2015-06/18/c_127930680.htm.

② 政府工作报告(全文)[EB/OL].(2021-02-01). http://www.gov.cn/guowuyuan/2014-03/14/content_2638989.htm.

③ 国务院关于积极推进"互联网+"行动的指导意见[EB/OL].[2021-02-05]. http://www.cicpa.org.cn/Column/hyxxhckzl/zcyxs/201708/t20170802_50095.html.

④ 国务院办公厅关于运用大数据加强对市场主体服务和监管的若干意见[J]. 中国工会财会，2015(10)：29-37.

统部署了我国大数据发展工作，强调政策机制的作用，旨在从社会治理、经济发展、民生服务、产业创新等方面全面推进大数据的发展和应用，加快建设数据强国。①

(3)落地阶段(2015年8月至2017年10月)

这一时期，我国开始将大数据上升到国家战略的高度，正式提出和实施国家大数据战略，大数据发展也实现了从规划设计到落地实施的转变。

2015年11月，党的十八届五中全会提出"实施国家大数据战略"，这是"大数据"首次写入党的全会决议，标志着大数据战略正式上升为国家战略，由此开启我国大数据发展新篇章。②

2016年3月，国家在党的十八届五中全会提出的"实施国家大数据战略"的基础上，将"实施国家大数据战略"写入《国家"十三五"规划纲要》。同年12月，国务院正式印发《"十三五"国家信息化规划》，将大数据战略作为"十三五"期间的主攻方向之一。③

2017年5月，国务院办公厅发布《政务信息系统整合共享实施方案》，根据《国务院关于印发政务信息资源共享管理暂行办法的通知》《国务院关于印发"十三五"国家信息化规划的通知》等相关通知文件的具体要求，进一步明确了加快推进政务信息系统整合共享的"十件大事"。④

2017年10月，党的十九大报告重点提到了互联网、大数据和人工智能在现代化经济体系中的作用："加快建设制造强国，加快发展先进制造业，推动互联网、大数据、人工智能和实体经济深度融合，在中高端消费、创新引领、绿色低碳、共享经济、现代供应

① 国务院．促进大数据发展行动纲要[EB/OL]．[2021-02-05]．http：//www.gov.cn/zhengce/content/2015/09/05/content_10137.htm.

② 五中全会，大数据战略上升为国家战略[EB/OL]．[2021-02-05]．http：//politics.people.com.cn/n/2015/1108/c1001-27790239.html.

③ 国务院关于印发"十三五"国家信息化规划的通知[EB/OL]．[2021-02-05]．http：//www.gov.cn/zhengce/content/2016-12/27/content_5153411.htm.

④ 政务信息系统整合共享实施方案[J]．中国农业信息，2017(10)：3-6.

链、人力资本服务等领域培育新增长点、形成新动能。”①

(4)深化阶段(2017年10月至今)

这一时期，我国在党的十九大报告关于“推动大数据和实体经济深度融合”的基础上，开始逐步推动大数据战略实施的进一步深化，以推动我国从数据大国向数据强国迈进。

2017年12月，中央政治局就实施大数据国家战略进行集体学习。集体学习会上强调，要运用大数据提升国家治理现代化水平。要建立健全大数据辅助科学决策和社会治理的机制，推进政府管理和社会管理模式的创新，实现政府决策科学化、社会治理精准化和公共服务高效化。

2019年11月，十九届四中全会《中共中央关于坚持和完善中国特色社会主义制度推进国家治理体系和治理能力现代化若干重大问题的决定》指出，要“建立健全运用互联网、大数据、人工智能等技术手段进行行政管理的制度规则。推进数字政府建设，加强数据有序共享，依法保护个人信息”。②

此外，十九届四中全会还首次公开提出“数据可作为生产要素按贡献参与分配”，与劳动、资本、土地、知识、技术、管理等传统生产要素一道，为社会主义市场经济的资源配置发挥重要作用。2020年4月，《中共中央 国务院关于构建更加完善的要素市场化配置体制机制的意见》正式将数据列为新型生产要素，数据要素市场化配置也正式上升到国家战略的高度。③

2020年11月，十九届五中全会《中共中央关于制定国民经济和社会发展第十四个五年规划和二〇三五年远景目标的建议》再次

① 决胜全面建成小康社会　夺取新时代中国特色社会主义伟大胜利[J]. 中国民族，2017(11)：1-1.

② 中共中央关于坚持和完善中国特色社会主义制度 推进国家治理体系和治理能力现代化若干重大问题的决定[EB/OL]. [2021-02-05]. http：//www. gov. cn/zhengce/2019-11/05/content_5449023. htm.

③ 中共中央 国务院关于构建更加完善的要素市场化配置体制机制的意见[EB/OL]. [2021-02-05]. http：//www. gov. cn/xinwen/2020-04/09/content_5500622. htm.

强调应该大力发展战略性新兴产业，“推动互联网、大数据、人工智能等同各产业的深度融合”，“培育新技术、新产品、新业态、新模式”，“加强宏观经济治理数据库等建设，提升大数据等现代技术手段辅助治理能力”，“推进统计现代化改革”。①

在国家政策导向下，国家部委和相关行业也相继出台了一系列方案、条例或意见等行业政策文件，其主要内容和关键目标各有侧重，部分行业大数据相关政策见表2-4。

表2-4　　部分行业领域大数据政策

政策名称	发布日期	发文单位
《关于推进农业农村大数据发展的实施意见》	2015.12.29	国家农业部
《关于组织实施促进大数据发展重大工程的通知》	2016.1.7	国家发展与改革委员会
《生态环境大数据建设总体方案》	2016.3.7	国家环保部
《关于印发促进国土资源大数据应用发展实施意见》	2016.7.4	国土资源部
《关于加快中国林业大数据发展的指导意见》	2016.7.13	国家林业局
《关于推进交通运输行业数据资源开放共享的实施意见》	2016.8.25	国家交通运输部
《农业农村大数据试点方案》	2016.10.14	国家农业部
《大数据产业发展规划(2016—2020年)》	2017.1.17	国家工信部
《中国大数据发展报告(2017)》	2017.2.26	国家信息中心
《关于推进水利大数据发展的指导意见》	2017.5.2	国家水利部

① 中共中央关于制定国民经济和社会发展第十四个五年规划和二〇三五年远景目标的建议[EB/OL].[2021-02-05]. http://www.xinhuanet.com/politics/2020-11/03/c_1126693293.htm.

续表

政策名称	发布日期	发文单位
《大数据驱动的管理与决策研究重大研究计划 2017 年度项目指南》	2017. 7. 25	国家自然科学基金委员会
《智慧城市时空大数据与云平台建设技术大纲(2017 版)》	2017. 9. 6	国家测绘地理信息局
《关于深入开展“大数据+网上督察”工作的意见》	2017. 9. 8	国家公安部
《关于加快推进交通旅游服务大数据应用试点工作的通知》	2018. 3. 8	国家交通运输部、旅游局
《智慧城市时空大数据平台建设技术大纲(2019 版)》	2019. 1. 24	国家自然资源部
《关于组织开展 2020 年大数据产业发展试点示范项目申报工作的通知》	2019. 11. 6	国家工信部
《关于工业大数据发展的指导意见》	2020. 4. 28	国家工信部
《关于公布支撑疫情防控和复工复产复课大数据产品和解决方案的通知》	2020. 4. 30	国家工信部
《广播电视和网络视听大数据标准化白皮书(2020 版)》	2020. 8. 25	国家广播电视总局
《国家统计局大数据应用工作方案(2020 年修订)》	2020. 10. 26	国家统计局
《关于加快构建全国一体化大数据中心协同创新体系的指导意见》	2020. 12. 23	国家发展与改革委员会、网信办、工信部、能源局

可以看出，自我国大数据国家政策迈入落地阶段以来，各部委深入贯彻落实国家大数据发展政策的要求，大力开展行业大数据政策研究和落地实施。作为与大数据关系最为密切的国家部门，工业与信息化部发布的大数据政策不仅数量最多，而且更多地从整个大

数据产业宏观全局的高度对大数据发展加以规划和把控，具有显著的指导意义。而其他各部委也从农林生态、国土资源、能源水利、地理测绘、广播电视、交通旅游等各个行业领域出发，针对特定行业的大数据资源和统筹发展制定更为细致而具体的规划，保障其落地实施，从而充分发挥大数据的战略价值。

除上述这些大数据专项政策文件以外，国家各部委其他政策文件中也普遍将大数据作为深入贯彻落实相应战略的重点工作任务。例如，科技部2013年“国家重点基础研究发展计划(973计划)”中已将智能感知、社交网络分析、互联网时代的中文言语信息处理等大数据技术列入资助范围,① 人社部将实施人力资源和社会保障大数据战略纳入“互联网+人社”2020行动计划的工作任务中,② 发展与改革委员会等6部门将“利用大数据等技术手段开发针对民营企业的免抵押、免担保信用贷款产品”作为支持民营企业加快改革发展与转型升级的实施意见之一,③ 医保局基于大数据加强适应病种分值付费特点的监管体系研究④等。

2.1.2.2 国家大数据综合试验区和大数据产业园

我国大数据资源规划和统筹发展的战略实施主要是从试点示范项目的规划和试点开展的。通过开展大数据试点，可以充分带动制度创新、技术创新和应用模式创新，有效推进公共数据资源整合利

---

① 科技部关于国家重点基础研究计划(973计划)2013年立项152个项目后三年预算安排初步方案的公示[EB/OL]. [2021-02-05]. http://www.most.gov.cn/tztg/201612/t20161216_129633.htm.

② 人力资源社会保障部关于印发“互联网+人社”2020行动计划的通知[EB/OL]. [2021-02-05]. http://www.gov.cn/xinwen/2016-11/08/content_5130208.htm.

③ 关于支持民营企业加快改革发展与转型升级的实施意见[EB/OL]. [2021-02-05]. http://www.gov.cn/zhengce/zhengceku/2020-10/23/content_5553704.htm.

④ 国家医疗保障局办公室关于印发国家医疗保障按病种分值付费(DIP)技术规范和DIP病种目录库(1.0版)的通知[EB/OL]. [2021-02-05]. http://www.gov.cn/zhengce/zhengceku/2020-11/30/content_5565845.htm.

用与开放共享，让数据这一新兴生产要素和资本、劳动等传统生产要素一起发挥作用，从而促进大数据产业集聚，重塑和完善产业链、供应链和价值链，形成规模效应，推动帕累托改进，最终实现大数据资源的优化配置以及大数据与传统产业和区域经济的融合发展。

我国的大数据试点示范项目主要是从设立国家级大数据综合试验区开始的，国家大数据综合试验区建设主要发挥示范带头、统筹布局和先行先试三大作用。在试验区内，开展面向应用的数据交易市场试点，鼓励产业链上下游间进行数据交换，探索数据资源的定价机制，规范数据资源交易行为，建立大数据投融资体系，激活数据资源潜在价值，促进形成新业态。①

2016年2月，国家发展与改革委员会、工信部、中央网信办发函批复：同意设立我国首个国家级大数据综合试验区——国家大数据(贵州)综合试验区；同年10月，第二批国家级大数据综合试验区名单公布，京津冀、珠三角、上海、河南、重庆、沈阳、内蒙古7个省市地区获批国家大数据综合试验区。目前，我国共设有8个国家大数据综合试验区，其中先导试验型综合试验区1个，跨区域类综合试验区2个，区域示范类综合试验区4个，大数据基础设施统筹发展类综合试验区1个，具体情况如下：

(1)先导试验型综合试验区

先导试验型综合试验区即贵州国家大数据综合试验区，于2016年3月获批。该综合试验区是对国务院《促进大数据发展行动纲要》所明确提出的“开展区域试点，推进贵州等大数据综合试验区建设”②的贯彻落实，作为《促进大数据发展行动纲要》中唯一明确提到的省份，贵州省通过开展一系列先行探索，积累了数据开

① 国家发展改革委有关负责人就《促进大数据发展行动纲要》答记者问[EB/OL].[2021-02-05]. http://www.gov.cn/zhengce/2015-09/26/content_2939192.htm.

② 国务院关于印发促进大数据发展行动纲要的通知[EB/OL].[2021-02-05]. http://www.gov.cn/zhengce/content/2015-09/05/content_10137.htm.

放、中心整合、资源应用、要素流通、产业集聚、国际合作、制度创新等方面的宝贵经验，对于我国大数据产业的发展发挥了辐射带动和示范引领作用。

(2)跨区域类综合试验区

跨区域类综合试验区包括京津冀国家大数据综合试验区和珠三角国家大数据综合试验区，两大跨区域类综合试验区于2016年10月获批。其定位是围绕落实国家区域发展战略，注重数据要素流通，以数据流引领技术流、物质流、资金流、人才流，支撑跨区域公共服务、社会治理和产业转移，促进区域一体化发展。其中，京津冀国家大数据综合试验区的功能布局为“一心一地两区”，“一心”即将其打造为国家大数据产业创新中心，“一地”则指将其打造为全球大数据产业创新高地，“两区”即将其打造为应用先行区和改革综合试验区。珠三角国家大数据综合试验区的功能布局是“一区两核三带”，“一区”即珠三角国家大数据综合试验区，“两核”则指广州、深圳两个大数据发展核心区域，“三带”包括佛山、珠海、中山等珠江西岸大数据产业带，惠州、东莞等珠江东岸大数据产业带，和汕头、汕尾、湛江等沿海大数据产业带。

(3)区域示范类综合试验区

区域示范类综合试验区包括上海国家大数据综合试验区、河南国家大数据综合试验区、重庆国家大数据综合试验区和沈阳国家大数据综合试验区，四大区域示范类综合试验区于2016年10月获批。其定位是积极引领东部、中部、西部、东北“四大板块”发展，注重数据资源统筹，加强大数据产业集聚，引领区域发展，发挥辐射带动作用，促进区域协同发展，实现经济提质增效。其中，上海国家大数据综合试验区重点从公共治理、科技创新、公共服务、区域合作四方面推动大数据发展；河南国家大数据综合试验区重点开展管理机制创新、数据汇聚共享、重点领域运用和产业集聚发展等方面的试点；重庆国家大数据综合试验区注重数据资源统筹和大数据产业集聚，促进西南地区协同发展；沈阳国家大数据综合试验区则积极推动工业等传统产业升级转型，实现产品生命周期及产业链流程再造。

(4)基础设施统筹发展类综合试验区

基础设施统筹发展类综合试验区即内蒙古国家大数据综合试验区，于2016年10月获批。其定位是在充分发挥区域能源、气候、地质等条件基础上，加大资源整合力度，强化绿色集约发展，向国内外提供数据存储服务，发挥数据中心辐射作用，加强与东、中部产业、人才、应用优势地区合作，实现跨越发展。

上述8个国家大数据综合试验区规划和布局较早，发展较为迅速，在其引领示范作用的带动下，我国各省市地区也纷纷建设大数据产业园，据不完全统计，我国大数据产业园布局情况如图2-2所示。

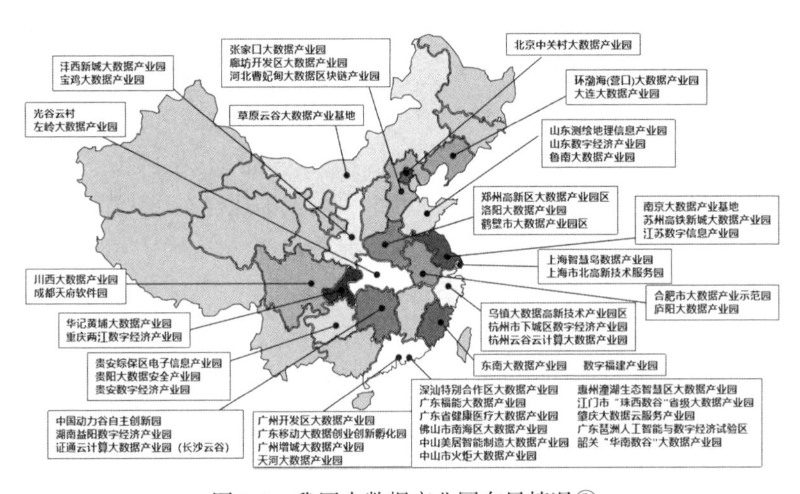

图2-2　我国大数据产业园布局情况①

从数量和规模来看，我国大数据产业园区主要集中在京津冀、长三角、珠三角、中部和西南等地区。其中，京津冀、长三角、珠三角等经济发达地区的大数据产业园依托其本身雄厚的高新技术产业和经济基础，产业集聚效应明显，发展态势良好。而中部地区和

① 大数据产业生态联盟：2020中国大数据产业发展白皮书[EB/OL]．[2021-02-05]．http：//www.199it.com/archives/1115151.html.

西南地区则主要依托国家大数据综合试验区的示范带动作用，各省区积极贯彻落实国家大数据总体战略布局，区域内的大数据产业园也在较短的时间内迅速发展和壮大。相较而言，我国的西北地区和东北地区受制于人口、经济、自然环境等客观因素，大数据产业园区建设发展较为缓慢。

2.1.2.3 地方政策

截至2021年11月，全国多省市纷纷出台大数据相关政策文件，并相继成立了专门的大数据管理机构或部门。其中，全国各省级行政区政策文件见表2-5(港澳台地区除外)，全国多市政策文件见表2-6，部分地方专门设置的大数据管理机构或部门情况见表2-7。

表2-5　我国各省级行政区出台的大数据发展政策文件

省级行政区	政策标题	发布日期
河北省	河北省《关于加快发展“大智移云”的指导意见》	2017.3.2
	《河北省大数据产业创新发展三年行动计划(2018—2020年)》	2018.3.22
	《河北省大数据产业创新发展提升行动计划(2020—2022年)》	2020.7.3
山西省	《山西省大数据发展规划(2017—2020年)》	2017.3.13
	《山西省促进大数据发展应用2019年行动计划》	2019.5.7
	《山西省大数据发展应用促进条例》	2020.5.15
	《山西省促进大数据发展应用2020年行动计划》	2020.7.7
辽宁省	《辽宁省运用大数据加强对市场主体服务和监管的实施方案》	2015.10.19
	《数字辽宁发展规划(1.0版)》	2020.12.2

续表

省级行政区	政策标题	发布日期
吉林省	《吉林省促进大数据发展应用条例》	2020. 11. 27
黑龙江省	《“数字龙江”发展规划(2019—2025年)》	2019. 6. 4
	《黑龙江省促进大数据发展应用条例(征求意见稿)》	2020. 10. 28
江苏省	《江苏省大数据发展行动计划》	2016. 8. 19
	《关于公布江苏省2020年大数据优秀典型应用项目的通知》	2020. 3. 18
	《江苏省政府办公厅关于深入推进数字经济发展的意见》	2020. 10. 8
浙江省	《浙江省促进大数据发展实施计划》	2016. 2. 18
安徽省	《安徽省运用大数据加强对市场主体服务和监管实施方案》	2015. 10. 20
	《安徽省“十三五”软件和大数据产业发展规划》	2017. 1. 11
	《安徽省“数字政府”建设规划(2020—2025年)》	2020. 10. 24
福建省	《福建省人民政府关于支持大数据产业重点园区加快发展十条措施的通知》	2014. 10. 13
	《福建省促进大数据发展实施方案(2016—2020年)》	2016. 6. 18
江西省	江西省《促进大数据发展实施方案》	2016. 7. 25
	《江西省大数据发展行动计划》	2017. 7. 5
	《江西省数字经济发展三年行动计划(2020—2022年)》	2020. 4. 13

续表

省级行政区	政策标题	发布日期
山东省	《山东省人民政府关于促进大数据发展的意见》	2016.10.27
	山东省经济和信息化委员会《关于促进我省大数据产业加快发展的意见》	2017.12.4
	《山东省推进工业大数据发展的实施方案(2020—2022年)》	2020.12.9
河南省	《河南省人民政府关于推进云计算大数据开放合作的指导意见》	2015.10.9
	《河南省大数据产业发展引导目录(2017年本试行)》	2017.2.17
	《河南省推动云计算和大数据发展加快培育新业态新模式行动指南(2017—2020年)》	2017.3.1
	《河南省推进国家大数据综合试验区建设实施方案》	2017.4.8
	《河南省大数据产业发展三年行动计划(2018—2020年)》	2018.5.9
	《河南省促进大数据产业发展若干政策》	2018.9.26
湖北省	湖北省政府办公厅《关于运用大数据加强对市场主体服务和监管的实施意见》	2015.12.31
	《湖北省大数据发展行动计划(2016—2020年)》	2016.9.14
	《湖北省人民政府关于加快推进楚天云建设的意见》	2016.9.22
	《湖北省人民政府办公厅关于促进和规范健康医疗大数据应用发展的实施意见》	2017.2.7
	《湖北省数字政府建设总体规划(2020 –2022年)》	2020.6.16
湖南省	《湖南省大数据产业发展三年行动计划(2019—2021年)》	2019.1.24
	《湖南省数字经济发展规划(2020—2025年)》	2020.1.18
	《关于持续推动移动互联网产业高质量发展 加快做强做大数字产业的若干意见》	2020.11.24

续表

省级行政区	政策标题	发布日期
广东省	《广东省实施大数据战略工作方案》	2012. 12. 5
	《广东省促进大数据发展行动计划(2016—2020年)》	2016. 4. 22
	广东省《关于运用大数据加强对市场主体服务和监管的实施意见》	2016. 6. 24
	广东省人民政府办公厅《关于促进和规范健康医疗大数据应用发展的实施意见》	2017. 2. 8
	《珠江三角洲国家大数据综合试验区建设实施方案》	2017. 4. 6
	《广东省"数字政府"建设总体规划(2018—2020年)》	2018. 10. 26
海南省	《海南省促进大数据发展实施方案》	2016. 11. 25
四川省	《四川省促进大数据发展工作方案》	2018. 1. 4
	《四川省人民政府关于加快推进数字经济发展的指导意见》	2019. 8. 1
	《四川省健康医疗大数据应用管理办法(试行)》	2020. 6. 30
贵州省	《贵州省大数据产业发展引导目录(试行)》	2016. 8. 18
	《贵州省大数据+产业深度融合 2017 年行动计划》	2017. 5. 24
	贵州省政府办公厅《关于促进和规范健康医疗大数据应用发展的实施意见》	2017. 7. 18
	《贵州省发展农业大数据助推脱贫攻坚三年行动方案(2017—2019 年)》	2017. 9. 8
	《贵州省大数据战略行动 2020 年工作要点》	2020. 7. 1
	《贵州省大数据标准化体系建设规划(2020—2022年)》	2020. 7. 9

续表

省级行政区	政策标题	发布日期
云南省	《云南省人民政府办公厅关于重点行业和领域大数据开放开发工作的指导意见》	2017.7.6
陕西省	《陕西省大数据与云计算产业示范工程实施方案》	2016.6.17
甘肃省	甘肃省《关于加快大数据、云平台建设促进信息产业发展的实施方案》	2015.8.19
	《甘肃省数据信息产业发展专项行动计划》	2018.6.3
青海省	青海省《关于促进云计算发展培育大数据产业实施意见》	2015.8.10
	《青海省运用大数据加强对市场主体服务和监管的实施方案》	2016.3.20
	青海省人民政府办公厅《关于促进和规范健康医疗大数据应用发展的实施意见》①	2017.5.8
内蒙古自治区	《内蒙古自治区促进大数据发展应用的若干政策》	2016.11.4
	《2017 年自治区大数据发展工作要点》	2017.6.29
	《内蒙古自治区大数据发展总体规划(2017—2020年)》	2017.12.28
	《内蒙古自治区大数据与产业深度融合行动计划(2018—2020 年)》	2018.4.29
广西壮族自治区	广西壮族自治区《促进大数据发展的行动方案》	2016.11.11
	《广西数字经济发展规划(2018—2025 年)》	2018.8.29
	《广西壮族自治区数据中心发展规划(2020—2025年)》	2020.7.23

① 青海省人民政府办公厅关于促进和规范健康医疗大数据应用发展的实施意见[EB/OL].[2021-02-05]. http://zwgk.qh.gov.cn/xxgk/fd/zfwj/201712/t20171222_20798.html.

续表

省级行政区	政策标题	发布日期
西藏自治区	《西藏自治区人民政府关于推动云计算应用大数据发展培育经济发展新动力的意见》	2017. 7. 18
宁夏回族自治区	《关于运用大数据开展综合治税工作实施方案》	2016. 8. 30
	《宁夏回族自治区大数据产业发展条例(征求意见稿)》	2017. 3. 7
	《宁夏回族自治区 2020 年"数字政府"建设工作要点》	2020. 3. 20
新疆维吾尔自治区	新疆维吾尔自治区《关于运用大数据加强对市场主体服务和监管实施方案》	2016. 10. 27

从表 2-5 可以看出，全国各省级行政区基本都制定了促进大数据发展的指导性政策，地方大数据政策规划已经全面铺开。

从时间跨度来看，在国家大数据政策处于预热阶段和起步阶段时，全国仅一两个省级行政区制定了大数据发展的相关政策，而当国家政策发展迈入落地阶段时，全国指定大数据地方政策的省级行政区则已突破 20 个的大关，等到国家大数据政策开始迈入深化阶段以来，除港澳台地区外全国几乎所有省级行政区均制定了详细的大数据地方政策。

从规划的内容来看，我国的省级地方大数据政策随着时代的发展也越来越全面、细致和深入，所涉及的领域也不仅仅关注大数据本身，云计算、物联网、5G、人工智能、移动互联网、区块链等新兴技术与大数据的创新协同，农林渔牧等传统农业，电热气水等传统工业，文旅、医疗、商贸等第三产业与大数据的深度融合，也越来越成为省级地方大数据产业政策的重要发展方向。尤其在受到新冠肺炎疫情冲击的严峻背景下，大数据资源及大数据相关技术成为各省级行政区应急防控的重要资本，因此各省级行政区近年来越来越重视大数据资源政策规划，以提高常态化疫情防控的效率和效

果。综合而言，我国省级行政区的大数据政策规划既涉及技术层面的研发投入，又涵盖有行业层面的转型应用，最终的落脚点还是大数据社会治理的高效运作和大数据产业经济的深度发展。

表 2-6　　我国部分城市出台的大数据发展政策文件

城市	政策标题	发布日期
北京市	《北京市大数据和云计算发展行动计划(2016—2020年)》	2016. 8. 3
上海市	《上海市大数据发展实施意见》	2016. 9. 15
天津市	《天津市运用大数据加强对市场主体服务和监管的实施方案》	2017. 5. 15
	《天津市促进大数据发展应用条例》	2018. 12. 14
重庆市	《重庆市大数据行动计划》	2013. 7. 30
	《重庆市健康医疗大数据应用发展行动方案(2016—2020年)》	2016. 12. 16
广州市	广州市人民政府办公厅《关于促进大数据发展的实施意见》	2017. 1. 7
	广州市人民政府办公厅《关于推进健康医疗大数据应用的实施意见》	2018. 12. 20
武汉市	《武汉市大数据产业发展行动计划(2014—2018年)》	2014. 7. 18
	《武汉市人民政府关于加快大数据推广应用促进大数据产业发展的意见》	2015. 4. 15
哈尔滨市	《哈尔滨市促进大数据发展若干政策(试行)》	2016. 8. 15
沈阳市	《沈阳市促进大数据发展三年行动计划(2016—2018年)》	2016. 2. 4
	《沈阳市国家大数据综合试验区建设三年行动计划(2018—2020年)》	2018. 5. 20

续表

城市	政策标题	发布日期
成都市	《成都市大数据产业发展规划(2017—2025年)》	2017. 10. 10
	《成都市促进大数据产业发展专项政策》	2019. 6. 20
西安市	《西安市大数据产业发展实施方案(2017—2021年)》	2017. 8. 2
	《西安市大数据产业发展三年行动计划(2019—2021年)》	2019. 6. 17
青岛市	青岛市人民政府《关于促进大数据发展的实施意见》	2017. 5. 23
深圳市	《深圳市促进大数据发展行动计划(2016—2018年)》	2016. 10. 25
厦门市	《厦门市促进大数据发展工作实施方案》	2017. 3. 2
宁波市	《关于推进大数据发展的实施意见》	2016. 9. 26
合肥市	《合肥市大数据发展行动纲要(2016—2020)》	2017. 2. 7
福州市	《福州市推进大数据发展三年行动计划(2018—2020年)》	2018. 9. 17
贵阳市	《贵阳市大数据标准建设实施方案》	2017. 2. 9
昆明市	《昆明市关于支持数字经济发展的若干政策(试行)》	2020. 8. 5
苏州市	《苏州市大数据产业发展规划》	2018. 6. 6
东莞市	《东莞市大数据发展规划(2016—2020年)》	2017. 4. 18
云浮市	云浮市《促进云计算大数据产业发展优惠办法(试行)》	2017. 6. 26
清远市	《清远市大数据发展"十三五"规划》	2017. 3. 6

续表

城市	政策标题	发布日期
惠州市	《惠州市促进大数据发展实施方案(2016—2020年)》	2016.12.14
赣州市	《赣州市大数据产业发展规划(2019—2023年)》	2020.3.17
上海市	《关于全面推进上海城市数字化转型的意见》	2021.10.25

表2-6显示，我国各城市出台的大数据发展政策文件以发布时间来看，依旧是集中发布于国家大数据政策迈入落地阶段和深化阶段以后。从内容来看，各城市的发展政策与省级行政区的政策规划一脉相承，依旧是技术研发和行业实践并重，以推进大数据综合社会治理和大数据产业经济发展为最终目标。从地域分布来看，既有北京、上海、广州、深圳、贵阳等国家级大数据综合试验区的中心城市，也有成都、武汉、西安、合肥、福州等大数据产业园区大力发展建设的城市，以及东莞、云浮、清远、惠州、赣州等比较靠近上述这些大数据较发达城市的地级市。由此可见，各市政府非常看重和期待大数据产业发展所带来的产业集聚效应，因此积极从政策规划层面出台一系列利好措施来保证大数据资源规划的落地和发展。

表2-7　**我国部分省级行政区及其下级地市设立的大数据管理机构①**

省级行政区	机构	隶属机构
北京市	北京市经济和信息化局(大数据管理局)	北京市政府
上海市	上海市大数据中心	上海市政府
天津市	天津市大数据管理中心	天津市委网信办

① 截止时间为2021年11月30日。

续表

省级行政区	机构	隶属机构
重庆市	重庆市大数据应用发展管理局	重庆市政府
河北省	石家庄市数据资源管理局	石家庄市政府
山西省	太原市大数据应用局	太原市政府
辽宁省	沈阳市大数据管理局	沈阳市经信委
吉林省	吉林省政务服务和数字化建设管理局	吉林省政府
黑龙江省	哈尔滨市大数据中心	哈尔滨市政府
江苏省	江苏省大数据管理中心	江苏省政务服务管理办公室
	南京市大数据管理局	南京市政府
浙江省	浙江省大数据发展管理局	浙江省政府
	杭州市数据资源管理局	杭州市政府
	湖州市大数据发展管理局	湖州市政府
安徽省	安徽省数据资源管理局	安徽省政府
	合肥市数据资源局	合肥市政府
福建省	福建省大数据管理局	福建省发展与改革委员会
	福州市大数据发展管理委员会	福州市政府
江西省	江西省信息中心(大数据中心)	江西省政府
	南昌市大数据发展管理局	南昌市政府
山东省	山东省大数据局	山东省政府
河南省	济南市大数据局	济南市政府
湖北省	武汉市政务服务和大数据管理局	武汉市政府
	黄石市大数据管理局	黄石市经信委
广东省	广州市政务服务数据管理局	广州市政府
海南省	海南省大数据管理局	海南省政府

续表

省级行政区	机构	隶属机构
四川省	四川省大数据中心	四川省政府
	成都市大数据和电子政务管理办公室	成都市政府办公厅
贵州省	贵州省大数据发展管理局	贵州省政府
	贵阳市大数据发展管理局	贵阳市政府
	贵阳高新区大数据发展办公室	贵阳高新区管委会
云南省	昆明大数据管理局	昆明市工信委
	保山市大数据管理局	保山市工信委
陕西省	陕西省政务数据服务局	陕西省政府
	西安市大数据资源管理局	西安市政府
	咸阳市大数据管理局	咸阳市政府
甘肃省	兰州市大数据管理局	兰州市政府
内蒙古自治区	内蒙古自治区大数据发展管理局	内蒙古自治区政府
	呼和浩特市大数据发展管理局	呼和浩特市政府
广西壮族自治区	广西壮族自治区大数据发展局	广西壮族自治区政府
	南宁市大数据发展局	南宁市政府
西藏自治区	昌都市大数据发展管理局	昌都市政府
宁夏回族自治区	银川市大数据管理服务局	银川市政府
新疆维吾尔自治区	乌鲁木齐市大数据发展局	乌鲁木齐市政府

从表 2-7 可以看出，全国多个省份依据行政地区划分，依次设立了相应省份、城市以及城市下辖行政区的大数据管理机构，大数据管理机构一般是相应行政地区的大数据局、大数据管理局、大数

据管理服务局、大数据发展管理局、大数据发展管理委员会、大数据发展办公室、大数据和电子政务管理办公室、大数据社会服务管理局或大数据管理中心。虽然这些机构的名称有细微差别，但其职责范围类似，都隶属于相应的省政府、市政府及政府部门或党工委。在国家治理、经济发展、技术进步等诸多方面，大数据都发挥着至关重要的作用，地方大数据管理机构的成立有利于统筹大数据资源，有效执行大数据产业规划，是行政体制上的一次灵活创新。

联系我国国家大数据政策制定、国家大数据综合试验区和大数据产业园区建设、地方大数据政策落实以及地方大数据管理机构的设立等大数据统筹发展实践可以看出：我国的大数据资源规划与统筹发展，从行政管理角度而言，遵循着“从中央到地方”的垂直管理和响应体系；从推进方式来看，表现为“从试点到推广”的引领发散式推进；从战略的广度和深度来看，体现着大数据政策“从单项发展到技术融合、行业渗透以及经济振兴”的思路转变和深谋远虑。

2.1.3 国内外的比较分析

随着海量数据资源的爆炸式增长及其背后所蕴藏价值的不断提升，大数据已然成为时代发展的新潮流，因此对大数据资源进行规划和统筹显得尤为必要。由于各国的政治形态、科技能力、市场基础和数据文化氛围大不相同，各国大数据资源规划和统筹发展的侧重点和落脚点存在一定差异。综合国内外大数据资源规划与统筹发展的现状，总结国内外大数据发展相同点如下。

(1)国家主导，组织机构跟进

我国与国外发达国家普遍将大数据上升到国家战略的高度，即通过国家层面的战略规划来对大数据资源进行统筹和布局，主导国家大数据的推进和发展。而各组织机构则积极响应国家政策，立足自身的权力和责任，采取相应的具体化措施加以跟进，大力推动大数据应用实践，以实现国家大数据蓬勃发展。

例如，美国时任总统奥巴马以国家元首的身份宣布实施国家大

数据战略，其宣布启动的《大数据研究与发展计划》充分彰显国家意志，而美国行政管理和预算局(OMB)、白宫科学和技术政策办公室(OS-TP)、国家科学基金会(NSF)、信息技术与创新基金会(ITIF)等组织机构则从各自的职能出发，跟进落实国家大数据战略。

印度通过以总理为首的部长会议这一国家最高行政机构主导国家数据政策制定和发展，而国家创新委员会(NInC)、卓越研究中心(COREs)则跟进落实科技创新、数据保护等具体方案的实施。

我国在党的十八届五中全会上首次正式提出“实施国家大数据战略”，随后“实施国家大数据战略”被写入《中华人民共和国国民经济和社会发展第十三个五年规划纲要》第二十七章，并经十二届全国人大四次会议审议通过。作为我国的最高国家权力机关，全国人民代表大会的决议充分彰显了国家意志，代表着我国大数据统筹发展由国家层面进行主导推进，而工信部、发展与改革委员会、网信办等国家部委不断开展大数据专项行动，深入贯彻落实国家战略。

(2)自上而下，势头迅猛

国内外普遍遵循着自上而下的大数据发展模式，即从国家到部门到地方再到具体的项目，大数据发展规划呈现出垂直线性的特点，通过这种从上到下的垂直线性传导机制，大数据规划得以迅速落地并一以贯之，从而在较短的时间内助推大数据资源获取、技术研发和行业应用的迅猛发展。

例如，美国时任总统奥巴马于2012年3月宣布正式启动《大数据研究与发展计划》后的几个月内，美国行政管理和预算局(OMB)、国家科学基金会(NSF)、国家安全局(NSA)、联邦调查局(FBI)及中央情报局(CIA)等国家机构陆续采取推进政府自身公共数据开放、开展关键技术研究、推动大数据应用等专项行动。西雅图市政府、孟菲斯市警察局、纽约市市长数据分析办公室等地方政府机构也紧跟国家战略，自2012年至今陆续制定具体的行动计划，并与大数据企业合作，开展大数据应用实践。

我国于2015年11月在党的十八届五中全会上正式提出“实施

国家大数据战略”后，工信部、发展与改革委员会、网信办等国家部委、机构迅速跟进，制定行业政策，设立国家大数据综合试验区，各级地方政府也陆续制定地方政策，鼓励推动建设大数据产业园区，以推动大数据的区域化发展。截至 2020 年年底，在短短的 5 年时间内，我国的大数据政策和项目，无论从数量上还是质量上，抑或效果上，与国外发达国家相比都毫不逊色，整个大数据行业呈现出井喷式发展。

(3)投入巨大，政策兜底

国内外均非常注重对大数据的资金投入和政策保障。一方面，通过国家财政实行转移支付和专项划拨，以强有力的经济基础作后盾，能够确保大数据资源规划和发展工作得以不断探索和推进，有效避免了因经济困境所带来的后劲不足和发展停滞问题；另一方面，通过政策兜底能够有效确保在大数据资源规划和统筹发展推进过程中，不会因为随时可能面临的各种风险而导致其偏离预期目标、难以收场。我国和世界各国在研发支持、项目推进、产业扶持和人才培养等诸多方面逐年增大资金投入、提高政策保障，为大数据的统筹推进和全面发展保驾护航。

例如，美国国家科学基金会(NSF)向加州大学伯克利分校提供千万美元的资助，强化基础设施建设、技术研发和人才培养，以拓宽教育和队伍建设的新途径。英国商业创新技能(BIS)部、经济和社会研究委员会(ESRC)等部门即便是在财政紧缩的状况下仍旧斥巨资加大数据集成和分析研发投入。法国《数字化路线图》(*Feuille de route du Gouvernement sur le numérique*)提出投入 1.5 亿欧元用于高新技术研发，国家网络安全局(ANSSI)的五大国家数字安全政策兜底，均为该国数字经济的可持续发展提供了坚强保障。

我国从中央部委到地方政府也在资金和政策方面为大数据产业发展持续提供投入和支持，如财政部多次下发关于促进大数据发展重大工程中央基建投资预算(拨款)的通知，贵州省和贵阳市、贵安新区自 2014 年起连续每年都会划拨 1 亿元以上的资金，用于支持大数据产业发展。

(4)重视数据安全和隐私保护

大数据所带来的一项全新挑战就是对隐私与安全的威胁，因此需要通过法规政策强化大数据应用过程中对个人隐私与数据安全的保护。

例如，美国、英国、法国、欧盟、澳大利亚、印度等国家或地区已开始结合大数据特点制定专项的隐私与数据安全政策，具体包括美国的《从技术视角看待大数据隐私》、英国的《国家数据战略》(含“数据安全”专项章节)、法国的《国家数字安全战略》、欧盟的《欧洲数据战略》(含“网络安全”专项章节)、澳大利亚的《信息安全管理指导方针：整合性信息的管理》及《大数据指南和澳大利亚隐私原则征求意见稿》、印度的《2018 年个人数据保护法草案》等政策文件。

我国政府也非常重视大数据领域的安全和隐私问题，2016 年 11 月，十二届全国人大常委会第二十四次会议通过《中华人民共和国网络安全法》；2019 年 5 月，国家互联网信息办公室发布《数据安全管理办法(征求意见稿)》①；2020 年 7 月，《中华人民共和国数据安全法(草案)》②在中国人大网公布并公开征求意见，这些法律、办法的陆续颁布及征求意见稿的发行，表明数据隐私安全与合规性在我国大数据发展过程中的重要性愈发凸显。

同时，国内外大数据发展也存在一些差异，主要表现为：

(1)大数据规划的路径存在差异

大数据规划的路径可以分为直接和间接两种。“直接推动”路径即是通过政府行政职能的权责界定或优化改组等手段来直接推进大数据资源规划的落地实施；“间接推动”路径则是指其规划并不直接作用于大数据本身，而是通过可能会对大数据发展产生影响的其他因素或外部环境来施加影响，从而间接推动大数据向前发展。

① 数据安全管理办法(征求意见稿)[EB/OL]. [2021-02-10]. http://www.moj.gov.cn/news/content/2019-05/28/zlk_235861.html.

② 中华人民共和国数据安全法(草案)[EB/OL]. [2021-02-10]. http://www.npc.gov.cn/flcaw/flca/ff80808172b5fee801731385d3e429dd/attachment.pdf.

美、英、法、澳等国以及我国的推动路径属于“直接推动”，即通过“重点突出、以点带面”和“资金扶持、政策兜底”等手段直接对国家大数据发展施加影响，有条不紊地部署和安排大数据发展的行动计划，从而振兴数字经济，推动大数据资源和应用高质量向前推进。

欧盟和日本、印度等国的推动路径则属于“间接推动”，即通过制定相关政策对技术革新和数据生态的发展提供支持和保障，借由技术革新和数据生态体系的优化来间接推动大数据的发展。

(2)制定规划的机构不同

国内外制定规划的机构既有科学技术相关部门，也有经济发展相关部门，既有国家最高执行或权力机关，也有地方政府机构，不同的国家在制定机构的类别上存在着一定的区别。

美国白宫科学和技术政策办公室(OS-TP)，澳大利亚的政府信息管理办公室(AGIMO)、数字化转型管理局(DTA)，日本的IT综合战略本部，我国的工信部、科技部等属于科学技术相关部门；英国的商业创新技能(BIS)部以及数字、文化、媒体和体育部(DCMS)，法国的中小企业、创新和数字经济部(MPIE)，我国的发展与改革委员会等则属于经济发展相关部门；欧盟委员会、印度人民院、我国全国人民代表大会等属于国家最高执行或权力机关。此外，我国制定规划的机构还包括省、市、县、区等各级地方政府机构，与国外地方政府的规划相比，我国各级地方政府的规划制定与中央的文件精神保持着更高的一致性，只是基于各地不同特色、文化环境，各级地方政府的规划制定有着更为细致的行动安排以及不同的主攻方向。

(3)规划优先，但统筹尚显不足

国内外纷纷将大数据战略规划的制定放在首位，通过国家政府行政管理的强制性来统筹各级政府机构，以此来带动各行各业及各地区的大数据发展，取得了不小的成绩。但同时也应该意识到，国内外在制定大数据战略过程中考虑了优先发展的行业，其实就是从顶层上面进行统筹，但各国对跨技术、跨行业、跨地区等不同层面的统筹仍然存在一定不足，主要表现为：在政策规划上，有的国家

在大数据与云计算、物联网、5G、人工智能、虚拟现实等其他新兴技术的融合方面做得还不够，即国内外的发展政策规划和项目执行往往只侧重于某一项具体的技术，其他的技术手段往往会被视为一种辅助或者背景。然而，大数据的发展不能仅仅依靠大数据本身，多技术的互联互通和融合发展对于大数据的进一步推动显得尤为重要；同时，有的国家由于政治环境、文化环境等因素的影响，各地大数据发展多遵循“属地”原则，因此各地大数据政策规划和落地实施更多地只考虑本地区的发展实际，地区与地区之间较为缺乏沟通协作；此外，有的国家存在非常明显的“行业壁垒”，因此其行业大数据政策也纷纷仅立足于本行业大数据资源规划，各行各业的大数据互联互通和协同发展面临着不小的发展障碍。

例如，近些年来，英国、法国、印度等国试图通过5G发展战略、人工智能发展战略来进一步推动和发展大数据，这些国家的顶层设计更多地关注5G和人工智能本身，虽然也强调了对数据开放、数字技术等大数据相关领域的关注，但对于“大数据+5G”“大数据+人工智能”的融合发展明显还缺乏重视和统筹。日本的大数据规划主要基于经济振兴需要、产业禀赋优势等基本国情，重点关注和发展制造业大数据，而对于其他行业大数据以及不同行业之间的大数据资源统筹则存在一定不足。我国虽然设立了京津冀、珠三角两个大的区域大数据综合试验区，大片区内部的大数据资源统筹也确实带来了大数据产业的集聚效应，但对于片区以外的其他周边城市的渗透力和带动力还有进一步提升的空间，需要国家和政府进一步优化资源配置，加强周边发展相对缓慢的城市、地区的基础设施建设、资金投入和政策保障，实现我国大数据产业的跨区域协同发展。

总体而言，国内外的大数据资源规划既存在着同一性，也存在着差异性，各国也都通过多年以来的探索和实践，找到了适合本国国情的大数据发展方向，并在一定程度上取得了一些可喜的成绩，大数据整体发展态势良好。但我们也应该清醒地意识到，由于技术壁垒、行业壁垒以及地理隔离等因素的影响，各国大数据政策实践在技术融合、行业合作、区域互通等方面的统筹发展做得还不够，产业结构单一化、国家和地区发展不平衡等问题突出，需要进一步深入优化，加强统筹，实现大数据产业更高质量、更高效率地融合式发展。

2.2　大数据资源规划与统筹发展的需求分析

国内外大数据资源规划与统筹发展实践既有共性，也有差异，因此在进行政策规划和发展实践时，应当充分考虑内生需求和外生需求，以需求为导向，确立大数据资源规划框架，基于规划开展实践，从而促进大数据产业深度发展。为此，本节从国家战略、政府决策、组织管理、数据治理、资源配置、价值服务、科学研究、发展保障八个角度，重点分析我国的大数据资源规划和统筹发展的需求。①

2.2.1　国家战略视角：从数据大国走向数据强国的要求

我国幅员辽阔、人口众多、经济规模巨大，信息化发展水平日益提高，已经成为产生与积累数据量最多、数据类型最丰富的国家之一。政府信息化水平不断提升，技术创新能力稳步增强，信息产业迅速壮大，信息消费蓬勃发展，网络经济规模持续扩大，互联网经济日益繁荣，产业结构体系初具雏形，产业支撑能力稳步增强。②《2020 年中国大数据产业发展白皮书》显示：截至 2019 年，我国大数据产业规模已达到 5397 亿元，可以认为，经过多年的信息化建设和互联网发展，我国已成为名副其实的数据大国。

推动大数据产业持续健康发展，能够为我国实现制造强国和网

---

① 笔者注：为了简化文字，除非特别说明，以下提及的规划和统筹发展均是指我国。

② 工业和信息化部信息化和软件服务业司．打造自主产业生态体系建设“数据强国”[N]．中国电子报，2017-02-21(3)．

络强国目标提供有力的产业支撑和强大的要素储备，是实施国家大数据战略、实现我国从数据大国向数据强国转变的重要举措。① 自2014年到2020年，我国国家大数据战略依次走过了从预热到起步、从落地到深化的发展历程，相继形成了《促进大数据发展行动纲要》《大数据产业发展规划(2016—2020)年》等多个大数据战略规划文件，且"大数据"一词几乎每年都会写入政府的工作报告，国家对大数据战略的持久重视深刻反映了我国建设数据强国的宏大目标。

为实现这一目标，2019年10月，十九届四中全会首次公开提出数据可以作为生产要素"按贡献参与分配"；2020年4月，《中共中央 国务院关于构建更加完善的要素市场化配置体制机制的意见》中将"数据"正式列为除了土地、劳动力、资本和技术以外的第五种"新型生产要素"，提出"加快培育数据要素市场"，这也意味着数据要素市场化配置正式上升为国家战略；到2020年5月，《关于新时代加快完善社会主义市场经济体制的意见》再次提出要"加快培育发展数据要素市场"；2020年9月，国家互联网信息办公室围绕信息技术创新、信息基础设施建设、数字经济发展、数字政府建设、信息便民惠民服务等方面研究编制《"十四五"国家信息化规划》，进一步规划建设数据强国的目标。

从实际发展应用实践来看，在"大数据应用的黄金时代"，我国大数据技术创新发展态势良好、大数据产业不断壮大、大数据的应用广度和深度显著增强。大数据驱动着信息技术产业格局急速变革，我国经济社会发展也对大数据产业提出了更高要求，我国由此迎来了建设大数据强国的难得历史机遇。

目前，中国数据价值链和产业链方兴未艾，各政府部门、各行业仍各自为营，数据流动性开放共享仍需时日，大数据交易也仍在探索过程中，中国从数据大国向数据强国转变面临很多制约，跨部门、跨行业、跨地区的大数据资源共享仍待提高。中国拥有强大的

① 工业和信息化部.《大数据产业发展规划(2016—2020年)》解读[J].起重运输机械，2017(4)：13.

社会制度优势、政策环境优势、人口大国优势、互联网大国优势以及良好的创新创业环境，只有充分挖掘并利用这些优势，解决大数据产业发展过程中的一系列问题，才能更好地实现从数据大国向数据强国的转变。

2.2.2 政府决策视角：由经验式决策向科学化决策转型

政府决策是指国家行政机关在法定的权力和职能范围内，按照一定的程序和方法而作出的处理国家公共事务的决定。国务院《促进大数据发展行动纲要》明确指出："建立'用数据说话、用数据决策、用数据管理、用数据创新'的管理机制，实现基于数据的科学决策。"①大数据的兴起正在从理念上、方式上和驱动力上推动政府决策的科学化转型。

在过去，由于数据的缺乏，人们观察和研究事物多半是基于有限的数据分析其背后的因果联系。在自然科学领域，数据多半是由试验获取，通过控制变量、演绎推理等多个分析方法，对自然现象进行解释，从而发现规律、找到真理；在社会科学领域，也多半是通过统计调查来获取数据，从而对社会现象进行探究和解释。而在大数据时代，由于数据量的广大，人们不再需要费尽心思地分析事物背后的因果，而是可以直接借助数据本身的关联性来反映现象，这种大数据驱动的相关分析不仅省时省力，而且更加准确。在这种情况下，通过对关键事物的检测和追踪就能够很好地捕捉当下，把握未来，从而指导决策。

(1)理念转变：从"循例"决策到"循数"决策

政府决策理念的转变是实现政府决策能力提升的前提，大数据时代的政府决策正在从靠经验说话转变为靠数据说话，即从"循例"决策走向"循数"决策。

① 中国政府网：《国务院关于印发促进大数据发展行动纲要的通知》[EB/OL]. [2021-03-10]. http：//www.gov.cn/zhengce/content/2015-09/05/content_10137.html.

"循例"决策以"经验"为中心，而"循数"是以数据为资源、依据和工具来发现、分析和解决公共问题，以此保证决策更为科学、客观和理性。① 大数据背景下，政府所要面对和处理的是更为复杂多变的数据环境和一系列以数据形式呈现的现实问题，为适应这一新的变化，政府应当把"循数"理念引入智慧政府治理过程中，形成用数据说话、用数据决策、用数据管理和用数据创新的"循数"治理理念，以大数据为资源和依据来快速洞悉社会舆情，发现、分析和解决公共问题，从而提升政府治理和决策效能。②

(2)方式合理：从"经验"决策到"科学"决策

政府决策是国家治理目标的直接体现，决策的科学化程度和实施效果直接影响目标的实现。改变决策方式，能够使政府决策建立在数据分析的基础之上。③ 大数据能促使管理者从单纯地依靠经验和直觉进行决策，转变为依据数据进行决策，进而提升决策结果的科学性和准确性。

政府决策是决策者在掌握了大量的信息之后，通过整合资源、经验分析与判断作出的一系列的决定。④ 而大数据恰恰能够提供众多的数据资源，由此政府可以对特定的问题进行数据分析，判断事件的产生原因、发展趋势。通过大数据分析模型对决策结果进行模拟仿真，然后将仿真结果作为政府决策的参考，这样必然有助于政府部门有针对性地优化各类决策。大数据时代的决策应建立在可靠的数字或数据之上，数据预测是大数据时代政府决策的重要工作，有了数据预测技术和结果，政府的管理和决策能够更加具有科学性和规律性。

① 任志锋，陶立业．论大数据背景下的政府"循数"治理[J]．理论探索，2014(6)：82-86.

② 司林波，刘畅．智慧政府治理：大数据时代政府治理变革之道[J]．电子政务，2018(5)：85-92.

③ 向芳青，张翊红．政府实施大数据治理的应用框架构建[J]．凯里学院学报，2018，36(2)：32-38.

④ 王书伟．大数据时代政府部门间信息资源共享策略研究[D]．长春：吉林大学，2013.

(3)驱动转型：从“模糊”决策到“精准”决策

大数据驱动型政府决策作为一项系统性的公共决策活动，包括决策问题发现、决策咨询反馈、决策模拟实施、决策结果评估等环节和过程。与传统政府决策不一样的是，大数据驱动型政府决策属于一种精准决策模式,① 体现在决策问题发现阶段、决策咨询反馈阶段、决策模拟实施阶段和决策结果评估阶段。

官方统计部门不再是公共数据唯一的占有者和发布者。目前，一些传统的统计方法和统计制度的时效性、准确度、适应性难以满足现在经济、社会发展的要求。政府决策对数据综合性、精确性、及时性的要求越来越高，传统的统计方法是通过抽样方法来统计，很多是层级式的统计模式。层层统计汇总往往导致了数据在传播过程中失真。信息经济学上有牛鞭效应，传播的渠道、路径越长，造成的数据失真可能性就会变大。政府部门当中，存在很多条块分割、信息孤岛的现象，这导致了政府决策过程中数据标准不统一，数据共享开放平台缺失，降低了数据的质量、科学性和准确性。②

2.2.3 组织管理视角：大数据驱动的组织管理模式变革

在大数据的驱动作用下，传统的政府组织管理模式也发生着深刻的变革，这其中既有从垂直到扁平的结构优化，也包括从一元管制到多元共治的主体创新。

传统的组织结构多为垂直线性结构，等级森严、条块分割，管理层次大、管理幅度窄、非必要的中间组织多。在这种情形下，要想实现组织的信息交流，只能由上至下传达行政命令，基层受到命令后再开始执行，执行完毕后再由下至上逐级反馈，针对跨部门的沟通和协作，甚至必须等上传到公司高层领导且高层领导作出指示

① 段忠贤，沈昊天，吴艳秋．大数据驱动型政府决策：要素、特征与模式[J]．电子政务，2018(2)：45-52.

② 天雨．大数据提升政府决策智能化水平[N]．人民邮电，2018-02-05(4).

之后，才能再逐级下达到基层以开展合作，这种模式传输效率低、程序复杂，交流不畅、信息失真的情况也时有发生。而通过大数据资源和技术，信息传递就不再是由上至下的单一传输渠道，而是可以跨层级高速传播，提高数据信息的传递效率，由于减少了繁琐的中间环节，提高了工作的透明度，组织管理的结构模式逐渐趋近于扁平化。扁平化管理有利于节约成本。随着行政层级的缩减，人工成本和运营成本随之减少。

传统的政府公共事务管理主要是政府作为单一主体对社会公共问题进行全方位管控，由于缺乏社会和公众参与，政府责任重、负担大，无法较好地满足社会日益增长的发展需要。2018 年 2 月，十九届三中全会通过的《中共中央关于深化党和国家机构改革的决定》指出，要"深入推进简政放权，减少微观管理事务和具体审批事项",① 放管结合，优化服务，这意味着我国政府正在进一步转变政府职能，不断强化公民本位、社会本位的理念，加强社会参与，推动政府职能从全能型政府向服务型政府转变。在这一情势下，社会、公众也将作为主体参与公共事务管理，因此，政府与社会、公众对于数据的开放共享就显得十分必要。社会、公众有权利掌握政府所掌握的公共数据，社会、公众中可公开的数据，政府也有权利掌握，通过大数据资源的互联互通，可以有效减轻政府的负担，提高政府的效能和对社会问题处理的效度，推动政府公共事务管理模式从一元管制向多元共治迈进。

大数据驱动的组织结构优化和管理主体创新最大限度地减少了内部沟通交流的不畅和外部事务管理的负担，提高了行政效率。对企业而言，在大数据的驱动下，企业同样可以实现结构的优化重组和管理的多元共治。和政府相比较，企业本身的组织结构更加灵活，除了传统的直线职能制以外，还有矩阵制、事业部制等多种组织结构，这些组织结构各有不同的优缺点，在大数据资源及技术的帮助下，可以对实体结构进行优化重组，提高信息传输和执行的效

① 中共中央关于深化党和国家机构改革的决定[EB/OL]. [2021-02-10]. http：//www.gov.cn/xinwen/2018-03/04/content_5270704.htm.

率。从管理角度看，企业的管理主体除了各个层级的管理者外，也包括参谋人员，在大数据的驱动下，可以积极让顾客、公众等参与到企业的经营活动中，参与组织管理，通过多元共治分析预测信息、减少运维成本、拓宽信息渠道来源，实现企业管理效率和经营效益的提升。

2.2.4 数据治理视角：助推大数据资源治理现代化

“数据治理”(Data Governance)这一概念由我国于2014年6月在澳大利亚悉尼召开的IT治理和IT服务管理分技术委员会(ISO/IECJTC1/SC40)大会上首次提出，是在数据产生价值的过程中，治理团队对其的评价、指导和控制。① 大数据治理是“对组织的大数据管理和利用进行评估、指导和监督的体系框架。它通过制定战略方针、建立组织架构、明确职能分工等，实现大数据的风险可控、安全合规、绩效提升和价值创造，并提供不断创新的大数据服务”。②

由此可见，大数据治理是数据治理的进一步深化与拓展，政府要想推进从数据治理到大数据治理的升级，助推大数据资源的现代化治理，不仅要关注大数据的本身特性，更要兼顾数据治理的思维、系统、体系、流程、层次、边界、成本和问题等方面的变化，进行战略规划和统筹部局。

(1)数据治理思维多样化

大数据所带来的不仅是一种技术变革，更是一种思维转变。相较于传统的数据治理，大数据时代下的数据治理更加需要整体性思维、开放性思维和联系性思维。政府应实现治理思维从部分到整体的转变，以更加开放、多元的视角，不断加强对相关关系的重视，

① 张明英，潘蓉.《数据治理白皮书》国际标准研究报告要点解读[J].信息技术与标准化，2015(6).

② 张绍华，潘蓉，宗宇伟.大数据治理与服务[M].上海：上海科学技术出版社，2016：17.

减少对因果关系的依赖，利用大数据技术分析社会需求，并通过大数据技术反馈社会需求，以便更好地提供公共服务，提升政府治理能力。

(2)数据治理系统多元化

数据治理系统的多元化主要体现在数据治理主体、数据来源渠道和数据价值的多元化三个方面。其中，数据治理主体的多元化主要表现为政府主导，公众、企业和社会等多元主体共同参与；数据来源渠道的多元化体现在传统数据、网络数据和物理空间数据的多元统一；数据价值的多元化则指大数据价值的应用领域涉及政治、经济、社会、文化、军事等多个领域。

(3)数据治理体系规范化

我国近年来不断推进数据治理体系标准规范化建设，围绕数据标准、数据质量、数据安全、元数据管理、数据流通、数据生命周期、数据服务、数据洞察等方面强化数据治理体系规范。例如，2017 年 11 月，国家市场监督管理总局和国家标准化管理委员会发布《信息技术服务治理(GB/T 34960)》，至 2018 年 6 月该标准已发布 5 个部分，是数据治理领域内最权威的国家标准。①

(4)数据治理流程精细化

数据资源精细化治理意味着数据管理和服务方式要更加与时俱进、开拓创新。从宏观治理策略来看，当前政府社会治理正在从“总体-支配”型逻辑向“技术-治理”型逻辑转变，同时传统的“单向管制”模式正转变为“双向互促”模式。从具体操作层面来看，数据资源精细化治理也需要在理念、流程、标准等多个中微观层面上不断改善，实现细节与系统的有效转换。

(5)数据治理层次协同化

从系统论的角度出发，协同不仅需要考虑客体的组成部分，更要考虑组成部分的集合及相互关系。② 大数据时代，大数据的协同

① GB/T 34960《信息技术服务治理》[S].

② 邱龙虎. 中国传统哲学中的系统思想[J]. 系统辩证学学报，2014(4).

过程则是彰显大数据“5V”特征的过程。政府数据治理也是政府部门之间、政府与其他要素主体之间、大数据技术与社会需求之间、政府数据治理与国家和社会治理之间相协同的过程。可见政府治理、社会治理与国家治理密切相关，需要相互协调、相互配合、相互适应。因此，政府数据治理应加强顶层设计，实现政府治理与国家治理的协同，充分发挥公共领域大数据的效能。

(6)数据治理边界开放化

数据治国已成为国际社会的共识，无论是美国提出的“开放政府”战略，还是规模不断扩大的世界“开放联盟”组织，世界各国政府的开放意识都在强化。① 政府数据治理是公众、企业和社会大数据向政府大数据资源仓库输入数据的过程，也是政府在整合加工关联大数据的基础上输出可供公众、企业和社会参考的大数据的过程。数据治理边界的开放主要包括：数据输入边界的开放，数据输出边界的开放和数据融入边界的开放。我国政府数据治理需要融入国际大数据平台，共同实现人类友好可持续发展。

(7)数据治理成本节约化

大数据的最大价值不是体现在数据的量上，而是体现在数据的利用效率上。通过利用大数据，政府能够将被埋藏的数据和无法处理的非结构化数据充分利用，及时了解社会公众对公共产品、公共服务的需求。数据的充分利用和大力开发，也有利于促进新兴产业的形成，实现从数据获取到利益创造的转变。此外，将公职人员或公务人员的行为进行量化分析，并将其作为未来公务人员晋升和奖励的标准，这种量化的指标有利于提升政府行政效率，节约数据治理的行政成本。

(8)数据治理问题复杂化

从系统论看，复杂性彰显事物运动过程的不确定性、非线性及对还原论的超越。大数据时代，政府数据治理非常复杂，既包括数据开放与数据安全的复杂，也包括数据无用与数据短缺的复杂，还

① 刘叶婷，唐斯斯．大数据对政府治理的影响及挑战[J]．电子政务，2014(6)．

包括数据虚假与数据闲置的复杂，需要加强大数据资源规划和统筹，处理多种矛盾和问题。

大数据时代，个体、企业和政府部门既是数据治理的主体，也是数据治理的受益者。整个社会的管理逐渐向数据治理转型，大数据变革所带来的数据治理思维多样化、系统多元化、目标效益化、体系规范化、决策科学化、流程精细化、层次协同化、边界开放化、成本节约化与问题复杂化，将从机遇和挑战两方面助推大数据治理现代化。

2.2.5 资源配置视角：实现大数据资源的供需平衡

“资源配置”(Allocation of Resources)是指对相对稀缺的生产性资产在各种不同用途上的分配。① “资源是社会经济活动中人力、物力和财力的总和，是社会经济发展的基本物质条件。相对于人们的需求而言，资源总是表现出相对的稀缺性，从而要求人们对有限、相对稀缺的资源进行合理配置，以便用最少的资源耗费，生产出最适用的商品和劳务，获取最佳效益，实现供给和需求的动态平衡，以达到帕累托最优状态。”②不过，随着新一代信息技术的不断推广和应用，资源所表现出来的相对稀缺性开始有了逐渐改善的趋势。尤其是大数据背景下，信息资源的产出和供给正在以加速度的方式增长和发展。与此同时，人们对资源的实际需求也随着社会经济的不断发展而日益增长，实现资源的供需平衡已经成为当前时代环境下减少信息暴利、优化资源配置、满足公众需要和实现经济发展的必然要求。

当前时代下，大数据资源的供给表现为网络化供给，大数据资

① Allocation of resources[EB/OL]. [2021-02-10]. https://www.britannica.com/topic/allocation-of-resources.

② [美]曼昆. 经济学原理：微观经济学分册[M]. 梁小民，等，译. 北京：北京大学出版社，2012：23.

源的需求表现为异质性需求。① 这也就意味着，当今大数据资源的供给不再是传统时代下那种点对点的单向式供给，而是一种复杂的网络化供给结构；同时，大数据资源的需求也不再是传统时代下那种同质化、无差别的需求，而是一种更加细碎、更加多样、更加个性的异质性需求结构。在这种情况下，信息资源的供给和需求问题也更加复杂和深刻，因此，为解决信息资源供给和需求之间的矛盾，实现二者的动态平衡，有必要对大数据资源进行系统规划，统筹布局大数据产业发展。

要积极运用新一代信息技术的手段和方法，扩大大数据资源的有效供给，满足政府、组织、社会、公众日益增长的信息资源需求，从而有效缓解大数据资源的供求矛盾。例如，通过引入物联网技术，有效解决计算机中有限的虚拟资源供给与现实世界中无限的感知需求之间的矛盾；通过引入云计算技术，有效解决有限的计算资源存储与无限的应用服务需求之间的矛盾；通过引入 5G 技术，有效解决移动通信网络的有限容量与数据高速率传输的无限需求之间的矛盾；通过引入人工智能技术，有效解决机器简单执行命令的有限应用和机器自我学习实现智能化的无限需求之间的矛盾。新一代信息技术手段分别从输入层、存储层、传输层和应用层为大数据资源的有效配置提供了技术支持。

要积极发掘大数据资源的利用价值，不断拓宽大数据资源的应用场景，只有对大数据资源进行充分挖掘和利用，才能更好地实现信息资源的有效配置。政府、企业及其他组织和个人均可以借助对数据的挖掘和分析，不断从数据中发现价值、创造价值，从中获取决策支持，提升效率水平，实现预期目标。例如，对企业经营管理决策而言，商业智能(Business Intelligence，BI)就是通过现代数据仓库技术、线上分析处理技术、数据挖掘和数据展现技术进行数据分析，将数据转化为知识，借助其指导经营决策，实现商业利益。

要积极探索大数据资源的市场属性，将大数据资源与整个市场

① 张亚斌，马莉莉．大数据时代的异质性需求、网络化供给与新型工业化[J]．经济学家，2015(8)：44-51.

环境紧密地结合起来，从价值链、供应链、产业链等视角重新审视大数据资源规划，实现大数据资源的供需平衡。大数据是一种技术、一种产业、一种思维，但从最基本、最本质的角度来看，大数据是一种资源。从价值链的角度来看，大数据资源在市场中表现为总价值量高但价值密度低，因此在价值创造活动中需要不断地对大数据资源的价值进行挖掘和提炼，实现大数据价值增值。从供应链的角度来看，生产者供应链日益从“推式”转向“拉式”，同质产品的大规模生产逐渐转变为个性化产品的“私人定制”，消费者逐渐从产品的接受者转化为产品的设计者，从而推动信息资源供给差异化发展。从产业链的角度来看，大数据产业通过接通和延伸不断建立上下游关系和其价值转换，提升了产品或服务输送和信息传输的效率，从而实现了大数据资源的优化配置。

当前，大数据资源的网络化供给更趋结构化、多元化，异质性需求更趋显性化和细碎化。从资源配置的视角来看，只有清晰认识、充分发挥大数据的作用，才能减少信息不对称带来的风险，实现消费者剩余价值最大化，为社会经济发展、实现大数据资源的供需平衡创造条件。

2.2.6 价值服务视角：促进大数据资源的利用服务

价值发现和价值创造的最终目的在于利用服务，只有充分发挥大数据资源的价值，满足不同用户对信息资源的需要，才能让大数据资源规划和统筹发展工作对经济、社会、文化等各个领域产生切实的效果。按照不同的用户对象，大数据资源的利用服务可以分为政府大数据资源利用服务、企业大数据资源利用服务和个人大数据资源利用服务。

(1)政府大数据资源利用服务

大数据资源规划和统筹发展有利于对政府自身的价值服务，具体包括：借助大数据资源把握社会各行业发展现状，借助大数据分析工具辅助政府决策，借助大数据信息交互为社会公众提供政务服务等。

政府是国家的管理者，因此需要对国家社会各行各业的发展现状进行充分了解。大数据技术出现以前，政府获取国家社会的各种信息数据往往是通过普查、抽样调查、下级单位层层上报等方式实现的。通过这些方式获取的数据往往存在误差较大、无法保证真实、数据滞后等问题，根据这些数据所得出的结论难以保证其完全准确。而在大数据时代下，通过新一代信息采集、传输和处理工具，可以实现公共交通运输、医疗卫生环境、科研教育设施、旅游文化景点、金融贸易市场等领域的大数据实时跟踪检测，非常好地保证了数据的真实性、准确性和即时性。

在政府各项政策的谋划、制定、执行、监督和评估的过程中，借助大数据资源和大数据技术能够提高政府决策的科学性和执行效果，促进政府与公众的良性互动。如此一来，社会公众办事流程得以简化，服务体验得到优化，政府服务模式得到创新。这种统一的行政服务标准化流程、原则和方法，也推动了服务范围的明细化、服务内容的多样化、服务方法的规范化和服务质量的标准化，进一步提升了政府服务社会的能力和水平。

(2)企业大数据资源利用服务

大数据资源规划和统筹发展也有利于对企业的价值服务，具体包括：把握市场发展现状，辅助经营决策，为企业攫取更高的商业价值等。

企业经营决策的基础是捕捉市场信息，及时作出决策和调整。通过大数据资源的规划和统筹可以更好地帮助企业迅速且及时地获取市场信息，方便企业根据市场环境对其经营目标进行适时地调整和优化。企业也可以通过对商业大数据资源的挖掘和分析，指导企业经营决策，提高企业的竞争力。当然，企业在享受大数据时代所带来机遇的同时，也应该在维护数据安全、个人隐私保护、反不当竞争、知识产权保护等方面采取措施，建设信息安全保障体系。

大数据资源作为一项新的生产要素，在企业生产经营活动中发挥着越来越重要的作用。与传统的资本、劳动、土地、企业家才能等生产要素资源相比，数据生产要素显得更加灵活，边际效益的阈值更高，给企业带来高额商业价值的可能性也更高。因此，在大数

据新时代，任何一个企业要想长久生存下去，就必须掌握更加有利的相关信息资源，通过不断挖掘其价值为用户提供更加个性化的服务，从而增加企业的经营收益、扩大市场份额，提高企业的竞争力。

(3)个人大数据资源利用服务

大数据资源规划和统筹发展还有利于对个人的价值服务，如在线学习、智能家居、健康状态实时跟踪、个性产品私人定制等。

以在线学习为例，网络在线学习平台拥有海量的课程教育资源，学生可以根据自己的实际需求选择相应的课程进行学习，同时大数据在线学习平台还可以借助在线数据挖掘、数据分析可视化等技术，采集相关的学习数据，反馈学生的学习程度和学习效果。特别是在新冠肺炎疫情的特殊形势下，基于大数据资源和算法的在线学习服务已经并将在未来发挥越来越重要的作用。

当前，人们已经意识到大数据资源的重要性，大数据资源服务的最终价值必然体现在用户对大数据资源的利用效果上。只有从数据管理视角出发，促进大数据资源的价值服务，才能让大数据资源充分发挥其效用。

2.2.7 科学研究视角：数据密集型科学研究范式的兴起

从丹麦天文学家、计算机科学家彼得·诺尔(Peter Naur)1966年提出数据科学，到微软研究院的技术专家吉姆·格雷2007年年初关于数据密集型科学发现第四范式的演讲，数据科学发展经历了长达40年的历史跨度。他们先后为数据科学的最早命名与提出数据密集型的科学范式做出了历史性贡献。

(1)数据科学的发展历程

“数据科学”一词最早在20世纪60年代就已经出现。1966年，因AGOL60算法语言获得2005年图灵奖的彼得·诺尔创造了一个新词——datalogy，“从开始就一直强调探索计算机科学的根本理念和原则，被理解为‘本质和数据使用的科学’，称为数据科学(datalogy)”，即“数据处理的科学”。他关于数据科学的思想见于当年 3 月用丹麦语出版的 *Plan for a course in Datalogy and Datamatics* 一书，系统讨论了由数据、数据表示和数据处理构成的数据科学的基本概念，并解释了这些概念的通用性。根据多年的讨论，他在 1968 年国际信息处理联合会(IFIP)大会上发布了“计算机科学里的一门系统课程的中心主题的一项调查”，该课程所包括的 6 大专题(基本概念和方法——数据和数据处理等，单一数据项处理，中级数据处理，人/机通讯，大量数据处理，大数据系统)几乎都与数据处理相关，会后他以“数据科学：数据和数据处理的科学及其在教育中的地位”为题的论文发表于当年 IFIP 会议论文集。① 彼得·诺尔认为，计算机科学的研究范围不应该是百科全书式的面面俱到，而应该聚焦于本质和基本理念与原则层面的探讨，他坚持使用“datalogy”这个词，以突出其和 ACM 计算机课程的重大区别，导致 datalogy 在丹麦全国计算机学界一直沿用，形成了所谓的“计算机科学的哥本哈根传统”。从托马斯·库恩所谓的范式的视角来看，计算机科学的哥本哈根传统实质上已经是计算机科学的数据科学(datalogy)学派或数据科学共同体，有别于美国主导的 ACM 所倡导的计算机科学，这标志着国别性的数据科学共同体的诞生。

同样在 1966 年，国际科学联合会(ISCU)下属的跨学科的国际科技数据委员会(CODATA)成立，意在促进全球科技数据的评价、编辑和分发，通过发展旨在共享数据的相关知识以及组织与数据相关的活动，推动科学与技术的发展。其使命是通过促进改进的科技数据管理与使用，加强国际科学研究，增进社会福祉。全球范围最大的国际科学组织下属的唯一与数据相关的跨学科的科学委员会 CODATA 的成立，标志着国际性的数据科学共同体诞生。

“Data Science”这个词最早由日本统计数学研究所 Chikio Hayashi 教授于 1993 年在巴黎召开的第四届国际分类学会联合会(IFCS)大会一个圆桌会议上提出，并简要地回答了什么是数据科

① Edda Sveinsdottir, Erik Frøkjær. Datalogy—The Copenhagen Tradition of Computer Science[J]. BIT. 1988(28): 458-459.

学的问题。1996年第五届IFCS大会(IFCS-96)以“数据科学、分类学及相关方法”为主题在日本神户召开，这是首次明确以“数据科学”为大会主题的国际学术会议，大会主席Chikio Hayashi教授进一步发展了data science概念，并撰写了*What is Data Science? Fundamental Concepts and a Heuristic Example*的论文，认为“数据科学是一个综合的概念，不仅统一了统计学、数据分析和它们的相关方法，还包括其结果；数据科学要用‘数据’分析和理解实际的现象；数据科学包括数据设计、数据收集和数据分析三个阶段”。① 1993—1996年，“数据科学”这一名称的正式提出，以数据科学为主题的国际学术会议召开及大会论文集出版，标志着数据科学有了最早的国际性、系统性研究成果。

2001年起，日本庆应义塾大学容田里程(Ritei Shibata)教授主编出版*Data Literacy*一书，以此为第一册的一套数据科学系列图书Data Science Series由日本共立出版社陆续出版，数据科学的专门研究成果开始走向系统化。2002年CODATA创办的*Data Science Journal*期刊是国际上首个数据科学的学术期刊。英国Jack Smith教授在*Data Science as an Academic Discipline*一文里认为“1966年一批有远见卓识的先驱者创建了CODATA，标志着数据科学的诞生，然而直到1990年代Data Science这个术语才开始被使用，2002年CODATA的官方期刊*Data Science Journal*确认了这个名称”。*Data Science Journal*的创建“是CODATA成立以来迈出的最重要的一步”。②

1966年，datalogy术语的出现和CODATA的成立标志着数据科学的诞生，并在1993年有了准确名称Data Science，2002年出版的权威国际学术期刊*Data Science Journal*(EI compendex)奠定了其学

① Chikio Hayashi, et al(Eds.). Data Science, Classification, and Related Methods: Proceedings of the Fifth Conference of the International Federation of Classification Societies (IFCS-96), Kobe, Japan, March 27-30, 1996 [M]. Springer Japan. 1998: 40-41. (eBook)

② Jack Smith. Data Science as an Academic Discipline [J/OL]. [2021-03-05]. Data Science Journal, Volume 5, 19 October 2006: 163-164.

科地位。随后更多数据科学学术期刊开始涌现。

2003年，台湾中央研究院统计科学研究所和天主教辅仁大学统计学和情报科学系的统计学学者出版了 *Journal of Data Science*。该刊认为“Data Science 指的是几乎与数据有关的一切事情：收集、分析、建模……而最重要的部分是其应用——各种各样的应用”。该刊致力于统计方法的所有应用。

2007年，IFCS 创建关于数据科学的学术期刊 *Advances in Data Analysis and Classification*。

以上表明，统计学、情报学、分类学、计算机科学等其他学科开始高度重视并专门研究数据科学的理论、方法和应用，数据科学的研究群体在多学科不断扩展。①

同时，数据科学的科学议程和数据科学家共同体也逐渐引起社会重视。2008年5月，CODATA 前主席、Data Science Journal 共同主编岩田修一(Shuichi Iwata)发表 *Editor's Note：Scientific "Agenda" of Data Science* 一文，其中论述了数据科学的科学议程。② 同年10月，有“科技数据领域的联合国会议”之称的 CODATA 大会在基辅召开，会议首次设立“建设一个数据科学家共同体：希望与困难”分会，由 Jack Smith 教授和刘磊(Liu Lei)担任会议共同主席。刘磊在当年3月首次提出“数据科学家共同体”③这一中文术语，并在当年的 CODATA 会议上做了以 *Building a Community of Data Scientists：An Explorative Analysis* 为题的报告，首次对数据科学、数据科学家的定义、数据科学研究机构、数据科学家共同体建设面临的希望与

① 刘磊．从数据科学到第四范式：大数据研究的科学渊源[J]．广告大观(理论版)，2016(2)：44-52.

② Shuichi Iwata. Editor's Note：Scientific "Agenda" of Data Science [J/OL]．[2008-04-03]．Data Science Journal，2008(7)：54-56.

③ CODATA 中委会秘书处．第21届国际科技数据委员会(CODATA)国际学术会议征文通知[EB/OL]．[2021-03-23]．http：//www. irsa. ac. cn/xwzx/kydt/200803/t20080306_1026546. html.

挑战做了详细的综述。① 2008 年是国际科学界公开探讨数据科学家共同体或群体建设问题的开端，数据科学的研究主体开始受到重视。

(2)科学研究范式的演变体系

格雷提到的科学研究的范式(Paradigm)一词正是库恩(Thomas Samuel Kuhn)于 1959 年在《科学革命的结构》(*The Structure of Scientific Revolutions*)一书中首次提出并加以阐释的。② 格雷将科学划分为实验科学、理论科学和计算科学三种范式。

其中，实验科学的出现最早，在几千年前就已存在，其结论往往根据观测、记录、验证得出，这种科学是经验性的，是对自然现象的描述，因此也被称为"经验科学"，如伽利略斜塔坠球实验、天文观测等。第二种科学范式是理论科学，即通过理论或逻辑推导、数学证明得出发现，如开普勒定律、牛顿运动定律、麦克斯韦方程、爱因斯坦相对论等，这种科学出现在几百年前，其主要方法论是模型和归纳方法。阿格拉(Ankit Agrawa)等认为，这种范式以理论模型和归纳为基础，以数学方程形式的定律表述为特征。③ 以上是最传统的两种科学研究范式，直到近几十年，理论科学模型越来越复杂以至于难以分析解决，人们开始通过计算机这些新技术来模拟复杂现象，这就是第三种范式——计算科学(包括建模仿真)的出现，如地球物理学、计算语言学、前端工程学等。格雷继续指出："现在的数据探索是理论、实验和模拟的统一。"④这是计算科

① Lei Liu, et al. Building a Community of Data Scientists: An Explorative Analysis[J/OL]. [2020-12-31]. Data Science Journal, 2009(8): 201-208.

② Thomas Kuhn. The Essential Tension: Selected Studies in Scientific Tradition and Change[M]. University of Chicago Press, 1977: 294-295.

③ Ankit Agrawala and Alok Choudhary. Materials Informatics and Big Data: Realization of the "Fourth Paradigm" of Science in Materials Science[J]. APL Materials, 2016(4).

④ Hey T, Tansley S, Tolle K. Jim Grey on eScience: A transformed scientific method. In: Hey T, Tansley S and Tolle K(eds). The Fourth Paradigm: Data-Intensive Scientific Discovery[N]. Redmond: Microsoft Research, 2009.

学之后的第四范式，即数据探索性研究方式。可见格雷对科学范式的划分不仅着眼于方法论，也是对数据密集型科学的学科界定，是对科学研究模式及其存在形态的整体描述。①

综上可知，按照格雷的解释和划分，科学研究范式大致经历了四个发展阶段，这四种科学研究范式的演变体系见表 2-8。②

表 2-8　科学研究范式演变体系

	所属科学	产生时间	概念	模型	范例
经验范式	经验科学	18 世纪以前	指偏重于经验事实的描述和明确具体的实用性科学，一般较少抽象的理论概括。在研究方法上，以归纳为主，带有较多盲目性的观测和实验	实验模型	伽利略的物理学、动力学。如两个铁球同时着地的实验
理论范式	理论科学	19 世纪以前	指偏重理论总结和理性概括，强调较高普遍的理论认识而非直接实用意义的科学。在研究方法上，以演绎法为主，不局限于描述经验事实	数学模型	数学中的集合论、图论、数论、概率论；物理学中的相对论、弦理论；地理学中的大陆漂移学说、板块构造学说、全球暖化理论；经济学中的宏观经济学、微观经济学、博弈论；计算机科学中的算法信息论、计算机理论

① Tony Hey, Stewart Tansley, Kristin Tolle. 第四范式：数据密集型科学发现[M]. 潘教峰，张晓林，等，译. 北京：科学出版社，2012：2.

② 李志芳，邓仲华. 科学研究范式演变视角下的情报学[J]. 情报理论与实践，2014，37(1)：4-7.

续表

	所属科学	产生时间	概念	模型	范例
模拟范式	计算科学	20世纪中期以后	计算科学又称科学计算，是一个与数据模型构建、定量分析方法以及利用计算机来分析和解决科学问题相关的研究领域。在实际应用中，计算科学主要用于对各个科学学科中的问题进行计算机模拟和其他形式的计算	计算机仿真/模拟	数据模拟：重建和理解已知事件，如地震、海啸和其他自然灾害；预测未来或未被观测到的情况，如天气、亚原子粒子的行为 模型拟合与数据分析：适当调整模型或利用观察解方程，如石油勘探、地球物理学、计算语言学；利用图论建立网络的模型 计算优化：数学优化；最优化已知方案，如工艺和制造过程、前端工程学
第四科研范式	数据密集型科学	21世纪初期	数据依靠工具获取或者模拟产生；利用计算机软件处理；依靠计算机存储；利用数据管理和统计工具分析数据；研究对象为大数据集合	大数据挖掘模型	信息资源云服务：数据服务，知识服务 大数据挖掘：大交易数据挖掘和大行为数据挖掘。如用户行为模式的挖掘

格雷提出的四种研究范式包括用来描述自然现象的实验科学，使用模型或归纳法进行研究的理论科学，通过计算机模拟复杂现象的仿真科学和基于数据探索实现实验、理论、仿真融合的数据科学。但格雷的四种研究范式主要是基于自然科学的发展历史而言

的，对于社会科学来讲，人类对社会领域的认知要更为久远和复杂，大致经历了四个阶段，即与自然科学浑然一体的自然哲学阶段、向自然科学学习却又不断分化的阶段、对第二阶段进行反思与批判和基于复杂性科学的重新融合阶段。① 可见，在社会科学领域，研究范式的演化与格雷总结的自然科学研究范式演化有所不同（如图 2-3 所示）。

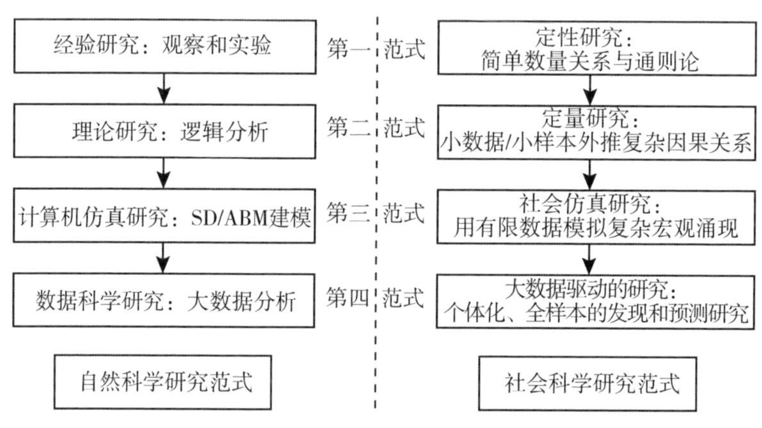

图 2-3 自然科学与社会科学研究范式的演化比较

社会科学研究范式不等同于科学知识范式，它们都是进行社会科学研究的有效工具，是人类在社会科学研究中的历史演化过程。第四研究范式的数据归纳和发现逻辑并进行建模的过程弥补了第三研究范式的数据匮乏和数据质量不足，促进了第一、二研究范式走向融合，海量数据的规模效应和全新特征使得定性研究和定量研究在资料获取和分析方法上逐步走向趋同。总之，随着信息技术和社会发展的数据化趋势，数据将会越来越多，越来越有用，越来越有价值。② 如何从海量数据中寻找具有规律性的“小模式”（Small

① 米加宁，章昌平，李大宇，等．第四研究范式：大数据驱动的社会科学研究转型[J]．社会科学文摘，2018(4)．

② Christine L. Borgman. Big Data, Little Data, No Data: Scholarship in the Networked World[M]. London: The MIT Press, 2014: 5.

Pattern)就成为关键。所以，强调范式的认识论和纲领意义在于它可以聚焦科学共同体的研究方向和问题，从而推动大数据研究向更加深入、完善的方向发展。①

当前，数据密集型科学的应用十分广泛。就大数据的环境应用而言，涉及地球、环境、海洋、空间等多个领域；就生物科学应用而言，包括医学、认知科学、生物系统、医疗服务等领域。数据密集型计算不仅能提供更大规模的数据传输与保存的能力，还能迅速提供普遍的个人化的低成本、高容量、高效率的存储与计算能力。当前，计算机领域正在开发新的能力，从互联网开源信息、海量科学数据和隐藏在社群交互交流信息中进行知识的发现、获取、组织、分析、关联、解释和推理。科技界也在迅速建立传播、管理和处理全球知识的基础设施，构建将知识的交换、共享和处理作为所有应用和服务的核心的"知识即服务"机制。

2.2.8 发展保障视角：夯实大数据资源的发展基础

国家大数据建设是一项长期性的系统工程，在规划设计、项目试点以及全面实施等不同阶段都需要大量的经费投入，要维持大数据发展工作的长期性，保证目标结果的效益性，需要国家进行资源规划和战略统筹，为夯实大数据资源的发展基础提供保障。从目前来看，大数据资源规划与统筹可以从技术、资金、制度和人才等方面为大数据产业的发展提供保障。

从技术角度来看，大数据技术主要包括数据采集、数据存储与管理、数据处理与分析、数据隐私与安全等层面，其中以 GFS \ HDFS、BigTable \ HBase、NoSQL、NewSQL(如 SQL Azure)等为代表的分布式存储和以 MapReduce 为代表的分布式处理是大数据的两大核心技术。大数据资源规划和统筹发展需要重视大数据技术工具，加强大数据基础设施建设，拓宽数据来源渠道，增加各个来源

① 董春雨，薛永红. 数据密集型、大数据与"第四范式"[J]. 自然辩证法研究，2017(5)：74-80.

主体之间的互联互通和资源共享，实现接口、标准的统一和监管的完善，大幅提高资源利用的效率，为大数据资源发展提供技术保障。

从资金角度来看，大数据领域投资主要包括基础设施采购、技术研发投入、项目试点投资、推广使用经费、传输运维成本以及人才培养和教育经费等方面，且涉及地方政府、科研院所、学校、工业园区、银行金融、大数据企业、大数据上下游企业及其他辅助企业等多个参与主体，如何对大数据领域投资进行布局统筹，关系到大数据产业的发展基础。

从制度角度来看，大数据产业发展必须依赖完整、可靠的制度作为保障，具体包括相关制度的政策制定、落地实施、行业监管等。如果在大数据发展过程中缺乏相应的制度作为依托，大数据产业发展将会是无序的、无章法的甚至是事倍功半的。

从人才角度来看，大数据产业发展离不开高素质、高质量的大数据人才队伍。根据2020年大数据产业生态联盟的问卷调查结果，从行业来看，互联网、工业、通信、金融、医疗健康等领域的大数据人才需求分别占到了57.2%、11.3%、10.0%、7.9%和3.7%，互联网领域的大数据人才需求占据了整个环境大数据人才需求的半壁江山；从大数据企业员工学历结构来看，本科及以上学历的员工约占总员工数的86.4%，其中博士学历员工占比约为2.6%，硕士学历员工占比约为15.5%，本科学历员工占比68.3%，① 可见大数据产业发展对高学历人才的迫切需求。在此情况下，对大数据人才队伍进行统筹和建设显得尤为必要，需要政府联合科研院所、高等学校、大数据企业等各种机构对大数据专业技能、实操能力等方面加大教育培训力度，统筹布局教育资源，实现大数据人才储备的精英化发展。

① 中国首份《大数据人才报告》发布[EB/OL].[2021-03-22].https://www.doc88.com/p-67039778080449.html.

当前，尚未有任何国家形成对大数据发展的绝对垄断，① 我国在大数据产业发展领域正面临着难得的历史机遇，我国有能力、也有实力做好大数据的发展保障工作。

首先，我国具有大数据资源的天然优势。一方面，我国数据资源总量规模庞大，具有人口、地理面积的先天优势，以及生产力和经济水平迅猛发展的后发优势。另一方面，我国还拥有其他国家难以望其项背的应用内需潜力，我国内需潜力巨大，在新时代环境下，扩大内需有必要也有可能，关键是找准发力点，而大数据就是很好的突破口，我国拥有对大数据资源强劲而广泛的需求，只要从国家政府层面，积极营造一个良好的、科学的、有效的环境，就能为大数据资源内需潜力的真正释放创造非常有利的条件，从而为夯实大数据资源的基础提供发展保障。

其次，我国具有良好的产业支撑。目前国内大数据产业链已经形成并不断深化，BAT(百度、阿里巴巴、腾讯)等企业已经处于大数据技术和应用的全球领先水平。大数据产业链涉及数据采集、数据存储、数据处理、数据管理、数据分析、大数据应用服务、软硬件支撑环境、信息安全与隐私、系统集成等多个领域。其应用领域非常广泛，囊括了包含农业生产、工业制造、商业服务、医疗卫生、交通旅游、教育文化、金融投资、住房养老在内的社会经济的各个领域。政府通过加大对大数据产业链的鼓励和扶持力度，实现企业与政府数据资源互补利用，将极大推动大数据企业自我革命和创新，提升政府治理水平，实现双赢。

最后，我国具有现实的迫切需求。随着中国特色社会主义进入新时代以及我国经济发展步入新常态，国家迫切需要进一步发展以大数据为代表的一系列新的增长要素和新动力，以推动经济转型升级，促进创新创业，为实现“两个一百年”奋斗目标创造有利的发展环境。

总之，大数据资源规划和发展统筹需要充分考虑、积极并合理

① 蒋凯元．浅析大数据发展行动纲要出台背景及战略意义[J]．信息系统工程，2015(10)：12-13.

应对大数据发展前进路上所面临的机遇和挑战，通过理论与实践相结合、法律与规范相协调、管理和科学相促进、政府和市场相平衡、开放和安全相统一，从技术、资金、制度和人才等诸多方面对大数据统筹发展体系的合理和高效运行提供发展保障，为实现我国从数据大国迈向数据强国提供可能。

2.3　大数据资源规划与统筹发展的障碍分析

大数据资源规划与统筹发展作为一种顶层规划和战略管理手段，在规范大数据资源应用、促进大数据产业发展、保障大数据资源安全等方面有着积极作用。从实践成果来看，我国大数据发展已进入深化阶段，进一步加快推动大数据资源开发和应用已成为当前的重要任务。

大数据资源规划的过程涉及四个基本要素，即规划统筹的客体(大数据本身)、主体(政府、组织机构或个人)、手段(技术手段、管理手段等)以及环境(如理论环境、体制环境、制度环境、政策环境等)。在四个基本要素相互发生作用的过程中，难免会面临各种难以协调的问题，在此基础上，需要深刻认识到大数据资源规划在统筹发展中的地位、功能和作用方式，通过要素整合、流程优化、机构协作、区域协同等手段，体制机制、政策环境、标准规范、技术平台、安全隐私等保障措施，确立大数据资源统筹发展的实施策略。

但是，从大数据资源统筹发展的现实状况来看，目前大数据资源统筹发展仍然存在着理论认知不深刻、体制不完善、制度不健全、管理不科学、技术手段不充分等问题，这就形成了大数据资源统筹发展的理论障碍、体制障碍、制度障碍、管理障碍、技术和安全障碍。因此，有必要从这几个要点出发，对大数据资源规划与统筹发展的障碍进行系统梳理和分析。

2.3.1 理论障碍

所谓“理论障碍”，主要是指从认识论的角度出发，对大数据资源规划与统筹发展相关的理论认知存在着框架、视角和方法上的不足，导致在进行具体的大数据资源统筹发展实践时定位不清、方向不明、发展受阻。这些相关的理论包括战略规划理论、协调发展理论、信息资源规划理论、信息资源配置理论等。

以信息资源规划理论为例，美国的詹姆斯·马丁(James Martin)提出的信息工程方法论(IE)强调系统工程的整体规划，以保证大型信息系统的开发，我国学者高复先在此基础上借鉴信息资源管理(IRM)、数据管理(DM)等理论提出企业信息资源规划(IRP)理论，而后我国学者将研究范围不断向企业管理、政府信息资源、学术信息资源、图书馆信息资源、国家信息资源等层次扩展，但上述理论对大数据环境下海量、异构、跨模大数据的开发、管理和需求问题缺乏预见，如果仅仅依靠传统的信息资源规划理论来结构和部署大数据资源规划和统筹发展问题，很容易陷入信息资源规划的理论障碍之中。

大数据资源规划与统筹发展的理论障碍主要表现为以下三个方面：

首先，大数据资源统筹发展理论认知的框架尚未成型。目前国内外对于信息资源规划发展的认识框架主要关注企业层面，如王学颖提出了基于信息生命周期的企业架构框架，① 而关于大数据资源统筹发展理论认识的框架成果较少。这就要求在有效识别大数据资源统筹发展的主体、客体、方法及其相互关系的基础上，明确大数据资源统筹发展的目标定位、发展方向与实现路径。

其次，大数据资源统筹发展理论认知的视角尚需拓展。目前，国内外关于大数据资源统筹发展的理论认知还缺乏直接的成果，而

① 王学颖．企业信息资源规划：ILEA 的研究与设计[D]．武汉：武汉大学．

与之相关的传统信息资源规划、配置和管理的研究又局限于图书情报与档案管理、企业管理、行政管理等单一的具体学科，其与大数据资源规划的关联性和适用性问题有待提升。为此，既要借鉴信息资源规划、信息资源配置、信息资源管理等理论工具，还要将认知的视角延伸到战略规划、统筹发展、数据治理等新的领域，从而适应大数据资源统筹发展的全局性和复杂性特征。

最后，大数据资源统筹发展理论认知的方法有待创新。目前，大数据资源统筹发展理论认知的方法普遍还比较传统，如 Namn 等给出了 3 种大数据规划和统筹方法：由上向下数据驱动、由下向上数据驱动和原型化方法。① 显然，仅仅靠单向驱动和原型化方法是难以适应大数据资源所涉及的复杂环境的。为此，还需要在分析大数据资源统筹发展的构成要素、组织模式、配置方式和利用形式等的基础上，借鉴信息论、控制论、协同论、治理论等的理论方法，以便为大数据资源统筹发展理论认知提供科学有效的方法支持。

2.3.2　体制障碍

所谓“体制障碍”，主要是指在大数据统筹发展实践过程中，由于历史原因或现实原因而导致的制约大数据发展或不符合其发展需要的各种固化的程序和机制。

从体制视角出发，对于认知大数据资源规划与统筹发展的战略定位、政策指导与方案实施等有着重大意义。合理地认知大数据发展的体制障碍，有利于弄清障碍的源头和机制，方便有效地制定相应的政策和方案，最大程度地推动大数据的发展。大数据资源规划与统筹发展所涉及的体制障碍主要包括管理体制障碍、运行体制障碍、权责分配体制障碍、监管体制障碍等，具体情况如下：

2.3.2.1　管理体制障碍

大数据资源规划与统筹发展的管理体制障碍主要体现在政府机

① Namn S H, Noh K S. A Study on the Effective Approaches to Big Data Planning[J]. Journal of Digital Convergence, 2015, 13(1): 227-235.

构的各个部门之间存在壁垒。从大数据管理和应用的角度来看，目前政府跨部门、跨区域协同整合的机制尚不完善，政府内部的数据共享机制仍未建立，限制了政府各部门数据资源的整合。从技术角度来看，由于大数据资源形成于不同的系统，其资源整合、数据共享的实现需要建立一个互联互通、方便互相操作的整体框架，应对数据的采集和汇报系统进行无缝整合，真正将不同部门的数据集合到一起，以提高数据的利用效率，实现从单一机构应用到跨部门协同再到社会参与公共治理的转变。①

2.3.2.2 运行体制障碍

当前我国大数据资源统筹发展的运行体制主要指的是如何对大数据发展相关的人、财、物及各项活动进行组织和安排，使其在合理有效的范围内不断建立联系并相互作用，从而形成自我调节的机制，使得大数据统筹发展任务得以协调、高效、有序进行，而较少受到外界突发事件的影响，增强其内在活力和应变力。

然而，就现实情况而言，对大数据发展相关的人、财、物及各项活动的调拨和组织涉及多个利益关系主体，如何妥善安排和调度，保证大数据资源统筹发展的平稳推进存在着不小的阻碍，尤其在统筹发展的推进过程中也面临着内外部环境的双重制约和影响，只有不断强化体制机制建设，让大数据统筹推进工作有章可循、有法可依，才能更好地提高其运行机制的稳定性。

2.3.2.3 权责分配体制障碍

就权责分配体制障碍而言，当前我国政府大数据资源的责任主体尚不明确。目前，除了平台的主管单位，其他协同建设单位的职责并不明确。哪些单位应参与大数据资源建设，哪些不用参与，参与的单位应对数据承担什么样的责任和义务，权责关系是否对等，是否能实现效率的最大化，参与部门之间是否有权责交叉或重复的

① 翁列恩，李幼芸．政务大数据的开放与共享：条件、障碍与基本准则研究[J]．经济社会体制比较，2016(2)：113-122.

现象，尚都没有明确的制度规定，这造成其他机构在管理大数据资源时普遍存在过于审慎、保守的心态，导致大数据发展的滞后。

2.3.2.4　监管体制障碍

大数据资源规划与统筹发展还面临着监管体制障碍，由于大数据统筹发展涉及主体众多、权责划分难以科学界定、统筹工作复杂多样，在具体推进工作中急需建立监督机制。然而，这又涉及一个“由谁监管”“怎么监管”的问题，由于监管者应当为参与主体以外的第三方，因此无法由政府、大数据企业等参与主体来完成，只能由专门的监管机构或者社会公众参与监管，但这种多元的监管体系又需要仰赖完善的智能化数据监管体系，只有充分保证大数据统筹发展工作的公开透明，才能够发挥出社会监管的实际意义，从而推动多元化管理，形成大数据发展的合力。

2.3.3　制度障碍

所谓“制度障碍”，是指在大数据资源规划和统筹发展过程中所面临的在法律法规、制度建设、标准规范等方面可能存在的空白、粗略、老旧、滞后等问题。

当前，大数据资源统筹发展的主要依据是各级政府制定的大数据发展规划，而大数据发展规划“作为一种抽象行政行为，并不产生直接的法律效果，在法律效力上不能与行政法规、规章和其他行政规范性文件完全等同”,① 无法为大数据资源统筹发展提供强有力的法律制度支撑，具体表现如下：

2.3.3.1　法律法规方面

通过对中国政府法制信息网“法律法规数据库”的调研发现，关于大数据资源统筹发展的法律法规和标准规范建设仍然相对滞

① 郭庆珠．行政规划的法律性质研究——与王青斌先生商榷[J]．现代法学，2008(6)：28.

后。例如，在法律法规建设方面，只有少数地方法规涉及大数据资源统筹发展的相关内容，其中《贵州省大数据发展应用促进条例》明确了大数据资源统筹发展的法律地位和主要内容，① 而《贵阳市政府数据资源管理办法》《贵阳市政府数据共享开放条例》《浙江省公共数据和电子政务管理办法》等仅对政府数据资源的规划、建设、管理和应用进行了规范，还未深入对社会数据资源的统筹。

想要保障大数据共享就必须建立全面的法律体系。大数据立法应包含数据建设和存储、数据使用及隐私保护三个方面，全面保障大数据的共享。② 在数据建设方面，要制定不同的行业标准规范，建立统一的数据格式、数据建设分工及数据交流投入的资金。在数据存储方面，每个部门都有责任维护数据的完整性，要有相应的法律法规监管其行为，以保证数据安全。在数据使用方面，普遍存在不同部门之间不愿意公开和共享数据、各方利益不能协调、数据使用权限不明确的情况，政府应该通过立法推动数据的公开和共享，出台相应的数据价值鉴定标准以及利益分配准则，以法规的形式明确权限。在数据个人隐私保护方面，如果没有标准确定并划分数据隐私程度，根据不同违法行为制定不同的惩戒措施便无从谈起。

不过，过分严格加强数据立法与保护，势必会在很大程度上阻碍企业数据的商业价值挖掘。一方面，收集、分析和管理用户信息的权限将会被严格限定和监管，大数据所带来的创新空间会受到明显约束；另一方面，严格的数据保护所带来的跨部门、跨行业数据共享的高额成本、复杂的数据使用授权，以及政府过度监管的风险，也会让数据资产管理的运营维护成本大幅提高。因此，如何在数据保护和数据融合创新之间取得最佳的平衡，是当前值得考虑的重要问题。

① 贵州省大数据发展应用促进条例[EB/OL]. [2021-04-01]. http://search.chinalaw.gov.cn/law/searchTitleDetail? LawID = 342599&Query =%E5%A4%A7%E6%95%B0%E6%8D%AE&IsExact=&PageIndex=1.

② 唐辉.基于信息资源共享的大数据管理与利用探究[J]. 图书情报导刊，2016(4)：147.

2.3.3.2 制度建设方面

我国大数据资源制度建设方面的障碍主要体现在数据资源的开放获取上。我国数据的供应单位完全靠行政命令和义务来提交所拥有的政府数据，政府数据资源是一种特殊的资源，其管理往往伴随着政府权力和责任。而数据管理制度的缺失造成了大量政府数据存储在某个单位内部无法流通，造成了资源浪费。

一方面，缺乏政府数据的定密、保密制度。政府在履行职责过程中所采集、存储的数据，很难界定哪些数据涉及国家安全、商业秘密和个人隐私。因此，政府机构在数据管理方面无据可依，也没有相关法律法规可以参考，最终也就不愿意参与数据开放共享。

另一方面，缺乏激励机制。对数据共享的参与者进行表彰和鼓励，使其认为投入和产出相匹配、自身价值与收益回报相吻合，激发相关主体继续进行数据资源共享的意愿。因此需要对数据共享者提供物质上或精神上的激励和支持，以进一步提高数据共享者的共享意愿，使大数据资源的数据量能实现爆炸式的发展。

此外，数据安全和数据开放是对立统一的。有的机构为了数据安全宁可不开放，而有的单位为完成数据开放任务则毫不顾忌数据安全问题。事实上，数据安全是数据开放的前提，数据开放使用户能够监督数据安全，二者是对立统一的。

2.3.3.3 标准规范方面

在规范标准建设方面，我国大数据资源统筹发展的标准规范建设同样滞后。根据中国政府法制信息网“法律法规数据库”的调研，在标准规范建设方面，《粮食大数据资源池设计规范》(LS/T1820—2018)是唯一与大数据资源相关的行业标准，而《信息技术 大数据技术参考模型》(GB/T 35589—2017)、《信息技术 大数据术语》(GB/T 35295—2017)、《信息安全技术 大数据服务安全能力要求》(GB/T 35274—2017)等国家标准的发布时间距当前较近，其具体的贯彻落实情况尚不得而知，还无法更为科学、系统地评判相应法律、标准、规范的有效性。

值得注意的是，我国还缺乏统一的元数据标准，仅有《地理信息 元数据》(GB/T19710—2005)之类的具体领域的国家标准，其适用性有限。而政府在履行职责过程中所采集、存储的数据通常采用不同的元数据标准。只有从国家层面出台统一的元数据标准，才能更好地实现数据资源的收集、整合、分析与共享，我国的大数据资源才能更加方便、快捷地采集、整合、管理以及相互传输和共享。

2.3.4 管理障碍

所谓"管理障碍"，就是指相较于传统信息资源管理，大数据本身所具有的5V特性以及大数据资源呈现出的新特征对大数据资源规划和统筹管理带来的新挑战和新制约。

大数据资源统筹发展需要建立完善的组织管理机制，既要加强中央与地方的协调，也要引导地方政府结合自身条件合理定位、科学谋划，突出区域特色和分工，从而推动形成职责明晰、协同推进的工作格局。通过分析我国大数据资源统筹发展的组织管理现状来看，仍然存在多重困境。

2.3.4.1 数据来源的障碍

数据源是信息资源建设中的首要环节。在图书资料的资源建设中，呈缴本制度①有力地保障了一个国家或地区完整地收集和保存出版物。在科学数据资源的建设中，共建共享机制②使某一学科或某一系统内的科学数据得以共享和保存。这两种信息资源建设的模式都是成熟、可靠的，在各自领域获得了成功。然而，政府数据资源的建设目前还缺乏成熟的管理机制，数据源的缺乏成为政府数据开放的重要障碍因素。

① 李国新．中国图书馆法治建设的成就与问题(上)[J]．图书馆建设，2004(1)：1-6.

② 孙九林．科学数据资源与共享[J]．中国基础科学，2003(1)：32.

2.3.4.2 知识产权保护的障碍

当前，数据对于商业的巨大价值正不断显现，其数据产权的问题也日益凸显。“数据产权是个人或组织对数据拥有的占有权、支配权、知情权、收益权等。”①大数据蕴藏的价值只有通过数据挖掘等智力劳动才能体现出来，因此新的数据集成果在形式、结构、内容上均具有原创性，共享后的数据更是如此。清晰的产权归属是数据共享的前提与基础，然而，当前关于数据的产权归属问题还远未达成共识。因此，在大数据资源规划与统筹发展实践中需要通盘考虑知识产权保护问题，哪些数据可以共享，哪些数据不能公开，需要建立明确的标准规范，规避知识产权方面的法律风险。

2.3.4.3 供给与需求脱节的障碍

当前，大数据开放与共享过程中供给与需求脱节。一方面，我国政府非常重视信息公开，建立网站、开设机构、下拨经费以支持相关工作的开展；另一方面，政府在进行以上工作时又通过设立门槛、附加条款等其他方式手段抑制公民对信息公开的需求。因此在大数据资源规划和统筹发展过程中，应当充分考虑应用价值是否能够满足公众的需求，发挥信息公开应当达到的效果，只有从供给侧进一步提升数据数量和质量，才能真正地让数据的价值和使用价值得以充分发挥，从而实现大数据资源的供求平衡。

2.3.4.4 安全与隐私的障碍

大数据可以更加高效地洞察和预见主体行为以及行业趋势，但同时也伴随着安全性的困扰。能否保护自己的隐私安全、信息安全，成为大数据部署与共享的首道难题。部分领域数据可能涉及保密问题，如牵涉国家安全的有关军事、政治方面的数据或政府保密性文件等，这种情况下，数据共享一般较难实现。另外一部分数据

① 黄立芳．大数据时代呼唤数据产权[J]．法制博览，2014(12)：50.

涉及个人隐私，政府、行业虽然随时可以调用该数据进而采取更好的决策，但个人却不知信息会传播至何地，也不知被用作何种目的，更不知信息的泄露会产生怎样的后果。数据共享后，很难对细微数据进行追踪，即使是准确真实的数据有时也会遭到不公平对待。难以确定隐私保护的范围、认定侵犯隐私的行为，隐私信息管理困难，隐私保护的技术挑战等多个安全方面的问题是大数据共享面对的最大阻力。

2.3.4.5 人才障碍

我国近些年来不断加大大数据专业人才的培养力度，近三年来各类大专院校相继设立数据科学与大数据技术、智能制造工程等大数据相关专业，但与大数据领域人才实际发展需求相比，我国仍然面临着非常大的大数据人才缺口。猎聘《2019 年中国 AI& 大数据人才大数据人才就业趋势报告》指出：2019 年中国大数据人才缺口高达 150 万，到 2020 年这一数字则突破 200 万大关，且近五年大数据人才缺口的增长率始终维持在 40%以上。① 与大数据发展的人才需求相比，目前我国能够掌握相关数据挖掘技术的人才较为稀缺。如何满足对大数据相关技术人才的需要，也成为大数据资源规划与统筹发展精细化、融合化管理面临的一个重要挑战。

2.3.5 技术与安全障碍

所谓“技术与安全障碍”，是指在大数据资源统筹发展推进过程中所面临的有关数据获取、数据传输、数据存储、数据处理、数据分析和数据利用等方面所涉及的各项信息技术瓶颈和安全问题。

从系统论的视角来看，大数据资源统筹发展需要协调好大数据获取、大数据传输、大数据存储、大数据处理、大数据分析、大数

① 猎聘发布《2019 年中国 AI& 大数据人才就业趋势报告》[EB/OL].[2021-03-22]. https://baijiahao.baidu.com/s?id=1643279515653051792&wfr=spider&for=pc.

据应用、大数据安全等环节的关系，优化各环节的处理流程和技术方法。但是，目前大数据获取等技术环节仍然存在一定的技术缺陷和安全风险，制约了大数据资源统筹发展的推进实效。本节将从以下几个方面分析和概括大数据资源规划与统筹发展的技术与安全障碍。

2.3.5.1 数据本身的技术障碍

第一，数据的更新速度普遍较慢。在大数据蓬勃发展的今天，政府所拥有的数据资源增长速度很快，然而这部分资源登录政府数据开放平台却很慢。一方面，这是数据源缺乏造成的；另一方面，数据更新速度也取决于平台管理者的业务能力。

第二，数据格式和数据保存方式不统一。我国电子公文交换和存储标准格式是 ofd，该格式文档内部采用可扩展标记语言 XML 来描述数据和结构，这种格式的数据更加结构化，易于处理而且支持其他技术进行处理和分析。但是目前人们所广泛使用的数据格式如 doc、docx、ppt、pdf、jpg 等，种类繁多且不统一，没有形成有效的资源集。同时，直接附加存储(DAS)、网络附加存储方式(NAS)、存储区域网络(SAN)等数据保存方式的不统一让数据的存储分配和开放关联面临着不小的障碍。

第三，现有的数据分布在不同平台，不同平台之间缺乏一键式数据转换格式的策略。不同的数据格式可以进行无损转换，例如，Office 文件与 PDF 文件之间的转换、XLs 格式与 Csv 格式的转换等。用户对数据格式的需求不同，如能提供格式转换将更好地满足不同用户的差异化需求。

第四，数据质量的障碍。针对政府数据开放平台发展现状，我国政府数据的权威性、完整性、可用性都较好，但数据更新速度、数据的机器可读性、数据格式可转换却没有完全满足用户需求，可以说政府数据的质量维度发展不均衡。造成这种现象的原因，首先，因为平台所提供的政府数据是一手的、未经加工的；其次，数据拥有者没有考虑到用户对数据质量更深层次的需求。

2.3.5.2 平台建设的技术障碍

数据统一开放平台建设是大数据资源统筹发展的一项重要工作，然而在平台的建设和使用过程中，同样会面临相应的技术障碍，平台建设的技术障碍主要涉及平台架构的标准化程度、平台功能的拓展性以及平台的风险防范能力等方面，具体表现如下：

第一，平台架构的标准化程度不高。所谓标准化，就是指从中央到地方以及各部门、各行业无论是纵向还是横向都能使用统一、标准和规范的数据交换机制。由于大数据资源的分散性和广博性，要对跨层级、跨部门、跨地区、跨行业的数据进行收集、鉴别、存储和整合，必然需要高性能的技术手段作为支撑，因此需要对数据开放平台进行标准化建设，然而当前平台架构的标准化程度不高，给大数据资源统筹带来了不小的阻碍。

第二，平台功能缺乏可拓展性。一个好的数据开放平台应当具有功能的拓展性，比如能够定期对平台功能进行更新，抑或对内容进行升级。然而当前国内很多数据开放平台所面临的问题是平台投入使用了一段时间后由于技术、实际效果等原因就开始闲置，没有对数据资源做进一步更新和功能的拓展，导致数据平台无法发挥预期的效果。

第三，平台的风险防范能力弱，存在技术漏洞。数据开放平台大多是由软硬件构成，而这些软硬件在使用的过程中由于存在漏洞，容易遭遇黑客攻击、病毒感染、系统崩溃等突发事件，再加上运维不善等管理方面的因素，导致大数据资源统筹发展面临严重的技术阻碍。

2.3.5.3 数据共享的技术障碍

数据共享是不同信息系统间的数据交换、互操作和运算。政府部门间由于信息系统操作人员不同、信息系统的构架不同、元数据的标准不同，其数据共享的程度较低。《促进大数据发展行动纲要》指出，“要推动政府信息系统和公共数据互联共享，消除信息孤岛，加快整合各类政府信息平台，避免重复建设”。① 然而，通过对我国现有政府数据开放平台的调查发现，当前我国政府数据开放平台中的数据共享程度很低，跨地域、跨部门的数据共享案例非常少。以广东省政府数据统一开放平台和广州市政府数据统一开放平台为例，这两个平台是同一省份的省级和副省级的政府数据开放平台，然而经过测试发现，两个平台并没有实现数据共享，其数据主题、平台功能等方面都存在差异。同样，贵州省和贵阳市的两级平台也存在数据无法共享的情况。总体上，当前我国数据共享的技术障碍主要有以下几点因素：

第一，共享技术不成熟。大数据环境下，数据类型种类繁多，需要在处理数据时使用不同硬件去存储数据，并用不同软件访问数据，很有可能造成在共享数据后，由于技术原因使数据难以访问。另外，在大数据共享、融合的过程中，对数据传输量、传输速度、传输容错率以及数据接口的处理要求比以往要高，因而新的数据共享技术应不断升级完善，以满足大数据共享融合的需要。

第二，政府缺乏开放数据应用支撑。政府大数据资源规划与统筹发展是结合数据开放与数据应用两个重要过程而成的，光有数据开放，而无数据应用，也将使政府大数据资源规划与统筹发展建设无从谈起。数据应用因其高度的专业性和难度较大，无法由政府单独完成，必须与社会协同完成。目前多个中国地方政府也都采用此种模式进行开放数据应用探索，但收效甚微。诸多地方在推出大赛时，往往选择了更为封闭的方式来开展比赛，将比赛重点放在了利用政府数据资源吸引企业、扶植创新等议题上，数据开放这一原本的主角则踪迹全无。同时，即使在大赛中产生了真正有价值的数据应用成果，当前中国政府的采购体系能否支持将其转化也是一大难题。

第三，共享与交换平台缺乏。数据共享平台提供数据发布、目录维护、系统配置等服务；改善数据传输性能，支持不同级别数据

---

① 国务院．促进大数据发展行动纲要［EB/OL］．［2020-10-11］．http：//www.gov.cn/zhengce/content/2015/09/05/content_10137.htm.

量的应用系统的数据传输；集成数据共享申请、审核、交易等业务，实现跨区域跨行业数据共享和应用共享。缺乏数据共享平台或缺乏统一的数据交换平台，势必会造成重复投资，极容易造成资源的浪费，也增加了接口的复杂性，加剧了信息孤岛现象的产生，从而阻碍数据资源的互联互通。

第四，政府部门之间的数据共享存在技术障碍。不同政府机构一般使用不同的信息系统和数据库，数据共享存在技术壁垒，政府机构间的数据共享缺乏互操作协议和技术协调者。

2.3.5.4 数据安全的技术障碍

由于政府数据具备高度的敏感性和价值性，其安全问题显得格外重要。政府数据开放平台的安全问题一般由三部分构成：一是政府数据是否涉及国家安全、商业秘密和个人隐私，对这部分数据要防止泄露、予以保护；二是平台本身的安全性，一方面平台是否容易被攻击和操控，另一方面要保护使用平台的用户的隐私；三是数据的合法合理使用，防止政府数据被滥用和篡改。对用户需求的调查发现，用户对数据的安全保障属于基本型需求，即用户高度重视政府数据的安全。从对平台安全保障的分析可知，当前我国数据安全保障因素如下：

一方面，数据管理者的数据安全意识不足，可能会造成数据安全事故的发生。在大数据时代，数据安全保障对数据管理者的要求更高，而我国政府机构所拥有的数据管理人才较少，缺乏对数据安全运营的经验和技术，这成为阻碍政府数据开放安全保障的一大因素。

另一方面，政府数据开放平台的安全技术储备有限，难以应对未来可能遭遇的网络攻击、数据泄露等情况。由于我国的平台大多采用招标采购的方式进行建设，其安全技术缺乏可持续性，平台的维护和安全防御水平有限。

总之，我国在大数据科研和技术开发方面还面临着一些挑战。例如，在大数据获取方面，为从海量数据中获取有效数据资源，尚需研究高精度的大数据获取技术方法；在大数据存储方面，由于大数据具有多源异构、高速增长的特征，需要研究高效的数据去冗和数据遗忘方法，探索新的数据存储模型；在大数据传输方面，为确保数据传输的时效性、完整性和安全性，需要研发有效的数据资源调度方法；在大数据的多粒度表示和知识提取方面，面临着大数据深度学习和充分利用的挑战，需要加快大数据多粒度表示、分析、处理以及跨粒度知识学习与提取方法的研究等。①

发展大数据的最终目的是应用大数据，必须让其转化为市场效益、经济效益和社会效益。市场是决定大数据应用效果的主要战场，不断变化的市场环境也会为数据应用创造新的历史发展机遇。只有从数据管理和数据应用的视角出发，加大对大数据的扶持力度，更好地满足公众日益增长的物质文化和信息获取传输的需求，采取适当措施妥善解决大数据发展与统筹过程中的障碍，才能更好地保障大数据资源统筹发展体系的有效运行，让大数据充分发挥它的经济价值、社会价值和文化价值，从而提升我国的综合国力和国际影响力。

① 王成红，陈伟能，张军，等. 大数据技术与应用中的挑战性科学问题[J]. 中国科学基金，2014(2)：92-98.

3 大数据资源规划理论

大数据现已成为公众参与决策、多元协同治理，以及政府提高效能的重要资源，对大数据资源进行合理规划成为组织应对内外部复杂环境，实现组织发展目标的必然之举。大数据资源规划是组织在海量数据环境下，通过对数据的动态监测与分析，寻找数据关系，做到用数据说话、用数据决策、用数据管理、用数据创新，实现组织跨层级、跨地域、跨系统、跨部门、跨业务协同管理和服务的过程，是一种新型数据驱动式发展模式。现阶段，大数据资源管理仍存在技术发展不平衡、数据开放受隐私保护掣肘等问题。为了推动海量数据资源的科学规划，把握数字时代发展先机，本章借鉴战略规划理论、协同理论、信息资源规划理论和信息资源配置理论，从规划原则、规划功能、规划层次、规划类型四个方面构建大数据资源规划理论，为推动大数据资源统筹发展提供理论基础。

3.1 大数据资源规划的理论依据

信息是具有重要价值的社会财富，有效的信息管理可以推动政府管理及服务的效率。① 从第二章国内外大数据实践进展来看，现

① The Treasury Board of Canada Secretariat. Policy on Information Management[EB/OL]. [2021-03-02]. http://www.tbs-sct.gc.ca/pol/doc-eng.aspx?id=12742§ion=text#chal.

有的大数据资源规划包括国家和区域层面的宏观规划、行业层面的精细规划以及组织机构层面的内部规划。其中，国家、区域层面的大数据资源宏观规划侧重目标、制度、机制、标准等顶层设计，行业、组织机构层面的大数据资源规划更加深入地思考规划方案的执行与落实。无论是顶层设计还是具体实施，大数据资源规划均需要分析内外环境，明确战略目标，建立协同合作，规划实施方案，优化资源配置。

大数据资源规划离不开科学管理理论的指导。本节借鉴战略规划理论、协同理论、信息资源规划理论和信息资源配置理论，分析大数据资源规划的理论依据。

其中，战略规划理论研究组织如何根据环境和资源能力达到预设目标的管理过程，该理论可以指导大数据资源规划系统地分析内外部环境、信息需求与竞争优势，围绕战略目标制定规划方案，确定重点任务，制定约束政策和实施方案。协同理论旨在建立非平衡的有序结构，促进共同目标下的多方合作，该理论有助于指导大数据资源规划中各个子系统与参与方通过相互协调与作用实现“无序”向“有序”的转变。信息资源规划理论关注信息资源的产生、获取、描述、分析、存储、利用，该理论指导大数据资源规划从总体数据规划、基础标准规范、信息管理流程着手，基于数据资源全生命周期制定规划方案。信息资源配置理论研究市场与非市场因素对信息资源配置的影响，该理论指导大数据资源规划充分利用市场方式、计划方式和产权制度推动数据资源的合理流动与优化配置，以实现最佳的投入产出比。

3.1.1 战略规划理论

3.1.1.1 战略规划理论的产生与发展

“战略”(strategy)来源于希腊语中的军事术语“strategos”，我国春秋时期的军事著作《孙子兵法》中的“五事”“七计”“诡道十二法”中也不乏战略规划思想。20 世纪 60 年代起，哈佛大学商学院的学

者们开始创立现代战略规划理论。1962 年，哈佛大学商学院教授钱德勒在《战略与结构》中分析了美国大企业的管理结构是如何随着企业成长方向的改变而变化的。① 1965 年，著名管理学家、“规划学派”代表人物伊戈尔·安索夫(H. Igor Ansoff)系统地研究了企业战略的制定与实施。② 哈佛商学院教授、“设计学派”代表人物肯尼斯·安德鲁斯(Kenneth R. Andrews)认为，外部环境分析将决定“应该做什么”，能力与资源分析则决定“能够做什么”，将两者结合起来达到最优均衡的途径就是战略。③ 可见，战略的本质就是如何匹配自身能力与外部机遇，战略规划的核心任务就是目标与资源能力的匹配。

20 世纪 70 年代，战略规划理论在实践中不断发展。1971 年，美国通用电气(GE)根据战略规划理论，首创性地编制出公司的战略规划，停产无前途的部分产品业务，重点发展朝阳业务。随后，其他公司开始效仿美国通用公司制定战略规划。这一时期的战略规划不仅重视战略规划的制定，也在战略规划的实施过程中不断动态地调整规划内容，涉及规划的实施、控制、评价等多个阶段。

20 世纪 80 到 90 年代，竞争战略管理理论被提出，这一时期出现了三大主要的战略学派：行为结构学派、核心能力学派和战略资源学派。行为结构学派代表者波特着眼于企业外部环境，提出企业应该制定竞争战略；核心能力学派代表者汉默尔、普拉哈拉德、斯多克等提出企业应综合内外部环境，分析自身核心竞争力，制定适合自身的竞争战略；战略资源学派综合了行为结构学派和核心能力学派的观点，提出战略管理应分析企业的产业环境、内部环境，比较与竞争对手的资源优势，通过竞争战略的制定与实施来建立与产业环境相匹配的核心能力。

① ［美］艾尔佛雷德·D·钱德勒．战略与结构：美国工商企业成长的若干篇章［M］．孟昕，译．昆明：云南人民出版社，2002：156-172.

② Ansoff I. Corporation Strategy［J］. Teaching Business & Economics，1965(3)：25.

③ 方振邦．管理学基础［M］．北京：中国人民大学出版社，2016.

20世纪90年代以后，被Henry Mintzberg称为“Planning School”的“规划学派”的学者围绕着战略的概念、组织与战略、环境与战略及三者之间的协调匹配开展研究，探讨了包含制定、实施等基本环节的战略管理基本过程，企业的战略研究框架和战略发展就此建立并逐渐成熟。① Henry Mintzberg将战略规划定义为“一个一体化决策系统的形成、产生，进而导致连贯协调结果的正规化程序”,②并提出了战略的5P模型，即计划(plan)、模式(pattern)、定位(position)、观念(perspective)、计谋(ploy)。③ G. Hamel认为规划是编制出来的而不是发现出来的，因此，战略规划的制定必须是民主的，而不是高级管理者们的专利，战略规划作为一个过程性行为，至少需要经历“战略思考—战略孵化—机会决策”三个相关过程。④

3.1.1.2 战略规划的内容

一般而言，战略规划的内容主要包含三个要素：(1)方向与目标，即企业或组织在一定时间段内的发展方向与预计达到的成果。(2)约束和政策，即在充分了解内外部环境后，协调外部机遇与内部资源之前的匹配程度，制定合适的约束和政策。(3)计划与指标，即在明确方向后，细化工作计划和评价指标，确保规划的具体执行。简单来说，战略规划就是弄清一个组织面对当下的环境时，“想要做什么”“可以做什么”“如何去做”。

战略规划是对各种资源进行综合与分析的过程，通过获取管理者从各种渠道学习的知识，包括来自个人和整个组织其他成员经验

① 赵益民. 图书馆战略规划流程研究[M]. 北京：国家图书馆出版社，2011：13-14.

② Mintzberg H. The Fall and Rise of Strategic Planning [J]. Harvard Business Review，1994(1-2)：112.

③ Mintzberg H. The Rise and Fall of Strategic Planning[M]. Free Press，New York，1994.

④ Hamel G. Strategy as Revolution[M]. Harvard Business Review，1996(7-8)：69.

的软性知识和来自市场调研和类似活动的硬性数据等，综合分析未来发展愿景。① 因此，战略规划是在动态监控、分析组织内外部环境的基础上，根据组织能力、组织资源和组织目标，从方案制定到实施准备全过程制定可行发展方案的过程。

3.1.1.3 战略规划对大数据资源规划的借鉴意义

大数据价值实现的关键，不在于掌握大量的数据，而是在于通过海量数据处理挖掘数据价值，实现数据“增值”。目前，大数据管理存在跨部门协同治理、建立开放共享机制②、大数据资产价值③、教育大数据等特定领域的大数据管理④、大数据时代公民信息素养提升⑤、大数据监管等难点，这些都对统筹管理大数据资源提出了较高要求。战略规划作为实现组织目标的重要方法，可为大数据资源规划提供参考范式，促进数据价值实现与组织战略目标实现的协同。

理论层面，作为“20 世纪管理领域的重要发现”的战略规划理论，自形成之后，便被运用到企业管理、公共管理、信息资源管理等多个方面。我国传统的信息资源管理的对象大多局限于内部的、常规的数据资源，大数据环境下，数据来源和数据类型更加多元，组织内外部的合作更加广泛，组织目标的设定也将不再局限于本部门和常规任务。将战略规划理论引入大数据资源规划，有助于管理者更加清晰地明确组织获取数据、管理数据、利用数据的方向与方

---

① Mintzberg H. The Rise and Fall of Strategic Planing[M]. Free Press, New York, 1994.

② 蒋余浩. 开放共享下的政务大数据管理机制创新[J]. 中国行政管理, 2017(8): 42.

③ 张驰. 数据资产价值分析模型与交易体系研究[D]. 北京: 北京交通大学, 2018.

④ 张燕南. 大数据的教育领域应用之研究[D]. 上海: 华东师范大学, 2016.

⑤ 林晓慧. 大数据时代我国新闻工作者的数据素养研究[D]. 广州: 暨南大学, 2016.

法，加快实现组织目标。战略规划主流的方法有：企业系统规划法（Business System Planning，BSP）、战略集合转移法（Strategy Set Transformation，SST）、关键成功因素法（Critical Success Factors，CSF）；应用系统组合法（Application Portfolio Approach，APA），Method/1、信息工程法（Information Engineering，IE）、战略栅格法（Strategic Grid，SG）、价值链分析法（Value-chain Analysis，VCA）、战略系统规划法（Strategic System Planning，SSP）、战略网格模型法（Strategic Grid Model，SGM）等。① 大数据战略规划可以利用战略系统规划方法管理底层数据，关键成功因素法规划决策信息，价值链分析法规划内部管理，战略网格模型法协调供应，依据管理计划安排信息系统和信息技术，使信息资源、信息技术和信息系统设计符合组织的特定时期的需求与目标。

同时，学者将规划程序描述为以下步骤：数据采集、需求调查、方案制定、实施准备四个阶段；② 发起和同意战略规划的程序，识别组织任务，阐明组织使命、任务和价值观，评估外部环境以明确机遇和挑战，评估内部环境以明确优势和劣势，确定战略重点，设计规划方案和实现战略重点七个步骤③等。具体到大数据资源战略规划，可借鉴学者对战略规划流程的分析，分析大数据管理需求，以及数据资源收集和组织能力；确定组织目标；协调内外部环境中的机遇和阻碍；制定大数据资源战略规划方案；确定重点任务。

实践层面，战略规划能为大数据资源管理实践提供预见性的、可操作的、具有竞争优势的指引。战略视角下的大数据资源规划，基于对大数据资源的掌握以及对大数据资源开发利用的合理预期目标，制定在未来一段时间内引导有效运营的组织战略、资源战略、

① 赵益民．图书馆战略规划流程研究［M］．北京：国家图书馆出版社，2011：13-14.

② Stu Wilson. Saint Paul's Strategic［J］. Library Journal，2005(9)：34-37.

③ Bryson J M. Strategic Planning for Public and Non-Profit Making Organization［M］. San Francisco：Jossey-Bass，1988：46.

财务战略、技术战略、服务战略，促进管理人员找准方向，明晰要求，提升水平。例如，2020 年 6 月 1 日，美国东北大数据创新中心制定战略规划，明确了“建立和加强行业、学术界、非营利组织和政府的合作伙伴关系，以应对社会和科学挑战，促进经济发展，加快国家大数据生态系统的创新”的战略目标，并对重点任务、项目活动、社区参与、管理机制与人员配置、项目管理方案等进行规划，① 促使大数据管理与国家利益、社区需求相匹配。可见，在大数据管理过程中引入战略规划理论可为具体实践提供战略指引，是开展实践活动的指南针。

3.1.2 协同理论

3.1.2.1 协同理论的概念

1971 年，联邦德国斯图加特大学教授哈肯（Hermann Haken）提出“协同”概念，并在其著作《协同学引论》里系统地论述了协同理论：“对于完全不同的系统，当出现不稳定时，他们之间具有深刻的相似性。系统中很多子系统的合作受到相同原理支配而与子系统特性无关，系统的发展过程同时由决定的和随机的因素决定。”② 1981 年，哈肯在出版的《协同学：大自然构成的奥秘》中指出，协同的整个过程都在一定的客观条件下自发产生，是一种自组织的过程，而自组织过程通常需要与外界有能量或物质的交换，所以无论是有序还是无序状态，都是多种因素共同作用的结果。③ 同年，哈肯在文章《二十世纪八十年代的物理思想》中提出：“一切开放系

① Northeast Big Data Innovation Hub Strategic Plan[EB/OL]. [2021-01-10]. http://nebigdatahub.org/wp-content/uploads/2020/06/NEBDHub-Strategic-Plan-6.1.2020.pdf.

② [德]H·哈肯. 协同学引论[M]. 徐锡申，等，译. 北京：原子能出版社，1984.

③ [德]赫尔曼·哈肯. 协同学——大自然构成的奥秘[M]. 凌复华，译. 上海：上海译文出版社，2005.

统，无论是微观系统，宏观系统，还是宇观系统，也无论是自然系统、还是社会系统，都可以在一定的条件下呈现出非平衡的有序结构，都可应用协同学。”①协同一词更多的指结构元素或者子系统之间相互合作、相互制约、相互协调的过程。元素和系统之间通过协同达到利益互补、功能优化和效率提升，实现整体由“无序”向“有序”发展，在已有元素和系统中，实现创新。协同理论是研究远离平衡态的开放系统内部各个子系统之间通过非线性的相互作用产生的协同效应，使系统从混沌状态向有序状态，从低级有序向高级有序，以及从有序又转化为混沌的具体机理和共用规律的一种综合性理论。②

协作产生的根本原因在于协作过程可以节省成本、提高效率、促进共享、增益竞争力。技术的创新发展常常依赖于多个学科和技术领域的合作，基于共同目标的多方合作可以使整体的核心能力呈现出更好的广度、强度和多样性。协同理论有助于指导资源、技术、知识的跨组织转移、学习与合作，包括非正式合作与正式合作。

3.1.2.2　协同理论的内容

世界万物各系统之间存在着与外界物质流和能量流的交换，并能自发地形成一定的有序结构和功能行为。协同发展理论既研究系统从无序到有序的发展规律，也研究其从有序到无序的演化规律，其主要内容可以概括为三个方面：

(1)协同效应

协同效应是指由于协同作用而产生的结果，是指复杂开放系统中大量子系统相互作用而产生的整体效应或集体效应。③ 协同是在

① ［德］H·哈肯．二十世纪八十年代的物理思想［J］．自然杂志，1984，7(8)：581-583.

② 金炳华．马克思主义哲学大辞典［M］．上海：上海辞书出版社，2002：449.

③ ［德］H·哈肯．协同学引论［M］．徐锡申，等，译．北京：原子能出版社，1984.

完全不同的系统之间发现深刻的相似性的基础上，采用类比的方法建立起来的。无论什么系统从无序向有序转化，也不管是平衡相变还是非平衡相变，在协同论看来，都是大量子系统间相互作用又协调一致的结果。① 协同理论强调子系统不断调节修正的作用，只有充分重视子系统间非独立的协同耦合关系以及之间的相干效应，才能实现整体宏观态自身的最优结构，达到系统在时间、空间、结构上的有序状态。任何复杂系统，当在外来能量的作用下或物质的聚集态达到某种临界值时，子系统之间就会产生协同作用。这种协同作用能使系统在临界点发生质变产生协同效应，使系统从无序变为有序，从混沌中产生某种稳定结构。

(2)伺服原理

伺服原理认为快变量服从慢变量，序参量支配子系统行为。哈肯在协同论中，描述了临界点附近的行为，阐述了慢变量支配原则和序参量概念，认为事物的演化受序参量的控制，演化的最终结构和有序程度决定于序参量。在“无序”到“有序”的转化过程中，衡量系统宏观有序程度的参量即序参量。系统内序参量并不是很多，但由于序参量的敏感性、传导机制等特性使其成为协同的主要控制因素，对系统有序起着十分重要的作用。同时，序参量的形成又反过来“导演”大量微观结构元素的运行，即伺服原理或支配原理，快速衰减组态被迫跟随于缓慢增长的组态，从而实现系统自身的自组织行为。② 在社会学和管理学中，为了描述宏观量，采用测验、调研或投票表决等方式来反映对某项“意见”的反对或赞同，反对或赞成的人数就可作为序参量。序参量的大小可以用来标志宏观有序的程度，当系统是无序时，序参量为零。当外界条件变化时，序参量也变化，当到达临界点时，序参量增长到最大，此时便出现了宏观有序的有组织的结构。

① 靖继鹏，马费成，张向先．情报科学理论[M]．北京：科学出版社，2009：263-264.

② 王力年．区域经济系统协同发展理论研究[D]．长春：东北师范大学，2012.

(3)自组织原理

自组织是相对于他组织而言的，他组织是指组织指令和组织能力来自系统外部，而自组织则指系统在没有外部指令的条件下，其内部子系统之间能够按照某种规则自动形成一定的结构或功能，具有内在性和自生性特点。自组织原理解释了在一定的外部能量流、信息流和物质流输入的条件下，系统会通过大量子系统之间的协同作用而形成新的时间、空间或功能有序结构。

自组织原理是系统自我完善的重要途径，协同是自组织的形式和手段，系统从无序向有序演化的过程实际上就是系统内部自组织的过程。系统要实现自组织，必须要具备开放性，与外界因素、物质、能量进行交换，使系统具备更新与创新能力，保持生存与发展的活力。

3.1.2.3　协同理论对大数据资源规划的借鉴意义

中国科学技术大学大数据学院执行院长陈恩红教授指出：我国大数据存址分散，各个部门分享共用数据的积极性不高。由于缺乏统一的大数据产业分类统计体系和产业运行监测手段，各地大数据和数字经济发展同质化严重，普遍存在重存储轻应用的现象。① 信息化时代，围绕数据展开的人和组织之间的竞争与合作，数据与知识的整合与协同已经成为信息资源管理的重点。协同论揭示了物态变化的普遍程式，随机“力”和决定论性“力”之间的相互作用把系统从它们的旧状态驱动到新组态。协同论促进多个学科和领域的相互了解，因此成为软科学研究的重要工具。在促进大数据协同管理方面，协同理论具有以下指导意义：

首先，协同理论有助于引导大数据资源管理主体之间实现协同。成立省级大数据局(中心)是我国新一轮机构改革中许多省份的“自选动作”，在机构设置上突出大数据发展和管理职能，主要

① 陈恩红．大数据管理机构职能要因问题而设[EB/OL]．[2021-03-10]．http：//www.sc.gov.cn/10462/10464/13298/13302/2019/8/1/051f805ff53846ce8cabb16b1b5a28e9.shtml.

有省政府直属机构、部门管理机构和挂牌机构三类，职能配置整合了大数据决策、执行与监督管理权，承接多个上级机构的任务，实行大数据综合治理。在实际管理中，由于职能配置和权责清单不够科学，尚存在省级大数据局与网信办、工信部、公安部在统筹信息化建设、信息资源开发利用共享、指导信息安全等方面的职能划分不明、管理标准不一①的现状，一旦大数据局与相关部门无法建立行之有效的公务协作机制，很容易出现权责脱节、推诿扯皮的现象。② 协同理论有助于指导我国大数据管理相关机构寻求共通之处，加快政事分开与协作，理顺大数据管理局与上下级、左右方大数据管理相关机构之间的权责关系，在“一事一部门”的原则上，建立合作共享，形成“协同效应”。

其次，协同理论指导传统产业模式和新兴产业模式之间的合作从“无序”向“有序”过渡。传统的数据管理与服务企业和基于大数据的创新型企业之间存在着由排斥到依赖、由孤立到合作、由制约到促进的关系。这些关系不仅涉及表层的商业合作，更涉及数据规范、管理标准、技术安全方面的深层合作。例如，我国各省市逐步成立基于大数据产业的投资基金、交易中心，这些组织依托各自的产业基础和技术创新，推动大数据重点企业和技术型、行业应用型中小企业的合作，实现梯次发展、齐头并进的产业格局。贵阳国家级临空经济示范区在区域核心地带“现代服务业综合区”内建立了大数据产业集聚区，以大数据与文化旅游相融合为发展思路，众创空间为引领、大数据企业和人才为支撑，奋力打造“大数据+文化旅游”集聚区。集聚区设立双龙航软创投基金，引入中国联通贵阳大数据创新创业中心、吉源创客大咖众创空间、博雅众创空间等数家众创空间，扶持大数据企业发展，并成功吸引上百家大数据企业

① 王胜俊. 全国人民代表大会常务委员会执法检查组关于检查《中华人民共和国网络安全法》《全国人民代表大会常务委员会关于加强网络信息保护的决定》实施情况的报告[EB/OL]. [2021-03-10]. http://www.npc.gov.cn/npc/xinwen/2017-12/24/content_2034836.htm.

② 张克. 省级大数据局的机构设置与职能配置：基于新一轮机构改革的实证分析[J]. 电子政务，2019(6)：113-120.

落户双龙，包括国内大数据领域领先企业 BBD、专注于版权云引领文化产业发展的 CCDI、知名旅游企业马蜂窝等，大数据与现代服务业逐步实现协同发展。① 人、组织、数据和知识之间的竞合作用，会逐渐促成新参量的出现和“有序”环境的产生。在大数据产业发展的背景下，传统产业管理模式更加快捷多元，协同理论可以指导更多的传统产业管理与大数据资源管理之间建立协同，创新发展模式，拓宽发展格局。

最后，大数据资源规划是一个复杂开放系统，协同理论指导大数据资源规划建立有序的知识理论体系。与科技领域大规模合作相似，大数据资源规划也需要多个学科、多个技术之间的互相匹配、补充、综合和创新，以完成单方面数据资源和数据处理能力无法完成的任务。例如，我国大数据协同安全技术国家工程实验室聘任中国工程院、科学院院士，计算机安全与仿真领域的研究专家，共建大数据协同安全技术研究“超级智囊团”。② 大数据资源规划有必要借鉴协同理论，促进大数据管理过程中计算机、数学、经济、信息资源管理等多个学科领域和研究方向之间的协同，完善大数据管理知识与技术体系。

3.1.3　信息资源规划理论

3.1.3.1　信息资源规划理论的概念演变

信息资源规划(Information Resource Planning，IRP)是指规划主体对其管理过程中所需的信息，从产生、获取、描述分析、存储到利用进行全面规划的过程。20 世纪 80 年代，发达国家的信息化建设面临着“数据处理危机”，詹姆斯 · 马丁(James Martin)对信息工

① 钱馨瑶．航空核心产业为主导，大数据产业协同发展——双龙航空港经济区全力打造贵州对外开放先行区[N]．贵阳日报，2018-08-03(B4)．

② 大数据协同安全技术国家工程实验室打造“超级智囊团”[EB/OL]．[2021-03-10]．http：//tech. china. com. cn/roll/20210108/373442. shtml.

程理论及其研究方法进行了补充和发展，提出了“自动化的自动化”思想。1993 年，马丁提出“面向对象信息工程”(OOIE)，将大型信息系统的开发共分为高层规划、业务域分析、系统设计和建造 4 个阶段，形成“OOIE 金字塔模型”。① 信息工程方法论通过系统工程的设计方法，为信息资源管理提供了总体设计与规划的思路。OOIE 为信息资源规划提出了覆盖全组织范围规划、业务领域分析、系统设计、技术开发的方法论，为信息资源规划理论的发展奠定了理论与技术基础。

同一时期，信息资源管理的概念开始被提出，信息资源管理理论的奠基人，美国学者霍顿(F. W. Horton)和马钱德(D. A. Marchand)认为信息资源和自然物质资源一样重要，信息资源管理是管理活动的必要环节，需要纳入管理预算。② 信息资源管理理论强调了信息的资源价值，并认为组织可以通过信息资源的优化配置提高企业的整体效益，进一步推动了信息资源规划理论的发展。③

20 世纪 90 年代，我国学者高复先借鉴相关理论提出了企业 IRP 的概念，即对组织所需要的信息，从产生、获取、处理、存储、传输及利用进行全面的规划。④ 该 IRP 方法论可以用“五个标准、三大模型、两个阶段”来描述，“五个标准”即数据元素标准、信息分类编码标准、用户视图标准、概念数据库标准和逻辑数据库标准；“三大模型”即系统功能模型、系统数据模型和系统体系结

① 高复先．信息资源规划的理论指导[J]．中国教育网络，2006(9)：62-64.

② Mary J. Culnan. Infotrends：Profiting from Your Information Resources [J]. Journal of the American Society for Information Science，1988(11)：20-25.

③ 李月，侯卫真．我国信息资源规划研究综述[J]．情报杂志，2014(9)：152-156.

④ 柯青．数字信息资源战略规划[M]．南京：东南大学出版社，2008：37.

构模型；“两个阶段”即需求分析阶段和系统建模阶段。① 除了数据、系统层面的微观研究，学者也广泛关注 IPR 在国家、政府、公共服务部门、企业的应用研究。在企业 IRP 层面，柯新生将 IRP 的研究范围扩展到企业管理级层面，提出基于网络的企业级 IRP 理论与方法。② 王学颖以企业架构(Enterprise Architecture，EA)为基本理论依据，结合信息生命周期理论，提出了基于信息生命周期的企业架构框架。③ 在政府、国家 IRP 层面，马费成等从微观到宏观详细阐述了数字信息资源规划的理论、模式、方法、工具、流程以及商用、公共和学术数字信息资源的规划。总体而言，信息资源规划包含数据层、系统层、应用层多个方面的规划，是减少“信息孤岛”、服务生产应用的有效手段。

3.1.3.2　信息资源规划的内容

信息资源规划主要研究如何充分利用组织的一切信息资源，满足业务指导和信息利用需求。信息资源规划的内容涉及信息资源的产生者、传播者、服务者、利用者等多个主体，涵盖信息资源的获取、组织、监管、存储、利用等多个管理流程，重点在于信息资源与需求的匹配、资源的分布与优化配置、信息系统建设、资源利用成本、信息资源规划的工具与技术支持等问题。信息资源规划需要适应规划时期所处的外部环境、管理体制和运行机制，符合信息政策、法律和信息生态环境的总体要求，使信息资源规划与国家总体规划目标相一致。因此，在具体执行过程中，信息资源规划的主要内容可以概括为以下几个方面：(1)分析内外部环境，分析管理需求，制定规划目标；(2)建立信息资源规划的基础标准，如数据格式标准、指标体系、系统基础架构等；(3)梳理规划流程，构建信

① 周毅．转型中的政府信息资源规划：现状与构想[J]．情报资料工作，2011(4)：64-68.

② 柯新生．基于网络的企业级信息资源规划理论与方法研究[D]．北京：北京交通大学，2009.

③ 王学颖．基于生命周期视角的企业信息资源规划研究[J]．情报杂志，2011，30(6)：156-160.

息资源规划模型；(4)制定规划实施的具体方案，设置工作进度和考评标准；(5)完善信息资源规划的保障体系。

信息资源规划的过程中，还需要充分利用信息论、系统论、控制论、耗散结构理论、协同论、突变论等理论，协调好信息资源各要素之间的关系。信息论中对于信息本身概念与性质的研究以及信息如何有效处理和可靠传输的理论奠定了信息资源规划的基础。系统论对系统的结构、特点、行为、动态、规律和系统之间关系的研究可指导信息资源规划过程中对信息要素的关联挖掘和信息系统的描述与建设。控制论指导信息要素和要素之间协调以及设置信息资源的约束机制，对信息资源的配置过程、信息资源的集合过程等提供必要的支撑。① 耗散结构理论可以从战略的角度揭示信息资源的无序与有序、可逆与不可逆矛盾的转化问题。② 协同学理论可以解释信息资源规划过程中主体之间、信息要素之间、主体和信息要素之间在相互作用过程中自发形成有序结果的原因和过程。突变理论通过解释系统的临界状态来研究非连续性突然变化的规律，为信息资源规划过程中新生事物的发展与管理提供指引。

3.1.3.3 信息资源规划理论对大数据资源规划的借鉴意义

传统意义上的信息资源规划，更多倾向于一定范围内的小规模数据分析和资源配置，是微观和中观视角下的信息资源规划。自20世纪90年代万维网出现以来，网络已存有超过210亿个索引网，谷歌索引的资源定位符数量已超过10000亿；Google扫描并编目了1400多万本书，并提供网络检索服务；Technorati自2002年起收录了超过1亿条博客记录；JSTOR存储有来自1000多个出版商的700多万篇文章；Facebook资源库每周新增50亿条内容；Twitter用户每周产生推文10亿条，这些数据还不包括网络上产生

① 裴成发．对信息资源规划研究的理性思考[J]．情报理论与实践，2008(2)：189.

② PrigogineI. 从混沌到有序[M]．上海：上海译文出版社，1987：46.

的如电子邮件、即时聊天内容等。① 计算机、互联网改变了我们的生产、消费、娱乐方式，生产与生活中形成的大量异构数据开始促使人们在微观、中观信息资源规划基础上展开远距离的、宏观的信息资源规划，如若不然，数据冗余、数据孤岛、数据失真等乱象，必将影响社会秩序。信息资源规划理论、信息资源规划工具和技术为科学组织、存储、利用大数据提供了管理思路与方法，包括指导清理数据，识别组织或用户的信息化建设需求；整合信息资源，改进数据管理规范与组织框架，促进信息集成；通过成熟的规划案例为大数据资源规划提供标准规范与实施流程经验等。

资源规划层面，信息资源规划强调总体数据规划以及基础标准规范，认为“信息资源规划就是将建立信息资源管理基础标准贯穿于总体数据规划的过程”，强调通过基础技术的规范达成对数据的规划，② 该规划理念有助于大数据资源规划统一管理与技术标准，明确标准规范在资源规划中的核心地位。大数据资源规划过程中，数据层、业务层和与数据相关的所有技术、工具、系统、环境都应该列入规范范围内，将数据管理、业务建设和资源保障相结合，形成纵向追踪、横向覆盖的大数据资源规划方案。众多企事业单位基于信息资源规划理论制定了合适的数据业务流程和数据标准，其中对数据库实体联系的优化研究、主题数据的聚类与划分、过程模型下的信息提取和整合为大数据资源规划提供了大量实践经验。我国大数据资源规划，必须建立在管理与技术标准规范统一的基础上，确保无论是通过文本语料库对人文社会科学大数据进行量化分析，利用 GIS 空间大数据可视化技术进行历史地理分析，还是依据海量数据研究宏观发展趋势，大数据资源都能满足应用需求。

实施流程层面，信息资源规划理论立足于信息资源生命周期的视角，将信息的采集、组织、转换、存储、利用进行了流程化管

---

① 冯惠玲．数字人文——改变只是创新与分享的游戏规则[M]．北京：中国人民大学出版社，2018：16.

② 高复先．信息资源规划——信息化建设基础工程[M]．北京：清华大学出版社，2002：32.

理，不仅关注数据级的集成，也关注“以数据层的规划为核心和基础，通过应用层的规划和业务流程层的规划，实现信息资源的高效整合”。① 在数据生命周期思想的指导下，数据的产生不仅包含业务数据，也包含围绕着业务数据产生的其他数据，如元数据、用户数据、业务活动数据等，数据的利用不仅包括对信息价值的提取，也包括业务流程的改造。借鉴信息资源规划理论，大数据资源规划需要站在海量信息资源全生命周期管理的高度，将数据层与业务层相结合，实现更加全面的数据集成与统筹管理。同时，在全球物联网、大数据、云计算的发展潮流下，大数据资源规划需找准国际定位与本土优势，规划建立技术领先、服务一流、数据独特的大数据资源体系。

3.1.4 信息资源配置理论

3.1.4.1 信息资源配置理论的概念演变

信息资源配置研究大多是在传统资源配置研究基础上的拓展，主要倾向于从经济学角度入手，结合一般均衡理论，探讨社会福利的最大化，并格外重视以政府为代表的非市场组织在资源配置中的作用。② 信息资源配置理论主要关注文献信息资源，网络信息资源配置是当前理论研究的热点。③

20 世纪 90 年代以来，在研究对象方面，图书馆文献信息资源逐渐成为研究的主要目标。例如，金格马(Kingma B R)认为图书、期刊、报纸、数据库等都是稀缺的信息资源，这些资源的使用效率

---

① 朱晓峰．政府信息资源生命周期管理[M]．南京：南京大学出版社，2009：46.

② 查先进，等．信息资源配置与共享[M]．武汉：武汉大学出版社，2008：11.

③ 查先进，等．信息资源配置与共享[M]．武汉：武汉大学出版社，2008：11.

取决于使用水平、成本以及顾客等待文献发送的机会成本。① 约哈利(Johari R)等在研究如何应用网络信息资源配置来实现信息资源效用最大化时，引入了对价格机制的思考，试图缩小用户期望和现实之间的差距。② 库普曼(T. C. Koopmans)认为，市场环境下信息资源最优配置理论的主要内容是研究在给定的生产技术和消费者偏好情况下，如何将优先的信息经济资源进行分配。③

如今，广义的信息资源配置是指将有用的信息及与信息活动有关的信息设施、信息人员、信息系统等资源在数量、时间、空间范围内进行匹配、流动和重组；狭义的信息资源配置则指有用的信息在不同的时间、地区、行业、部门进行分配、流动和重组。④ 信息资源配置是以人们的信息资源需求为依据，以信息资源配置的效率和效果为指针来调整当前的信息分布和分配预期的过程。因此，信息资源有效配置的涵义是在整个社会资源的有效配置条件下对信息产业的投入与产出进行安排，⑤ 对一定的信息资源在空间、时间、数量三个维度上的布局与组织管理，使其在数量和结构上能够满足社会经济效率最大化的要求。⑥

3.1.4.2 信息资源配置理论的内容

与人力资源配置、物资材料配置一样，信息资源配置亦是组织

---

① Kingma B R. The Economics of Information：A Guide to Economic and Cost-Benefit Analysis for Information Professionals [J]. Englewood：LibrariesUnlimited，Inc.，1996.

② Johari R，Tsitsiklis J N. A Scalable Network Resource Allocation Mechanism with Bounded Efficiency Loss[J]. IEEE Journal on Selected Areas in Commu-nications，2006，24(5)：992-999.

③ Koopmans T C. Three Essays on the State of Economic Science[J]. Mc Graw-hill book company，1957：18-21.

④ 叶方权. 网络环境下信息资源的配置[J]. 医学信息学杂志，2006(6)：439-441.

⑤ 刘懿贤. 云计算在信息资源配置中的影响——信息资源配置与碳足迹的关系[J]. Scientific Journal of Information Engineering，2014，8(4)：117.

⑥ 申彦舒，孙振领. 国内外信息资源配置研究综述[J]. 黑龙江史志，2008(12)：10.

管理的核心内容之一。所有围绕信息资源配置进行的活动，都是为了更好地满足利用需求，实现资源的合理布局。信息资源的配置主要有三种机制：其一是市场配置，即市场通过价格杠杆自动组织信息的生产和消费；其二是政府配置，即政府利用政策、法律、税收工具，或者通过直接投资和财政补贴来调整信息资源的分布，以防止市场失效，达到社会福利最优；① 其三是产权配置，即通过产权安排或产权结构直接形成信息资源配置状况，驱动信息资源配置状态，改变或影响对信息资源配置的调节。② 无论何种配置机制，信息资源配置过程都要秉承整体性、全局性和发展性的原则，从时间、空间和数量三个方面尽可能地满足系统运转中的资源分配与共享。总体而言，信息资源配置可以从以下几个方面展开：

(1)明确用户信息需求。在信息领域，用户通常指接受信息服务的个人或群体，这些个人和群体拥有信息需求，具备信息利用的能力与素养，并采取了寻求信息服务的行动。③

(2)信息源分析与信息资源采集。明确用户信息需求后，即可根据需求进行资源采集，在广泛的信息源和特定的用户需求之间找到平衡点。信息资源的采集是指对产生和掌握优势信息的机构和媒体进行了解，并收集、积累、存储有价值的信息。互联网+时代，信息资源不仅分布在信息管理与服务机构，也广泛分布于用户个人、一般的组织与社区之中，不仅分布于所辖区域，也广泛分布于世界各地的各类信息平台之中。信息资源分布的不平衡是影响信息配置效果的重要原因，也是信息资源收集的原始驱动力。

(3)了解影响信息资源有效配置的影响因素。影响信息资源有效配置的因素包括：市场竞争、价格体系、信息资源管理相关法律法规、管理体制、用户信息需求与信息素养、技术条件等。在网络

① 刘辉. 信息资源配置方式的理论模式分析[J]. 中国图书馆学报, 2005(2): 68.

② 查先进, 等. 信息资源配置与共享[M]. 武汉: 武汉大学出版社, 2008: 11.

③ 孟广均. 信息资源管理导论(第三版)[M]. 北京: 科学出版社, 2008: 211.

环境下，信息资源的配置还面临网络安全、知识产权、跨语言检索、数据格式兼容等多个挑战。信息资源配置主体可采用 SWOT 分析、PEST 分析等战略分析方法，合理规避与解决信息资源配置过程中的障碍因素。

(4)制定并实施信息资源配置方案。信息资源配置有多种类型，根据配置层次可以分为宏观配置、中观配置和微观配置；根据配置内容可以分为时间矢量配置、空间矢量配置、数量矢量配置；根据信息生产者、信息、信息技术的不同可以分为信息主体资源配置、信息本体资源配置、信息表体资源配置等。信息资源配置主体可以依据实际的信息资源配置需求选择合适的信息配置方案。

(5)评估信息资源配置效果。信息资源配置评估依据配置需求，制定科学的、适用的评估方法和评估指标，并据此对信息配置的成效进行评价。信息资源配置主体依据评估结果调整信息配置方法。

3.1.4.3　信息资源配置理论对大数据资源规划的借鉴意义

当前我国大数据资源配置存在成本控制与风险预警体系尚不成熟、地区分配不均衡、系统性的资源管理体系尚未建立、动态调配制度尚不成熟、资源管理长效机制处于探索阶段①、网络资源配置云安全体系不完善②、资源配置中元数据的价值取向、多样性数据资源的配置③等问题，在资源配置的合理性、有效性和均衡性方面还需进行科学规划。

第一，信息资源配置理论有助于大数据资源配置原则的确立。借鉴大数据资源配置理论，大数据资源配置需要秉承两个基本原则：一是以用户需求为导向。大数据资源配置需要在既定的环境和

---

①　谢从晋，杨柳，毕孝儒．大数据环境中资源优化配置策略研究[J]．中国商论，2019(16)：26.

②　张甜甜．大数据环境下的网络资源配置云安全研究[J]．信息与电脑(理论版)，2020，32(22)：170.

③　黄维宁．融合知识组织的数字资源整合配置方法：大数据与数据科学视角[J]．四川图书馆学报，2020(5)：18.

条件下，以最大化满足用户需求为导向，进行数据资源的有效分配。二是追求大数据资源配置投入与产出效益的最大化。大数据资源配置应当充分调研市场竞争、价格机制、政策法规、管理体制等影响要素，追求以最小化的投入实现最优化的产出。

第二，信息资源配置理论为大数据资源规划提供了资源配置路径。信息资源配置主要依赖市场配置、政府配置、产权配置三种路径，这三种路径亦是大数据资源配置的主要路径。大数据资源配置应加入开放市场，借助市场竞争机制，发挥“帕累托最优”准则，通过个体利益的追求实现整体利益的提升，最终达到资源的有效配置。同时，由于大数据资源中包含大量的政府数据，资源配置不能完全依赖市场机制。借鉴美国经济学教授 W. A. McEachern 提出的一般市场环境中政府纠正市场失灵的方法，① 在大数据资源配置过程中，政府可以通过干预资源配置，减少市场垄断行为，促进公平竞争。此外，大数据资源配置可以通过产权机制规范资源配置。信息资源产权指对信息资源所具有的权利，包括所有权、使用权、支配权、让渡权、收益权、管理权、法权、毁坏权等一系列经济权利和法律权利。② 大数据资源配置应利用产权的排他性，界定大数据资源相关产权，在交易成本的基础上设计合理的产权制度来提高资源配置效率。③

第三，信息资源配置理论指导大数据资源配置流程的设计与实施。大数据资源配置可以参考信息资源配置流程，按照“分析用户利用大数据资源的需求，分析大数据信息源并采集大数据资源，分析大数据资源配置影响因素，制定并实施大数据资源配置方案，评估大数据资源配置效果”的流程，对大数据资源进行优化配置。在资源配置过程中，应将用户需求作为资源配置的驱动力，建立及

① 刘志. 西方经济学中关于“市场失灵”和“政府失灵”的分析[J]. 青海社会科学，1997(3)：34.

② 查先进，等. 信息资源配置与共享[M]. 武汉：武汉大学出版社，2008：162.

③ Mishan E J. The Postwar Literature on Externality：An Interpretative Essay[J]. Journal of Economic Literature，1971(3)：12.

时、全面的信息采集机制和资源配置机制，以大数据资源配置是否实现最优效益调整配置方案，最终推动信息资源的高效流动和最佳匹配。

3.2 大数据资源规划的原则

3.2.1 战略引导

信息化时代，以数据资源为核心的竞争无处不在，大数据资源是各国竞争的重要战略资源。大数据资源规划作为一个事先计划，是对未来行动方案的说明和要求。大数据规划应以组织发展战略为指导，以客观人力、物力、财力为基础，根据特定范围内的资源优势和劣势，确定组织大数据资源管理未来的发展方向与预期定位，保证组织在一定时期保持持久竞争力。

3.2.1.1 制定全面战略

战略问题研究战争全局的规律性，研究带全局性的战争指导规律，是战略学的任务。① 与战争战略类似，大数据资源规划应站在国家战略高度，采用全局视角规划大数据资源的采集、组织、存储、配置、利用，兼顾大数据资源所有方、管理方、利用方等多方利益，通过大数据资源的优化配置，发挥信息的最大价值，提高数据治理国际竞争力。

大数据资源规划作为实现组织使命的手段，应制定顶层与基层、总体与局部、长期与短期相协同的规划方案，在保证各类规划一致性的基础上，设置大数据资源管理的战略目标、重点任务与资源配置方案。具体包括：(1)基于顶层战略目标，制定各个阶段的

① 毛泽东．中国革命战争的战略问题[M]．哈尔滨：东北书店，1948：12.

具体目标和重点任务；(2)在总体规划的基础上，理清整体和局部之间的关系，由总到分，制定适合区域、行业等细分领域的规划方案；(3)在长期规划过程中，制定季度、年度、五年规划等阶段性发展目标与实施规划。阶段性规划方案应遵循顶层战略目标和总体规划目标，根据执行效果和环境变化做适当调整。

3.2.1.2 选用战略方案

大数据资源规划，可借鉴成本领先战略、差异化战略和增长型战略等战略思想，充分利用大数据的规模效应，在创新中获得竞争优势，促进组织成长。

成本领先战略是企业通过发展和挖掘自身资源优势，生产出售行业最低价格的标准化产品来保证整体成本领先地位的一种战略。① 电子商务、自媒体、云平台的出现与发展，使组织能够更加方便地收集和利用大数据资源，规避数据垄断，挖掘数据情报价值，降低决策偏差，减少数据管理成本，获得成本优势。大数据资源规划充分采用成本领先战略，制定集约高效的规划方案，以最低成本实现数据价值。

差异化战略指企业向用户提供的产品和服务在行业范围内独具特色，这种特色可以给产品带来额外的加价，如果一个企业的产品或者服务的溢价超过其因独特性所增加的成本，那么差异化将帮助企业取得竞争优势。② 组织在制定大数据资源规划时，应在充分分析和响应用户偏好的同时，寻求差异化发展，包括差异化管理方式、差异化数据产品等，通过特色化发展获取竞争优势。

增长型战略是企业通过新产品、新工艺、新模式等方式提高市场占有率，扩大企业规模的一种战略。大数据资源规划应坚持增长性原则，拓展数据规模，挖掘数据价值，采用新的模式和产品助推

① 莫长炜．成本领先战略对提高产品创新速度的影响——基于内容分析法的研究[J]．中国经济问题，2011(1)：61-71.

② 全占明．战略管理——超竞争环境下的选择(第三版)[M]．北京：清华大学出版社，2010：32.

大数据产业发展。

3.2.1.3 动态调整战略

大数据资源规划是一个动态发展的过程，应随时关注内外部环境，以便动态地调整发展目标。战略引导下的大数据资源规划，虽然具备创新要素和先动优势，在短期内可以满足用户需求，但保持长期战略优势则需要持续跟进用户需求。小米手机积极推广“互联网手机”，通过“互联网模式开发手机操作系统”，在企业创业之初获得了媒体的高度关注并收获大量订单。小米手机在推广“互联网手机”战略规划的同时，更长期坚持“用户先导”模式，借助 MIUI 提供软硬件绑定服务，并根据用户在小米论坛上的用户体验和论坛评论，在互联网“粉丝经济”的浪潮下，不断满足小米“粉丝”的需求。大数据资源规划应在动态跟踪用户需求的基础上，不断识别形势变化，调整规划方案。

3.2.2 数据驱动

数据不仅是一切事物的描述，也是新事物产生的基础。人类社会的主流，已从利用地表资源的农业社会、挖掘地下资源的工业社会迈向开发数据与智力的智能社会。① 政务管理、商业运营、公共文化服务、教育、科技都应适应信息时代数据治理需求，开展数据驱动下的大数据资源规划。

3.2.2.1 数据驱动政务信息管理

大数据环境下的政府数据治理，对政府数据管理能力提出了更高要求，政务大数据治理应充分利用大数据及相关技术，顶层规划政务大数据开放共享策略、用户需求表达路径等。目前各国政府已

① 王飞跃．知识产生方式和科技决策支撑的重大变革——面向大数据和开源信息的科技态势解析与决策服务[J]．中国科学院院刊，2012，27(5)：527.

经开展多个“数据开放”与“数据治理”项目。以美国为例，2009年，美国政府开放数据门户网站 Data.gov 网站正式上线，美国政府积极运用开放政府数据和开放公共数据进行国家治理建设。美国加州大学伯克利分校开展的“大数据行动计划”(Big Data Initiative)开发出完整的大数据开源软件平台“Berkeley Date Analytics Stack”,① 助推大数据产业的协同发展。同时，美国国家生态观测网络(NEON)利用分布在全国各地的传感器收集环境数据，全面监测美国各地环境数据以及时应对日益严峻的生态问题。

3.2.2.2 数据驱动商业模式创新

大数据给商业模式带来深度变革，商业大数据资源规划应充分发挥数据价值，推进商业链与数据链的融合，以数字技术创新商业模式。维克托·迈尔·舍恩伯格在《大数据时代》一书中指出：“大数据是看待现实的新角度，意味着新的商业机会，没有哪一个行业会有免疫能力，都必须要能够适应大数据。”②对于大数据和互联网金融，国内不少学者指出，大数据将引导互联网金融向普惠金融发展，大数据技术形成的有价值的社交商业链将帮助金融服务向弱势群体延展。例如，2011年，联想集团开始走向大数据开发利用的道路，通过大数据对设备的应用服务进行优化，并深入拓展到业务运作，包括供应链分析优化、质量预测、精准营销等，并在2016年开始对外提供大数据平台产品和数据智能分析咨询服务，搭建大数据生态系统。

3.2.2.3 数据驱动公共文化服务

信息时代，公共文化服务机构不断提高数字信息资源的比例及

① Berkeley Data Analytics Stack (BDAS) Overview [EB/OL]. [2021-02-28]. http://ampcamp.berkeley.edu/wp-content/uploads/2013/02/Berkeley-Data-Analytics-Stack-BDAS-Overview-Ion-Stoica-Strata-2013.pdf.

② [英]维克托·迈尔·舍恩伯格，肯尼斯·库克耶．大数据时代：生活、工作与思维的大变革[M]．盛杨燕，周涛，译．杭州：浙江人民出版社，2013.

信息化服务水平，网络技术与数字资源驱动公共大数据开放共享，公共服务方式由被动转向主动。例如，我国文化部积极落实《关于加快构建现代公共文化服务体系的意见》，推广“文化服务云”“百姓文化超市”等典型经验，推进数字文化馆、数字图书馆及移动阅读平台建设，创新数字化服务方式。公共大数据资源规划应抓住大数据产业与融媒体发展契机，通过用户大数据挖掘用户需求，提供用户喜闻乐见的文化产品和文化服务，提升服务效益。①

3.2.2.4　数据驱动教育模式改革

信息化促进基础教育模式改革，教育主体更加多元，教育平台、教育工具日益开源互动，教育资源的流动更加自由、即时、通畅。教育大数据的价值应体现在数据与教育业务的深度融合以及持续推动教育系统智慧化变革。教育大数据规划应充分利用数据赋能，实现数据驱动教育管理科学化、教学模式改革、教育评价体系重构、科学研究范式转型、教育服务更具人性化。② 例如，华中师范大学“教育大数据应用技术国家工程实验室”作为中国首个面向教育行业，专门从事教育大数据研究和应用创新的国家工程实验室，致力于打造教育大数据创新链条，形成教育大数据产业创新联盟，推动教育大数据系统规划，形成创新应用示范网络的重要平台。教育大数据资源规划可借鉴该机构研究与实践成果，推动教育大数据的统筹发展，探索数据整合与数据驱动模式下的教学方法改革。

3.2.2.5　数据驱动科学数据共享

大数据环境下，科技信息的产生范式、获取方式、分析方式、决策方式都有了很大的改变。数据资源的开放共享，使得科研工作

---

① 大数据时代——公共文化服务需要转变思路[N]. 中国文化报，2015-08-05.

② 杨现民，唐斯斯，李冀红．发展教育大数据：内涵、价值和挑战[J]. 现代远程教育研究，2016(1)：50-61.

者之间的互动和交流愈发便捷，跨学科交叉研究广泛兴起。科学大数据规划应以数据共享为目标，推动科研数据整合，服务科研合作。例如，国家农业信息化工程技术研究中心在“互联网+科技管理”的指导思想下，对科研数据进行全程管理的模块化设计，建成项目过程管理系统、成果管理系统、创新平台管理系统、行业专家管理系统、科技参考管理系统、日常管理系统等，在此基础上构建科研大数据综合服务平台，并充分利用整合资源进行大数据分析与挖掘，探索基于科研大数据的决策支撑服务方式①。

3.2.3 资源统筹

统筹，意为通盘筹划，包含统一筹测、统一筹划、统一安排、统一指挥、统一掌控五个方面。我国国务院发布的《促进大数据发展行动纲要》②中指出：“统筹规划大数据基础设施建设”“国家大数据资源统筹发展工程”，完善并整合各类信息资源，集成相关政务平台与政务信息系统，构建统一的互联网政务数据平台，促进各部门、各行业、各地区数据之间的流通，加强社会大数据的汇聚整合和关联分析。大数据资源规划应该在统筹发展的指导方针下，做到大数据从生产、收集、整理、传递到利用全生命周期的统筹规划，实现大数据资源及相关“产业”“技术”“人员”等各类资源的最优整合。

3.2.3.1 上下统筹

大数据资源统筹是一个“从上至下统筹，从下至上研磨”的过程。国家层面的大数据统筹对我国大数据及其相关资源进行清查摸

① 李斌，闫华，顾静秋，陈文焘，陈怡每．基于“互联网+科技管理”的科研大数据综合服务平台构建与实践——以国家农业信息化工程技术研究中心为例[J]．农业科技管理，2018，37(2)：37.

② 国务院．促进大数据发展行动纲要[EB/OL]．[2021-03-10]．http：//www.gov.cn/zhengce/content/2015/09/05/content_10137.htm.

底，并提出未来发展规划。在国家大数据统筹发展的基础上，各省市、各行业、各单位乃至个人应践行国家大数据发展总体规划，清查所辖大数据资源的数量、类型，统一筹划未来大数据资源的发展方向与发展路径。在国家《促进大数据发展行动纲要》的指导方针下，各地开始实施大数据统筹发展。例如，2016 年 11 月 7 日，我国第一个大数据基础设施统筹发展类综合实验区——内蒙古国家大数据综合实验区正式启动。2017 年，第一届世界交通运输大会上，北京市交通运行监测调度中心发布了综合交通运行感知体系与大数据统筹应用。大数据资源的统筹是一个“政府带头”“上下配合”“从我做起”的过程，国家大数据资源的统筹还需在整体规划的基础上，从基层架构和具体工作中做起。

3.2.3.2　行业统筹

大数据资源规划应以行业统筹发展为目标，推动行业大数据整合共享，减少数据壁垒。“金字工程”积累了我国多个行业的发展数据，为大数据环境下我国不同类型、不同行业政务信息的整合提供了数据基础。我国“金字工程”中金税、金关、金审、金保、金土、金农等各部门已建的存量系统，可依托国家数据共享交换平台，按照开放数据接口、制定共享目录、签订共享协议的方式，实现各部门共享交换数据。①

3.2.3.3　区域统筹

区域统筹主要指大数据资源规划全面统筹我国不同地理区位、行政区划的信息资源，实现跨区域大数据资源的整合与统筹发展。2003 年，中共十六届三中全会《中共中央关于完善社会主义市场经济体制若干问题的决定》就提出统筹区域发展，实行新的区域发展模式，坚持城乡协调、东西互动、内外交流、上下结合、远近兼

① 国家发展改革委有关负责人就《促进大数据发展行动纲要》答记者问[EB/OL].[2021-03-10]. http://www.ndrc.gov.cn/xwzx/xwfb/201509/t20150925_752260.html.

顾、松紧适度的原则，驱动东西互动“两个轮子”，逐步解决地区发展不均衡问题。① 在此指导思想下，大数据资源规划应以均衡发展理论和新经济增长理论为基础，协调城乡、东西、内外、上下等多个维度的信息资源的配置与流动，注重社会总福利的最大化，致力于形成总体完整、互相配合、发展均衡、各具特色的大数据产业体系。与此同时，大数据资源规划应借鉴和采用 ISO/IEC JTC1/WG9 等组织研究发布的大数据术语、参考架构、国际标准等，积极参与国际大数据标准和行业标准的制定，推动国际大数据资源规划的区域协同与统筹发展。

3.3 大数据资源规划的功能

大数据资源规划是大数据资源管理在未来一段时间的发展计划，是针对大数据资源进行的整体性、长期性和基本性问题的思考与设计。② 规划通过动态分析组织内外部环境和未来发展趋势，制定大数据资源管理的远景目标、主要任务和行动方案，为大数据资源配置、大数据产业发展、大数据技术创新提供方向、方法，是现状向愿景发展的指南与助推器，促进大数据资源的优化配置与价值实现。

3.3.1 明确未来发展方向

大数据资源打破了原来以物资资源和人力资源为主要生产力的市场环境，数据和知识迫使长期稳定的社会格局与管理体制调整革新。在互联网环境下，数据的公开与自由流动促进了民主管理与社会公平，随之而来的政治、经济、文化、教育、科技都逐渐突破了

① 中共中央关于完善社会主义市场经济体制若干问题的决定[EB/OL].[2021-03-10]. http://www.gov.cn/test/2008-08/13/content_1071062.htm.

② 安国辉. 规划学与决策规划[M]. 青岛：青岛出版社，2017：5.

因行政权力、地域差异导致的垄断。

大数据资源规划是一种主动性、系统性和前瞻性的规划，是在新的经济发展形势下对规划主体大数据资源管理与产业发展方向的重新定位，以我国《大数据产业发展规划2016—2020》为例，“十二五”期间我国大数据产业的发展成果，为大数据资源的未来规划提供了重要的基础数据。面对大数据产业发展的良好势头和尚存的发展短板，《规划》提出了“技术产品先进可控”“应用能力显著增强”“生态体系繁荣发展”“支撑能力不断增强”“数据安全保障有力”的五个发展目标，为未来大数据资源配置和政策扶持指明了方向。

3.3.2　助推改进政策法规

大数据资源规划遵循现有的相关法律与政策制度，一方面促进大数据资源管理、大数据产业发展依据政策法规进行自查补缺；另一方面推动大数据相关政策、法规、标准、制度的改进与落地。

各国在实施数据强国发展战略时，制定了数据开放与管理相关的政策、法规、标准、制度来保障战略规划的实施。例如，美国出台《开放政府指令计划》(*Open Government Directive Plan*)、《美国信息共享与安全国家战略》等，使信息公开共享更加自由、高效。英国实施《信息自由法案》《数据保护法案(草案)》等强化了大数据时代个人数据的保护。俄罗斯发布《关于信息、信息技术和信息保护法》，对俄罗斯境内信息出境和境外保存做出了相关限制和要求。这些政策、制度等在实践中产生，随着实践的发展不断改进。大数据资源规划的设计与实施，可以检验现有大数据资源相关的政策、法规、标准、制度是否全面、准确。同时，规划可以根据实践需求，规划新的发展方向，推动现有大数据相关政策、法规、制度、标准的完善，以及新的政策、法规、制度、标准的落地。

3.3.3　促进资源优化配置

2016年12月，我国国务院通过了《“十三五”国家信息化规

划》，提出“打破各种信息壁垒和‘孤岛’，推动信息跨部门跨层级共享共用”。如何推动各部门数据共享，打破信息壁垒和“数据烟囱”，优化数据管理流程，提升协同治理能力成为大数据资源管理的当务之急。①

宏观大数据资源规划，可以促进较大范围内大数据资源的统筹规划与协同管理。例如，我国《大数据产业发展规划 2016—2020》从产业发展视角对大数据资源进行了预见性的规划。上述《规划》发布后，全国各省市纷纷据此制定省域和区域范围内的大数据发展规划，并开展相关行动。例如，广东省着手制定《广东省大数据标准体系规划与路线图》，贵州省基于互联网与大数据开始研究《贵州省数字经济发展规划》《贵州智能发展规划》等。这些行动极大地推动了一国之内大数据资源的统筹规划与统一管理，使国家大数据资源能够依据国家和各地的发展需求进行优化配置与合理安排。

中观和微观的大数据资源规划，通过需求分析、目标设定、制定任务与行动策略，形成适用于具体应用场景的大数据未来发展方案，为大数据资源的优化配置提供具体指导。例如，《广东省大数据标准体系规划与路线图(2018—2020)》制定适应大数据的数据元素标准、数据质量标准、数据应用标准、管理工具标准、大数据技术标准，为大数据信息价值的挖掘提供了基础保障。大数据资源规划过程中软硬件支持工具的研发与应用，推动大数据资源的自动化、智能化管理与配置，提高信息治理的效率与精度。围绕大数据资源规划设计的“方法论+标准+软件支持工具”构成了一套完整的规划方案，使大数据资源的优化配置有章可循。

3.3.4 数据赋能社会发展

大数据及相关技术发展，让数据之间能够自由组合，扁平化思

---

① 袁刚，温圣军，赵晶晶，陈红．政务数据资源整合共享：需求、困境与关键进路[J]．电子政务，2020(10)：110.

维、共享思维、跨界思维、场景思维被广泛运用，推动了众联、众创、众包、众筹等合作模式的兴起，为大数据资源的价值实现提供了多种路径。大数据资源规划在制定过程中，充分考虑到用户需求、业务流程、信息治理能力等影响因素，创新数据治理模式，借助新型技术工具，以规划的形式助推数据价值的实现。

近年来，我国大数据产业发展迅速，大数据资源价值已被广泛认可，大数据成为组织机构开展预测、规划、管理、决策的重要工具。例如，财务部、商务部、中国人民银行、国家市场监督管理局、税务局等经济监管部门对财政收支、税收监管、消费数据、征信信息的合理规划与分析，有效地帮助国家进行宏观调控，维护市场稳定。① 国家安全部、工信部等部门对网络大数据的舆情监控与分析，让政府更加全面及时地了解真实的社情民意，实现精细治理，并做好危机预警，预防打击有违社会治安的行为。大数据资源规划在充分认识到数据价值的基础上，通过设置大数据管理与产业发展目标、任务与实施计划，使大数据资源得到全面收集、整合、安全存储、流动共享，通过大数据产业示范基地、大数据中心、大数据信息港等形式，推动大数据产学研的合作，挖掘数据价值，让数据赋能高质量发展。

3.4 大数据资源规划的层次范围

分层规划方法广泛应用于公共交通网络分层规划②、城市规划③、

① 国务院办公厅关于运用大数据 加强对市场主体服务和监管的若干意见[EB/OL]. [2021-01-01]. http：//www.gov.cn/zhengce/content/2015-07/01/content_9994.htm.

② 邓一凌，过秀成，严亚丹，窦雪萍，费跃. 历史城区微循环路网分层规划方法研究[J]. 城市规划学刊，2012(3)：70-75.

③ 汪科，邵滢璐，李昕阳，王伊倜，叶青，王雅雯. 基于城市设计体系的城市公共空间规划设计实施策略研究[J]. 城市发展研究，2020，27(4)：82-89.

教学系统规划①、独立系统分层规划②等领域。例如，我国《第五个国家空间规划政策文件概要：营造空间，共享空间(2000—2020)》采取分层规划方法，细化功能分区，将空间规划分为基础层、网络层、应用层，引导经济社会活动对空间的使用。③ 类似地，大数据资源规划可从空间尺度视角，采取自顶向下的方式，将大数据资源规划分为国际层面、国家层面、区域层面、行业层面和机构层面，通过细化规划层次，使不同空间尺度的大数据资源规划既统筹协调，又差异化发展。

3.4.1　国际大数据资源规划

在明确大数据所有权的前提下，对全球大数据资源进行协同规划，有助于促进全球数据资源与全球市场经济的深度融合。大数据资源的开放、共享、流动与隐私保护不仅仅是国家层面的问题，亦是一个全球化的问题。国际大数据治理水平的提升，依赖于国际标准化工作的进展，国际大数据技术与管理方法的深度交流与合作，以及国家大数据资源的统筹规划，是提升全球大数据治理水平的迫切需求。

3.4.1.1　国际大数据资源规划的定义

国际大数据资源规划是在国际范围内，研究大数据资源规划的

---

①　李益才，张小真．模型驱动的智能教学系统分层规划的研究[J]．重庆交通学院学报，2005(5)：157-161.

②　Daniel Höller，Gregor Behnke，Pascal Bercher，Susanne Biundo. The PANDA Framework for Hierarchical Planning[J]．KI-Künstliche Intelligenz，2021(prepublish).

③　李建学．“分层规划—片区协同—事权下沉”三部曲助推珠三角专业镇集群统筹发展——以《中山市西北城市副中心发展总体规划》为例[A]．中国城市规划学会、沈阳市人民政府．规划60年：成就与挑战——2016中国城市规划年会论文集(12规划实施与管理)[C]．中国城市规划学会、沈阳市人民政府：中国城市规划学会，2016：12.

原则、标准、方法与策略。国际大数据资源规划以可持续发展为基本原则，制定全球大数据资源收集、组织、保护、利用与开发方案。国际大数据资源规划按照规划的表现形式，可以分为资源配置规划、业务合作规划、标准编制规划、业务发展规划等。

国际大数据资源规划不是一国统领，而是全球参与。国际大数据资源规划通过全球大数据资源的融合共享与流通配置，服务全球社会经济发展，推动国际数字产业的市场拓展，提高全球数字经济的风险防范能力。国际大数据资源规划包含"数聚"和"数创"两个目标，其中"数聚"指全球大数据资源的汇集，"数创"指全球大数据资源价值的发现。大数据资源的全球规划与治理符合经济全球化的现实需求，为全球数字经济发展提供了数据基础与管理方案。

3.4.1.2　国际大数据资源规划的特征

(1)宏观性

宏观性指国际大数据资源规划需提出全局性的趋势判断与应对策略。国际大数据资源规划站在国际高度，明确国际、国家、区域、行业等各级各类大数据规划的需求、目标和任务，理清规划合作方之间的相互关系及权责约束，注重全球数据资源的规范管理与协同共享。

(2)战略性

战略性指国际大数据资源规划设定国际数据资源管理的发展目标与行动计划，并驱动目标的实施。国际大数据资源规划兼顾当前与长远，参与国家与地区的利益，确定一定阶段的发展方向、任务目标、基本原则和建设重点，确保大数据资源长期存储、结构优化、利用效率提升，且具备持续发展能力。

(3)阶段性

阶段性指国际大数据资源规划有限定的时间范围。大数据资源规划是对未来某一特定时间阶段的规划，其中 8 年以上为远期规划。国际大数据资源规划在内容和形式上承接已有信息规划，并对后期规划预留发展空间。一个阶段性规划的完成，是制定下一个阶段性规划的前提和基础。

(4)可行性

可行性指国际大数据资源规划的目标设立和行动计划建立在有效、准确、详实的信息分析基础上，通过定性或定量分析，形成符合客观实际、在规划时间内切实可行的目标、任务和行动计划。国际大数据资源规划符合国际现有相关技术标准，并充分考虑未来一定阶段内的规划实施能力与保障能力。

(5)体系性

国际大数据资源规划处理的数据对象覆盖政治、经济、文化、科技等多个方面，数据内容多元异构，参与主体复杂多样、点多面广。为了实现大数据资源规划的可行性，规划必须与行业规划、产业规划等各项大数据资源规划形成紧密联系的体系。具体体现在，大数据资源规划与国际经济发展规划、自然资源规划等其他规划方案相协同，大数据资源规划目标的设置与计划的设计符合社会分工和业务联系，是国际发展规划的重要组成部分。

(6)计划性

国际大数据资源规划的计划性体现在大数据资源规划明确提出需要解决的问题、行动计划、行动时间和行动方案。较强的计划性不代表大数据资源规划的目标值是一个定值，规划目标可以存在一定的幅度和弹性，行动方案可以结合实际进行调整。

【相关案例】

《全球行动计划》

《全球行动计划》简称《开普敦可持续发展数据全球行动计划》(*Cape Town Global Action Plan for Sustainable Development Data*)。①该计划于2017年1月15日在南非开普敦举行的第一届联合国世界数据论坛上非正式启动，并于2017年3月在联合国统计委员会第四

① Cape Town Global Action Plan for Sustainable Development Data[EB/OL]. [2021-01-25]. https://unstats.un.org/sdgs/hlg/Cape_Town_Global_Action_Plan_for_Sustainable_Development_Data.pdf.

十八届会议上通过。该全球计划旨在为讨论、规划和实施实现《2030年可持续发展议程》(2030 *Agenda for Sustainable Development*)①的范围和意图所必需的统计能力建设提供框架，协调国际组织和其他伙伴之间的关系。

《全球行动计划》的主要原则为：范围的完整性；问责制；合作。这项工作由国家主导，并且在国家以下的地区级别进行。区域和国家统计组织将有机会根据《全球行动计划》制定或调整与可持续发展目标、监测有关的行动计划和路线图。该计划提出了六个战略领域，每个领域都与若干个目标和相关的实施行动相关。

战略领域1：可持续发展数据的协调和战略领导：加强国家统计系统和国家统计局的协调作用。加强国家统计系统与积极参与可持续发展数据和统计资料编制的区域和国际组织之间的协调。

战略领域2：国家统计系统的创新和现代化：现代化治理和体制框架，以使国际统计系统能够满足不断发展的数据生态系统需求和机遇。现代化统计标准，特别是旨在促进统计生产过程不同阶段的数据集成和自动化数据交换的统计标准。促进新技术和新数据来源应用于主流统计活动。

战略领域3：加强基本统计活动和计划，特别侧重于满足《2030年可持续发展议程》的监测需求：考虑《2030年可持续发展议程》的需求，加强和扩大家庭调查方案，综合调查系统、商业和其他经济调查方案，人口和住房普查方案，民事登记和人口动态统计方案以及国际比较方案。提高国家统计登记册的质量，扩大行政文件的使用，将其余调查等其他新数据源相结合，汇集社会、经济和环境综合统计数据。加强和扩大国民核算体系和环境经济核算体系。将地理空间数据集集成到各个级别的统计生产程序中。加强和扩大关于所有人群的数据，以确保不遗余力。加强和扩大官方统计

① Transforming Our World：The 2030 Agenda for Sustainable Development [EB/OL]. [2021-03-25]. https：//sustainabledevelopment. un. org/content/documents/21252030% 20Agenda% 20for% 20Sustainable% 20Development% 20web. pdf.

范围内目前尚不完善的领域的数据。

战略领域4：传播和使用可持续发展数据：创新和促进创新战略，以确保适当传播和利用数据促进可持续发展。

战略领域5：可持续发展数据的多方利益相关者建立伙伴关系：与参与生产和使用数据促进可持续发展的政府、学术界、社会组织、私营部门和其他利益攸关方建立和加强伙伴关系。

战略领域6：确保有资源执行《全球行动计划》中概述的必要方案和行动(国内和国际合作)：有效规划，跟进和审查《2030年可持续发展议程》的执行情况；需要多个利益攸关方在地方、国家、区域和全球收集、处理、分析和传播前所未有的数据和统计数据。

《全球行动计划》是实现全球数据治理的一个重要战略规划，促使各国"增加对加强数据收集和能力建设的支持"，形成"高质量、可获取、及时和可靠的分类数据"，弥合《2030年可持续发展议程》中各项目标在数据收集方面的差距。《全球行动计划》致力于改变国家间各自为政的数据统计与传播方法，促进数据相关方建立更加紧密的合作关系，对数据资源进行一致的和可持续的核算、统计与协调，减少各国统计系统在技术和管理能力方面的差距，提高全球数据统计的范围、质量和频率，促进全球大数据的透明与公共访问。

3.4.2 国家大数据资源规划

为抢占大数据发展先机，多国颁布国家层面的大数据规划方案，推动国内大数据理论研究、技术研发、产业发展和广泛应用。①

① 戈黎华，郭浩，王璐璐，刘雅莉．大数据产业研究综述[J]．华北水利水电大学学报(社会科学版)，2019，35(3)：1-8.

3.4.2.1 国家大数据资源规划的定义

信息通信技术等提升了政府获取和分析数据的能力，以数据为基础的科学决策迅速发展。① 国家大数据资源规划，是国家最高行政机构以国家治理现代化和政府决策科学化为目标，围绕大数据资源的采集、存储、加工、分析和服务等环节，对大数据资源、技术、基础设施和保障因素等进行统筹规划和科学布局的过程，旨在实现国家大数据资源的优化配置与价值最大化。②

国家大数据资源规划，需以国际信息化发展背景和大数据资源规划发展现状为基础，参照国际大数据技术与管理标准，借鉴国际和发达国家大数据资源规划最佳实践，不断提升我国大数据资源管理能力和国际竞争力，实现跨国家、跨地域、多语种的全球数据协同治理与共享。

3.4.2.2 国家大数据资源规划的特点

与国际大数据资源规划类似，国家大数据资源规划同样具备宏观性、战略性、阶段性、可行性、体系性、计划性、持续性的特征。与此同时，国家大数据资源规划还具备以下特征：

(1)结合国家实际

国家大数据资源规划结合一国的实际发展现状与发展需求制定规划方案。规划结合具体国情部署未来大数据发展的任务指标，并配套合理可行的改革方案。

(2)兼顾多方利益

国家大数据资源规划统筹国家内不同地域、不同行业、不同民族的大数据发展需求，兼顾大数据发展的短期利益与长期利益，协调政府、事业单位、企业、社会组织、个人等相关主体的数据所有

① 吴爱明，董晓宇．信息社会政府管理方式的六大变化[J]．中国行政管理，2003(4)：31-34.

② 周耀林，常大伟．面向政府决策的大数据资源规划模型研究[J]．情报理论与实践，2018，41(8)：42-47.

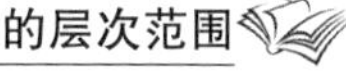

权、数据使用权以及隐私保护等权益。①

(3)规划重大工程

国家大数据资源规划的内容往往包含一定阶段内国家大数据发展建设的重大工程、重大项目，号召、协调国家各级各类数据管理部门、组织和个人共同完成重点、难点任务。

【相关案例】

《美国联邦大数据研究与发展战略规划》

2016年5月，美国发布《联邦大数据研究与发展战略规划》(*Federal Big Data Research and Development Strategic Plan*)，旨在通过该规划指导联邦机构开发和扩大与大数据相关的项目和投资。规划希望建成一个大数据创新生态系统，在这个生态系统中，分析、提取信息的能力，以及基于大型、多样化和实时的数据集进行决策和发现的能力，将为联邦机构和整个国家带来新的发展，包括：加快科学发现和创新进程；带来新的研究领域和新的探索领域；培养21世纪的科学家和工程师；促进新的经济增长。

《联邦大数据研究与发展战略规划》包含七大战略，分别是：(1)增加对下一代大规模数据收集、管理和分析的投资，使各机构能够适应和管理不断增长的数据规模，并利用这些数据创建新服务和新功能；(2)支持研发部门探索和理解可信数据，形成知识并优化决策制定；(3)加强大数据创新研究网络基础设施的建设以适应日益增长的数据资源；(4)在持续的基础上提供和获得更多的数据，以便最大限度地发挥价值和影响；(5)完善大数据创新生态系统的隐私、安全和伦理问题；(6)改善大数据教育和培训的国家环境，以满足对深层分析人才和全面提高劳动力分析能力的需求；(7)在国家大数据创新生态系统中创建和加强联系。②

---

① 廖劲为，于娟．大数据产业研究综述[J]．现代商贸工业，2018(6)：8.

② The Federal Big Data Research and Development Strategic Plan[EB/OL]. [2021-04-10]. https://www.nitrd.gov/PUBS/bigdatardstrategicplan.pdf.

该规划的七大战略代表了美国大数据研发的重要领域，规划的实现有助于“促进人类对科学、医学和安全各领域的理解；确保国家在研究和发展方面继续发挥领导作用；提高国家通过研究和开发解决国家和世界面临的紧迫社会和环境问题的能力”。

3.4.3 区域大数据资源规划

区域大数据资源规划需要结合区域大数据资源管理现状、区域特点、信息基础设施等因素来制定规划。相较于国际、国家大数据资源规划，区域大数据资源规划具有更强的针对性和可操作性。① 规划往往包含大数据资源收集、挖掘、存储、利用等具体工作的部署与安排，依据区域信息资源管理权限规定相应的准入条件和形成数据治理方案。

3.4.3.1 区域大数据资源规划定义

区域规划是在一定地域范围内，为了实现区域开发和建设目标而进行的总体部署。区域大数据资源规划可以采取多种规划形式，如梯度规划、点-轴规划、圈层规划、重点开发区等，在确定规划形式的基础上，重点研究实现规划目标的方法、策略、步骤及保障。区域大数据资源规划以国家和区域的经济长期健康发展为导向，以区域内大数据资源和相关的社会资源、技术资源为规划对象，因地制宜地发展区域数据管理与数据经营能力，研究区域大数据资源的发展方向、规模和结构，有效配置和利用大数据资源，使大数据资源建设有关各方协调发展，提高区域社会经济效益与社会效益，改善生态环境。

3.4.3.2 区域大数据资源规划特征

区域大数据资源规划操作性较强，与区域内各行各业的发展形

① 吴殿廷，吴昊．区域发展产业规划[M]．南京：东南大学出版社，2018.

成密切关联，规划在战略性、阶段性、可行性、体系性、计划性、持续性的基础上，还具备以下特征：

(1)落实总体规划

区域大数据资源规划需要统筹中央政府和地区政府之间的复杂关系。区域规划是国家总体规划在特定区域的细化和落实，需要以国家大数据资源规划为导向。① 相对于国家大数据资源规划，区域大数据资源规划对区域内产业结构、大数据生产与非生产性建设布局、大数据市场环境的管控、大数据安全保障等方面的规划细化到区域内具体的执行部门和监管部门，并促使区域内各部门相互协同、优势互补。

(2)区域协同规划

区域大数据资源规划需协调区域内多方主体对大数据资源的管理权限及利用需求，在大数据资源建设参与主体达成共同愿景的基础上，建立区域内和区域间的合作机制，制定大数据资源规划实施的组织框架与问责制度。

(3)尊重区域特色

区域大数据资源规划有明确的区域范围，规划设计受所在地域的数据资源、管理现状、经济水平、信息化基础设施的影响。因此，区域大数据资源规划在目标、内容和计划等方面应尊重地域的特殊性，并适当凸显规划区域的自然特征与人文特征。例如，我国西藏、新疆、云南等少数民族聚集区的大数据资源规划，在采用普适性数据管理方法的同时，应对当地特殊的自然环境地理信息，少数民族文字、语言、符号等特殊数据进行专项管理，使区域内特殊的数据资源能够得到统筹管理。

【相关案例】

《内蒙古自治区大数据发展总体规划(2017—2020年)》

2017年12月，内蒙古自治区人民政府办公厅发布了《内蒙古

① 杨丙红．我国区域规划法律制度研究[D]．合肥：安徽大学，2013.

自治区大数据发展总体规划(2017—2020年)》。① 规划范围包括大数据基础设施、政务数据开放共享和创新应用、大数据及其相关产业。

《规划》指出了内蒙古自治区大数据基础设施、信息化建设、大数据应用领域、大数据产业生态等方面的发展基础。同时，规划对现阶段内蒙古自治区大数据发展的内外部环境进行了分析，认为技术演进、政府支持、自治区获批国家基础设施统筹发展类大数据综合试验区等机遇使自治区显现出政策红利叠加释放、后劲动能大幅增强、潜力优势加速转化的阶段性特征，但自治区仍需要应对通信网络基础设施支撑能力不足、技术创新能力不强、数据资源开放共享程度不高、大数据应用水平不高、应用领域不广泛、应用程度不深、产业体系尚不健全、保障支撑体系比较薄弱、大数据管理体制不健全等问题。

《规划》提出了自治区大数据发展的总体要求，包括：指导思想、基本原则、发展定位、发展目标，致力于到2020年，形成技术先进、共享开放、应用广泛、产业繁荣、保障有力的大数据发展格局，大数据及其相关产业产值超过1000亿元，年均复合增长率超过25%，将内蒙古自治区建设成“中国北方大数据中心”“丝绸之路数据港”“数据政府先试区”“产业融合发展引导区”“世界级大数据产业基地”。

《规划》提出了实现发展定位与目标的主要任务，包括“优化大数据发展空间布局”“加强大数据技术研发创新”“推进大数据基础设施建设”“推动政务数据共享开放应用”“加快培育大数据核心产业”“深化大数据与产业融合应用”“大力发展大数据相关产业”“加快推进新一代人工智能发展”“完善大数据发展支撑体系”“提升大数据安全保障能力”。此外，规划部署了自治区大数据发展的重大工程，具体为：“大数据关键技术及产品研发与产业化工程”“大数

① 内蒙古自治区大数据发展总体规划(2017—2020年)[EB/OL].[2021-04-25]. http://www.nmg.gov.cn/zwgk/zdxxgk/ghjh/fzgh/201805/t20180507_292571.html.

据基础设施升级工程”“政务数据资源共享开放工程”“公共服务大数据工程”“大数据及相关产业培育工程”“大数据与产业深度融合示范工程”“新一代人工智能技术研发与应用工程”“‘丝绸之路’数据港建设工程”“大数据发展支撑能力提升工程”“大数据安全保障工程”。规划提出的主要任务与重大工程为实现自治区落实大数据发展定位、实现大数据发展目标提出了具体的行动策略。

《规划》提出“健全组织保障机制”“完善相关法规体系”“建立相关标准体系”“加强财政金融支持”“加快人才培养引进”“推进国际国内合作”“加大宣传推介力度”七类保障措施，为自治区大数据发展主要任务和重大工程的实施与落实提供组织、法律、标准、资金、人员、内外交流和宣传方面的支持。

3.4.4 行业大数据资源规划

大数据产业通过数据采集、数据存储、大数据计算、数据挖掘、数据可视化、数据安全等方式为行业发展提供服务，并逐渐改变传统行业的生产经营方式。① 行业大数据存在信息化基础建设良莠不齐、即时应用相对落后、信息安全防控能力不足等短板。② 大数据作为传统行业发展新的“东风”，势必引发各行各业对有价值的大数据资源进行竞争。行业大数据资源规划是行业大数据资源建设的前提，规划有助于协调行业大数据建设中的无序竞争、资源垄断等不良现象，促进行业大数据的整合、优化配置与开发共享。

3.4.4.1 行业大数据资源规划的定义

行业大数据资源规划是行业规划的组成部分，规划依据行业发

---

① 李军. 移动大数据商业分析与行业营销[M]. 北京：人民邮电出版社，2016：12.

② Chalmeta R, Santos-deLeón N J. Sustainable Supply Chain in the Era of Industry 4.0 and Big Data: A Systematic Analysis of Literature and Research[J]. Sustainability, 2020, 12(10).

展现状和未来总体规划，对行业内和行业间的大数据资源进行合理布局与优化配置，推动行业大数据纵向联通、横向流动。行业大数据资源规划的内容包含两个方面：一是规划行业大数据资源的生产与管理，推动行业大数据的生成、聚集、存储、管理和利用，通过完善行业大数据管理基础设施，建设行业大数据产业示范基地、大数据平台，制定行业大数据管理标准等促进行业大数据资源的科学管理与优化配置；二是将大数据资源，大数据技术、工具等与行业发展相融合，通过数据变革行业运行模式，赋能行业未来发展。

3.4.4.2 行业大数据资源规划的特征

行业大数据资源规划在具备战略性、可行性、体系性等特征的基础上，还具备以下特征：

(1)关注行业发展

行业大数据资源规划依据特定行业的具体业务制定发展目标、重点任务、工作计划，主要目的是促进行业发展，其规划目标、内容和实施紧密结合行业需求与行业发展。同时，行业大数据资源规划关注相关行业的发展，培育行业间交叉融合的大数据应用新业态，促进行业间大数据资源的流通与共享。

(2)推动数字转型

行业大数据资源规划旨在通过行业大数据的整合与开发，加快行业数字化转型步伐，推动经济高质量发展。例如，工业互联网是新一代信息技术与工业经济深度融合的全新工业生态，工业大数据资源规划有助于推动工业信息基础设施建设，搭建工业大数据平台，将工业数据“联云上网”，使生产数据可追溯、消费数据可分析。

(3)考虑市场因素

由于行业发展与市场经济紧密关联，行业大数据资源规划的制定者需要有高度的市场灵敏性和准确的判断能力，预测分析一定时期内用户的需求和内外部环境的变动，制定“放眼国际、跨界融合、立足行业”的大数据发展规划。

【相关案例】

《数字农业农村发展规划(2019—2025年)》

2019年12月，我国农业农村部、中央网络安全和信息化委员会办公室印发了《数字农业农村发展规划(2019—2025年)》(简称《发展规划》)。①

《发展规划》从"发展形势""总体思路""构建基础数据资源体系""加快生产经营数字化改造""推进管理服务数字化转型""强化关键技术装备创新""加大重点工程设施建设""保障措施"8个方面规划了我国数字农业农村的未来发展。

《发展规划》中"构建基础数据资源体系"部分提出了："建设农村自然资源大数据""建设重要农业种质资源大数据""建设农村集体资产大数据""建设农村宅基地大数据""健全农户和新型农业经营主体大数据"的数据资源建设计划，并致力于通过以上大数据资源体系的建设，实现"种植业信息化、畜牧业智能化、渔业智慧化、种业数字化、新业态多元化、质量安全管控全程化"的农业生产经营数字化改造。

《发展规划》依据《促进大数据发展行动纲要》中"实施现代农业大数据工程"的要求，提出了搭建统一开放的国家农业农村大数据中心的重大工程设施建设计划。"国家农业农村大数据中心建设工程"具体规划建设内容为：建设"国家农业农村云平台"、建设"国家农业农村大数据平台"以及建设"国家农业农村政务信息系统"三项工程。

为了保障农业农村大数据资源体系和大数据工程的顺利实施，《发展规划》提出了巩固和提升现有监测统计渠道，完善原始数据采集、传输、汇总、管理、应用基础设施，强化数据挖掘、分析、应用能力建设，建立健全农业农村数据采集体系。利用地面观测、

① 农业农村部 中央网络安全和信息化委员会办公室关于印发《数字农业农村发展规划(2019—2025年)》的通知[EB/OL].[2021-04-15]. http://www.moa.gov.cn/gk/ghjh_1/202001/t20200120_6336316.htm.

传感器、遥感和地理信息技术等，实时采集农业生产环境、生产设施和动植物本体感知数据。开展互联网数据挖掘，采取政府购买服务等方式获取企业和社会数据，推进线下数据、线上数据连通融合。在符合有关法律法规的前提下，积极整合各类农业农村数据资源，依托农业农村大数据平台，实现数据统一管理和在线共享。研究出台数据共享开放政策和管理规范，制定农业农村大数据资源共享开放目录清单，逐步推进各单位之间、涉农部门之间、中央与地方之间数据共建共享。除国家规定的涉密数据外，加快推进农业农村数据资源协同管理和融合，逐步向社会开放共享的保障措施。

《发展规划》立足农业农村发展，在数据资源采集、大数据资源体系建设、数据平台建设三个方面重点规划了农业农村大数据的发展方向、主要任务和行动计划，为数字农业农村的发展奠定了数据基础。

3.4.5 机构大数据资源规划

信息资源规划是组织机构对所需要的信息从采集、处理、传输到使用的全面规划，是信息资源管理的核心内容，组织机构需要对自身的信息资源实施战略意义上的管理，才能保证所拥有的信息资源能够支持其战略目标的实现。① 随着机构生成、存储与管理的数据量的增多以及大数据应用技术的普及，机构大数据资源规划逐渐受到重视，数据层面、技术层面和组织层面的大数据资源规划能帮助机构借助数据的力量实现组织愿景。

3.4.5.1 机构大数据资源规划的定义

机构指组织发展、完善到一定程度，内部形成结构紧密、相对

① 周晓英，冯向梅．组织机构信息资源管理战略规划研究——以NARA信息资源管理十年战略规划为基础的研究[J]．情报资料工作，2018(3)：30-36.

独立，并彼此传递或转换能量、物质和信息的系统。① 本研究中的机构包含行政机构、企事业单位、社会团体和其他类型的组织机构。机构规划主要指机构内部规划，机构基于内外部环境，对机构内部未来一段时期特定领域的发展进行总体设计和安排的行为。机构规划有多种类型，如机构组织规划、机构人事规划、机构投资与发展规划等。机构规划目标明确专一、规划内容合理有效，是机构实际行动的指南。

机构大数据资源规划是机构规划的组成部分，是机构依据自身产生和掌握的大数据资源与技术，制定的未来一定时期内机构大数据资源在收集、组织、存储、利用、开发工作中的目标、任务与行动方案，具体内容包含：规划目标与意义、组织方式、主要任务、实施阶段与策略、相关保障等。机构大数据资源规划结合国际、国家、区域、行业大数据资源规划的内容，是更高层次大数据资源规划在机构中的体现。机构大数据资源规划的制定和实施与机构职能、组织架构、业务范围和数据类型密切相关，需要机构信息化建设相关人员共同参与或支持，并推动跨机构的数据资源配置与共享，使大数据资源规划与信息化建设协同发展。

3.4.5.2 机构大数据资源规划的特征

机构大数据资源规划在具备战略性、阶段性、可行性、系统性、持续性等特征的基础上，还具备以下特点。

(1)参照总体规划

机构大数据资源规划在国家与所在区域大数据资源规划的框架下制定与实施，在不影响国家与区域大数据资源规划的情况下行动。

(2)遵循机构职能

囿于组织机构的职能范围，机构大数据资源规划的目标、内容和行动策略必须在组织机构的职能范围内完成，遵循机构内的组织框架和管理规范。

① 顾明远．教育大辞典[M]．上海：上海教育出版社，1998：76.

(3)内容细化具体

相对于国家层面、区域层面和行业层面的大数据资源规划，机构大数据资源规划数据量较小，规划内容更加细化与具体。

【相关案例】

中国光大银行大数据治理体系规划与实施

2016年，光大银行构建了“综合化、特色化、轻型化、智能化”的大数据治理体系，引进业界先进的银行大数据应用框架，明确全行大数据应用的发展方向，并据此确定大数据治理的战略目标、举措及规划实施路径，为光大银行全面推动金融科技创新奠定基础。①

(1)大数据应用发展方向：光大银行以全行业务战略目标为指引，依据业务战略目标判断大数据应用发展方向及应用任务，全面支撑“四化”目标。具体发展方向为：①综合化发展：基于大数据技术以及客户画像和客户标签体系，支持客户全方位综合金融服务以及产品、渠道协同，实现从传统业务向各项业务协同发展的综合金融服务转变；②特色化发展：基于大数据技术应用的拓展，开展客户数据挖掘、客户洞察，提供个性化差异化客户服务，实现差异化竞争，打造集团联动下的业务管理模式；③轻型化发展：基于大数据挖掘的精细化管理，支持业务创新、产品创新、服务创新，实现轻资产智能化网点的业务转型、流程体制优化和高效服务；④智能化发展：结合人工智能、认知计算、生物识别技术的应用，主动顺应互联网金融发展趋势，推动银行业务拓展智能化、管理决策智能化、风险合规智能化，实现数字化智能银行，打造智能银行品牌。

(2)大数据治理战略目标与举措：光大银行依据大数据应用发

---

①　李播，柯丹．构建大数据能力核心引擎，主动拥抱金融科技创新——中国光大银行大数据治理体系规划与实施[J]．中国金融电脑，2017(5)：27.

展方向及应用任务，推导出大数据治理的战略目标，即从最薄弱、必须要具备的能力入手，匹配大数据应用任务，规划组织机制、人员储备、管理方法以及技术支撑相关的任务与项目。具体目标与举措为：大数据应用推进核心引擎。基于大数据应用发展方向，光大银行结合行内实际情况，确定了"建立健全大数据管理机制，通过平台建设推动数据共享和综合运用，充分挖掘数据价值。加强数据管控，确保数据质量及数据安全，提升数据资产价值，建立数据竞争优势，实现从发展阶段迈入成熟阶段"的大数据治理战略目标，并制定出了相应的大数据能力提升举措。

(3)大数据应用落地实施：光大银行充分考虑大数据应用的多变性，在3年的规划期内按年度对规划任务进行重检，依据检查结果调整规划方案，确保大数据应用顺利支持金融科技创新。大数据落地应用为：①建设大数据应用开发平台，构建大数据生态体系；②发布基于风险管理领域的预警数据的"滤镜"产品；③建设资产配置平台，采用大数据技术对海量、真实的客户信息进行分析，创建以客户需求为分类导向的产品库，形成基于客户投资偏好的个性化金融资产最优配置建议；④上线电子银行客户画像及行为分析系统，整合并完善银行客户线上行为数据，进而深入挖掘客户价值，进行精准营销；⑤部署基于增强型复杂网络的反欺诈监控模块，提供全国信用卡进件审批疑似欺诈情况分布图，实时掌握所关注区域的欺诈进件分布、欺诈发展趋势、欺诈比重等动态情况。①

3.5 大数据资源规划的类型

根据大数据资源规划在规划动因上的共同点，可将大数据资源规划分为政策驱动型、市场驱动型、业务驱动型和技术驱动型四个

---

① 李璠，柯丹．构建大数据能力核心引擎，主动拥抱金融科技创新——中国光大银行大数据治理体系规划与实施[J]．中国金融电脑，2017(5)：30.

类型。

3.5.1 政策驱动型大数据资源规划

政策是一个政党或国家在一定时期为实现一定的任务而规定的行动准则,① 表现为对人们的利益进行分配和调节的政治措施和复杂过程。② 政策具有明确的目标性和方向性，是在一定期限内有权威约束力的规范价值和利益分配的行为准则。政策驱动型大数据资源规划，指在政策要求和支持下，对大数据资源和大数据资源管理未来一段时间内的行动方案进行全面长远的分配与规划。规划的主要动力来源于政策的权威规定，规划的方向依据政策的方向制定，规划的目标和行动方案结合政策要求设定与实施。

近年来，世界各国相继出台有关大数据资源管理的政策与法规，美国启动《大数据研究和发展计划》(*Big Data Research and Development Initiative*)。③ 日本公布了新 IT 战略——“创建最尖端 IT 国家宣言”。④ 将“超智能社会 5.0”建设作为第五期科学技术基本计划的重要内容。⑤ 英国发布了《把握数据带来的机遇：英国数据能力战略》(*Seizing the Opportunities of Data：The UK Data Capability Strategy*)。⑥ 各国国家政策的相继出台推动了大数据资源规划的

① 黄净．政策学基础知识[M]．哈尔滨：哈尔滨工业大学出版社，1987.

② 孙光．政策科学[M]．杭州：浙江教育出版社，1989：35.

③ Obama Whitehouse, Big data research and development Initiative [EB/OL]. [2020-09-08]. https：//obamawhitehouse. ar-chives. gov /blog /2012 /03 / 29 /big-data-big-deal.

④ IT Dashboard. Declaration to be the world's most advanced IT nation[EB / OL]. [2020-09-04]https：//www. itdash-board. go jp /en /achievement /kpi.

⑤ Council for Science, Technology and innovation cabinet office, government of Japan. report on the 5th science and technology basic plan[EB/OL]. [2020-09-11]. http：//www8. Cao. gojp/cstp /kihonkeikaku /5 basic plan_en. pdf.

⑥ Gov. UK. Seizing the data opportunity：A strategy for UK data capability [EB/OL]. [2020-09-04]. https：//www. Gov. uk/government/publications/uk-data-capability-strategy.

开展。

值得注意的是，单纯依据政策制定大数据资源规划容易忽略区域、行业、机构特征，以及对市场、业务和技术要素的考量。作为国家意志指导下的规划行为，政策驱动型大数据资源规划需要综合规划范围内不同区域、行业和机构的大数据资源特征和管理模式特点，找准规划的发力点和试验田，因地制宜、因时制宜地展开规划。

表 3-1　**我国国家层面的大数据相关政策(2015—2020 年)**

时间	单位	政策/法规名称
2015 年 7 月	国务院	《关于运用大数据加强对市场主体服务和监管的若干意见》
2015 年 8 月	国务院	《促进大数据发展行动纲要》
2015 年 12 月	农业部	《关于推进农业农村大数据发展的实施意见》
2016 年 1 月	发展与改革委员会	《关于组织实施促进大数据发展重大工程的通知》
2016 年 3 月	环保部	《生态环境大数据建设总体方案》
2016 年 6 月	国务院	《关于促进和规范健康医疗大数据应用发展的指导意见》
2016 年 7 月	国土资源部	《促进国土资源大数据应用发展实施意见》
2016 年 7 月	林业局	《加快推进林业大数据发展的指导意见》
2016 年 10 月	农业部	《农业农村大数据试点方案》
2016 年 12 月	工信部	《大数据产业发展规划(2016—2020)》
2017 年 5 月	水利部	《关于推进水利大数据发展的指导意见》
2017 年 9 月	公安部	《关于深入开展“大数据+网上督察”工作的意见》
2017 年 11 月	国家测绘地理信息局	《关于加快推进智慧城市时空大数据与云平台建设试点工作的通知》

续表

时间	单位	政策/法规名称
2018 年 3 月	交通运输部 国家旅游局	《关于加快推进交通旅游服务大数据应用试点工作的通知》
2018 年 7 月	卫健委	《关于印发国家健康医疗大数据标准、安全和服务管理办法(试行)的通知》
2019 年 1 月	自然资源部	《智慧城市时空大数据平台建设技术大纲(2019 版)》
2020 年 2 月	中央网信办	《关于做好个人信息保护利用大数据支撑联防联控工作的通知》
2020 年 4 月	工信部	《关于公布支撑疫情防控和复工复课大数据产品和解决方案的通知》
2020 年 4 月	工信部	《关于工业大数据发展的指导意见》
2020 年 12 月	发展与改革委员会 中央网信办 工信部 国家能源局	《关于加快构建全国一体化大数据中心协同创新体系的指导意见》

【案例】

《青岛西海岸新区(黄岛区)大数据产业发展“十三五规划”》

青岛市是国家“智慧城市”技术和标准双试点城市。2017 年，青岛西海岸新区在国家“智慧城市”建设以及大数据产业发展的政策引导下，制定了《青岛西海岸新区(黄岛区)大数据产业发展“十三五规划”》(简称“《规划》”),① 明确青岛西海岸新区大数据产业

① 关于印发青岛西海岸新区(黄岛区)大数据产业发展“十三五”规划的通知[EB/OL]. [2021-01-25]. http://www.huangdao.gov.cn/n10/n27/n31/n39/n45/170410140757035153.html.

的发展思路、定位、目标、发展重点以及发展保障等。

《规划》包含四个方面的内容，具体为：

(1)对青岛西海岸新区的产业发展环境进行了分析，包括大数据产业现状，重点企业、研究机构、产业示范基地、国际海洋信息港等重要载体，功能区、大数据产业应用，山东省、青岛市的大数据产业区域环境基础。

(2)对区域大数据产业发展进行 SWOT 分析，包括基础设施、海洋经济、科技创新资源集聚、应用研究与产业示范基地、城市对外吸引力等优势；社会认识不足、数据共享机制障碍、应用技术不成熟等不足；“一带一路”战略、国家级新区战略、政策支持、智慧城市建设需求等机遇；数据资源积累不足、准确性低、完整性差、标准不一、存在信息泄露风险、外部国家大数据综合试验区竞争等挑战。

(3)制定大数据产业发展定位和战略，包括指导思想、发展定位、发展目标、发展时序、发展战略、主要举措。青岛西海岸新区致力于打造国家大数据综合试验区，培育全球大数据应用研究及产业示范基地，建设复旦青岛大数据试验场，设立山东大数据交易中心，打造大数据人才高地。该区域采取“创新驱动、全产业链培育、产业融合”的发展战略，支持大数据产业发展创新，促进科技成果转化，搭建要素集聚平台，推动产业内培外引，完善产业配套，助力基础领域应用。

(4)明确大数据产业未来发展的主要任务与重点工程，包括：完善大数据基础设施，加快大数据生产流通，加强数据安全管理，推进大数据应用创新，发展政务和民生大数据，发展公共服务大数据，加强军民融合领域大数据应用等主要任务；建设大数据技术引领工程、产业大数据工程、支撑保障工程等重点工程。

3.5.2 市场驱动型大数据资源规划

市场是社会分工和商品交换的场所。市场驱动指生产经营活动受社会分工、用户需求和商品特征等因素的影响，以市场需求为主要驱动力。① 随着数字经济的发展，新兴市场与消费需求的挖掘、市场竞争环境的分析都离不开大数据的支持。

市场驱动型大数据资源规划是在数字经济发展趋势的推动下，发挥市场在资源配置中的调控作用，以促进市场繁荣、满足企业发展与消费者需求为目标，对大数据资源进行管理和配置的行为。市场驱动型大数据资源规划通过对市场经济的准确监测、分析、预测，提高大数据资源与市场需求的匹配程度，制定具有预见性、针对性、科学性和实效性的大数据资源配置决策和行动计划，使数据成为服务市场主体发展、满足市场消费需求、开拓新兴市场的推动力。

市场驱动型大数据资源规划把握市场脉搏，紧跟用户需求，重视价值创造。此类规划对规划主体的市场敏感度提出了更高要求，规划主体需要不断地分析市场需求、竞争环境及内外部影响因素来制定适应市场、迎合用户需求的战略规划，包括对竞争市场的分析、竞争地位的评估、竞争战略的选取等。

【案例】

《推进煤炭大数据发展的指导意见》

2016 年 7 月，我国煤炭工业协会会同中国煤炭运销协会研究制定并发布了《推进煤炭大数据发展的指导意见》(以下简称《指导意见》)。② 虽然该《指导意见》并未以规划的形式发布，但其内容从产业发展视角对我国未来煤炭大数据发展进行了规划。

《指导意见》以“市场导向，创新发展；统筹规划，系统设计；

① [美]乔治．达伊．市场驱动战略[M]．牛海鹏，等，译．北京：华夏出版社，2000.

② 工业和信息化部公开征求对《工业大数据发展指导意见(征求意见稿)》的意见[EB/OL]．[2021-01-24]．http：//www.cac.gov.cn/2019-09/05/c1569218552788238.htm.

互联互通，开放共享；完善体系，保障安全”为基本原则，制定了“以全国煤炭交易数据平台为基础，力争2020年前建成全国煤炭大数据平台，实现煤炭数据资源适度向社会开放，为煤炭企业探索新业态、新模式和行业转型升级提供支撑”的发展目标。《指导意见》坚持以市场为导向，旨在实现煤炭工业相关利益方的数据融合共享，促进煤炭产业数字转型，提升企业经营效益。

《指导意见》的重点任务部署了煤炭大数据未来发展的主要工作，包括：(1)构建煤炭大数据开放、共享体系：推动国家大数据战略在煤炭行业的全面实施，逐步拓展数据采集范围，实现煤炭生产、运输、销售、安全、资源等相关领域数据全覆盖，努力实现与相关市场主体的数据集成和共享。(2)构建煤炭大数据标准体系：研究制定有关煤炭大数据的基础标准、技术标准、应用标准和管理标准等。加快建立煤炭企业信息采集、存储、公开、共享、使用，质量保障和安全管理的技术标准。(3)加快煤炭企业数据平台建设：支持煤炭企业加强数据资源管理，梳理各业务层面产生的数据资源，融合大量结构化、非结构化、历史的、实时的以及地理信息等各类数据，整合、优化企业现有技术组件，构建企业级大数据平台。(4)建立全国煤炭数据平台：依托互联网和大数据技术，在整合行业内各部门数据以及协会会员单位数据的基础上，通过产品展示，挖掘和吸引更多数据到数据平台，逐步建立覆盖全国的煤炭大数据平台。(5)推动煤炭大数据运用：推动煤炭大数据在宏观决策中的运用，为政府部门提供统计分析评估、预测预警和数据智能分析模型等全面准确的数据服务。推动煤炭大数据在企业战略规划、资源分配、生产布局、企业管理中的运用。降低运营成本和减少失误，提高运行效率。《指导意见》提出的重点任务为煤炭产业上下游企业数据融合、开放共享以及数字经济时代煤炭产业的数字转型提供了行动方案。

3.5.3 业务驱动型大数据资源规划

业务驱动是指计划与行动在一定的业务场景中开展，以业务目标为计划与行动的目标，依据业务需求、业务流程确定行动方案。业务驱动型大数据资源规划，是以组织业务活动的目标为规划目标，以促进业务发展和满足业务需求为准则，其规划内容和行动计划与业务内容、业务流程紧密相关，数据价值体现在业务活动中。①

在制定业务驱动型大数据资源规划时，规划主体需要调研业务活动相关的用户、行业、产品，熟悉业务流程，了解业务活动与大数据资源之间的关系，采取“跨部门+全流程”的形式与业务部门共同制定规划，使大数据资源规划与业务活动数字转型协同发展，并依据业务部门和用户的反馈调整下一阶段的规划方案。

【案例】

中铁四局财务共享模式下的大数据建设规划

中铁四局财务共享服务中心，是将各核算单位的会计业务进行集中处理的财务管理模式，是集约化理念在财务管理上的最新应用。② 2017年6月，中铁四局财务共享服务中心建成挂牌，财务共享服务系统平台实现了与多个信息化系统的数据交换和业务融合，已有441个工程项目纳入共享服务范围，以“战略财务、业务财务、共享财务”为构架的新型财务管理体系正在形成。③

中铁四局财务数据中心确立了财务共享模式下的大数据建设目标——模型化、智能化、可视化。在财务共享服务模式下，中铁四局首先从企业管理层顶层规划企业数据资产；其次运用互联网、云计算、区块链、大数据等信息技术，按照标准数据的要求，进行数

① 刘雯．以业务为驱动的航天企业数据治理方法[J]．信息技术与信息化，2019(5)：62-64.

② FSSC一线实践案例集：中铁四局集团财务共享模式下的大数据建设与应用[EB/OL]．[2021-01-25]．https：//www. sohu. com/a/326975954_100139516.

③ 中国中铁四局财务共享服务中心正式挂牌成立[EB/OL]．[2021-01-25]．http：//www. crec4. com/content-1098-24394-1. html.

据多维度、多层级的场景记录；最后，中铁四局与政府、税务、银行、采购商、供应商等外部客户进行数据无障碍交互集成，建设企业大数据仓库，为企业战略决策、管控分析、监督制衡和价值创造提供实时的模型化、可视化和智能化数据服务。

同时，中铁四局规划了七项大数据建设的主要任务：(1)建立企业内部数据标准。依托财务共享平台，统一机构和部门分类编码、域用户编码、客商编码，建立统一标准的数据接口，便于其他部门信息系统通过统一的接口实现数据的交互。(2)依托多级云平台建立主数据平台。依托多级云平台建立主数据平台，将企业的组织体系、业务人员、用户、外部客商、不同业态的工程量清单、物资设备字典库、会计科目等纳入主数据管理。(3)建立数据协同治理的管理机制。根据组织体系职责分工，把全面预算系统、人力资源系统、薪酬系统、合同管理系统、生产管理系统、成本管理系统、物资设备管理系统、税务管理系统、资金管理系统等"多中心化"的信息化平台与财务共享平台无缝集成衔接，从机制上实现数据协同治理。(4)业财一体化。开发一套涵盖工程项目自市场开发到施工建设全流程管理的信息系统。项目营销、生产、管理、财务等全流程经济数据完整记录于工程项目管理信息系统。(5)系统集成应用。实现单点登录多个业务系统、多个业务信息系统间以及与共享平台之间的相互集成，确保数据统一、来源清晰。(6)健全项目信息和业务信息。报账平台记载经济业务发生的动因、时间、依据、责任，主数据平台记录工程项目机构信息，以实时查询企业集团各层级市场营销情况。(7)智能分析。以现金流为主线，构建全面预算资源分配与KPI绩效考核体系，建立客商合作、财务状况、经营成果、资金收支、成本要素、债权债务、内部经济关系等数据模型，形成商业智能分析平台(BI)，将实时数据的分析成果通过移动终端或PC端以多维视图形式呈现给决策层和管理层，将企业经济运行的风险数据或风险源实时向决策层、管理层以及有关管理人员发出预警提示。

3.5.4 技术驱动型大数据资源规划

技术包含总合的技术(Technology/Technologie)和特指的专有的技术(Technique/Technik),① 可以用于物质生产、精神生产以及其他非生产活动。② 技术驱动指以技术为基础开展生产经营活动,以创新技术满足主体发展需要,以技术发展改变管理模式。其中,技术是确定的,但技术生产何种产品、服务哪些用户群体、满足何种用户需求等是不确定的。

新技术的发展催化数据管理方式的创新。技术驱动型大数据资源规划是随着新技术的发展而产生的规划,是在对现有大数据技术和未来技术发展的分析与预测的基础上,结合新技术,对大数据资源的管理流程、管理模式和资源配置方式进行重新规划,实现新技术环境下大数据资源的优化配置,推动技术创新和管理创新的双螺旋发展。

制定技术驱动型大数据资源规划需要从技术视角进行数据管理,采用创新的、科学的、适用的、精准的技术手段对数据进行收集、组织、分析、利用、开发和维护。规划内容满足技术要求,紧跟技术发展趋势,依靠技术实现数据价值。

【案例】

《北京市大数据和云计算发展行动计划(2016—2020年)》

云计算为大数据资源的整合、存储、快速处理与分析、价值挖掘提供灵活的基础架构,减少大数据管理成本。大数据分析有助于云平台的计算能力的改进,帮助云计算更好地与行业应用相结合。为了推动大数据与云计算的协同发展,实现大数据的"云上管理",

① 姜大源. 技术与技能辨[J]. 高等工程教育研究,2016(4):71-82.

② 金炳华. 马克思主义哲学大辞典[M]. 上海:上海辞书出版社,2003.

2016年，北京市发布了《北京市大数据和云计算发展行动计划（2016—2020年）》（以下简称《行动计划》），① 指导北京市大数据和云计算创新发展体系的建立，力争2020年将北京市建设成为中国大数据和云计算创新中心、应用中心和产业高地。

《行动计划》明确了北京市大数据与云计算发展的主要工作内容：(1)夯实大数据和云计算发展基础：建设高速宽带网络；建设城市物联传感“一张网”；建设全市统一的基础公共云平台；建设大数据和云计算协同创新平台；建设大数据和云计算创新创业服务平台；建设大数据交易汇聚中心。(2)推动公共大数据融合开放：健全融合开放体系；培育融合开放环境。(3)深化大数据和云计算创新应用：发展政府决策、市场监管、交通管理、生态、城乡规划与国土资源管理、公共安全、市民服务、医疗健康、教育、旅游文化、社会保障、工业、农业、服务业等多个领域的大数据；发展大数据和云计算产业。(4)京津翼协同发展：立足京津冀各自特色和比较优势，加快大容量骨干网络设施建设，扩大基础设施物联网覆盖范围，推动数据中心整合利用，创建京津冀大数据综合试验区。(5)强化大数据和云计算安全保障：完善安全保障体系；提升安全支撑能力。(6)支持大数据和云计算健康发展：建立组织推进机制；加大政策支持力度；培养高端专业人才；加快制度标准建设。

北京作为国家首都，数据总量大，数据类型全面，信息化基础设施较好，大数据应用空间大。《行动计划》结合北京市海量数据基础和信息化建设成果，提出了技术融合的发展道路——“大数据和云计算创新发展体系”，将大数据与云计算进行协同规划和统筹建设，促进了北京市大数据的云集成和云统筹、大数据基础设施建设的集约管理与技术共享。

① 北京市人民政府关于印发《北京市大数据和云计算发展行动计划（2016—2020年）》的通知［EB/OL］.［2021-01-25］. http://www.beijing.gov.cn/zhengce/zhengcefagui/201905/t20190522_59364.html.

4 大数据资源规划模型

规划理论主要研究如何充分利用组织的一切资源，最大限度地完成各项指标、获得最佳的效果，具有资源配置和战略引导两层含义，可以为信息资源规划战略思想和战略目标的揭示，以及相关约束条件的构建等提供支持。① 将规划理论和信息资源规划相关研究成果引入大数据资源规划研究，有助于明确大数据资源规划的战略方向和发展路径。但是从已有的研究成果看，大数据资源规划还主要集中在从“战略”高度来研究国家和组织层面的大数据资源规划问题，对大数据资源规划的实现模型研究涉及较少。为了进一步促进大数据资源规划从战略研究向策略建构的转变，大数据资源规划研究还需要致力于探索大数据资源在宏观、中观和微观层面的规划模型与方法，为大数据资源规划实践提供基本的理论依据。② 因此，有必要在理清大数据资源规划模型构建整体思路的基础上，强化大数据资源规划流程模型、组织模型、规划文本和评估模型的研究，促进从大数据资源规划理论到大数据资源规划实践的发展。

① 裴成发．对信息资源规划研究的理性思考[J]．情报理论与实践，2008(2)：189-192.

② 周耀林，赵跃，Zhou Jiani. 大数据资源规划研究框架的构建[J]．图书情报知识，2017(4)：59-70.

4.1 大数据资源规划模型构建的整体思路

大数据环境下，信息资源的空间结构和时间结构发生了很大改变。从空间结构看，数字信息资源的分布更加扁平化和多样化；从时间结构看，大数据环境更加凸显了数据产生的管理、数据汇集和交换效率以及数据存储，并使得不同生命阶段的数据之间的内部关联性大大增强。① 因此，在大数据资源规划过程中，应充分考虑大数据资源在数据分布、数据规模、数据结构、数据来源、数据价值密度以及技术处理手段、数据管理方式、资源应用模式、面临的法律伦理风险等方面的新情况，并在借鉴已有信息资源规划研究成果的基础上，结合大数据资源在空间结构和时间结构上表现出的新特点，以新的思路构建大数据资源规划模型。② 具体来说，大数据资源规划模型构建应坚持突出实用性、强化科学性、提升可扩展性、注重可移植性的整体思路。

4.1.1 突出大数据资源规划模型的实用性

大数据资源规划模型的实用性，是指在大数据资源规划模型的建构过程中，通过明确大数据资源规划的功能指向、优化大数据资源规划的流程设计、充实大数据资源规划的内容要素、完善大数据资源规划的保障体系等方式，形成具有实际应用价值的大数据资源规划模型，以便为大数据资源规划实践提供参考。其实用性主要表现在以下四个方面：

(1)大数据资源规划模型需要明确大数据资源规划的功能指

① 张斌，马费成．大数据环境下数字信息资源服务创新[J]．情报理论与实践，2014(6)：28-33.

② 周耀林，常大伟．大数据资源统筹发展的困境分析与对策研究[J]．图书馆学研究，2018(14)：66-70.

向。大数据资源规划模型包含了规划主体的价值导向和发展愿景，将这种价值导向和发展目标有效地嵌入大数据资源规划模型之中，是构建战略目标明确、发展指向鲜明、功能定位合理的大数据资源规划的基本前提。在大数据资源规划模型构建的过程中，通过时代背景阐述、实施环境分析、指导思想明确、任务内容设计等技术手段，可以体现大数据资源规划的功能指向，有助于大数据资源规划执行主体理解大数据资源规划主体的意图，从而确保大数据资源规划按照规划目标实施。

(2)大数据资源规划模型要有助于大数据资源规划流程的优化。大数据资源规划模型是对大数据资源规划实践的理论抽象，也是对大数据资源规划实施相关环节的总体概括。在构建大数据资源规划模型的过程中，要着重考查大数据资源规划可能面临的问题，包括大数据资源规划关联部门的配合、大数据资源规划涉及资源的配置、大数据资源规划实施环节的衔接、大数据资源规划保障因素的组织、大数据资源规划的适时调整等，厘清相关问题之间的关联程度、优先级别、连接方式以及实施过程中的保障和应急措施等，并在此基础上对相关内容进行优化整合，最终形成一个要素齐全、衔接紧密、流程顺畅的大数据资源规划模型，从而为大数据资源规划的实施提供支持。

(3)大数据资源规划模型要能够体现大数据资源规划的内容要素。大数据资源规划模型应包括目标设定、实施主体、基础设施、数据资源、数据处理方式等内容。其中，目标设定规定了大数据资源规划的方向和重点，是大数据资源规划模型建构的核心所在；实施主体是大数据资源规划的执行力量，也是大数据资源规划模型建设必须重视的内容；基础设施是大数据资源规划模型功能实现的平台支撑，应包括分布式计算平台、数据资源中心、国家政务大数据平台等；数据资源是大数据资源规划模型价值发挥的资源基础，应涵盖政务数据、国家基础信息资源、行业或领域信息资源、社会运行数据、传感器实时监测数据等数据资源；数据处理方式为大数据资源规划模型的功能实现提供技术手段，主要涉及数据集成、异构

数据融合、数据分析与挖掘、数据交互感知、趋势分析预测等。①

(4)大数据资源规划模型要为大数据资源规划的实施构建完善的保障体系。大数据资源规划涉及的主体、要素、环节众多，必须依靠完善的保障体系才能够确保大数据资源规划实践的推进。因此，在大数据资源规划模型构建的过程中，需要对大数据资源规划所依赖的相关保障措施进行审慎思考，对大数据资源规划实施所必需的组织保障、政策保障、法规保障、标准保障、技术保障、人才保障、资金保障等进行科学规划，对相关保障措施的实施路径和关键节点加以合理设计与前置管理，对大数据资源规划实施过程中的权力范围和责任方式进行科学规范，尽可能地为大数据资源规划的实施提供全方位的保障。

4.1.2　强化大数据资源规划模型的科学性

大数据资源规划模型的科学性，是指通过科学设定大数据资源规划的发展目标、设置大数据资源规划的内容体系、建构大数据资源规划的组织架构、制定大数据资源规划的实施路径，确保大数据资源规划模型的目标合理、内容适宜、组织科学和路径可行，为大数据资源规划得以有序实施提供重要保障。其科学性主要表现在以下四个方面：

(1)从科学设定大数据资源规划的发展目标来看，在构建大数据资源规划模型的过程中，要强化大数据资源规划战略目标、实践基础、技术条件、机制保障、人才支撑等方面的调研，并在明确大数据资源规划发展目标与现实状况的差距，理解大数据资源规划的重点任务和难点工作，把握大数据资源规划的发展趋向和主要挑战等的基础上，科学制定大数据资源规划的远期目标、中期目标和近期目标，确保大数据资源规划的目标能够在规划的期限内尽可能完成。需要注意的是，大数据资源规划的远期目标、中期目标和近期

① 周耀林，常大伟．面向政府决策的大数据资源规划模型研究[J]．情报理论与实践，2018(8)：46.

目标要具有衔接性和递进性，避免不同目标之间存在不协调、不一致的问题，确保大数据资源规划远期目标对中期目标和近期目标的引领性和规制性，以及大数据资源规划中期目标和近期目标对大数据资源规划远期目标的支撑性和延续性。

(2)从科学设置大数据资源规划的内容体系来看，在构建大数据资源规划模型的过程中，要围绕大数据资源的规划、建设、汇集、流动、共享、数据挖掘、利用服务，以及大数据基础设施建设、大数据关键技术研发、大数据人才队伍建设、大数据组织管理框架设计、大数据安全管理体系构建、大数据国际合作交流等内容，科学设置大数据资源规划的指导思想、大数据资源规划的基本原则、大数据资源规划的发展目标、大数据资源规划的主要任务、大数据资源规划的实现指标、大数据资源规划的实施建议、大数据资源规划的监管办法、大数据资源规划的保障措施等，确保大数据资源规划内容体系的科学和完善，为大数据资源规划实践的发展提供明确有效的参考框架。

(3)从科学构建大数据资源规划的组织架构来看，在构建大数据资源规划模型的过程中，要充分考虑大数据资源利益主体的多元性和复杂性，切实尊重其在大数据资源建设、大数据资源利用服务、大数据资源共享、大数据资源产权保护等方面的利益诉求。因此，在构建大数据资源规划的组织架构时，要尽可能地通过构建具有权威性的大数据资源规划组织架构，协调不同的利益主体，联合推动大数据资源规划的实施。具体地，大数据资源规划的组织架构既要发挥政府相关部门的主导作用，也要积极协调权力部门为大数据资源规划的实施提供法律保障，还要注重高科技企业、科研院所、高等院校等市场力量和社会力量的参与，并发挥它们各自的力量。

(4)从科学制定大数据资源规划的路径来看，在构建大数据资源规划模型的过程中，要注意大数据资源规划实现路径的设计，确保大数据资源规划的有序实施。这是因为大数据资源规划的路径设计关系到大数据资源规划以何种方式实施，以何种方式监管，以何种方式保障。具体地，科学的大数据资源规划实施路径，要兼顾大数据资源规划发展目标与大数据资源规划实施环境的联系，要尊重大数据资源规划实施主体的能力与大数据资源规划实施范围的关系，要重视大数据资源规划技术路径与大数据资源规划法律政策的协调，要突出大数据资源规划保障措施与大数据资源规划实施过程的配合，要考虑大数据资源规划实施手段与大数据资源规划实施进程的协调，从而确定大数据资源规划按照既定的目标、既定的节奏、既定的范围有序推进。

4.1.3 提升大数据资源规划模型的可扩展性

大数据资源规划模型的可扩展性，是指大数据资源规划模型能够有效应对因政策、管理、技术、资源等因素的调整与变革带来的冲击，更好地抓住政策变迁、技术革新等带来的新机遇，提升大数据资源规划的应变能力和可持续发展能力。大数据资源规划模型的可扩展性主要表现在以下三个方面：

(1)从大数据资源规划模型的功能可扩展性来看，由于规划是对未来整体性、长期性、基本性问题的思考，这就决定了规划具有价值引导、方向设定、监督管理等功能属性。而大数据资源规划模型作为大数据资源规划的理论抽象，必然也要将大数据资源规划的相关功能纳入其中。因此，提升大数据资源规划模型的功能可扩展性，是大数据资源规划应对现实挑战的重要途径。

(2)从大数据资源规划模型的内容可扩展性来看，由于大数据资源规划是对未来一定时期内大数据发展战略的展望，在发展演进的过程中必然面临着很多不可预知的因素，这就要求大数据资源规划模型在内容建构上要能够及时地响应并充分地反映实践发展的变化，将大数据资源规划实践发展中出现的新情况和新机遇及时地吸收进大数据资源规划模型之中，从而降低大数据资源规划变迁带来的机会成本。具体地，大数据资源规划模型的内容可扩展性主要表现为，大数据资源规划模型要能够将促进大数据资源规划发展的有利条件，比如法律制度的完善、标准规范的改进、组织管理体制的优化、技术能力的进步、基础设施的强化等，及时地融入大数据资

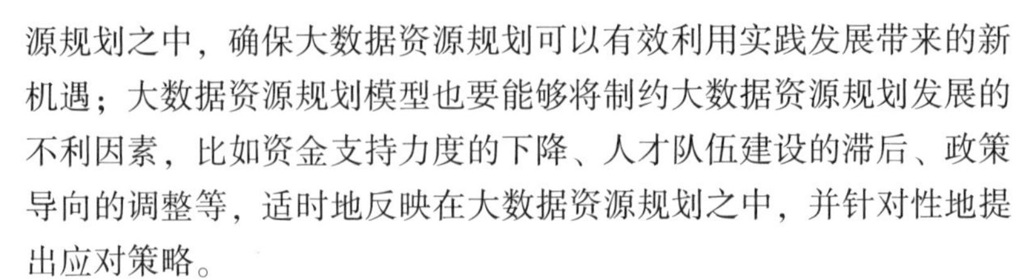
源规划之中，确保大数据资源规划可以有效利用实践发展带来的新机遇；大数据资源规划模型也要能够将制约大数据资源规划发展的不利因素，比如资金支持力度的下降、人才队伍建设的滞后、政策导向的调整等，适时地反映在大数据资源规划之中，并针对性地提出应对策略。

(3)从大数据资源规划模型的工具可扩展性来看，由于大数据资源规划制定需要应用到一系列的理论工具、政策工具、信息工具等，并将其作为大数据资源规划得以有效实施的重要支撑。但相关工具并不是一成不变的，这就要求在构建大数据资源规划模型的过程中，要及时注意相关工具的发展和调整情况，避免大数据资源规划的工具应用与实践发展脱节。具体来看，提升大数据资源规划模型工具的可扩展性，要积极吸收新理论、新理念创造出的新成果，将更具可行性、可靠性和低成本的理论工具应用到大数据资源规划之中；要紧跟政策工具调整的步伐，避免大数据资源规划与国家政策要求冲突，降低大数据资源规划实践发展的政策风险；要充分利用信息工具发展带来的新机遇，将相关的技术手段融入大数据资源规划之中，确保大数据资源规划在技术要求、技术发展趋向等方面的前瞻性和先进性。

4.1.4　注重大数据资源规划模型的可移植性

大数据资源规划模型的可移植性，是指大数据资源规划模型在强调大数据资源广泛性和大数据资源规划活动广域性的基础上，不断提升大数据资源规划模型的多场景应用能力，更好地满足不同场景下的大数据资源规划需求。其可移植性主要表现在以下两个方面：

(1)从提升大数据资源规划模型使用场景的多样性来看，由于大数据资源广泛存在于经济、政治、文化、科研活动之中，大数据资源规划的实践范围也逐渐拓展到经济规划、政府治理、社会服务、文化建设和科研管理等更为广阔的领域。大数据资源规划模型从本质上看，是大数据时代信息资源规划模型的进一步发展。信息

资源规划在信息系统建设、业务管理、政府规划等领域的普遍应用，表明信息资源规划模型具有一定的可移植性和较强的适用性，这也是信息资源规划模型能够不断发展演进的重要原因。因此，在构建大数据资源规划模型的过程中，要特别注重大数据资源规划模型的可移植性，从提升大数据资源规划模型应用场景的多样性、应用生态的迁移性等方面，增强大数据资源规划模型的发展潜力。

(2)从提升大数据资源规划模型应用生态的移植性来看，目前国家发展与改革委员会、环境保护部、国土资源部、国家林业局、交通运输部、农村农业部、工业和信息化部、水利部、国家测绘局等相关部委相继制定了《关于组织实施促进大数据发展重大工程的通知》《生态环境大数据建设总体方案》《关于印发促进国土资源大数据应用发展实施意见》《关于加快中国林业大数据发展的指导意见》《关于推进交通运输行业数据资源开放共享的实施意见》《农业农村大数据试点方案》《大数据产业发展规划(2016—2020年)》《中国大数据发展报告(2017)》《关于推进水利大数据发展的指导意见》《智慧城市时空大数据与云平台建设技术大纲(2017年版)》等，形成了大数据资源规划较为完整的生态。这就要求在构建大数据资源规划模型的过程中要充分考虑这一情况，提高大数据资源规划模型在不同应用生态之间的迁移性，增强大数据资源规划模型的适用性。

4.2 大数据资源规划的流程模型构建

流程是一系列的、连续的、有规律的活动,① 任何战略规划的制定都必须遵循科学、严格的程序规范。大数据资源规划是国家或组织机构依托其制定的整体发展战略并结合所处的内外环境条件，围绕大数据资源采集、存储、分析、利用等整个生命周期，对与大

① 水藏玺，吴平新，刘志坚．流程优化与再造(第3版)[M]．北京：中国经济出版社，2013：13.

数据资源相关的人员、设备、技术、资金等各要素进行统筹管理与科学规划的过程，旨在为大数据资源的科学管控、有序利用与价值转化提供战略指导。这一过程的有序开展必然需要结合大数据资源特点进行科学合理的流程设计与内容安排，这就决定了大数据资源规划流程模型在大数据资源规划全局中的核心地位，是实现大数据资源战略规划科学性和延续性的重要保证。

4.2.1 大数据资源规划流程模型构建的研究基础

系统梳理大数据资源规划流程模型构建的相关研究成果，可以为该模型构建的思路选择及结构设计提供重要的研究基础和参考借鉴。

从已有研究成果看，直接研究大数据资源规划流程模型构建的文献仅有 2 篇，主要从大数据资源规划流程模型构建的重要性及具体应用场景下大数据资源规划流程模型构建思路两个方面进行探讨。其中，周耀林、赵跃等提出，无论是组织还是国家，都需要从战略高度出发，重视包括规划的流程模型在内的大数据资源规划模型的构建问题。① 周耀林、常大伟认为面向政府决策的大数据资源规划流程可划分为规划制定、规划实施、规划应用、规划评估与完善四个阶段，其中，规划制定主要为分析大数据资源规划的战略环境、动力因素、价值取向与核心内容等；规划实施主要为规划与建设大数据的数据资源、基础设施、保障因素、数据处理能力等在内的大数据资源体系；规划应用主要为借助大数据技术进行大数据资源开发利用与价值挖掘；规划评估与完善主要为调整与完善大数据资源规划模型。② 相关成果为大数据资源规划的流程模型构建提供了具体参考，奠定了研究的重要基础。

① 周耀林，赵跃，段先娥．大数据时代信息资源规划研究发展路径探析[J]．图书馆学研究，2017(15)：35-41.

② 周耀林，常大伟．面向政府决策的大数据资源规划模型研究[J]．情报理论与实践，2018，41(8)：42-47.

在相关研究方面，围绕企业等不同领域的战略规划流程的研究成果已较为丰富。例如，罗清亮、戴剑认为完整的企业战略规划是由战略分析、战略制定、战略实施和战略反馈四个环节构成的闭环系统。① 再如，图书馆战略规划的流程，赵益民认为主要包括组织保障、目标确立、方案拟订和文本编制四大环节。其中，组织保障环节主要包括战略规划专职结构的设立、基本信息的收集、核心信念的确立；目标确立环节主要包括图书馆战略环境分析、战略目标确立、战略资源评价、战略支持意愿评价；方案拟订环节主要包括图书馆战略定位明确、行动计划编制、实施方案优化；文本编制环节主要包括规划文本的体例结构、内容特征与形成推广。② 在信息资源管理领域，这样的例子也很多。柯青基于系统观提出，数字信息资源战略规划过程包括数字信息资源战略的总体环境和内部条件分析、数字信息资源战略功能定位、数字信息资源战略的形成三个阶段。③ 周耀林、覃双提出，名人档案信息资源规划流程主要分为环境分析、规划设计、价值实现三个阶段。④ 郭路生、刘春年从EA出发，提出应急信息资源规划包括环境分析、战略规划、EA框架设计、EA规划、设施计划五个步骤。⑤ 崔强从战略地图出发，认为文献信息资源规划包括明确需求差异、确定目标客户群及其需求内容、制定文献信息资源价值变化时间表、建立战略主题、完成战略资本准备、决定最终具体战略行动方案等流程。⑥

① 罗清亮，戴剑．战略规划：企业持续成功的基因[M]．上海：上海财经大学出版社，2015：8.

② 赵益民．图书馆战略规划流程研究[M]．北京：北京图书馆出版社，2011：125.

③ 柯青．数字信息资源战略规划：基于“我国学术数字信息资源公共存取战略”的分析[M]．南京：东南大学出版社，2008：90.

④ 周耀林，覃双，常大伟．名人档案信息资源规划研究[J]．北京档案，2018(6)：16-19.

⑤ 郭路生，刘春年．大数据环境下基于EA的政府应急信息资源规划研究[J]．情报杂志，2016，35(6)：171-176.

⑥ 崔强．基于战略地图的文献信息资源规划研究[J]．图书馆学研究，2012(10)：37-39.

总之，大数据资源规划、商业和公共文化领域战略规划流程以及系统论、EA 理论、战略地图等视角下的各类型信息资源规划研究为大数据资源规划流程的认识及流程模型的构建提供了重要的参考借鉴。

4.2.2 大数据资源规划流程模型构建的主要原则

大数据环境下的数字信息资源在空间结构和时间结构上均表现出新的变化，空间分布更趋向于扁平化和多样化，不同生命阶段的数据之间的内部关联大大增强。① 大数据资源在数据分布、数据规模、数据结构、数据来源及数据价值密度等方面均呈现出新情况和新特征，使得大数据资源规划同传统的信息资源规划相比，规划主体更具有层次性和关联性、规划对象更具有复杂性和差异性、规划方法更具有多样性和灵活性、规划层次上升至战略高度、规划重点转移到数据层面。为此，构建大数据资源规划流程模型，必须在参考各领域尤其是信息资源领域规划流程研究的基础上，将大数据资源及其规划的新特点充分考虑在内，同时结合当前大数据发展面临的内外环境条件进行通盘考量，以适应大数据资源规划与统筹发展的新趋向。具体地，大数据资源规划流程模型的构建需要遵循科学性、战略性、可操作性等原则。

(1)科学性原则

大数据资源规划流程模型是对大数据资源规划过程及各阶段主要内容的理论抽象和高度概括，其在流程设计及内容安排方面是否科学，将直接影响到规划各环节工作的具体成效，甚至关乎大数据资源规划全局。大数据资源规划流程模型构建的科学性主要体现在两个层面：

其一，大数据资源规划流程模型的选择，需要基于大数据资源发展实践需求的充分调研和深入分析，从而保证构建的大数据资源

① 张斌，马费成. 大数据环境下数字信息资源服务创新[J]. 情报理论与实践，2014(6)：28-33.

规划流程模型能够为大数据资源规划实践全局及各环节的具体工作提供科学指导。

其二，大数据资源规划流程模型的构建应是标准化与个性化兼备的，[①] 既要为大数据资源规划实践提供标准化的流程模型，同时，也应考虑国家、地区、行业、机构等不同层面及不同类型大数据资源规划的不同特点，使得构建的规划流程模型也具备个性化特征。

(2)战略性原则

大数据资源极具战略地位和战略价值，已经成为国家发展和企业竞争的新引擎。正因为如此，无论是国家层面还是企业层面的大数据资源规划，都必须具备战略引导价值，这就决定了大数据资源规划流程模型的构建同样需要遵循战略性原则。大数据资源规划流程模型构建的战略性主要体现在两个方面：

其一，在总体设计方面，大数据资源规划流程模型构建必须与国家大数据发展整体战略或企业大数据发展整体战略相适应、相协调，在上述总体战略框架体系内考虑大数据资源规划流程模型构建的方法、基本思路等问题。

其二，在具体内容方面，大数据资源规划流程模型构建需要从国家战略或企业发展战略的高度出发，通盘考虑大数据资源规划面临的内外环境条件，具备长远意识和战略眼光，合理制定大数据资源规划各环节、各阶段的主要目标和基本内容，提升大数据资源规划的战略引导价值。

(3)协同性原则

大数据资源规划旨在实现大数据资源的高效流通与有效利用，最大程度地释放其战略价值，其重要原则之一便是数据统筹，即对大数据资源的建设、管理及开发利用等各环节，以及各行业、各领域的大数据资源进行统一规划、统筹安排，这一过程必然涉及不同的利益主体。

---

① 柯平．图书馆战略规划：理论、模型与实证[M]．北京：国家图书馆出版社，2013：275.

基于不同的利益主体，构建大数据资源规划流程模型时需要充分考虑多主体的协同参与问题，遵循协同性原则。例如，在编制和确立国家大数据资源规划流程的过程中，除需坚持国家层面以政府为主导之外，还应积极吸纳科研机构、行业协会、社会组织、企业等外部主体协同，参与到大数据资源规划流程的设计全过程，注意采纳不同利益相关者的流程规划与内容安排建议，从而推进大数据资源规划流程模型构建的合理性，也为规划的顺利实施与应用奠定基础。

4.2.3 大数据资源规划流程模型的基本结构设计

结合前文分析可以看出，大数据资源规划流程模型包括规划准备、规划设计、规划实施、规划应用、规划评估与完善五大环节，具体如图 4-1 所示。

图 4-1 大数据资源规划流程模型

4.2.3.1 大数据资源规划准备阶段

大数据资源规划的准备阶段，主要是对大数据资源规划制定所

需的人员、资金、信息等资源进行准备和安排，为大数据资源规划过程的顺利开展提供重要的资源保障。

具体而言，在人员方面，需要组建专门的大数据资源规划组织机构，保证不同参与主体之间能够实现协同配合，在大数据资源规划全过程履行统筹管理和监督职责；在资金方面，大数据资源规划是一项参与人员众多、持续周期较长的系统工程，需要充足的资金予以保障；在信息资源方面，大数据资源规划的制定离不开相关信息资源的辅助和支撑，包括大数据产业发展状况、大数据发展相关的政策文件、大数据资源规划需求调研信息等。

4.2.3.2 大数据资源规划设计阶段

大数据资源规划的设计阶段，主要是对大数据资源规划的战略环境、战略目标、核心内容进行系统评估与分析。

具体而言，在战略环境方面，主要是对大数据资源规划的政策环境(包括大数据发展相关的战略及信息资源开放政策等)、资源环境(包括大数据资源的类型、分布、利用状况等)、技术环境(主要包括数据分析技术、数据挖掘技术等)及需求环境(主要包括大数据资源规划的现实需求与潜在需求)进行充分调研与分析，旨在明确大数据资源规划的政策导向、资源状况、技术方式及规划需求，形成清晰的规划方向。在战略目标方面，主要是以大数据资源规划的总体战略及基本原则为指导，将大数据资源规划使命、规划愿景、规划未来发展方向等高度抽象后形成大数据资源规划的目标。在核心内容方面，主要是基于前期的环境分析及目标确立，从不同维度出发确立大数据资源规划的基本架构及核心内容。

4.2.3.3 大数据资源规划实施阶段

大数据资源规划的实施阶段，主要是从数据资源建设、基础设施完善、数据处理能力提升、保障体系构建等方面出发，规划与建设大数据资源体系，从而将大数据资源规划理论体系付诸实践。

具体实践中，数据资源建设面向不同领域、不同行业、不同类型的数据资源，是大数据资源规划的重要资源基础；基础设施完善包括各类数据库系统、各类资源中心等的建设，是大数据资源规划的重要平台支撑；数据处理能力涵盖大数据分析、大数据挖掘等能力，是大数据资源规划的重要动力来源；保障体系构建主要涉及知识产权、隐私安全等相关的法律法规、制度标准建设，是大数据资源规划的重要支撑因素。

4.2.3.4 大数据资源规划应用阶段

在大数据资源规划应用阶段，主要是依托大数据技术挖掘大数据资源的潜在价值，并在不同场景下探索大数据资源规划的应用方式与发展路径。

具体应用过程中，大数据资源应用阶段主要包括应用需求识别、应用方案确立、应用效果评估等阶段。其中，应用需求识别主要是对某一具体应用场景下的大数据资源规划需求进行识别，形成个性化的应用需求报告；应用方案确立主要是针对不同场景下的不同应用需求，制定个性化的大数据资源规划方案；应用效果反馈主要是借助于技术监测、公众反馈等手段对面向该场景的大数据资源规划方案实施效果进行综合评估。

4.2.3.5 大数据资源规划评估与完善阶段

大数据资源规划评估与完善阶段，主要是依据政策环境变化、规划需求变化以及大数据资源规划实践的效果，对大数据资源规划的流程安排进行评估、调整和完善。

在此过程中，应对大数据资源规划的政策环境、资源环境、技术环境、需求环境的变化进行充分分析，对大数据资源的数据资源、基础设施、数据处理能力及保障体系等建设情况进行综合考量，结合大数据资源规划的未来发展方向，对大数据资源规划流程进行评估、调整、优化和完善。

综上所述，笔者结合大数据资源采集、存储、分析和利用的整个生命周期的具体内容和特点，以科学性、战略性、可操作性为指导原则，设计了由大数据资源规划准备、大数据资源规划设计、大数据资源规划实施、大数据资源规划应用、大数据资源规划评估与完善五个环节构成的大数据资源规划流程模型，以期对大数据资源相关要素进行统筹管理与科学规划，促进大数据资源的科学管控、有序利用以及多元价值的实践转化。

4.3　大数据资源规划的组织模型构建

大数据资源规划的组织模型是对大数据资源规划组织体系、组织结构、组织功能的理论抽象和逻辑建构，反映的是大数据资源规划的参与主体在何种组织框架内制定大数据资源规划的发展愿景、传导大数据资源规划的战略意图、监督大数据资源规划的组织实施、评估大数据资源规划的实践效果。构建大数据资源规划的组织模型，有助于从组织管理视角审视大数据资源规划的运行过程，明确大数据资源规划主体的责任和协同方式。下面从大数据资源规划组织模型构建的基础、大数据资源规划组织模型的构成主体、大数据资源规划组织模型的结构及功能方面，具体探讨大数据资源规划的组织模型构建问题。

4.3.1　大数据资源规划组织模型构建的基础

为了进一步明确大数据资源规划模型构建的思路，有必要对大数据资源规划组织模型构建的相关理论与实践进行梳理，明确大数据资源规划模型构建的认识基础和实践基础。

4.3.1.1　大数据资源规划组织模型构建的认识基础

从目前的研究成果来看，关于大数据资源规划组织模型的专门研究尚未起步。但是，关于组织模型的研究已经引起学界的重视，并积累了相关成果。例如，崔树卿认为“从系统论的角度出发，组织模型分为理念子系统、结构子系统、运行子系统、绩效子系统”。① 赵彦志根据知识的种类和知识创造、转移的组织形态之间的联系，认为存在基于科层、学术共同体、文化、冲突以及无政府状态的五种大学组织模型，并指出随着知识经济的进一步发展，尤其是新知识的不断产生和人类知识的不断融合，大学组织模型还将发生更为深刻的变化。② 贾旭东利用扎根理论，理清了虚拟政府组织的总体结构，明确了盟主与盟员间的合作与分工关系，构建了一个一般性的虚拟政府组织结构模型，即由中心部门、虚拟管理部门、盟员的 CM 和 IM 以及连接它们的虚线和实线共同构成的这样一个虚实结合的星型结构。③ 杨曙认为在经济全球化背景下，提高数字出版企业的协同创新机制是当前要解决的重大问题，并据此构建了由政府部门、高校与科研机构、社会服务体系、技术环境、用户、同类企业构成的数字出版企业的外部协同组织模型。④

上述研究成果，既有基于组织层面的，也有基于大学、虚拟政府组织、出版等政府和行业组织。虽然关于组织模型的研究尚没有系统化，但为我们从系统论、协同论、知识交流等视角认识大数据资源规划的组织模型构建提供了参考。

4.3.1.2 大数据资源规划组织模型构建的实践基础

国家大数据发展政策的制定和大数据发展组织管理架构的设立，为构建大数据资源规划组织模型提供了重要的实践参考。

从政策制定来看，国务院《促进大数据发展行动纲要》指出，要“完善组织实施机制，建立国家大数据发展和应用统筹协调机制；加强中央与地方协调，引导地方各级政府结合自身条件合理定

① 崔树卿．组织模型及组织发展影响因素研究[D]．石家庄：河北科技大学，2012：61.

② 赵彦志．大学组织模型：一个基于知识分析的理论框架[J]．教育研究，2011，32(5)：31-35.

③ 贾旭东，郝刚．基于经典扎根理论的虚拟政府概念界定及组织模型构建[J]．中国工业经济，2013(8)：31-43.

④ 杨曙．数字出版企业的外部协同组织模型研究[J]．编辑学刊，2016(1)：93-98.

位、科学谋划；设立大数据专家咨询委员会，为大数据发展应用及相关工程实施提供决策咨询；各有关部门要共同推动，形成公共信息资源共享共用和大数据产业健康安全发展的良好格局”。① 这为大数据资源规划组织模型构建提供了政策导向。

在组织管理架构设立上，一方面，国家层面成立了“大数据发展咨询专家委员会”，将徐宗本院士、梅宏院士等 10 余名专家吸纳到国家大数据专家咨询委员会，并设大数据应用组专家 20 名，产业组、安全组专家各 10 名，其基本职能是重点开展实施国家大数据战略相关重大问题的前提研究，为出台相关政策措施提供研究支撑，为大数据发展应用及相关工程实施提供决策咨询。另一方面，国家发展与改革委员会牵头成立了“促进大数据发展部际联席会议”，构成单位包括国家发展与改革委员会、工业和信息化部、财政部、中央网信办、中央编办、法制办、安全监管总局、食品药品监管总局、统计局、林业局、工程院、教育部、人力资源社会保障部、国土资源部、环境保护部、商务部、文化部、交通运输部、水利部、银监会、证监会、农业部、公安部、安全部、民政部、国防科工局、海洋局、测绘地信局、保密局、质检总局、卫生计生委、人民银行、审计署、税务总局、工商总局、气象局、中科院、科技部、住房城乡建设部、能源局、保监会、自然科学基金委、旅游局等 43 个部门和单位。其中，联席会议由国家发展与改革委员会主要负责同志担任召集人，国家发展与改革委员会、工业和信息化部、中央网信办分管负责同志担任副召集人，其他成员单位有关负责同志为联席会议成员；联席会议办公室设在国家发展与改革委员会，承担联席会议日常工作；联席会议设联络员，由各成员单位各有关司局负责同志担任。②

由此可知，国家大数据发展的政策要求和大数据发展专家咨询

① 国务院．促进大数据发展行动纲要[EB/OL]．[2020-10-11]．http：//www. gov. cn/zhengce/content/2015/09/05/content_10137. htm.

② 国家大数据发展专家咨询委员会[EB/OL]．[2019-08-02]．http：//bigdata. sic. gov. cn/index. htm.

委员会、促进大数据发展部际联席会议的实践进展，为构建大数据资源规划模型提供了参考方向。

4.3.2 大数据资源规划组织模型的构成要素

大数据资源规划组织模型是对大数据资源规划组织管理框架的理论抽象，反映的是大数据资源规划组织管理框架的主要内容。因此，构建大数据资源规划组织模型，必须要考虑大数据资源规划组织管理涉及的主体要素、环境要素、工具要素和运行机制，并将其内在关联体现在大数据资源规划组织模型之中。

4.3.2.1 大数据资源规划组织模型的主体要素

大数据资源规划组织模型中的主体要素主要包括领导主体、协同主体和执行主体三部分。

大数据资源规划组织模型的领导主体，是政府职能部门、行业主管机构等管理部门，负责制定大数据资源规划的发展战略，统筹组织和监督管理大数据资源规划的实施，提供大数据资源规划的资源支持，协调大数据资源规划的实施进度。

大数据资源规划组织模型的协同主体，是在大数据资源规划过程中能够提供辅助和支持的利益相关方，包括相关的政府部门、事业单位、科研院所、智库和咨询机构、社会组织和公众等，负责为大数据资源规划领导主体提供政策建议、智力支持、资源支持、人才支持等。

大数据资源规划组织模型的执行主体，是在隶属关系和职能划分上执行大数据资源规划领导者所制定规则的主体，以与大数据相关的政府职能部门和业务部门为主。

4.3.2.2 大数据资源规划组织模型的环境要素

大数据资源规划组织模型的环境要素，从性质上来看主要包括影响大数据资源规划的体制因素、政策因素、法律因素、资源因素、技术因素五大方面。

大数据资源规划组织模型的体制因素是指在大数据资源规划组织模型构建过程中需要的政治体制、经济体制和社会体制等宏观因素，它决定了大数据资源规划将按照何种方式加以组织和推进。

大数据资源规划组织模型的政策因素是指大数据发展政策在价值导向、任务重心、支持力度等方面对大数据资源规划组织实施的影响，是大数据资源规划组织模型构建的重要依据。

大数据资源规划组织模型的法律因素是指关于大数据资源交易、大数据资源共享、大数据隐私保护、大数据安全等方面的法律法规，为大数据资源规划的实践发展提供法律保障和必要的约束条件。

大数据资源规划组织模型的资源因素是指大数据资源规划相关的基础设施、人才队伍、资金等方面的资源条件，是大数据资源规划得以有效推进的物质基础。

大数据资源规划组织模型的技术因素是大数据资源规划相关的管理技术、信息技术等的总称，是大数据资源规划的重要保障。

4.3.2.3 大数据资源规划组织模型的工具要素

大数据资源规划组织模型的工具要素，主要包括大数据资源规划组织模型构建的理论工具、政策工具和信息工具。

大数据资源规划组织模型的理论工具是大数据资源规划组织模型构建的理论支撑，涉及战略规划理论、协同发展理论、信息资源规划理论和信息资源配置理论等，可以为大数据资源规划组织模型提供理论依据和理论指导。

大数据资源规划组织模型的政策工具体现的是大数据资源规划组织模型建构过程中的政策选择，是决策者在特定背景下从工具箱中选择适当的工具加以运用，以确保政策实施效果的活动，主要包括信息性政策工具、经济性政策工具、管制性政策工具、组织性政策工具及市场化工具，① 为了提升大数据资源规划组织模型的实践

① 徐媛媛，严强．公共政策工具的类型、功能、选择与组合[J]．南京社会科学，2011(12)：73-79.

效果，需要有效搭配和使用相关的政策工具组合。

大数据资源规划组织模型的信息工具是大数据资源规划组织模型建构的重要工具，通过强化信息整合、信息关联、信息交互等技术方法在大数据资源规划组织模型中的应用，提升大数据资源规划的实施效果。

4.3.2.4 大数据资源规划组织模型的运行机制

大数据资源规划组织模型涉及大数据资源规划的主体要素、环境要素和工具要素等因素，如何将不同的要素统一于大数据资源规划组织模型之中，并发挥应有的作用，就需要构建有效的大数据资源组织模型的运行机制，为不同要素作用的发挥提供必要的保证。

在建立大数据资源组织模型的运行机制时，要充分考虑不同主体要素在大数据资源规划组织管理中的地位和作用，实现不同主体间的协同配合；也要考虑不同环境因素对大数据资源规划组织实施的影响和制约，在积极发挥大数据规划有利因素的同时，尽可能地降低大数据资源规划实施的不利因素；还要考虑不同工具类型在大数据资源规划过程中的作用和应用方式，优化大数据资源规划理论工具、政策工具和信息工具的组合。因此，构建大数据资源规划组织模型的有效运行机制，是大数据资源构建要素充分发挥作用的重要前提，也是大数据资源规划得以有效展开的重要保障。

4.3.3 大数据资源规划组织模型的基本结构

结合大数据资源规划组织模型不同构成主体在大数据资源规划中的具体作用，构建了由大数据资源规划制定部门及其职能部门、大数据资源规划协同部门、大数据资源规划执行部门及其职能部门组成的大数据资源规划组织模型，具体如图 4-2 所示。

图 4-2 中，大数据资源规划领导主体的任务是在大数据资源规划制度环境、政策环境、技术环境、需求环境、资源环境等内外部环境分析的基础上，通过吸收大数据资源规划协同主体的相关建议和意见，利用理论工具、政策工具和信息工具等多种工具制定大数

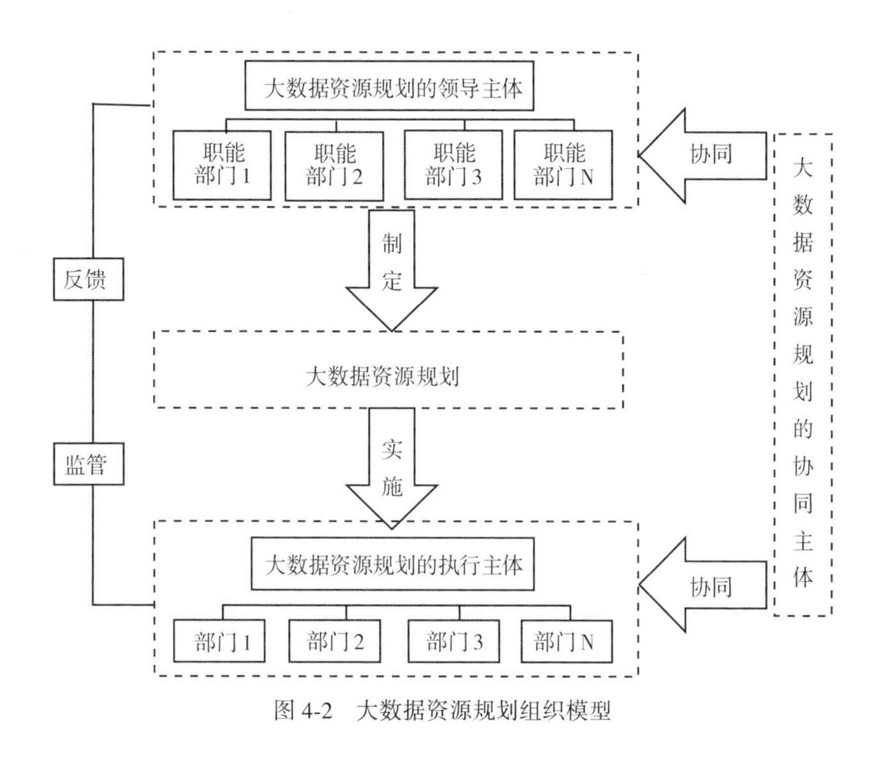

图 4-2 大数据资源规划组织模型

据资源规划、配置大数据资源要素、统筹和组织大数据资源规划实施，确定大数据资源规划的发展战略、主要任务、基本路径、保障体系等，并将大数据资源规划的内容下发给相关执行主体实施，并在实施的过程中利用法律手段、行政手段、经济手段、管理手段等措施进行必要的监督和管理。

大数据资源规划的协同主体是通过制定与大数据资源规划相关的法律、政策、标准等配套制度，提供有助于大数据资源规划实施的发展方案、技术路径、改革建议、优化措施等智力要素，以及第三方监督、第三方评价、业务外包、金融服务等服务要素，协同推进大数据资源规划实施的主体。

大数据资源规划的执行主体主要是接收大数据资源规划领导主体下发的相关任务，并结合具体的职能部门对大数据资源规划的整体内容加以分解、细化和实施。一方面，要积极吸纳大数据资源规划协同主体参与大数据资源规划的推进，为大数据资源规划协同主体参与大数据资源规划实践提供参与渠道和服务平台；另一方面，要将大数据资源规划实施过程中发现的新问题、新情况以及大数据资源规划过程中形成的新实践、总结的新经验，及时反馈给大数据资源规划领导主体，为大数据资源规划领导主体适时调整大数据资源规划提供案例参考和实践依据。

综合上述分析可以看出，大数据资源规划组织模型的构成要素主要包括主体要素、环境要素、工具要素和运行机制。大数据资源规划的制定部门及其职能部门、大数据资源规划的协同部门、大数据资源规划的执行部门及其职能部门，则在一定的组织环境、制度环境、技术环境和运行机制的约束下，相互合作共同构成大数据资源规划的组织模型。

4.4 大数据资源规划的评估模型构建

继美国 2012 年提出《大数据研究和发展计划》(*Big Data Research and Development Initiative*)后，英国 2013 年发布了《把握数据带来的机遇：英国数据能力战略规划》(*Seizing the Opportunities of Data: The UK Data Capability Strategy*)，欧盟 2014 年提出了“欧盟大数据价值战略研究和创新议程”，加拿大、日本、澳大利亚也先后制定了国家大数据资源发展规划。在我国，国务院 2015 年 8 月发布了《促进大数据发展行动纲要》，工信部 2016 年 12 月出台了《大数据产业发展规划(2016—2020)》。上述《纲要》与《规划》提出了我国未来 5~10 年内大数据资源规划的指导思想、总体目标、主要任务等。在国家层面数据资源规划的指导下，各地方、各部门、各行业纷纷制定大数据规划，加速了数据资源的整合、处理、分析和挖掘。

然而，由于实施大数据规划的时间短，相关制度建设不够完善，大数据规划的实施过程与结果缺乏科学的监测与评估，反馈机制尚不健全，调控能力较为薄弱。为此，需要构建大数据资源规划

的评估模型，评估现有的国家或机构的大数据资源规划状况，提升其未来大数据资源规划的能力。

科学制定大数据资源规划实施评估模型旨在对大数据资源规划执行的效果进行科学客观地测评，以期使用合理的建设成本达到最佳或优化的产出价值，保障大数据资源规划建设的可持续性，在横向环比的基础上为国家政策扶持提供现实依据，在纵向比对的基础上指引下一个阶段的大数据资源规划建设。

4.4.1 大数据资源规划评估的内涵

大数据资源规划评估目前尚且没有界定。从组成上看，它是由"大数据""资源规划"和"评估"或"规划评估"几个词语或词组组成。对各个组成部分的含义的解读，有助于界定大数据资源规划评估的内涵。

"资源规划"是管理者根据内外部环境的研判以及现有的认识，对开发利用和有效管控大数据资源的未来构想以及实施方案选择的过程，它是一种行为，一个动态往复的过程。①②

"评估"有评价和估量的意思，其目的是确定目标的相关性和相应的完成情况、效率、效果、影响和可持续性。③"规划评估"是指专业机构和人员，按照法律法规和准则规范等，根据特定目的，遵循评估原则，依据相关程序，运用科学方法，对规划进行分析、估算并发表专业意见的行为和过程。④规划评估按照时间可以划分为事前评估——过程评估——事后规划。评估主要包括规划方

① 周耀林，赵跃，Zhou Jiani. 大数据资源规划研究框架的构建[J]. 图书情报知识，2017(4)：59.

② 李月，侯卫真. 我国信息资源规划研究综述[J]. 情报杂志，2014，33(9)：152.

③ 田德录，方衍.《科学素质纲要》实施的监测评估理论框架研究[J]. 科普研究，2008(3)：18.

④ 林立伟，沈山，江国逊. 中国城市规划实施评估研究进展[J]. 规划师，2010，26(3)：14.

案评估和实施评估。① 据此，大数据资源规划评估分为规划文本评估与规划实施评估。其中，规划文本评估即文本质量评估，是对规划文本编制质量的合理性和科学性进行评估，评估规划文本编制的内容是否达到了国家相关标准和规范的要求，在编制的价值观上、具体过程和成果内容上是否科学合理。② 规划实施评估，包含对规划实施过程和规划实施结果的评估，指依据大数据资源规划文本设定的目标、任务、组织权责、配套保障等，评估实施过程、实施结果与规划目标之间的一致程度，包括实施进度、目标达成率、用户满意度等。大数据资源规划评估的结果可能是现有规划的持续、调整，抑或是新行动的开展、新规划的推行。③

4.4.2 大数据资源规划评估模型

4.4.2.1 规划文本评估

高质量的规划文本是保障规划顺利实施的前提,④ 对所编制的规划文本进行恰当评估可以催生出高质量的规划文本。⑤ 大数据资源规划文本评估是对国家、各区域、各行业大数据资源规划文本的科学性与可行性进行评价，评价结果将作为规划文本调整的依据。大数据资源规划文本评估是一个闭环过程，包含评估队伍的构建、

① 胡建辉．历史文化名镇保护规划文本的评估[D]．哈尔滨：哈尔滨工业大学，2017.

② 胡建辉．历史文化名镇保护规划文本的评估[D]．哈尔滨：哈尔滨工业大学，2017.

③ 陈娟．大数据信息资源规划的实施策略探讨[J]．办公室业务，2016(2)：97.

④ Berke P, Godschalk D R. Searching for the Good Plan：A Meta-Analysis of PlaQuality Studies[J]. Journal of Planning Literature, 2009, 23(3)：227.

⑤ 宋彦，陈燕萍．城市规划评估指引[M]．北京：中国建筑工业出版社，2012.

评估人员的培训、评估的实施以及评估报告的形成。大数据资源规划文本评估通过实施科学的评估标准与方法，得出文本评估结果，并通过对反馈结果进行分析来优化规划文本。评估工作可多次进行，充分调整。其基本流程如图4-3所示。

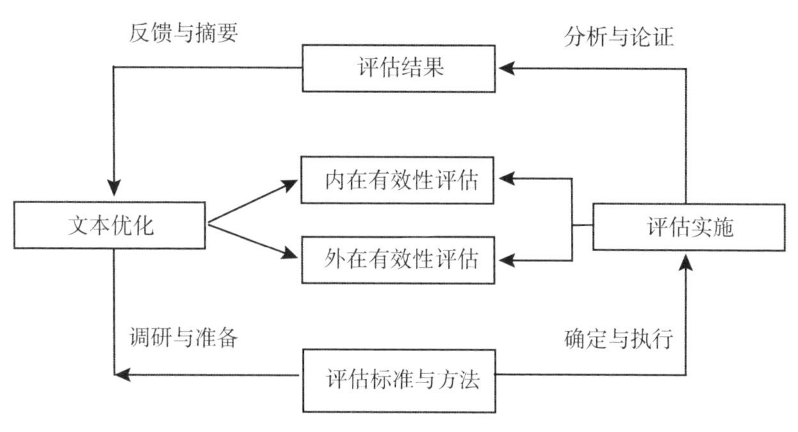

图4-3　大数据资源规划文本评估流程

(1)评估主体

大数据资源规划涉及的单位与部门广泛，任何产生有价值的数据的单位、部门乃至个人都在规划范围内。大数据资源规划对信息技术提出较高的要求，一方面，规划要对大数据技术和应用的未来发展有前瞻性的预测；另一方面，规划要对大数据资源建设的组织部门及其关系有较为全面的了解。因此，大数据资源规划的评估主体需要具备了解规划范围内各部门职能、熟悉大数据资源建设现状、掌握大数据技术等素养，具有对未来信息技术发展的宏观科学的认知。

由于大数据资源规划涉及多方合作，不同部门、不同行业对大数据资源规划文本的理解存在不同的视角，因此，大数据资源规划评估是一个多方评估过程。

一般而言，可由政府部门和规划局来统筹评估工作，组建由政府牵头，规划部门、规划相关部门、专家、咨询机构、公众等参与在内的评估组织。评估主体可以通过评估会议、评估座谈、网络评估等方式参与到评估过程中。

（2）评估标准

20 世纪 90 年代，关于规划文本质量的研究开始涌现。第一波研究学者以伯克（Berke）、弗伦奇（French）、伯比（Burby）等为代表，他们认为规划文本的核心部分包括事实基础、目标和相关政策三方面。① 其后的许多研究认为，规划文本的构成内容应该得到拓展，包括问题识别与愿景陈述、内部一致性、规划实施、规划监督和评估、规划组织与交流、与其他规划的协调、对上级政府任务的遵循等。②③ 在此基础上，Berke P 和 Godschalk D④ 将上述分散的规划文本质量要点总结为两个维度：内在有效性和外在有效性。其中，内在有效性指规划文本自身内容的完整性和逻辑性，即考察规划内容要素是否完备清晰，要素结构关系是否渐进一致和相互协调；外在有效性指规划文本与现有规划间的融合程度和政府机构间的协调程度，包括对“垂直级”规划的承接性评价和对“平行级”相关规划的协调性评价。⑤ 具体内容见表 4-1。

---

① Berke Philip R. Enhancing Plan Quality: Evaluating the Role of State Planning Mandates for Natural Hazard Mitigation [J]. Journal of Environmental Planning and Management, 1996, 39(1): 79.

② Conroy Berke. What Makes a Good Sustainable Development Plan? An Analysis of Factors that Influence Principles of Sustainable Development [J]. Environment and Planning A, 2004, 36(8): 1381.

③ Brody Samuel D. Are We Learning to Make Better Plans? A Longitudinal Analysis of Plan Quality Associated with NaturalHazards [J]. Journal of Planning Education and Research, 2003, 23(2): 191.

④ Berke P, Godschalk D. Searching for the Good Plan: A Meta-Analysis of Plan Quality Studies[J]. Journal of Planning Literature, 2009(3): 227.

⑤ 宋彦，唐瑜，丁国胜，陈燕萍．规划文本评估内容与方法探讨——以美国城市总体规划文本评估为例[J]. 国际城市规划，2015，30(S1)：71.

表 4-1　　大数据资源规划文本评估对象、指标与标准

评估对象	评估指标	评估标准
内在有效性	规划依据	数据与事实是否来源真实可靠且有详细标注？
		数据和事实是否全面完整？
		数据是否及时更新？
		采纳的数据与事实是否有用？
		是否符合编制标准？
	规划文本描述	规划内容是否完整？
		规划设置的标准是否清晰可行？
		文本语言是否具备逻辑性？
		文本语言是否表达准确？
		内容要素名称是否专业？
		内容表示是否刚性？
	规划目标	目标是否有详实的数据与事实支撑？
		目标是否反映社会全貌？
		目标方向与目标值是否清晰明确？
		规划范围是否清晰明确？
		目标是否分解为具体行动？
	行动计划	是否有完成相应阶段目标的策略？
		行动计划是否有时间规划与进度表？
		行动计划是否有权责分明？
		行动计划是否有评价标准和度量指标？
		是否有备选行动计划？

续表

评估对象	评估指标	评估标准
外在有效性	纵向协调	规划目标和行动是否与上层规划目标相统一？
		规划目标和行动是否有下层单位承接？
		行动计划之间的上下级协同方案是否明确？
		行动计划之间的上下级协同方案是否合理？
		规划目标是否符合社会基础设施和环境承载力？
	横向协调	是否与其他地域和其他类型的公共规划相互协同？
		是否与其他地域和其他类型的公共规划相整合？
		“平行”合作方案利益划分是否明确且合理？
		“平行”合作方案是否有明确的定位与分工？

(3)评估方法

在具体实施文本评估之前，评估工作需要做三类前期准备：

一是对评估资料的收集，含大数据资源规划国家与地方标准、相关评估规范与标准、大数据资源规划文本内容与阐释、大数据资源规划评估案例的分析、大数据资源管理现状的调研、大数据资源管理现状与规划目标之间的对比、评估问卷的设计等。

二是对评估组织与评估人员的确定，包括政府部门的参与范围、专家邀请、咨询公司的选择、公众的邀请与选择等。

三是对评估流程的确定，如问卷发放、评估结果计算、评估结果分析、评估报告的编制、规划文本的调整与座谈等。

在充分准备的基础上，依据制定的评估标准与评估问卷实施文本评估。规划文本评估指标可依据指标的重要程度赋予权重，基本结构为：评估指数$=x_1\times$规划依据$+x_2\times$规划文本描述$+x_3\times$规划目标$+x_4\times$行动计划$+x_5\times$纵向协调$+x_6\times$横向协调，其中x_1、x_2、x_3、x_4、x_5、x_6分别为各指标的权重系数。

规划文本评估一般采用计分表的方法进行赋值评价，通过对文本内容的内在有效性和外在有效性的符合程度进行赋值，来判断该

项指标的完成情况。大数据资源规划文本评估可采用李克特五级量表(该量表由一组陈述组成，每一陈述有“非常同意”“同意”“不一定”“不同意”“非常不同意”五种回答，分别记为5、4、3、2、1，每个被调查者的态度总分就是他对各道题的回答所得分数的加总，这一总分可说明他的态度强弱或他在这一量表上的不同状态)，若规划文本内容中指标项存在，则分数≥1，依据指标完成的程度，可分别赋值1~5；若指标项不存在，则分数=0。

评分方式可以采用单方评分和多方评分的方式。单方评分由指定的评分方依据评分指标进行评分，根据总评分判断规划文本是否完善。多方评估是指由多个指定方依据评分指标进行评分，在评估过程中可以进行二轮评估。其中，第一轮评估结果的差值可以用于检测指定评估方对评估指标理解的差异，并依次对评估指标进行调整与解释，在此基础上进行二轮评估，以提高评估结果的准确性。对于不同的指定方的评估意见，可以依据意见的重要程度进行赋值，最终通过对多方评分结果的计算得出最终的评分结果用于判断评估文本的质量。同时，文本评估也可采用定量与定性相结合的方式进行，在评分表的基础上引入专家咨询和民意征集等，填补定性评估过程中遗漏的关注项。

4.4.2.2 规划实施评估

大数据资源规划实施评估是在完善评估制度、明确评估主体、严格评估标准、规范评估方法的基础上，对大数据资源规划实施过程进行评估和检验的过程。由此可见，大数据资源规划实施评估模型主要涉及评估制度、评估主体、评估标准和评估方法四方面内容。如图4-4所示。

(1)大数据资源规划实施评估制度

大数据资源规划实施评估制度是指根据大数据资源规划发展水平、发展目标和发展计划，规定大数据资源规划实施评估规则与运作模式、评估对象、评估目的、评估类别、评估内容范围、评估标准、评估流程、评估方法等。

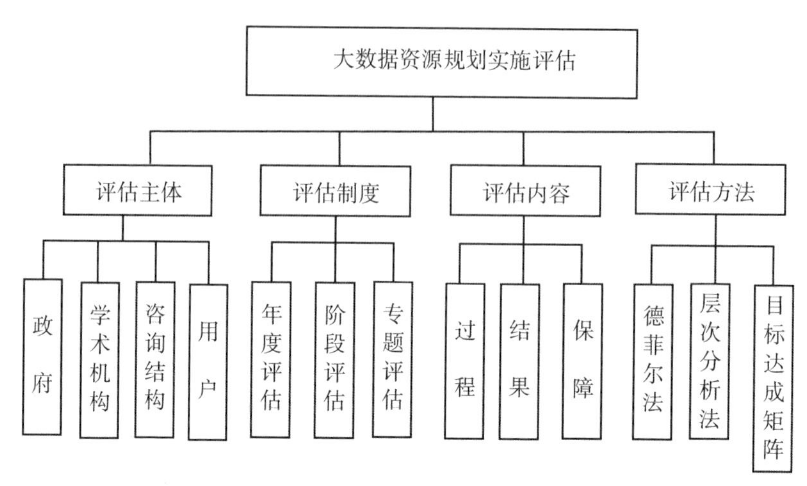

图 4-4　大数据资源规划实施评估

根据大数据资源规划实施评估对象和评估目的，可以将评估分为规划文本评估、规划实施效果合格评估、规划实施专项(专题)评估、规划实施水平协同评估等类别。其中，后三者按照时间可再划分为季度评估、年度评估，或按照阶段进行初期评估、中期评估和终期评估。

鉴于大数据资源规划实施是一项长期工作，年度评估、项目中期评估和最终验收评估具备较高的可行性。除了常规的初期、中期、终期评估外，大数据资源规划可以根据随机评估、随时评估和开放评估的方式，了解整个周期的规划实施走向。

大数据资源评估流程可分为前期准备、评估过程和出具评估报告三个阶段，其中前期准备包括确定评估机构、考察实施情况、收集数据资料、签订评估协议等；评估过程包括对大数据资源规划制定与实施情况进行交流座谈、核实认证，确定评估模型和评估算法等；出具评估报告主要包括审核确定评估值，出具评估报告、咨询建议等。

(2)大数据资源规划评估主体

大数据资源规划实施评估可由单方机构评估，也可由多方机构

合作完成。我国大数据资源规划实施评估主体，主要包括政府部门、学术机构、咨询公司、用户(公众)等。

政府部门(如大数据管理局、工业和信息化管理机构等)可以根据大数据资源规划文本，对大数据资源规划的工作进展、存在问题、保障情况等进行评估，确保大数据资源规划按照预定的方向有序推进。

学术机构、咨询公司、用户(公众)等作为大数据资源规划评估的重要社会力量，是大数据资源规划评估主体的有益补充，对优化大数据资源规划评估的理论和方法、保证大数据资源规划评估结果的真实客观有着积极意义。

评估主体的选择应该是全面且灵活的，评估主体应具备大数据资源规划相关理论知识与实践经验，对规划实施的结果有较为深入的理解。

(3)大数据资源规划评估标准

大数据资源规划实施评估包含定性评估和定量评估。无论是定性评估还是定量评估，都需要制定评估的客观标准。

一般来说，大数据资源规划实施评估可以从过程、结果、保障三个维度设定细化标准，综合判断规划的效用、效率和效益。

表 4-2　**大数据资源规划实施评估对象、指标与标准**

评估对象	评估指标	评估标准
实施过程	协同性	区域间是否协同?
		管理部门间的业务是否协同?
		建设主体间的合作是否顺畅?
	效率	资源配置效率是否符合规划要求?
		组织效率是否符合规划要求?
		反馈效率是否符合规划要求?

续表

评估对象	评估指标	评估标准
实施保障	连续性	规划结果是否与前期规划及后期规划相连续?
		规划结果是否与相关规划的前期规划与后期规划相连续?
	稳定性	规划实施是否有制度保障?
		规划实施是否有组织保障?
		规划实施是否有稳定的资金来源?
	安全性	规划实施过程数据存储是否安全?
		规划实施过程信息调配是否安全?
		规划实施过程服务利用是否安全?
实施结果	完成度	目标达成的数量是否符合规划目标?
	满意度	目标达成的质量是否符合规划目标?
		目标达成的时间是否符合规划目标?
		规划结果是否解决了实际困难?
		规划结果是否易于理解和使用?
		规划结果是否新颖?

实施过程评估：规划方案的协同性分为内部协同性和外部协同性。内部协同性指规划设计是否对基础实施有正确的把握，发展目标是否方向明确、指标清晰，是否对不利因素有预警防控措施，是否对任务计划配套有相应的人、财、物的安排等。外部协同性指大数据资源规划与已有规划和在研规划的相关性和协调性，矛盾、掣肘之处是否能有效改善，相关的管理方、执行方、利益方建设愿景是否一致，相关方的参与程度、配合程度能否实现纵向和横向的协同合作等。其中，参与程度包括政府职能部门、社会公共服务部门、科研部门、企业、个人等在实施过程中参与的广度与深度，参与比例和参与内容的科学性等；配合程度指大数据资源规划实施过程中，上述组织与个人之间的任务分配与协作关系，大数据资源整

合和系统、平台间集成和协同的准确度与流畅性等。

规划实施效率是指大数据资源规划在实施过程中各层次、各方面建设过程的投入与产出比，包括资源配置效率、组织效率、反馈效率等。在规定的时间内以较少的成本投入实现大数据资源规划文本中的既定目标，是评判规划实施效率的主要标准。大数据资源规划实施评估从整体流程对规划制定与建设过程中的人力、财力、物力投入与社会价值、经济价值、情感价值等产出进行对比分析，对实施过程中各项任务之间的沟通与反馈效率进行评价，评估大数据规划实施过程是否符合当前环境的最佳组合和最佳措施，未来是否有足够的资源支持同等效率下的长期发展。对于规划实施过程中超支、超时的项目和措施，政府可根据绩效进行科学、及时的调整，并辅之奖惩。

实施保障评估：大数据资源规划的制定需要结合国际信息通信技术发展趋势和技术标准，考虑长期目标与短期目标、国家规划与地方规划的连续性，制定可持续发展的规划方案。大数据资源规划实施评估过程需要考虑制度、组织、资金、技术、服务五个方面稳定和连续的管理支持：从制度上评估大数据资源规划实施过程中制定的政策与制度，如管理制度是否全面、行政体系是否可作为长期保障；组织上评估大数据资源规划建设领导小组、执行机构岗位与权责划分的合理性；资金上评估大数据资源规划建设专项资金和支持计划的连续性和保障力，为保障评估工作，可由政府参与支持评估工作所需的资金保障；① 技术上评估大数据资源规划在实施过程中信息与信息设备的先进性与创新性、信息资源长期安全存储能力、信息利用中的数据安全问题；服务上评估大数据应用开发与后期维护的能力，如新的信息资源管理模式下服务的响应速度与质量等。

实施结果评估：完成度从数量上和质量上对规划实施结果进行评估。大数据资源规划实施完成度具体指建设过程中建设目标与各

① 宋彦，江志勇，杨晓春，陈燕萍．北美城市规划评估实践经验及启示[J]．规划师，2010，26(3)：5.

项任务的落实程度，其中，落实程度指规划预定目标和各项任务的完成总量与完成质量，实施结果与原有的大数据资源管理模式相比，信息组织、信息检索与信息利用性能的提升程度。

大数据资源规划实施满意度指规划实施完成后，管理者与用户对实施结果的感知反馈，如规划结果是否有用、是否易用、是否创新等。其中有用性体现在：信息资源规划实施结果是否缩短了信息检索的时间、是否减少了信息管理的费用、是否满足更多信息呈现需求等；易用性体现在信息规划实施结果是否容易找到、是否容易使用，信息内容是否真实可靠，管理与服务模式是否新颖等。

(4)大数据资源规划评估方法

在规划评估中，指标是评估的基础，算法是评估的手段。在同一次规划评估中可以兼容多种模型与算法，如 PPIP(Policy Plan Implementation Process)模型、CIPP(Context-Input-Process-Product)模型、层次分析法、德尔菲法、投资—收益分析法、目标达成矩阵法等。

各种具体评估形式可以进行简要分类：

一是静态评估和动态评估。前者强调规划实施结果与规划内容的严密对应，并以此为标准衡量规划实施的绩效，分析重点在于规划实施前后关系的对比上，检查规划内容是否实现及实现程度；后者注重评估规划的科学性、实效性，通过评估结果的反馈，及时调整规划实施路径，对规划实施偏差作出相应调整。

二是定量评估与定性评估。前者通过数据和模型等对实施结果与目标蓝图的契合度进行指标量化，在固定的实施阶段利用事先约定的评价指标对规划实施监测的结果进行评价，以衡量规划实施的效果；后者是对评估内容做出“质”的分析，通过定性描述来说明规划是否能为决策提供依据以及是否坚持公正与理性。① 大数据资源规划实施评估可结合定量评估与定性评估，依据实际情况设定评估指标与算法。大数据资源规划评估是一项持续性评估，需对大数据资源规划整体流程和后期发展进行跟踪评估，动态关注资源规划

① 张兴．国内外规划评估理论与方法[J]．中国土地，2018(11)：49.

在较长时间内的发展动向。评估方法与评估准则的设计需要兼顾总体与部分的关系，构建总体到实施项目的多级评估框架。

总体来看，在构建和完善大数据资源规划评估模型的基础上，对大数据资源规划文本质量和实践效果进行科学测评，能够促进大数据资源规划的有序实施。笔者按照事前评估、事中评估与事后评估相结合的思路，构建了大数据资源规划的文本评估模型和实施评估模型，一方面为大数据资源规划文本编制质量评估提供理论依据，确保大数据资源规划文本的科学性和有效性；另一方面，为政府部门、学术机构等评估主体开展大数据资源规划的实施过程和实施结果评估提供依据，确保大数据资源规划按照预定的目标和要求推进。

4.5　大数据资源规划的文本构建

大数据资源规划文本是大数据资源规划过程中形成的指导大数据战略实践的纲领性文件，这就要求大数据资源规划文本在形式特征、体例结构和内容要素等方面具备一定的科学性和规范性，以保证规划行动方案的执行绩效。

构建大数据战略规划文本模型需要基于对大数据资源规划文本的相关研究、国内外大数据规划文本结构和内容分析以及实证研究的结论，并结合我国大数据规划与发展的实际情况。

4.5.1　大数据资源规划文本构建的依据

4.5.1.1　国外大数据资源规划代表性文本

随着国外发达国家的大数据资源规划实践的逐步深入，世界主要国家开始加强顶层设计，统筹规划大数据建设发展。为促进大数据资源规划的科学和规范，英国、法国、德国、美国、日本、澳大利亚和欧盟等世界主要国家和地区探索形成了一系列在大数据安全应用及标准化发展方面的举措和经验，纷纷颁布大数据发展战略,① 开始重视战略规划文本编制的研究，以期为大数据资源规划实践提供理论指导。

作为全球最早发布大数据发展战略的国家，美国一直走在大数据发展前列。2012 年 3 月 29 日，美国政府颁布《大数据研究和发展计划》(*Big Data Research and Development Initiative*)，将大数据从商业行为上升到国家意志和国家战略。该规划文本具体提出了三大战略目标：(1)开发大数据技术来收集、存储、保护、管理、分析、共享海量数据；(2)利用大数据技术加速科学与工程发展步伐，加强国家安全，实现教、学转型；(3)增加开发与使用“大数据”技术所需的人员数量。② 美国 2014 年 5 月 1 日发布的《大数据：把握机遇，维护价值》报告中，提出了发展大数据的具体举措和安全保障。2016 年 5 月，美国网络和信息技术研发计划(NITRD)的大数据高级领导小组(SSG)编制发布了《联邦大数据研究和发展战略计划》，这是对美国大数据战略的延续和落实，其目的是对联邦机构的大数据相关项目和投资进行指导，促进各联邦部门深化大数据分析利用。

英国 2013 年 10 月 31 日发布的《把握数据带来的机遇：英国数据能力战略》(*Seizing the Opportunities of Data：The UK Data Capability Strategy*)中，强调以促进英国在数据挖掘和价值萃取中的世界领先地位为宗旨，对如何定义数据能力以及如何提高数据分析技术等方面，进行了系统性地研究分析，并提出了举措建议。

法国 2013 年 2 月发布的《数字化路线图》(*Feuille de route du Gouvernement sur le numérique*)将大数据技术列为 5 项大力发展的战略性高新技术；2013 年 7 月，发布《法国政府大数据五项支持计

① 周季礼，李德斌．国外大数据安全发展的主要经验及启示[J]．信息安全与通信保密，2015(6)：40.

② Obama Whitehouse，Big data research and development Initiative [EB/OL]．[2020-09-08]．https：//obamawhitehouse. ar-chives. gov /blog /2012 /03 /29 /big-data-big-deal.

划》，文本制定了引进数据科学家、设立大数据发展资金、启动大数据项目、构建大数据应用环境等举措。

还有一些国家也发布了大数据资源规划代表性文本。例如，日本2013年6月颁布的《创建最尖端IT国家宣言》战略，该战略文本提出了开放公共数据和发展大数据的战略目标；澳大利亚2013年8月15日发布了《公共服务大数据战略》，该战略文本从引言、机遇和利益、愿景三个结构层面，提出了发展大数据的六条原则和战略目标；德国于2014年8月20日通过《数字纲要2014—2017》，该纲要文本从数字化政策、基础设施建设、措施的三层结构，提出了在变革中推动"网络普及""网络安全""数字经济发展"三个重要进程，制定了打造具有国际竞争力的"数字强国"目标。

总体来看，国外政府大数据政策文本体现出如下明显特征：一是属于国家战略规划，整体布局提升大数据能力；二是注重构建配套政策，包括人才培养、产业扶持、资金保障、数据开放共享等。

4.5.1.2 国内大数据资源规划文本及相关研究

随着国内大数据资源规划实践的逐步开展，各种战略规划文本也日益增多。

2015年8月，国务院印发《促进大数据发展行动纲要》(国发〔2015〕50号)，系统部署了我国大数据发展工作，分别从发展形势和重要意义、指导思想和总体目标、主要任务、政策机制四个方面进行了阐述，并在政策机制部分着重强调"建立标准规范体系"。

2017年1月，工业和信息化部发布《大数据产业发展规划(2016—2020年)》(工信部规〔2016〕412号)。作为未来五年大数据产业发展的行动纲领，这一规划文本形成了产业基础、面临的形势、指导思想和发展目标、重点任务和重大工程、保障措施的结构内容，其中具体部署了七项重点任务，明确了八大重点工程，制定了五个方面保障措施，全面部署了"十三五"时期大数据产业发展工作，紧密围绕国民经济发展的五年规划，为"十三五"时期我国大数据产业崛起，实现从数据大国向数据强国转变指明了方向。

学者Pacios认为，对规划文本的元素进行分析，有助于战略管理者创建一个基于最佳细节、元素、标题和段落的文本模板。① 参照国外大数据资源规划文本内容的研究结果，规划文本的编制上并没有形成统一、规范的文本体例，各国的文本编制结构都有所差异，且同一个国家在先后的规划文本编制中也还存在细微的差别，但其内容的重心都是集中于具体战略，只是语言表述和文本结构上各有不同。例如，美国《联邦大数据研究和发展战略计划》就着重以七大战略来谋篇布局；德国文本内容显得更为务实，其《数字纲要2014—2017》是以措施为论述重点。国内的大数据资源规划文本也都是以主要任务为其核心。总的来说，国外文本的撰写格式、体例结构，通常会包含前言、机遇和利益、愿景、目标、任务以及各类必要的内容要素；国内大数据资源规划文本则呈现出如发展形势、指导思想等具有中国特色的文本内容要素。

在调研分析3份国家大数据政策文本、12份行业领域大数据政策文本、52份地方层面的大数据产业发展政策文本的基础上发现，一份规划文本的编制至少需要明晰如下具体问题：一份大数据资源规划的适用年限、大数据资源规划文本的构成要素、大数据资源战略规划应包括哪些内容、大数据战略规划中是否应该有量化的指标等。因此，在制定大数据资源规划文本时，需要结合国内外大数据资源规划文本的结构特征，力图从规划文本的时长、量化指标、文本内容要素以及文本体例结构几个层面构建适合我国国情的战略规划文本，以期为我国大数据战略规划实践中的文本编制提供参考。

4.5.2 基于外部特征构建大数据资源规划文本

规划文本的外部特征主要包括规划文本的规划时长和文本的呈现形式，其中文本呈现形式又包括文本的长度、文本的类型以及不

① Pacios A R. Strategic Plans and Long-range Plans: Is There a Difference [J]. Library Management, 2004, 25(6/7): 259.

同类型文本所包含的主要数据形态等。

4.5.2.1 大数据资源规划文本的规划时长

通过对美国《大数据研究和发展计划》(*Big Data Research and Development Initiative*)、英国《把握数据带来的机遇：英国数据能力战略》(*Seizing the Opportunities of Data: The UK Data Capability Strategy*)、法国《数字化路线图》(*Feuille de route du Gouvernement sur le numérique*)、中国《促进大数据发展行动纲要》等大数据资源规划文本统计发现，从规划初始时间来看，战略规划的启动时间在2012年以后，规划文本时间跨度不一，跨度较长的达到8年，如日本《创建最尖端IT国家宣言》，阐述了2013—2020年以发展开放公共数据和大数据为核心的日本新IT国家战略。时间跨度较短的只有1年的时间区隔，如美国的《2016联邦大数据研究和发展战略计划》。有的没有明确的时间标识，如我国《促进大数据发展行动纲要》，作为一个纲领性文件，系统部署了我国大数据发展工作，但并未作出具体的时间规划。

通过进一步对国内外图书馆战略规划文本时长统计分析发现，随着大数据发展政策和实践的深入，规划文本的时间跨度越来越倾向于具体和明晰，如联邦德国的《数字纲要2014—2017》和我国《大数据产业发展规划(2016—2020年)》，都在规划文本标题中直接标明了时间跨度。这说明大数据作为一项新的政策，其规划文本的编制也从最初的抽象化逐步具体化，而我国大数据产业发展的五年规划实际上是围绕国民经济发展的五年计划而实施的。

从长期的发展战略来看，大数据资源规划也应该是一项周期性的管理活动，其时效通过规划时长得以体现，如若周期过长会降低战略的可行性和适应性，影响规划的实施效果，如若周期过短，则不利于战略发展思路的平稳延续性，因此战略规划时长并不是随意决定的，而需要结合大数据战略目标、发展形势、内外环境的分析和未来趋势预测科学制定。

结合国内外规划文本调研以及我国大数据发展实际状况，在进行国家大数据资源规划时，可考虑结合国民经济发展的五年计划，制定大数据的战略规划周期，即一般设为 4~5 年。同时，行业或区域可结合自身实际情况，设置具体的中短期行动计划，如年度或 1~2 年计划，逐步推进本行业或区域的中长期规划的实施。此外，各层级的大数据管理局还可以在国家五年中长期规划的基础上，树立前瞻性战略目标，考虑制定未来 10~20 年的长期战略发展规划。中长期的规划周期设置有利于制定长远发展目标，保障大数据战略发展思路的稳定执行；中短期行动计划则有利于各层级大数据管理机构根据不断变化的发展环境进行及时反应与调整，两者相得益彰。

4.5.2.2　大数据资源规划文本的呈现方式

对比所搜集到的国内外大数据资源规划文本，其呈现形式有着明显差别。从文本长度来看，国外主要发达国家如美国、德国的规划文本一般较长，可以达到 30 页以上的页面容量；我国大部分规划文本都比较简短扼要，当然也有例外，如《成都市大数据产业发展规划(2017—2025 年)》，是各种规划文本中字数、数据容量都较多的一份地方规划文本。从文本类型来看，国外的规划文本大多是独立的文本类型，具有目录和前言等规范的结构形式，一般以 PDF 或 WORD 的格式上传于相关网站，文本性质有的还带有研究性，如美国 2016 年的《联邦大数据研究和发展战略计划》；国内的规划文本往往是以通知的形式印发，再通过相关网站以新闻报道的方式在网页中直接刊载出来，国内也有对大数据的研究文本，如中国信息通信研究院的《大数据白皮书》、中国电子技术标准化研究院的《大数据标准化白皮书》，但研究文本与大数据资源规划政策之间相对独立。从文本包含的数据形态来看，国内外的规划文本的数据类型大多以文字为主，少有量化的数据，《成都市大数据产业发展规划(2017—2025 年)》比较例外，除文字外，图示、表格、量化指标等数据较为丰富，而研究性的文本包含数据也是如此。

通过对拥有量化指标的规划文本进行深入分析发现，国内大数据规划文本拥有的量化指标主要在文本的形势分析和战略目标部

分，对大数据经济增长、资源建设、应用前景、发展机遇、阶段目标等显性指标进行简单的数据描述，而缺少对大数据技术标准、大数据安全标准、大数据产业链、数据资产管理、大数据标准体系等较为深入的隐性指标方面的描述。

借鉴大数据研究性文本量化指标的编制经验，结合我国大数据发展实际状况，建议进行大数据战略规划时，要考虑文本的定量实施与考评，重视量化指标的编制。同时要注意，量化指标不仅要涉及广泛的领域、考察详尽的要素，同时对测量深度和关联性的考察也需要强化，以期将具体的量化指标运用于大数据统筹发展的指导实践之中。

4.5.3 基于结构体例构建大数据资源规划文本

结构体例是文本结构的外部表现形式。结构指的是文本部分与部分、部分与整体之间的内在联系和外部形式的统一，规范性文本往往借助一定的标志性结构样式，将全文分为若干有机联系的组成部分，以突出文章的条理性；体例则是指规划文本的宏观内容及其组织结构。随着大数据战略规划工作的进展，规划文本也应该具有比较固定的编制体例和内容构成，形成具有标志性的结构体例。同时规划文本中所采用的术语应具有规范划分与标准界定，能体现出强烈的战略意识和清晰的规划思路。

4.5.3.1 大数据资源规划文本的核心体例要素

关于大数据资源规划文本体例的结构要素选择，首要解决的问题是规划文本应该由哪些基本部分组成。通过对结构标题和文本内容的研究显示，国内外大数据资源规划的文本结构体例尚未统一规范，但存在一些共同的核心要素，以不同的陈述方式散见于文本之中，这些要素包括对使命的陈述、愿景的展望、目标的制定、任务的开展、策略与保障的施行等关键问题的描述，我们可以将这些必备要素确定为战略规划文本的核心要素构成。

(1)使命或愿景

使命(mission)指自我承担的责任。① 大数据规划的使命指对其存在理由、最终目标和所承担的职责的精简而准确的陈述。通过简洁清晰的语言，使命高度抽象地阐明了大数据事业发展的宗旨、哲学、信念和原则。Koteen 曾提出使命陈述的“60 秒检测”法，即使命陈述应该能在 60 秒之内被大声朗读或默念出来。② 因此，使命陈述应尽量言简意赅、清晰易懂，能将核心的理念用最短的语言表述出来。例如，《生态环境大数据建设总体方案》提出，“充分运用大数据、云计算等现代信息技术手段，全面提高生态环境保护综合决策、监管治理和公共服务水平，加快转变环境管理方式和工作方式”，明确了战略规划的目标是什么。这一使命的信息比较全面、具体，既考虑到大数据的建设要服务于生态环境，又考虑到决策、治理和服务之间的关系，还注意到管理和工作方式的动态变化性。如能在表述上更具感染力，在语句措辞上充满活力，则可成为战略发展的动力源泉和号召力量。

愿景(vision)指想象中的行动方向,③ 是对自身长远未来发展的构想，是对远景目标的方向性描述，作为一种导向声明，构建着未来的发展框架与航标。④ 愿景要求简洁、凝练。约翰·科特在其《领导变革》一书中介绍了有效愿景的基本特征：一是可预想的，描绘了未来可能的场景；二是值得做的，希望各利益相关者的长期利益都能实现；三是切实可行的，包含实际的，可达到的目标；四

① Stueart Robert D, Moran Barbara B. Library and Information Center Management[M]. Englewood: Libraries Unlimited, 1998: 56.

② Koteen Jack. Strategic Management in Public and Nonprofit Organizations: Managing Public Concerns in an Era of Limits (second edition) [M]. Westport: Praeger Publishers, 1997: 60.

③ Stueart Robert D, Moran Barbara B. Library and Information Center Management[M]. Englewood: Libraries Unlimited, 1998: 56.

④ Jose Antony, Bhat Ishwara. Marketing of Library and Information Services: A Strategic Perspective[J]. The Journal of Business Perspective, 2007, 11(2): 23.

是集中的，能在战略决策时提供指导；五是灵活的，允许发挥人的主观能动性，针对发生变化的环境做出相应的反应；六是便于沟通的，应该容易交流，能在5分钟内解释得清楚完整。①《2016联邦大数据研究和发展战略计划》明确提出了基于联邦机构的愿景：我们希望基于大量、多元化、实时数据集，形成具有数据分析、知识发现、决策支持能力的大数据创新型生态系统，使得整个国家和联邦机构获得新能力；加速科学发现和创新的过程；产生新的研究领域和探索领域；培养21世纪的下一代科学家和工程师；促进新经济的发展。② 可以看出，这一愿景有着远大而且切实可行的目标：首先，"新的研究领域和探索领域""下一代"等字眼给人带来憧憬和向往，它将未来的蓝图展现在人们面前，可以鼓舞人心，激发人们的激情；其次，这一愿景也包含实际的、可达到的目标，是"基于大量、多元化、实时数据集"而形成的"大数据创新型生态系统"，让人感觉是实实在在、切实可行的。当然，愿景也应该具有相对的持久性。这里的持久性是指一种相对的稳定性，并不意味着愿景是一成不变的。一般而言，在一个3~5年的战略规划周期内，持久的愿景凝结了追求成功的强烈愿望，是推动各项工作可持续发展的核心动力，但同时也应允许针对变化的环境做出相应的调整。

(2)目标与任务

目标(goal)是指向努力方向的意向。③ 战略目标正是组织愿景与使命的展开和具体化，它是对取得的主要成果的期望值，其描述一般是定性的、非具体的。

战略目标的制定不是随意的，应秉承系统、平衡、权变的原则，确保清楚明确、合理可行。根据"SMARTER"型理论，战略目

① [美]约翰·科特．领导变革[M]．徐中，译．北京：机械工业出版社，2014：62.

② 《电子政务发展前沿》编译组．2016联邦大数据研究和发展战略计划[M]．国家电子政务外网管理中心办公室，2016.

③ Stueart Robert D, Moran Barbara B. Library and Information Center Manageraent[M]. Englewood: Libraries Unlimited, 1998: 57.

标要求具有明确的(specific)、可测量的(measurable)、可接受的(acceptable)、可行的(realistic)、有时效的(time-frame)、可拓展的(extending)、有效益的(rewarding)特征。①《生态环境大数据建设总体方案》中有如下主要目标：实现生态环境综合决策科学化；实现生态环境监管精准化；实现生态环境公共服务便民化。这一战略目标是基于前文所述的使命基础之上的，并分为决策、监管和服务三个层面的具体目标，具有可行性。在每一个发展目标之下，又都有相应的操作性执行计划，如第三层目标的描述中包含有"利用大数据支撑生态环境信息公开、网上一体化办事和综合信息服务"。除此之外，对每个目标的实现，应有明确的部门负责，有可测度的操作性执行计划，有清晰的阶段性时间发展计划，有具体的评价措施，有相关的保障措施。由于大数据发展形势的变化、战略规划的实施效果等影响，其战略目标也需要做适当调整以保证规划的动态性和及时更新。

任务(objective)是为实现目标而开展的可测评的行动。② 任务是目标的进一步细化和具体化，是为实现每一个战略目标而制定的具体的、短期所要达到的结果。任务一般是指可量化、具体的目标，能够使战略规划具有可衡量性、执行性。任务所具有的特征一是要强调任务与目标的协调性，即该任务的执行是否能促进目标的实现；二是任务项的排放顺序，需要根据任务的优先级别放置。如《促进大数据发展行动纲要》中，围绕总体目标提出了三大具体的任务，每一任务层级下又分解为不同层面的小任务，有的小任务中还对某一具体的工程进行了详细的专栏介绍。

(3)策略与保障

策略(policy)指书面化的行动指南。③ 策略主要包括为实施战

① Evans Edward G, Ward Layzell Patricia. Management Basics for Information Professionals[M]. New York: Neal-Schuman Publishers, 2007: 154.

② Stueart Robert D, Moran Barbara B. Library and Information Center Management[M]. Englewood: Libraries Unlimited, 1998: 57.

③ Stueart Robert D, Moran Barbara B. Library and Information Center Management[M]. Englewood: Libraries Unlimited, 1998: 57.

略目标和任务而制定的措施和方案。策略是对愿景的支持，它可以减少战略规划的不确定性。策略是受使命驱动的，在紧急情况下为意想不到的问题确定应对机制。同时，策略的实施还需要有相应的保障机制，是为实现既定目标和任务而需要完善的各种政策机制。如在《促进大数据发展行动纲要》中，提出了完善组织实施机制、加快法规制度建设、健全市场发展机制、建立标准规范体系、加大财政金融支持、加强专业人才培养、促进国际交流合作的政策机制，以保障大数据资源规划与统筹发展。在未来的规划文本中，保障机制应更进一步地结合大数据发展态势，提出具体有针对性的专属的保障策略。

4.5.3.2 大数据资源规划文本的特色体例要素

我国的政治体制、社会机制、运行模式等方面与西方国家之间都存在显著差异，这就决定了我们在借鉴国外经验的基础上，还需要结合我国国情与文本制定程序，将具有中国特色的要素融入其中，形成有中国特色的战略规划文本体例。基于国内大数据规划文本的现状，并结合大数据战略规划实践，提取以下要素作为战略规划文本的特色体例要素。

(1)发展基础

发展基础是我国不少大数据资源规划文本开篇就论述的重要问题，是对大数据产业发展现有条件的全面总结，目的是研究现有的基础设施、数据资源、人才资源、产业基础、市场应用等方面的发展情况，以便为新的规划提供参考前提。本部分除对前一阶段发展规划取得的成就进行介绍外，还要重点总结哪些目标尚未实现、未实现的原因是什么、哪些战略目标中途停止以及当前的优势和劣势等。要注意运用数据提供佐证，保证数字的准确性，如果篇幅不长，可以将这一部分并入前言中；如果篇幅较长，注重层次性，既要阐述取得的发展成就，也要简要分析当前发展所面临的挑战。

(2)形势分析

形势分析即要明确大数据所带来的社会发展的机遇与挑战是什么，以进一步从更宏观的层面指明未来发展的趋势与重点。全球范围内，运用大数据推动经济发展、完善社会治理、提升政府服务和监管能力正成为趋势，各个国家相继制定实施大数据战略性文件，大力推动大数据发展和应用。《大数据产业发展规划》明确围绕《国民经济和社会发展第十四个五年规划纲要》进行总体部署，对“十四五”时期面临的形势进行了详细的剖析，从数据资源开放共享程度低、技术创新与支撑能力不强、大数据应用水平不高、大数据产业支撑体系尚不完善、人才队伍建设亟需加强五个方面，重点分析了仍然存在的一些困难和问题。

(3)指导思想与基本原则

指导思想与基本原则是战略规划制定的理论出发点，其撰写要注意吸纳融合先进的文化与教育成果以及党和国家的重要政策，体现宏观与微观相结合的原则，指导原则在规划文本中也常以发展原则的方式呈现。例如，《大数据产业发展规划》所提出的指导思想是：全面贯彻党的十八大和十八届三中、四中、五中、六中全会精神，坚持创新、协调、绿色、开放、共享的发展理念，围绕实施国家大数据战略，以强化大数据产业创新发展能力为核心，以推动数据开放与共享、加强技术产品研发、深化应用创新为重点，以完善发展环境和提升安全保障能力为支撑，打造数据、技术、应用与安全协同发展的自主产业生态体系，全面提升我国大数据的资源掌控能力、技术支撑能力和价值挖掘能力，加快建设数据强国，有力支撑制造强国和网络强国建设。并在此基础上提出了创新驱动、应用引领、开放共享、统筹协调、安全规范的发展原则。

4.5.3.3 大数据资源规划文本的辅助体例要素

辅助要素是指在战略规划文本中不是必须呈现的，而在有些详尽的规划文本中又会涉及的要素。本部分辅助要素主要来自对国内外大数据资源规划文本体例要素的参考，有些要素虽然所占比例较低，但在其他种类成熟的规划文本中经常出现。

(1)目录及摘要

目录及摘要是科技型文本的常用模式，尤其运用于较长文本的使用中。目录对文章的结构层次清晰呈现，并有详细的页码标识，

非常方便查找对应的文字内容。摘要是对文本核心要素和主要观点的总结，便于读者了解主要内容和中心思想。

(2)前言或引言

国外文本体例要素分析显示，较为详尽的大数据战略规划文本中大多包含 Introduction 部分，对规划文本内容进行高度概括，发挥统领作用。前言或引言的内容主要是对规划制定原因、规划期限、规划的作用与意义等进行简要描述，还可对规划的主要目标进行概括性介绍，并表示对参与人员的感谢等。

(3)经费预算

经费预算是战略目标实现的重要保障。对于科技型或研究型文本来说，经费预算是很有必要的。随着大数据产业的发展和大数据规划的成熟，具体和准确的经费预算是规划得以有效实施的保障。规划文本中的经费预算可以两种方式呈现：一种是以文字解释经费的来源渠道，针对具体的战略任务描述财政分配情况；另一种是设置"经费预算与保障机制"条目，通过表格的形式详细注明每一项目的经费预算。

(4)评价体系

战略规划评价就是对战略规划运行情况和实施绩效进行全面系统的总结过程。通过对各项执行任务的评价，可以实现监测和管理战略任务的目的。一般按照规划的时间可分为战略规划编制评估、战略实施过程评估和战略实施结果评估三类。在国内外规划文本中主要有两类：一类是战略目标体系以"目标—任务—行动计划—评估"的模式展开，在目标体系中直接提供评价标准，以标准的形式促进战略目标科学、高效地实施。另一类是在规划文本中单列"评价指标"条目，为将来战略规划实施效果的评价提供具体的标准。如通过大数据资源的规划，社会治理达到了什么样的水平。

(5)附录

附录这一要素在科技型文本中也是常规项目，主要出现在文本末尾，一般包括一些重要的统计表单、规划参与人员名册、参考文献目录等附件。《成都市大数据产业发展规划(2017—2025年)》在文末还出现了名词解释的形式，这对于大数据相关概念的整理和普及是非常有益的，如能进一步以附录的形式编制，则显得更为规范。

综合上述分析，我们可以总结出一个包含主要战略规划要素、具有一般特征的规划文本结构体例，以固定的格式促进战略规划文本的标准化。编制战略规划文本时，可根据大数据规划类型和层级在文本必备要素的基础上，适当选择部分特色要素和辅助要素，形成具有中国特色的科学化、规范化、个性化与多样化的大数据战略规划文本。

4.5.4 基于内容要素构建大数据资源规划文本

大数据资源规划文本的内容要素，实际上就是“规划文本应包括哪些内容”的问题，也就是规划结构体例中所陈述的具体内容。对国内外大数据规划文本的主题词、高频词、标题要素等进行详细的统计分析，探讨我国大数据资源规划文本内容要素构成。

4.5.4.1 文本内容基本要素

根据战略规划文本内容要素的统计发现，国内外大数据战略规划文本内容要素存在明显差异，规划文本的内容也会因社会经济发展环境和大数据规划类型、层级的不同而有所区别，但在一定的时期或地域中，总有一些核心的内容作为文本的基本要素被采用。这些基本要素包括：基础建设、战略目标、主要任务或措施、实施策略、保障措施等主题词，在这些主题词周围又有一些高频词出现，例如，基础设施、环境分析、数据资源、人才资源、产业基础、市场应用、经济增长、就业增长、创造附加值、数字化改造、价值观、核心技术、基础硬件、基础软件、服务能力、大数据安全、数字化转型、创新型国家、产融创新与发展、行业大数据、标准化、集成化、开放共享、管理机制、自主创新、空间布局、产业政策、财政支持、技术应用、组织管理、服务承诺等。

进一步对国内外规划文本的内容要素进行比较分析，发现两者在战略规划中都普遍重视战略目标、实施策略、信息资源，却很少

涉及危机管理、可行性分析和薪酬管理。国内外规划文本要素的差异性主要体现在：一是国外战略规划中对使命陈述、愿景展望、发展历程、环境分析、制定过程等要素较为重视，而国内则较为忽视；二是国内对信息资源、人力资源、服务承诺、技术应用等要素较为重视，而指导思想和基本原则两个要素在国外规划文本中根本没有，体现了明显的中国特色。

4.5.4.2 文本内容备选要素

以上关于内容要素的分析，为规划文本内容的选择提供了实证基础，由此可以进一步归纳出规划文本内容所需要的可选要素，为编制适合我国大数据发展实际、具有中国特色的、规范的、科学的规划文本提供理论指导。

正如前所述，目标体系、实施策略、信息资源建设、人力资源建设、技术应用、服务承诺、组织管理等内容要素都受到普遍关注，而薪酬管理、危机处理预案等都不受关注。同时，统观国内外规划文本发现，国外规划文本比较重视使命陈述、环境分析、愿景展望、经费来源与管理等要素，而国内规划文本中这些要素所占比例较小，或者是以其他方式来表述，如代之以发展方向、指导思想、指导原则、回顾与总结等内容要素，体现了我国战略发展规划的特色。

相对于规划文本内容要素中的基本要素，备选要素则主要包括国内外规划文本中普遍受重视程度较低的和国内大数据发展规划中的特色要素，例如，设备建设、发展方向、发展历程、前言、评价体系、部门分工、成功因素、服务理念、服务对象界定、制定过程、可行性分析、危机管理、薪酬管理、指导思想与原则、战略规划参与人员名录、战略规划实施进度表、预期效果、参考文献等内容要素。

本报告提出的战略规划基本要素和备选要素，只是作为大数据资源规划文本内容要素的参考性选择和划分，它们之间并没有绝对的划分，有时备选要素也会成为基本要素。例如，环境监管手段对于一般的大数据文本并非必要，但对于生态环境的大数据建设则显得非常重要。在大数据资源规划实践中，可根据具体情况做出内容要素的取舍，例如，规划级别越高、综合性越强、涉及范围越广的规划文本，除必备的要素外，还可尽量选择更多的备选要素，增加全局意识和宏观管理；而对于级别较低、面向行业或区域的规划文本，则可根据自身需求从基本要素和可选要素中自由选择具有针对性的内容要素，以便简洁、高效、实用、可操作性地编制大数据战略规划文本。

4.5.5 大数据资源规划文本结构

从大数据资源规划文本的编制流程来看，可以首先从文本的外部特征确定文本规划时长和呈现方式，明确大数据规划文本的性质；继而形成文本的结构体例，包括对核心体例要素、特色体例要素、辅助体例要素的选择，形成可读性强、辨识度高的文本体例；再结合大数据资源规划的层级、类别和对象，参考文本基本内容要素和备选内容要素，完善文本的细节和内容，形成具体可行、操作性强的大数据资源规划文本，并修订完善。具体如图 4-5 所示。

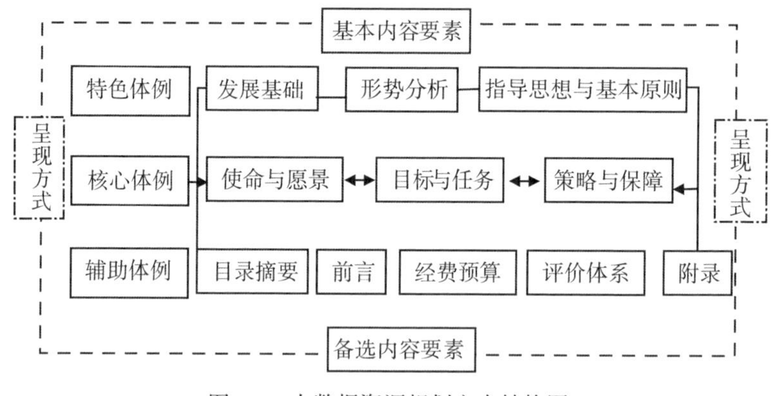

图 4-5 大数据资源规划文本结构图

总之，大数据资源规划文本是大数据资源规划过程中必备的战略纲领性文件。本研究基于对大数据资源规划文本的相关研究、国内外大数据资源规划代表性文本的分析，以及我国大数据资源规划与发展的实际情况，从外部特征、体例结构、内容要素三个层面构建出大数据资源规划文本模型，这一模型适用于一般规划情境，其所设定的固定格式为大数据资源规划文本提供标准化的范例。

其中，核心体例是大数据资源规划文本的中心，通过对使命或愿望、目标与任务、策略与保障等关键问题的描述，确定资源规划文本的核心内容；特色体例针对我国政治体制、社会机制、运行模式等方面的特点，对当前我国大数据产业发展基础、形势分析、指导思想与基本原则进行归纳总结，形成有中国特色的战略规划文本内容；辅助体例包括目录摘要、前言、经费预算、评价体系、附录等备选内容要素，是一份成熟规划文本结构的重要组成。

在文本编制的具体实践中，各规划主体可结合规划的类型、规划对象的规模和不同领域的管理特点，在此文本模型的基础上，参考一部分国外文本案例，形成与规划特征相适应的文本体例和内容要素，编制出具有中国特色的科学化、规范化和多样化的大数据资源规划文本，为大数据资源规划与统筹发展提供切实可行的行动依据。

5 基于规划的大数据资源统筹发展

基于规划的大数据资源统筹发展，是将大数据资源规划理论与大数据资源统筹发展实践相结合，在大数据资源规划的指导和约束下，不断完善和推进大数据资源统筹发展实践的过程。明确大数据资源规划作用于大数据资源统筹发展的方式，探索大数据资源规划与大数据资源统筹发展如何更好地衔接，就成为推动基于规划的大数据资源统筹发展研究的首要问题。在此基础上，对基于规划的大数据资源统筹发展的内容构成加以综合分析，有助于更为全面地认识其构成要素及内在关联，为科学设计基于规划的大数据资源统筹发展路径提供依据。

为推动基于规划的大数据资源统筹发展，还需要从我国大数据发展的实际出发，不断完善其实施策略。因此，大数据资源规划与大数据资源统筹发展的衔接、基于规划的大数据资源统筹发展的内容构成、基于规划的大数据资源统筹发展的路径设计、基于规划的大数据资源统筹发展的实施四个方面，构成了基于规划的大数据资源统筹发展研究的主要内容。

5.1 大数据资源规划与大数据资源统筹发展的衔接

大数据资源规划是组织和国家在管理大数据资源初期解决“如

何开始，从哪里开始”的关键环节，① 体现了国家机构、社会组织等大数据资源规划主体对大数据资源发展目标、战略与步骤等方面的整体构想和基本方略。如何将大数据资源规划主体的整体构想和基本方略贯彻于大数据资源统筹发展实践之中，实现大数据资源规划与大数据资源统筹发展的有效衔接，促使大数据资源统筹发展在规划方向上有序推进，是迫切需要解决的问题。这就要求明确大数据资源规划在大数据资源统筹发展中的地位和功能，分析大数据资源规划作用于大数据资源统筹发展的具体方式，从而确保大数据资源统筹发展在实践中更好地体现大数据资源规划主体的战略意图。

5.1.1 大数据资源规划在大数据资源统筹发展中的功能

规划是个人或组织制定的比较全面长远的发展计划，是对未来整体性、长期性和基本性问题的思考。规划具有工具属性、价值属性和政策属性。从规划的工具属性来看，规划是由一整套理论方法、标准规范、软件工具所构成的技术方法体系，强调规划方法论的集成和经济、技术及人文管理的协调。② 从规划的价值属性来看，规划主体在制定规划的过程中需要对内外部环境进行分析和预判，对涉及的利益主体加以识别和划分，对参与主体的权责关系进行配置和平衡等，表现了规划主体在特定规划事项中的利益关切和价值取向。从规划的政策属性来看，2005 年我国将“计划”更名为“规划”后，规划成为制定各种公共政策的主要手段，是确定政策优先顺序、授予机构权力的依据和决定各级政府之间权力分配的关键。③

---

① 周耀林，赵跃，Zhou Jiani. 大数据资源规划研究框架的构建[J]. 图书情报知识，2017(4)：59.

② 裴雷，马费成. 我国政府信息资源规划的基本构想与实现[J]. 情报理论与实践，2009(9)：27.

③ 韩博天，奥利佛·麦尔敦，石磊. 规划：中国政策过程的核心机制[J]. 开放时代，2013(6)：9.

规划作为一种重要的政策手段，是其工具属性和价值属性外化为政策实践并作用于社会发展的集中体现。这为从政策属性维度分析大数据资源规划在大数据资源统筹发展中的功能和价值提供了重要依据。

从我国大数据资源规划的相关实践来看，大数据资源规划主要是国家行政机构制定的。例如，工业和信息化部、山西省和成都市制定的《大数据产业发展规划(2016—2020年)》、《山西省大数据发展规划(2017—2020年)》、《成都市大数据产业发展规划(2017—2025年)》等，都体现了国家行政机构对我国大数据产业发展环境、发展原则、发展目标、发展重点、发展步骤和发展保障措施等的考量和设计。可以看出，大数据资源规划并非作为一种纯粹的技术工具，而是在我国特定的经济社会状况、政治制度环境和国家整体发展战略的大背景下综合权衡的结果，主要是作为一种公共政策加以制定和实施的。为此，大数据资源规划在大数据资源统筹发展中的功能考察，就可以从公共政策制定与公共政策实施的角度加以分析。

约翰·弗里德曼(John Friedmann)在《公共领域的规划》(*Planning in the Public Domain*)一书中对规划的社会功能进行了分析，认为规划具有以下十种社会功能：(1)指导经济稳定成长，为经济发展服务；(2)提供各种公共服务，满足社会需求，如国防、公共住宅、教育、医疗卫生等；(3)投资私人无意投资的领域，如公交、公路、大型水电站、城市土地开发整理等；(4)提供公共补贴，以资助某些有利于全体公民的项目，如工业搬迁、农田占用补贴、再开发、新兴产业等；(5)保护业主的利益和地方经济利益，如制订用地规划、区划法、防污染法等；(6)调节收入分配，为市场受害者提供补贴，减少两极分化等；(7)协调区域发展，如流域开发、农业综合开发等；(8)保护社会利益，制约市场理性，如海岸规划、就业保护、野生资源保护等；(9)兼顾弱势群体，如对失业和妇女的补偿等；(10)其他抵御市场力的方面，如提倡社会与

空间公平、资源保护等。①② 由于大数据资源规划，主要是我国为推动国家信息化和大数据战略发展而有目的制定和实施的，从性质上来看依然属于公共领域的规划。因此，在认识大数据资源规划在大数据资源统筹发展中的功能时，可以以约翰·弗里德曼关于规划社会功能的相关论述为基础，结合我国的政策实践加以分析。具体来讲，大数据资源规划在大数据资源统筹发展中的功能主要体现在以下几个方面。

(1)明确大数据资源统筹发展的战略方向

大数据资源统筹发展是我国大数据战略的有机组成部分。协调大数据资源统筹发展与我国现代化改革的深层关系，确保大数据资源统筹发展与我国信息化战略的基本方向保持一致，促进大数据资源统筹发展与我国推动经济发展、完善社会治理、提升政府服务和监管能力的发展趋势相契合，成为大数据资源统筹发展必须明确的战略方向。

因此，在制定大数据资源统筹规划的过程中，大数据资源规划主体通过分析大数据资源统筹发展面临的机遇与挑战，调查我国大数据资源统筹发展的具体需求，将大数据资源统筹发展置于国家现代化建设的整体背景下，从而实现大数据资源统筹发展与经济社会改革、信息化战略推进、数据强国建设、经济结构转型升级等国家战略相协调，确保大数据资源统筹发展与国家现代化发展的整体战略相促进。

(2)设计大数据资源统筹发展的基本路径

大数据资源统筹发展，是对大数据资源的构成要素进行战略管理、宏观协调和综合开发的过程。从其内涵来看，“大数据资源统筹发展是多主体、多层面相互协调的发展，是多要素、多环节相互支持的发展，是多方法、多技术相互配合的发展，是多领域、多阶

① 约翰·弗里德曼．公共领域的规划——从知识到行动[M]．普林斯顿：普林斯顿大学出版社，1988：20.

② Stinchcombe A L. Planning in the Public Domain-From Knowledge to Action-Friedmann[J]. Social Science Quarterly，1988(2)：509.

段相互衔接的发展”。①

因此，为了有效协调大数据资源统筹发展各构成要素的关系，就需要科学设计大数据资源统筹发展的路径，确保大数据资源统筹发展的有序推进。大数据资源规划作为规划主体战略意图的具体呈现，反映了大数据资源规划主体对大数据资源统筹发展的复杂性、长远性以及预期目标的理性认识，同样体现出大数据资源规划主体对大数据资源统筹发展基本路径的设计与安排。

(3)提供大数据资源统筹发展的政策支持

大数据资源统筹发展是一项系统性工程，需要完善的法律法规和政策标准作为支撑。从国务院、国务院各部委以及各省市的大数据规划来看，大数据资源规划主要是作为一种行政规划加以制定和实施的。而行政规划是行政主体依法行使公共权力、实施社会管理的重要手段,② 已成为指导行政主体具体工作的大纲式文件，甚至一些规划还具备引导法律的功能，具有强烈的政策导向性。③

因此，大数据资源规划在大数据发展相关法律法规、标准规范尚不完善的情况下，可以在一定程度上起到法律法规、标准规范所具有的引导、规范和约束作用，从而为大数据资源统筹发展提供支持。

(4)促进大数据资源统筹发展的区域协调

大数据资源在分布以及利用需求上存在区域间的不平衡性，特别是大数据中心建设对区域的地质条件、资源禀赋等有着很高的要求。这就有必要推进大数据资源统筹发展的区域协调，从而提高大数据资源流动的效率和配置的质量。从当前政府的运作实践来看，存在着内部市场的分割和地方政府间恶意竞争加剧的情况，致使大数据资源统筹发展面临着来自中央与地方、地方与地方两方面的组

---

① 周耀林，常大伟．大数据资源统筹发展的困境分析与对策研究[J]．图书馆学研究，2018(14)：66.

② 文正邦，胡晓磊．行政规划基本问题分析[J]．时代法学，2007(2)：18.

③ 李航．行政规划的性质探析[J]．吉林公安高等专科学校学报，2008(4)：96.

织协调压力,① 增加了大数据资源统筹发展区域协调和跨区域整合的难度。

为此，需要借助大数据资源规划统筹构建不同区域合作的政策框架，合理定位不同区域在大数据发展中的职能，加强不同区域间的协同合作，以区域协同的形式共同推进大数据资源统筹发展。

(5)指导大数据资源统筹发展的组织落实

大数据资源统筹发展的推进需要相应的职能部门加以落实，但从我国政府大数据行政管理主体的设置情况来看，大数据资源统筹发展的管理力量相对薄弱，降低了政府组织落实大数据资源统筹发展的能力。这就要求加强大数据资源统筹发展的组织机构建设，构建大数据的专业管理机构，推动大数据资源统筹发展的组织落实。

为此，在大数据资源规划和统筹发展过程中，需要通过顶层设计不断完善大数据资源统筹发展的组织管理框架，推动大数据资源统筹发展的机制创新，加强大数据资源统筹发展的组织体系建设，为大数据资源统筹发展的组织落实提供强有力的保障。

(6)推动大数据资源统筹发展的实践应用

大数据资源作为重要的战略性信息资源，其产生和发展正在对实际的管理活动产生深刻的影响。在广度上，对不同产业的发展以及人们的生活方式都产生了深刻影响；在深度上，对管理机制和决策模式产生显著影响；在细微之处，正在潜移默化地影响着人们的行为方式。② 基于资源观的大数据资源研究强调大数据资源不仅是地方发展的战略资源，而且是社会公共财富的一种新的类型。③

为此，挖掘大数据资源蕴含的多元价值，推进大数据资源的实践应用，就成为提升大数据战略影响力的重要举措。在制定大数据资源规划的过程中，对大数据资源的应用领域、应用范围等加以规

① 傅强，朱浩．中央政府主导下的地方政府竞争机制——解释中国经济增长的制度视角[J]．公共管理学报，2013(1)：19.

② 杨善林，周开乐．大数据中的管理问题：基于大数据的资源观[J]．管理科学学报，2015(5)：3.

③ 宋懿，安小米，马广惠．美英澳政府大数据治理能力研究——基于大数据政策的内容分析[J]．情报资料工作，2018(1)：13.

划和设计，有助于增加大数据资源统筹发展与大数据资源应用之间的关联程度，提升大数据资源统筹发展的实践效果。

5.1.2 大数据资源规划作用于大数据资源统筹发展的方式

塔格维尔(R. Tugwell)认为规划的主导思想就是组织如何充分利用所有资源获得最佳的效果。从作用上来看，规划可以为国家、区域发展战略目标的实现提供保障，推动国家、区域发展战略体现的意志、态度、思想的实现。因此，规划论认为规划可以为信息资源规划的战略思想和战略目标揭示，以及构建相关的约束条件等提供支持。① 大数据资源规划作为大数据时代信息资源规划的新发展，② 是大数据资源规划主体对大数据资源发展愿景的一种建构行为，旨在构建大数据资源统筹发展的战略框架，规范大数据资源统筹发展的过程，为大数据资源统筹发展提供保障。因此，大数据资源规划作用于大数据资源统筹发展的方式主要表现为构建作用、规范作用和保障作用。

5.1.2.1 构建大数据资源统筹发展战略

大数据资源规划对大数据资源统筹发展战略的构建作用，主要体现在对大数据资源统筹发展的顶层设计方面。例如，2015 年国务院《促进大数据发展行动纲要》从指导思想的明确、总体目标的确定、主要任务的设定等方面，实现了对大数据发展战略的构建。③

(1)对大数据发展战略指导思想的明确

深入贯彻党的十八大和十八届二中、三中、四中全会精神，按

① 裴成发．信息资源规划中的战略协同问题[J]．情报理论与实践，2016(5)：2.

② 周耀林，赵跃，段先娥．大数据时代信息资源规划研究发展路径探析[J]．图书馆学研究，2017(15)：35.

③ 国务院．促进大数据发展行动纲要[EB/OL]．[2020-08-31]．http：//www.gov.cn/zhengce/content/2015-09/05/content_10137.htm.

照党中央、国务院决策部署，发挥市场在资源配置中的决定性作用，加强顶层设计和统筹协调，大力推动政府信息系统和公共数据互联开放共享，加快政府信息平台整合，消除信息孤岛，推进数据资源向社会开放，增强政府公信力，引导社会发展，服务公众企业等。通过促进大数据发展，加快建设数据强国，释放技术红利、制度红利和创新红利，提升政府治理能力，推动经济转型升级。

(2)对大数据发展战略总体目标的确定

立足我国国情和现实需要，推动大数据发展和应用在未来5~10年逐步实现以下目标：打造精准治理、多方协作的社会治理新模式；建立运行平稳、安全高效的经济运行新机制；构建以人为本、惠及全民的民生服务新体系；开启大众创业、万众创新的创新驱动新格局，培育高端智能、新兴繁荣的产业发展新生态。

(3)对大数据发展战略主要任务的设定

加快政府数据开放共享，推动资源整合，提升治理能力，如稳步推动公共数据资源开放、统筹规划大数据基础设施建设、支持宏观调控科学化、推动政府治理精准化等；培育新兴业态，助力经济转型，如发展工业大数据、发展新兴产业大数据、发展农业农村大数据、发展万众创新大数据、推进基础研究和核心技术攻关等；强化安全保障，提高管理水平，促进健康发展，如健全大数据安全保障体系、强化安全支撑等。

5.1.2.2　规范大数据资源统筹发展过程

大数据资源规划对大数据资源统筹发展战略的规范作用，主要体现在大数据资源统筹发展基本原则的确立。例如，工业和信息化部2016年发布的《大数据产业发展规划(2016—2020年)》，从创新驱动、应用引领、开放共享、统筹协调、安全管理等方面对大数据产业发展过程进行了规范。①

① 工业和信息化部. 大数据产业发展规划(2016—2020年)[EB/OL]. [2020-12-30]. http://www.miit.gov.cn/n1146295/n1652858/n1652930/n3757016/c5464999/content.html.

(1)明确大数据产业发展的驱动力量

瞄准大数据技术发展前沿领域，强化创新能力，提高创新层次，以企业为主体集中攻克大数据关键技术，加快产品研发，发展壮大新兴大数据服务业态，加强大数据技术、应用和商业模式的协同创新，培育市场化、网络化的创新生态。

(2)遵循大数据产业发展的应用导向

发挥我国市场规模大、应用需求旺的优势，以国家战略、人民需要、市场需求为牵引，加快大数据技术产品研发和在各行业、各领域的应用，促进跨行业、跨领域、跨地域大数据应用，形成良性互动的产业发展格局。

(3)坚持大数据产业发展的开放共享

汇聚全球大数据技术、人才和资金等要素资源，坚持自主创新和开放合作相结合，走开放式的大数据产业发展道路。树立数据开放共享理念，完善相关制度，推动数据资源开放共享与信息流通。

(4)创新大数据产业发展的协调机制

发挥企业在大数据产业创新中的主体作用，加大政府政策支持和引导力度，营造良好的政策法规环境，形成政产学研用统筹推进的机制。加强中央、部门、地方大数据发展政策衔接，优化产业布局，形成协同发展合力。

(5)规范大数据产业发展的安全管理

安全是发展的前提，发展是安全的保障，坚持发展与安全并重，增强信息安全技术保障能力，建立健全安全防护体系，保障信息安全和个人隐私。加强行业自律，完善行业监管，促进数据资源有序流动与规范利用。

5.1.2.3 保障大数据资源统筹发展实施

大数据资源规划对大数据资源统筹发展战略的保障作用，主要体现在对大数据资源统筹发展保障体系的建设方面。例如，2016年生态环境部《生态环境大数据建设整体方案》从组织机制完善、数据管理制度健全、标准规范体系建立、新型安全保障强化等方

面，提出了生态环境大数据建设的保障措施。①

(1)完善组织实施机制

成立生态环境大数据建设领导小组及其办公室，建立大数据发展和应用统筹协调机制，明确各单位职责分工和工作要求，形成协同配合、全面推进的工作格局。整合优化环境信息化队伍，加强大数据相关基础和应用研究以及人才培养。规范信息化项目管理，充分利用环境保护业务专网等基础设施，严格项目立项审批和验收，加大资金投入，保障大数据建设相关任务顺利开展。

(2)健全数据管理制度

建立健全生态环境数据管理制度，明确各级各部门的数据责任、义务与使用权限，合理界定业务数据的使用方式与范围，规范数据采集、存储、共享和应用，保障数据的一致性、准确性和权威性。制定环境信息资源管理和数据贡献考核评估办法，促进数据在风险可控原则下实现最大程度共享和开放。

(3)建立标准规范体系

加强大数据标准规范研究，结合大数据主要建设任务，重点推进生态环境数据整合集成、传输交换、共享开放、应用支撑、数据质量与信息安全等方面标准规范的制定和实施。实施统一运维管理，落实生态环境大数据运行管理制度，规范运行维护流程，形成较为完善的运行维护管理体系。加强大数据运行保障、监控预警能力建设，依托专业化运维队伍，对网络、计算、存储、基础软件、安全设备等大数据基础设施实施统一运维，实现系统快速部署更新、资源合理高效调度、网络实时动态监控和安全稳定可靠，有效降低运维成本，提高运维服务质量和水平。

(4)强化信息安全保障

建立集中统一的信息安全保障机制，明确数据采集、传输、存储、使用、开放等各环节的信息安全范围边界、责任主体和具体要求。落实信息安全等级保护、分级保护等国家信息安全制度，开展

① 生态环保部．生态环境大数据建设整体方案[EB/OL]．[2020-04-08]．http：//www.zhb.gov.cn/gkml/hbb/bgt/201603/t20160311_332712.htm.

信息安全等级测评、风险评估、安全防范、应急处置等工作。加强网络安全建设，构建环保云安全管理中心，增强大数据环保云基础设施、数据资源和应用系统等的安全保障能力。

5.2 基于规划的大数据资源统筹发展的内容构成

从政府视角来看，信息资源规划是一项非常复杂的社会工程，涉及方方面面的内容，加强信息资源规划构成内容的统筹、整合与应用，有助于减少政府部门内部和政府部门之间的信息孤岛，提升政府行政管理效率。① 基于规划的大数据资源统筹发展是将大数据资源规划的顶层设计付诸实践的过程，也是大数据资源规划价值实现的必然途径。

为促进基于规划的大数据资源统筹发展，首先要对基于规划的大数据资源统筹发展的内容构成有着清晰的认识，以便更加合理地界定不同构成内容的地位和作用，也为科学设计基于规划的大数据资源统筹发展的多元路径提供支撑。从现有研究成果来看，相关学者围绕大数据资源规划和大数据资源统筹发展的内容构成进行了理论探讨，例如，郭路生认为大数据资源规划的内容主要涉及战略规划主体、业务管理机构、数据资源体系和应用技术等。② 周耀林等认为大数据资源规划主要涉及基础设施层、数据资源层、数据处理层和综合保障层四个部分。③ 常大伟认为大数据资源统筹发展的内容要素涉及数据维、管理维、技术维、服务维、应用维五个方

① 朱晓峰. 政府信息资源规划研究[J]. 图书情报工作，2006(4)：68.

② 郭路生. 基于 EA 的公共文化服务大数据资源规划研究[J]. 图书馆学刊，2019，41(12)：75.

③ 周耀林，常大伟. 大数据资源统筹发展的困境分析与对策研究[J]. 图书馆学研究，2018(14)：66.

面。① 在借鉴已有研究成果并强调大数据资源安全问题的基础上，笔者将基于规划的大数据资源统筹发展的内容构成总结为组织管理要素、数据资源要素、基础设施要素、法规标准要素、应用技术要素和安全管控要素六个维度。

5.2.1 基于规划的大数据资源统筹发展的组织管理要素

基于规划的大数据资源统筹发展的组织管理要素，主要涉及大数据资源统筹发展的主体及其组织管理框架和运行机制三方面内容。为推动基于规划的大数据资源统筹发展，需要一定的组织管理架构作为支撑，这就需要从组织设计、组织运作和组织调整等方面，建立大数据资源统筹发展的组织结构，规定参与主体的职能和职责，明确不同主体及不同层级组织的权利义务关系，从而架构起基于规划的大数据资源统筹发展的组织管理框架。

5.2.1.1 基于规划的大数据资源统筹发展的组织管理主体

从世界范围来看，在政府大数据战略部署和政策推动下，发达国家的政府部门、企业、高校及研究机构都开始积极探索大数据应用。② 从我国大数据发展实践来看，结合国务院《促进大数据发展行动纲要》相关要求，基于规划的大数据资源统筹发展的组织管理主体及其职责的表述包括：建立国家大数据发展和应用统筹协调机制；加强中央与地方协调；设立大数据专家咨询委员会；各有关部门要认真落实行动纲要提出的各项任务。③

可以看到，国务院、国务院相关部门、地方各级政府、大数据专家咨询委员会等是我国大数据资源统筹发展的组织管理主体。具

① 周耀林，常大伟．面向政府决策的大数据资源规划模型研究[J]．情报理论与实践，2018，41(8)：42.

② 张勇进，王璟璇．主要发达国家大数据政策比较研究[J]．中国行政管理，2014(12)：113.

③ 国务院．促进大数据发展行动纲要[EB/OL]．[2020-08-31]. http：//www. gov. cn/zhengce/content/2015-09/05/content_10137. htm.

体来讲，在国家层面形成了以国务院为核心，由国务院职能部门和大数据专家咨询委员会构成的大数据资源统筹发展的组织管理主体；在地方层面，形成了由省级和市级大数据管理机构为中心的大数据资源统筹发展的组织管理主体，例如，贵州省大数据发展管理局负责统筹推进全省信息化发展工作、统筹协调通信业发展、指导协调信息化建设和大数据应用、负责信息化应急协调、协调信息化建设中的重大问题。①

5.2.1.2　基于规划的大数据资源统筹发展的组织管理体制

基于规划的大数据资源统筹发展的组织管理体制，是为推进大数据资源统筹发展而采用的组织管理方式，以及该组织管理方式下形成的组织管理体系和组织运行框架。基于规划的大数据资源统筹发展组织管理体制的构建受到诸如行政管理体制、政府运作模式等因素的影响。总体来看，不同的国家采取了不同的组织管理模式。例如，美国的《大数据研究与发展计划》规定，大数据发展战略由白宫科学和技术政策办公室制定，由大数据高级监督组加以监督执行；英国的《英国数据能力战略》规定，英国统计局和经济社会研究委员会负责政府的数据能力提升，信息化基础设施领导理事会负责大数据基础设施建设，各行业协会负责本行业数据能力建设，信息经济委员会负责制定具体战略实施路径。②

我国基于规划的大数据资源统筹发展的组织管理体制，与现行的行政管理体制有着密切关联，主要表现为一种条块分割的组织管理体制。

从成因上来看，基于规划的大数据资源统筹发展的组织管理体制是以现行行政管理体制为基础建立的，其最为典型的表现就是政

① 贵州省大数据发展管理局主要职责内设机构和人员编制规定[EB/OL]. [2020-08-31]. http://www.chinaguizhou.gov.cn/system/2017/02/16/015423912.shtml.

② 张勇进，王璟璇. 主要发达国家大数据政策比较研究[J]. 中国行政管理，2014(12)：113.

府管理部门的划分是以行业或部门来进行的，其以纵向的联系和组织领导为核心，致使中央政府与地方政府的关系并不完全是建立在整体的政府层面上，而更多是建立在部门的垂直归属上，在这样的状况下，同一级政府内部门与部门之间的联系、协作较少，中央政府对地方政府的综合性管理内容少，而中央政府的部门与地方政府的同一部门之间的联系相对较为密切。①

从表现上来看，我国基于规划的大数据资源统筹发展，在纵向上，既有国家层面的《促进大数据发展行动纲要》，又有省级层面的《湖北省大数据发展行动计划(2016—2020年)》和市级层面的《武汉市大数据产业发展行动计划(2014—2018年)》；在横向上，既有工业和信息化部的《大数据产业发展规划(2016—2020年)》，又有生态环境部的《生态环境大数据建设整体方案》。

我国这种条块分割的基于规划的大数据资源统筹发展的组织管理体制，有利于在同一系统内部纵向的贯彻推进，但也需要加强横向的协同。

5.2.1.3 基于规划的大数据资源统筹发展的组织管理运作

《组织生态学》(*Organisational Ecology*)一书从组织的正式结构、组织内的活动模式和组织的规范秩序三个方面分析了组织的管理运作问题。② 以此为据，对国家、省、市三个层面的基于规划的大数据资源统筹发展的组织管理运作加以分析。

从国家层面来看，为了落实国务院《促进大数据发展行动纲要》“进一步加强组织领导，强化统筹协调和协作配合，加快推动大数据发展”的要求，经国务院同意，2016年4月建立了促进大数据发展部际联席会议。该联席会议由发展与改革委员会、工业和信息化部、中央网信办、中央编办、教育部、科技部、公安部、安全

① 孙施文．现行政府管理体制对城市规划作用的影响[J]．城市规划学刊，2007(5)：34.

② [美]迈克尔·汉南．组织生态学[M]．彭璧玉，等，译．北京：科学出版社，2014.6.

部、民政部、财政部、人力资源社会保障部、国土资源部、环境保护部等43个部门和单位构成。① 此外，2017年5月还成立了国家大数据专家咨询委员会，专家咨询委重点开展实施国家大数据战略相关重大问题的前提研究，为出台相关政策措施提供研究支撑，为大数据发展应用及相关工程实施提供决策咨询。② 仅从两个机构的性质来看，尚不能作为一个独立的实体机构承担起推动基于规划的大数据资源统筹发展的职责。

首先，从促进大数据发展部际联席会议的性质来看，由于我国部际联席会议不是一个组织实体，而是一种工作制度，致力于充分协同各部门之间的工作，更好地发挥各职能部门的作用，具有资源密集度低、权限约束性小、灵活性高的特点。③ 因此，促进大数据发展部际联席会议并没有正式的组织结构，对基于规划的大数据资源统筹发展主要发挥协调作用。

其次，国家大数据专家咨询委员会主要是作为一种科技决策咨询机构，为国家大数据发展提供意见和建议，同样不具有组织管理的职能。

正因为如此，在国家层面并未形成专门针对大数据发展的组织结构，仍然是以行业和部门为基础的纵向的组织管理结构，例如，工业和信息化部、生态环境部等部门在行业领域内部推进的大数据资源统筹发展。

从省层面来看，目前已经成立若干具有组织实体和行政职权的省级大数据管理机构。例如，重庆市大数据管理局，有着明确的职权权限和工作范围：研究拟定并组织实施大数据、云计算等软件和信息服务业发展战略、规划和政策措施，统筹推进大数据产业发展；组织推动大数据在经济社会等领域的广泛应用，协调开展大数

① 国家发展改革委组织召开促进大数据发展部际联席会议第一次会议[EB/OL]. [2020-08-31]. http://bigdata.sic.gov.cn/News/509/6462.htm.

② 国家大数据发展专家咨询委员会[EB/OL]. [2020-08-31]. http://bigdata.sic.gov.cn/index.htm.

③ 朱春奎，毛万磊. 议事协调机构、部际联席会议和部门协议：中国政府部门横向协调机制研究[J]. 行政论坛，2015(6)：41.

据应用示范；负责组织研究制定全市大数据收集、管理、开放、应用等标准规范；负责组织对虚拟化等大数据关键技术的研究和开发，组织推动大数据新产品、新服务及公共服务平台建设，增强大数据技术创新与新应用能力；组织并实施互联网+行动计划，统筹全市互联网经济发展工作，研究、跟踪和推进分享经济等新业态、新模式发展；负责全市大数据、云计算、移动互联网等软件和信息服务业统计和运行监测工作。① 省级大数据管理机构的建立有助于推动基于规划的大数据资源统筹发展在省域范围内的组织和实施。

从市层面来看，市级大数据管理机构同样有着明确的组织机构和清晰的组织活动范围。例如，杭州市大数据管理服务中心的职责就包括：贯彻落实数据资源采集归集、存储使用、开放共享等标准规范，承担全市政务数据及公共数据归集整理、开发利用、开放共享等具体工作；承担全市电子政务日常管理、技术支持、协调推进、服务保障等工作；承担全市公共数据基础设施建设、日常管理等工作；承担"中国杭州"政府门户网站、全市党政外网及市政府信息公开数据资源平台、市委市政府非涉密信息化系统的建设、日常管理、技术保障等工作；承担政府投资信息化项目建设规划方案和系统设计的技术审核，提出资金安排建议；承担区、县(市)电子政务和政府门户网站建设维护的技术指导工作；承担市政府等上级部门交办的其他工作。② 从上述职能介绍来看，市级大数据管理机构的业务职责更为明确，其组织管理的运行模式和运行规则也更为清晰具体。

5.2.2 基于规划的大数据资源统筹发展的数据资源要素

数据资源是大数据的核心资源，是大数据分析的基础。"数据

① 重庆市经济和信息化委员会[EB/OL]. [2020-08-31]. wjj. cq. gov. cn/xxgk/jgzn/4502. htm.

② 杭州市政府信息公开[EB/OL]. [2020-08-31]. http://www. hangzhou. gov. cn/art/2017/12/27/art_1256321_14677332. html.

资源是大数据资源规划价值发挥的数据基础，涵盖政务数据、国家基础信息资源、行业或领域信息资源、社会运行数据、传感器实时监测数据等数据资源"。① 基于规划的大数据资源统筹发展的数据资源，具有来源多样性、结构复杂性、分布广泛性等特征。关于数据资源的分类和构成，可以从政府认知视角和学术认知视角加以重点分析。

5.2.2.1　政府认知视角的数据资源的分类与构成

政府认知视角下的数据资源的分类，主要是从数据资源所有权的角度加以界定和划分，依据数据资源的权属将其划分为社会数据和政府数据。其中，社会数据资源是非政府所有的，是社会组织、商业机构、个人等在社会经济活动、生产活动等中形成的数据资源的集合；而结合国务院《促进大数据发展行动纲要》来看，政府数据主要由以下数据构成。②

(1)政府部门形成的公共数据资源

制定政府数据资源共享管理办法，整合政府部门公共数据资源，促进互联互通，提高共享能力，提升政府数据的一致性和准确性。2017年年底前，明确各部门数据共享的范围边界和使用方式，跨部门数据资源共享共用格局基本形成。

(2)政府内部共享交换的数据资源

充分利用统一的国家电子政务网络，构建跨部门的政府数据统一共享交换平台，到2018年，中央政府层面实现数据统一共享交换平台的全覆盖，实现金税、金关、金财、金审、金盾、金宏、金保、金土、金农、金水、金质等信息系统通过统一平台进行数据共享和交换。

(3)国家基础信息资源体系

① 周耀林，常大伟. 面向政府决策的大数据资源规划模型研究[J]. 情报理论与实践，2018(8)：45.

② 国务院. 促进大数据发展行动纲要[EB/OL]. [2020-08-31]. http：//www.gov.cn/zhengce/content/2015-09/05/content_10137.htm.

国家人口基础信息库、法人单位信息资源库、自然资源和空间地理基础信息库等国家基础数据资源。

(4)政府开放的数据资源集合

建立政府部门和事业单位等公共机构数据资源清单，制定实施政府数据开放共享标准，制定数据开放计划。2018年年底前，建成国家政府数据统一开放平台。2020年年底前，逐步实现信用、安监、统计、医疗、卫生、就业、社保、地理、文化、教育、交通、环境等民生保障服务相关领域的政府数据集向社会开放。

5.2.2.2 学术认知视角的数据资源的分类与构成

学术认知视角下的数据资源的分类相较于政府认知视角下的数据资源的分类，划分角度更为多样化，根据数据资源的表现形式可将其划分为传感数据、社会数据、历史数据、实时数据、线上数据、线下数据、内部数据、外部数据等多种类型。总体来讲，学术认知视角下的大数据资源分类对大数据资源权属问题的关注相对较少，更多是从数据类型、数据来源、数据实效性等方面对数据资源进行分类。

从数据类型来看，相关学者主要围绕数据资源的结构化、半结构化和非结构化特征，对数据资源进行类型划分。例如，吴晓英等认为大数据的数据类型丰富多样，既有像原有的数据库数据等结构化数据，又有文本、视频等非结构化信息。① 李广建等认为大数据的特点之一是数据类型繁多，结构各异。电子邮件、访问日志、交易记录、社交网络、即时消息、视频、照片、语音等，是大数据的常见形态。② 陈臣认为大数据时代的数据结构已由传统的以二维表结构来逻辑表达服务、业务、交易、客户信息等方面的结构化数据为主，转变为以文本、传感器数据、地理空间数据、音频、图像、

---

① 吴晓英，明均仁．基于数据挖掘的大数据管理模型研究[J]．情报科学，2015(11)：131.

② 李广建，化柏林．大数据分析与情报分析关系辨析[J]．中国图书馆学报，2014(5)：16.

邮件和视频等非结构化数据为主。①

从数据的来源来看，相关学者主要以数据产生的方式和存在领域为依据，对数据资源进行种类划分。例如，曾忠禄认为大数据的数据有多种来源，包括公司或机构的内部来源和外部来源，并将数据来源划分为五大类：(1)交易数据，如电子商务数据、企业资源规划系统数据、销售系统数据、客户关系管理系统数据、公司的生产数据、库存数据、订单数据、供应链数据等；(2)移动通信数据，如从运用软件储存的交易数据到个人信息资料或状态报告事件等；(3)人为数据，如电子邮件、文档、图片、音频、视频，以及通过微信、博客、推特、维基等社交媒体产生的数据流；(4)机器和传感器数据，如来自感应器、量表和其他设施的数据、定位/GPS 系统数据等；(5)互联网上的"开放数据"来源，如政府机构、非营利组织和企业免费提供的数据等。李天柱等认为大数据可以分成科学数据和社会数据两大类，其中科学数据来源于科学实验等途径，社会数据是由广泛分散在社会各个角落的大量主体随机产生的。②

从数据的实效性来看，相关学者主要依据数据产生的时间，对数据资源进行种类划分。例如，化柏林等认为经过多年的信息化，组织机构或企业已积累了相当数量的数据，而新运行的系统与网络又不断产生新的数据，通过新数据可以监测实时状态，而纵观历史数据可以发现规律，从而实现对未来的预测。仅有实时数据无法探其规律，仅有历史数据也无法知其最新状态，要想更好地发挥数据价值，既要重视历史数据的累积与利用，又要不断获取鲜活的新数据，只有把历史数据与实时数据融合起来，才能通过历史看未来。③

① 陈臣．基于 Hadoop 的图书馆非结构化大数据分析与决策系统研究[J]．情报科学，2017(1)：24.

② 李天柱，马佳，吕健露，等．大数据价值孵化机制研究[J]．科学学研究，2016(3)：321.

③ 化柏林，李广建．大数据环境下多源信息融合的理论与应用探讨[J]．图书情报工作，2015(16)：7.

学术认知视角的数据资源分类方式，为从多角度理解和考察数据资源提供了路径。从成因上来看，学术认知视角下数据资源种类划分的多样性与大数据资源本身的特性有着必然联系。从信息技术维度出发，将大数据视为具有5V特征，即具有量大、高速、多样、多变和低价值密度特征的数据集，针对特定领域问题在给定时间点不能采用当前、现存、既有和传统技术与方法高效处理提炼价值；从信息资源管理维度出发，将大数据视为具有4V特征，即具有量大、样多、高速、多变特征的数据集、数据汇集和关联数据，同时需要可扩展的体系架构支撑高效的数据存储、数据处理和数据分析。① 但无论从技术维度还是从管理维度来看，大数据资源在体量、价值、管理和计算方面具有的高度复杂性特征，决定了学术认知视角下的数据资源种类划分的复杂化和多元化。

除了政府认知视角和学术认知视角以外，关于大数据资源的分类与构成还存在一些其他认知视角，例如管理视角、技术视角等。但总体来看，相关认知视角对大数据资源的分类和构成并未超过政府认知视角和学术认知视角范畴，限于篇幅这里就不再赘述。

5.2.3 基于规划的大数据资源统筹发展的基础设施要素

“信息基础设施主要是指关系到一国生存的、为社会生产和居民生活提供公共服务的网络工程设施或虚拟的系统和资产，是用于保证国家或地区社会经济活动正常进行的公共信息服务系统。”②大数据基础设施是信息基础设施在大数据语境下的发展和深化，符合大数据管理和大数据场景应用的特定要求。统筹规划大数据基础设施建设，对于推动经济发展、完善社会治理、推动政府服务和加快

① 安小米，宋懿，马广惠，等．大数据时代数字档案资源整合与服务的机遇与挑战[J]．档案学通讯，2017(6)：57.

② 杜振华．“互联网+”背景的信息基础设施建设愿景[J]．改革，2015(10)：114.

建设数据强国具有重要作用。①

目前，信息基础设施有广义和狭义两种。狭义的信息基础设施主要是指基础信息网络、信息系统等软硬件设施。例如，国家网信办发布的《国家网络空间安全战略》指出，“国家关键信息基础设施是指关系国家安全、国计民生，一旦数据泄露、遭到破坏或者丧失功能可能严重危害国家安全、公共利益的信息设施，包括但不限于提供公共通信、广播电视传输等服务的基础信息网络，能源、金融、交通、教育、科研、水利、工业制造、医疗卫生、社会保障、公用事业等领域和国家机关的重要信息系统，重要互联网应用系统等”。② 广义的信息基础设施则将信息资源、信息网络、信息平台体系、信息标准规范和法律保障体系等内容纳入研究的范围。例如，中国宏观经济研究院认为，大数据基础设施由数据体系(主要由基础信息数据和重要行业和领域信息数据组成)、网络运行体系(主要由软件、硬件、IT 服务器等相关设施构成)、标准规范体系(主要由数据技术标准、数据市场交易规范标准等构成)、法律保障体系(主要由规划支撑体系、安全保障体系、政策与法规体系、监督评估体系等构成)。③

鉴于广义的信息基础设施的范围过于宽泛，在内涵上与广义的信息资源趋同,④ 在范围上与本书定义的大数据资源相互冲突。因此，下文主要从狭义的视角，即从可以支撑大数据发展的信息系统、信息平台、信息中心等方面，分析基于规划的大数据资源统筹

---

① 中国宏观经济研究院．我国大数据基础设施构成、问题及对策建议[EB/OL]．[2020-08-31]．http://www.amr.gov.cn/ghbg/cyjj/201706/t20170605_63599.html.

② 国家网络空间安全战略[EB/OL]．[2020-08-31]．http://www.cac.gov.cn/2016-12/27/c_1120195926.htm.

③ 中国宏观经济研究院．我国大数据基础设施构成、问题及对策建议[EB/OL]．[2020-08-31]．http://www.amr.gov.cn/ghbg/cyjj/201706/t20170605_63599.html.

④ 马费成，赖茂生．信息资源管理[M]．北京：高等教育出版社，2006：4-5.

发展的基础设施要素。

5.2.3.1 基于规划的大数据资源统筹发展的基础设施的内容构成

大数据的生命周期是指某个集合的大数据从采集、预处理到归档、销毁的整个过程，强调大数据从产生到消亡全过程状态的转变以及在状态转变过程中的提交物和生产物。① 为了支持大数据资源的采集、预处理、存储、整合、分析、挖掘、呈现和应用，在大数据生命周期的每个阶段都需要完善的大数据基础设施作为支撑。以大数据生命周期为主线，可将基于规划的大数据资源统筹发展的基础设施内容，划分为大数据资源的数据汇聚设施、数据存储设施、数据处理设施、数据传输设施和通用硬件设施五个主要方面。②

以大数据资源的数据汇聚设施为例，由于数据资源来源的多样性和复杂性，有效地采集和汇聚数据资源是大数据资源应用的前提，而大数据资源的数据汇聚设施则是数据资源采集的必要基础。"数据资源汇聚设施主要包括传感器、视频监控设备等。其中，传感器用来感知采集点的环境参数，电子标签用于对采集点的信息进行标识，然后经过无线网络上传至网络信息中心进行存储，并利用各种智能技术对感知数据进行分析处理以实现智能控制；视频监控设备、智能录播设备与情感识别设备等，借助视频监控技术、智能录播技术、情感识别技术等进行数据资源的采集和传输；日志搜索分析、移动 App 与网络爬虫采集等，其中日志搜索分析技术主要用于采集运维日志与用户日志数据，移动 App 技术主要用于采集各种移动数据，网络爬虫采集技术主要用于采集网络数据。"③此

① 郑大庆，黄丽华，张成洪，等．大数据治理的概念及其参考架构[J]．研究与发展管理，2017(4)：68-69.

② 李天柱，吕健露，侯锡林，等．互联网大数据创新的基础设施及其建设思路[J]．技术经济，2015(7)：35.

③ 邢蓓蓓，杨现民，李勤生．教育大数据的来源与采集技术[J]．现代教育技术，2016(8)：15.

外，各类信息管理系统、数据中心以及云存储等也是大数据资源汇聚的重要支撑。

5.2.3.2 基于规划的大数据资源统筹发展的基础设施的建设举措

从《智慧城市时空大数据与云平台建设技术大纲》《政务信息系统整合共享实施方案》《促进大数据发展行动纲要》《大数据产业发展规划(2016—2020年)》等大数据发展战略规划来看，我国正在着力推进基于规划的大数据资源统筹发展的信息基础设施，建设的内容涉及政府数据交换共享与统一开放平台建设、政府信息系统整合、大数据中心建设等。

(1)推进政务数据交换共享与统一开放平台建设

《促进大数据发展行动纲要》指出，要推进政府数据交换共享平台和国家政府数据统一开放平台建设。① 在政府数据交换共享平台建设方面，通过充分利用统一的国家电子政务网络，构建跨部门的政府数据统一共享交换平台；在国家数据统一开放平台建设方面，建立政府部门和事业单位等公共机构数据资源清单，制定实施政府数据开放共享标准，制定数据开放计划，于2018年年底前建成了国家政府数据统一开放平台。②

(2)加快政府信息系统和政府信息平台关联

政府部门可通过沟通协调网络，消除数据壁垒，将现有条块分割的各类业务系统、信息系统、网站平台等进行数据贯通和整合，实现各类信息数据的共享应用和深度整合。当前，跨部门协同运行的政府信息系统关键在于消除数据库之间的障碍，不仅要打破政府部门之间的数据分割，更要突破结构上的藩篱。但由于缺乏统一规划，大多数系统和项目都是各部门根据实际需要自主建设和开发

① 国务院．促进大数据发展行动纲要[EB/OL].[2020-10-11]. http://www.gov.cn/zhengce/content/2015/09/05/content_10137.htm.

② 国务院．促进大数据发展行动纲要[EB/OL].[2020-10-11]. http://www.gov.cn/zhengce/content/2015/09/05/content_10137.htm.

的，独立封闭运行，发展水平不一。① 为此，国务院要求严格控制新建平台，依托现有平台资源，在地市级以上（含地市级）政府集中构建统一的互联网政务数据服务平台和信息惠民服务平台，在基层街道、社区统一应用，并逐步向农村特别是农村社区延伸。到2018年，中央层面构建形成统一的互联网政务数据服务平台；国家信息惠民试点城市实现基础信息集中采集、多方利用，实现公共服务和社会信息服务的全人群覆盖、全天候受理和“一站式”办理。②

（3）促进政府数据中心和社会数据中心整合

大数据中心是融合数据中心（IDC、物理层）、云计算（处理层）、大数据应用（应用层）的集成创新平台，对于发展数字经济、实施创新驱动发展战略、推动“互联网+”行动计划、强化大数据创新应用具有基石作用。以国家数据中心为龙头，联通区域公共数据中心与社会数据中心，有效盘活我国数据中心目前已呈结构性过剩的IDC数据中心资源。③ 为充分利用现有政府和社会数据中心资源，运用云计算技术，整合规模小、效率低、能耗高的分散数据中心，构建形成布局合理、规模适度、保障有力、绿色集约的政务数据中心体系。统筹发挥各部门已建数据中心的作用，严格控制部门新建数据中心。开展区域试点，推进贵州等大数据综合试验区建设，促进区域性大数据基础设施的整合和数据资源的汇聚应用。④

① 俞晓波．大数据时代政府信息系统协同运行研究——基于组织结构的视角[J]．电子政务，2015(9)：90.

② 国务院．促进大数据发展行动纲要[EB/OL]．[2020-10-11]．http：//www.gov.cn/zhengce/content/2015/09/05/content_10137.htm.

③ 贾一苇．全国一体化国家大数据中心体系研究[J]．电子政务，2017(6)：31.

④ 国务院．促进大数据发展行动纲要[EB/OL]．[2020-10-11]．http：//www.gov.cn/zhengce/content/2015/09/05/content_10137.htm.

5.2.4 基于规划的大数据资源统筹发展的法规标准要素

大数据具备的私权和公权属性以及重要的战略价值，决定了对其提供立法保护的正当性与必要性。当前，我国大数据发展面临着仅靠市场与社会机制不可能超越的系统性挑战，折射出在法律制度的庇佑下开疆拓土的迫切需求。① 与此同时，随着大数据技术的发展与应用，加快大数据关键技术和标准的研发创新，促进大数据的发展和应用，推动我国大数据产业转型升级，是我国科技发展的重大战略需求。大数据标准研制已成为国际各标准化组织共同关注的热点。然而，我国大数据标准的研制尚处于起步阶段，② 这就要求在制定大数据资源规划、推动大数据资源统筹发展的过程中，不断完善大数据资源的法律法规和标准制度体系，为基于规划的大数据资源统筹发展提供全方位的支持和保障。下面从法规要素和标准要素两个方面具体分析基于规划的大数据资源统筹发展法规标准要素的内容构成、建设现状和发展策略。

5.2.4.1 基于规划的大数据资源统筹发展的法规要素

法是国家制定或认可的并由国家强制力作为其实施的最终保证力量的一种社会规范，其社会规范作用表现为法的指引作用、评价作用、教育作用、预测作用和强制作用。③ 制定和实施大数据法律法规，对推动基于规划的大数据资源统筹发展具有重要的引导和保障作用，有助于规范大数据产业的发展，维护大数据相关主体的权益，支持大数据发展战略的推进。这就要求我国不断顺应大数据发展趋势，推动大数据发展战略与依法治国战略相协调，以法治理念

① 秦珂．大数据法律保护摭谈[J]．图书馆学研究，2015(12)：98.

② 张群．大数据标准化现状及标准研制[J]．信息技术与标准化，2015(7)：23.

③ 房文翠．法理学[M]．厦门：厦门大学出版社，2012：20.

和法律思维审视基于规划的大数据资源统筹发展法规建设要求，为大数据发展提供充分及时的法治保障。

(1)基于规划的大数据资源统筹发展的法规内容构成

基于规划的大数据资源统筹发展的法规是关于大数据资源统筹发展的法律、法令、条例等法定文件的总称。从目前我国首部大数据地方法规《贵州省大数据发展应用促进条例》来看，内容涉及包括大数据发展应用、共享开放、安全管理等，对数据采集、共享开发、权属、交易、安全等基本问题作了概括性和指引性规定。①

基于规划的大数据资源统筹发展法规制定的目的在于，引领大数据的发展方向，通过明确大数据发展的定位、发展的取向、发展的任务和发展的目标，确保在法制轨道上推进大数据发展应用；完善大数据发展的制度措施，协调大数据发展与经济社会发展的关系，加强大数据发展的基础保障，为大数据发展的财税金融支持和人才引进提供法律政策依据；明确大数据发展各方的责任，从加强政府监管、明晰各方主体责任的角度，通过建立政府安全监管制度、强化各方安全管理主体责任、推动安全管理制度建设等，对大数据的安全管理进行原则性规定。②

(2)基于规划的大数据资源统筹发展的法规建设现状

利用法律法规数据库，按标题含有“大数据”进行检索，发现目前仅有一部地方性法规——《贵州省大数据发展应用促进条例》对大数据发展的相关内容进行了法律规定，而关于大数据的适用范围更广、法律效力更大的法律、行政法规、国务院部门规章等尚未制定。

但从数据保护的角度来看大数据相关法规建设，仍然是取得了一定的进展，根据我国法律，数据集合根据不同情况可以受到多项

① 人民网．我国首部大数据地方法规在贵州诞生[EB/OL]．[2020-09-30]．http：//scitech. people. com. cn/n1/2016/0119/c1007-28065667. html.

② 省人大法制委 省人大常委会法工委．《贵州省大数据发展应用促进条例》解读[N]．贵州日报，2016-01-25(4).

法定权利的保护，例如，在版权法(著作权法)之外就有商业秘密权、隐私权、人身权、合同债权以及反不正当竞争保护可以被主张。① 由此可以看出，基于规划的大数据资源统筹发展法规建设，尚未形成完善的法律法规体系。而散存于《中华人民共和国著作权法》《反不正当竞争法》《合同法》等关于信息保护、数据保护的相关法律条款，并没有结合大数据的特性制定专门性的规范，不足以形成大数据发展的基本法律框架，也不能够满足大数据日益发展的法规需求。

(3)基于规划的大数据资源统筹发展的法规发展策略

为适应大数据发展的现实需求，推动大数据发展应用，制定和完善大数据的法律法规体系显得日益迫切。

从基于规划的大数据资源统筹发展的法规建设的策略来看，需要从成立专门领导机构，实现立法工作的统一规划、协调和管理；完善立法、执法程序，保障法规科学性、客观性和公正性；加强国外信息立法研究，借鉴国际信息立法经验；加强大数据法学研究，规范大数据法律体系等方面，② 推进基于规划的大数据资源统筹发展的法规建设。

从基于规划的大数据资源统筹发展的法规建设的内容来看，还需要进一步“从发展应用、共享开放、安全管理、法律责任等方面丰富法规建设的内涵；注重国家秘密、商业秘密、个人隐私的保护以及数据权益人的合法权益维护；建立大数据资源的安全防护管理制度；制定数据安全应急预案，并定期开展安全评测、风险评估和应急演练；采取安全保护技术措施，确保数据安全等方面”，③ 完善基于规划的大数据资源统筹发展的法规内容。

① 林华．大数据的法律保护[J]．电子知识产权，2014(8)：81.

② 马费成，杜佳，宫强．中国信息法规建设措施与对策[J]．中国软科学，2003(6)：30-35.

③ 重庆市人大．关于制定《重庆市促进大数据发展应用管理条例》的建议[EB/OL]．[2020-09-30]．http：//scitech. people. com. cn/n1/2016/0119/c1007-28065667. html.

5.2.4.2 基于规划的大数据资源统筹发展的标准要素

国务院《促进大数据发展行动纲要》提出要建立标准规范体系。推进大数据产业标准体系建设，要加快建立公共机构的数据标准和统计标准体系，推进数据采集、政府数据开放、分类目录、交换接口、访问接口、数据质量、数据交易、技术产品、安全保密等关键共性标准的制定和实施；加快建立大数据市场交易标准体系；开展标准验证和应用试点示范，建立标准符合性评估体系；积极参与相关国际标准制定工作。① 为此，加快推进基于规划的大数据资源统筹发展的标准建设，就成为促进大数据发展的重要举措。

(1)基于规划的大数据资源统筹发展的标准内容构成

中国电子技术标准化研究院制定了由基础标准、数据标准、技术标准、平台/工具标准、管理标准、安全标准和行业应用标准七个类别标准构成的我国大数据标准体系框架。具体来看，“大数据的基础标准为整个标准体系提供包括总则、术语、参考模型等基础性标准；数据标准主要针对底层数据相关要素以及数据交易、数据开放共享等方面的标准进行规范；技术标准主要对应大数据参考架构中大数据应用提供者的相关活动，针对大数据集描述、大数据处理生命周期和互操作等大数据相关技术进行规范；平台/工具标准主要对应大数据参考架构中大数据框架提供者的相关活动，针对系统级产品和工具级产品等大数据相关平台和工具以及相应的测试方法和要求进行规范；管理标准以及安全标准作为数据标准的支撑体系，贯穿于数据整个生命周期的各个阶段，主要对应用大数据参考架构中安全与隐私、管理等相关活动进行管理规范；行业应用标准主要是从大数据为各个行业提供的服务角度出发制定的规范”。②

① 国务院．促进大数据发展行动纲要［EB/OL］．［2020-10-11］．http：//www.gov.cn/zhengce/content/2015/09/05/content_10137.htm.

② 张群，吴东亚，赵菁华．大数据标准体系［J］．大数据，2017(4)：17-18.

(2)基于规划的大数据资源统筹发展的标准建设现状

大数据领域的标准化工作是支撑大数据产业发展和应用的重要基础，为了推动和规范我国大数据产业快速发展，2014年12月，全国信息技术标准化技术委员会大数据标准工作组正式成立，2016年4月，全国信息技术标准化技术委员会大数据安全标准特别工作组也相继成立，为推动大数据建设标准提供了组织保证。

我国大数据相关标准的建设工作已在有序开展，目前已经制定实施的大数据标准有《信息技术 大数据 系统运维和管理功能要求》(GB/T 38633—2020)、《信息技术 大数据 工业应用参考架构》(GB/T 38666—2020)、《信息技术 大数据 数据分类指南》(GB/T 38667—2020)、《信息技术 大数据 接口基本要求》(GB/T 38672—2020)、《信息技术 大数据 政务数据开放共享 第2部分：基本要求》(GB/T 38664. 2—2020)、《信息技术 大数据 分析系统功能测试要求》(GB/T 38643—2020)、《信息技术 大数据 大数据系统基本要求》(GB/T 38673—2020)、《信息技术 大数据 政务数据开放共享 第1部分：总则》(GB/T 38664. 1—2020)等，为基于规划的大数据资源统筹发展提供了重要依据。

(3)基于规划的大数据资源统筹发展的标准发展策略

随着大数据技术的不断突破，产业应用的逐步深入，不断涌现出新的标准化需求。为推进基于规划的大数据资源统筹发展标准建设，首先，需要结合国内外大数据技术和产业现状、大数据标准化现状，不断完善大数据标准体系建设；其次，加强大数据标准的宣传推广工作，让更多行业的相关企业和个人参与到标准的意见征集、论证应用当中；再次，围绕数据开放共享、大数据系统测试、数据管理能力成熟度评估、数据管理、工业大数据、数据安全等重点领域，开展大数据标准试验验证和试点示范工作；然后，不断扩大标准化在数据治理领域的广泛应用，加强大数据标准化在数据治理领域的推进作用；最后，大力培育标准化科研人才，不断加快大数据标准化人才队伍的培养。此外，跟踪研究大数据相关国际标准化工作进展，深度参与国际标准制定工作，提升自主标准的国际化水平和国际话语权,① 也是标准发展策略的重要方面。

5.2.5 基于规划的大数据资源统筹发展的应用技术要素

目前，人们对于大数据处理流程的认识都比较统一，基本可以划分为数据采集、数据预处理、数据存储与管理、数据分析与数据展示五个阶段，即“利用 Flume、Splunk 等工具从数据源采集数据，用 DataStage 等进行预处理，为后继流程提供统一的高质量的数据集，然后将这些数据使用 SQL、NoSQL 等数据库技术进行集成和存储，分门别类地进行放置，再用合适的技术对其进行分析挖掘，并将最终的结果利用可视化技术如 Tableau/Qlik 等展现给用户”。② 这为从大数据采集技术、大数据预处理技术、大数据存储与管理技术、大数据分析和展示技术五个方面，阐释基于规划的大数据资源统筹发展的应用技术要素提供了思路。

5.2.5.1 大数据采集技术

随着大数据越来越被重视，大数据采集的挑战变得尤为突出。目前，数据采集工具大多抽象出了输入、输出和中间缓冲的架构，利用分布式的网络连接，实现一定程度的扩展性和可靠性。例如，“Flume 主要处理流数据事件，其使用 JRuby 来构建，依赖于 Java 运行环境；Fluent 使用 C/Ruby 开发，采用 JSON 统一数据/日志格式，专为处理数据流设计；Splunk 提供很多具体化应用，多平台支持，具有日志聚合功能、搜索功能、提取意义、可视化功能、电子邮件提醒功能等；分布式日志收集系统，可从多种异构平台和应用收集日志，并将日志存储于 HDFS 上；基于标签树节点权重的正文提取算法，将其应用于分布式大数据采集系统，能够高效获取网络

① 中国电子技术标准化研究院．大数据标准化白皮书(2018)[EB/OL].[2020-10-09]. http：//www.cesi.cn/201803/3709.html.

② 陆泉，张良韬．处理流程视角下的大数据技术发展现状与趋势[J].信息资源管理学报，2017(4)：18.

数据等”。①

5.2.5.2　大数据预处理技术

大数据来源多样、结构复杂，易受到噪声数据、数据值缺失、数据冲突等影响，为了提高大数据的质量和管理利用效率，需要对采集来的大数据进行预处理。

大数据预处理的环节主要包括数据清理、数据集成、数据归约与数据转换等内容。其中，“数据清理技术主要是对数据的不一致检测、噪声数据的识别、数据过滤与修正等进行处理；数据集成则是将多个数据源的数据进行集成，从而形成集中、统一的数据库、数据立方体等；数据归约是在不损害分析结果准确性的前提下降低数据集规模，涉及维归约、数据归约、数据抽样等技术；数据转换是基于规则或元数据的转换、基于模型与学习的转换等技术。可以看出，大数据预处理环节有利于提高大数据的一致性、准确性、真实性、可用性、完整性、安全性和价值性，而大数据预处理中的相关技术是影响大数据质量的关键因素”。②

5.2.5.3　大数据存储与管理技术

大数据时代下的数据存储和管理必须解决两个具有挑战性的问题：第一，数据增长速度远远超过存储空间增长速度；第二，现有数据存储、管理和调度方法不能适应多源海量异构数据在多种存储设备之间频繁密集流动以及应用对灵活性、便捷性和快速性等的不同要求。

“为了解决第一个问题，必须研究高效的去重去冗机制和方法、高效的压缩浓缩机制和方法、高效的遗忘与删除机制和方法，尽可能大地提升存储空间利用率。为了解决第二个问题必须协同优

---

① 陆泉，张良韬．处理流程视角下的大数据技术发展现状与趋势[J]．信息资源管理学报，2017(4)：19.

② 莫祖英．大数据处理流程中的数据质量影响分析[J]．现代情报，2017(3)：72.

化和配置各种数据存取资源，研发高效的数据存储模型、存取技术与交换算法，尽可能大地提升数据存取的速度、效率以及存储管理的灵活性和适应性。”①

应对上述问题就需要为多样性的数据建立合适的存储方案，由此各类技术如分布式缓存、分布式文件系统、分布式数据库、基于云的大数据存储等应运而生。此外，“近年来出现了一种数据湖(HUB)的新型数据存储概念，其主要是将数据或信息汇集到一个结合处理速度和存储空间的大数据系统——Hadoop 集群或内存解决方案，以便访问数据进行探索”。②

5.2.5.4 大数据分析技术

“大数据分析是大数据理念与方法的核心，是指对海量、类型多样、增长快速且内容真实的大数据进行分析，从中找出可以帮助决策的隐藏模式、未知的相关关系以及其他有用信息的过程。”③由于大数据在管理决策、政府和国家治理、经济发展趋势的分析与预测等方面有着巨大的潜在价值，而大数据分析技术在大数据多元价值的挖掘和发挥过程中起着重要的承接作用，所以大数据分析技术就成为大数据价值实现的重要技术环节。

从大数据分析的技术手段来看，“大数据分析技术主要有数据定量分析技术，包括数据聚类分析、关联规则挖掘、时间序列分析、社会网络分析、路径分析、预测分析等；数据融合技术，对类型繁多、结构各异的大数据进行融合汇聚，可以更全面地揭示事物联系，挖掘新的模式与关系；相关性分析技术，通过对全部数据的

① 王成红，陈伟能，张军，等．大数据技术与应用中的挑战性科学问题[J]．中国科学基金，2014(2)：95.

② 陆泉，张良韬．处理流程视角下的大数据技术发展现状与趋势[J]．信息资源管理学报，2017(4)：24.

③ Big data across the federal government [EB/OL]. [2020-10-09]. http：//www.whitehouse.gov/sites/default/files/microsites/ostp/big_data_fact_sheet_final_1.pdf.

分析洞察细微数据之间的相关性”。①

5.2.5.5 大数据展示技术

大数据展示技术是指将大数据分析与预测结果以计算机图形或图像的直观方式显示给用户的过程，并可与用户进行交互式处理。大数据展示技术有利于发现大量数据中隐含的规律性信息，以支持管理决策。“数据可视化环节可大大提高大数据分析结果的直观性，便于用户理解与使用，故大数据展示技术是影响大数据可用性和易于理解性质量的关键因素。”②

从大数据展示技术的实现方法来看，主要包括以下三种：第一种方法是使用降维技术降低数据的维度。大数据通常是超高维的，而大多数可视化技术只能支持二维或三维数据。第二种方法是将数据分类到多个簇，然后将簇的中心予以展示，该方法可以通过大数据计算框架（如 Hadoop、MapReduce 等）离线完成。第三种方法是使用迭代的交互可视化。③

此外，将大数据展示技术与 Web 技术相结合，实现三维动态可视化以及交互式可视化是发展趋势。对大数据进行可视化探索仍处于初始阶段，需要人们对算法和模型进行进一步的研究，以便应对复杂结构的大数据。④

5.2.6 基于规划的大数据资源统筹发展的安全管控要素

大数据安全已经引发国际新一轮的技术竞赛，是信息安全领域

① 李广建，化柏林．大数据分析与情报分析关系辨析[J]．中国图书馆学报，2014(5)：15-17.

② 莫祖英．大数据处理流程中的数据质量影响分析[J]．现代情报，2017(3)：72.

③ 熊赟，朱扬勇，陈志渊．大数据挖掘[M]．上海：上海科学技术出版社，2016：13.

④ 陆泉，张良韬．处理流程视角下的大数据技术发展现状与趋势[J]．信息资源管理学报，2017(4)：19.

新的技术增长极。美国等发达国家已率先启动大数据安全技术研究和应用，因此我们在大数据安全领域面临新的挑战。这就要求组织和动员各方面力量，加强大数据安全战略规划和体系建设，提高大数据技术自主创新能力，力争在较短的时间内摆脱关键设备和技术受制于人的局面，逐步形成大数据传输、存储、挖掘、发布以自主可控技术和安全设备为主的格局。① 为此，提升基于规划的大数据资源统筹发展的安全管控能力，就成为推进大数据资源统筹发展和国家大数据发展战略的重要内容。下面从安全管控的内容框架和运作流程两个方面，对基于规划的大数据资源统筹发展的安全管控要素进行分析。

5.2.6.1 基于规划的大数据资源统筹发展的安全管控内容框架

大数据在搜集、存储、使用等环节中仍面临着许多安全风险问题，这些风险可能来自基础设施、数据处理、管理不善、技术漏洞、数据可信度、现有法律法规、行业内自律性、个人隐私意识以及黑客攻击等多方面。② 为保障基于规划的大数据资源统筹发展的安全实施，需要在综合分析大数据统筹发展的风险要素的基础上，从组织体系、制度体系、技术体系和运维体系四个方面构建基于规划的大数据资源统筹发展的安全管控内容框架。

(1)基于规划的大数据资源统筹发展安全管控的组织体系

基于规划的大数据资源统筹发展安全管控的组织体系涉及国家层面的安全管控、省市层面的安全管控和组织机构内部的安全管控等层次。

从国家层面构建由国务院、促进大数据发展部际联席会议以及相关部委组成的大数据资源统筹发展安全管控组织架构，主要负责在国家和国际层面以及由国家部委主导的行政或业务系统内部，领

---

① 陈左宁，王广益，胡苏太，等．大数据安全与自主可控[J]．科学通报，2015(Z1)：431.

② 黄国彬，郑琳．大数据信息安全风险框架及应对策略研究[J]．图书馆学研究，2015(13)：24.

导和推进大数据资源统筹发展的安全管控体系建设。

从省市层面和组织机构层面构建大数据资源统筹发展的安全管控组织架构，主要是负责其管辖范围内的大数据资源统筹发展的安全管控问题。

（2）基于规划的大数据资源统筹发展安全管控的制度体系

基于规划的大数据资源统筹发展安全管控的制度体系，是由一系列关于大数据安全的标准、制度、规范等构成，旨在为大数据资源统筹发展提供安全运行规则。

从基于规划的大数据资源统筹发展安全管控的制度体系的建设方式来看，主要是通过确定安全管理范围、制定安全方针、明确管理职责，在风险评估的基础上选择控制目标与控制措施等。

从基于规划的大数据资源统筹发展安全管控的制度体系的内容构成来看，主要包括大数据安全方针制定、建立安全组织分配安全职责、资产分类与控制、人员岗位责任安全、物理和环境安全、通信和操作安全、访问控制、系统开发与维护安全管理、应用系统中的安全、持续运营与操作安全管理、法律法规遵从性等。①

（3）基于规划的大数据资源统筹发展安全管控的技术体系

基于规划的大数据资源统筹发展安全管控的技术体系，主要是由大数据安全风险识别、防范和处置的技术方法构成。

从大数据安全防护的技术来看，主要包括大数据加密技术、大数据访问控制技术、大数据安全威胁预测分析技术、大数据稽核与审计技术、大数据安全漏洞发现技术和基于大数据的认证技术等。

从大数据安全防护的策略来看，大数据的安全防护要围绕大数据生命周期变化来实施，在其大数据的采集、传输、存储和使用各个环节采取安全措施，提高安全防护能力，其技术保护能力需要覆盖从大数据存储、应用到管理等多个环节的大数据安全控制要求。②

① 孙红梅，贾瑞生．大数据时代企业信息安全管理体系研究[J]．科技管理研究，2016(19)：212.

② 张绍华，潘蓉，宗宇伟．大数据治理与服务[M]．上海：上海科学技术出版社，2016：94.

(4)基于规划的大数据资源统筹发展安全管控的运维体系

基于规划的大数据资源统筹发展安全管控的运维体系主要由安全管控运维管理网络和运维管理机制两部分构成。

基于规划的大数据资源统筹发展安全管控的运维管理网络，是在一定的运维管理架构基础上，通过明确不同运维主体的权力边界、责任义务和联系方式等，实现不同运维主体在大数据安全管控中的协调合作。

基于规划的大数据资源统筹发展安全管控的运维管理机制，是通过制定覆盖大数据生命周期的运维流程，形成严密高效和低风险型运维管理模式。①

5.2.6.2 基于规划的大数据资源统筹发展的安全管控运作流程

具体来讲，基于规划的大数据资源统筹发展的安全管控运作流程主要包括大数据安全风险识别、大数据安全风险分析、大数据安全风险预警、大数据安全风险处置和大数据安全风险管控效果评估五个环节，具体内容如下。

(1)大数据安全风险识别

大数据安全风险识别是对基于规划的大数据资源统筹发展过程中存在的安全隐患进行分析和识别，为后续大数据安全风险的评估、预警等提供数据支持。从大数据安全风险识别的内容来看，主要是对大数据生命周期内的安全风险进行认知和明确，即识别大数据采集、组织与存储、传播与流动、使用与服务、迁移与销毁等不同阶段所面临的安全风险。大数据安全风险识别主要包括大数据采集阶段的数据知情权风险、大数据组织和存储阶段的数据操作权和控制权风险、大数据流动和传播阶段的数据真实性和隐私泄露风险、大数据利用和服务阶段的数据关联性风险和大数据迁移和销毁阶段的数据访问风险等。②

① 戴文忠. 深圳市国税局构建科学高效的信息运维体系[J]. 中国税务，2006(1)：50.

② 朱光，丰米宁，刘硕. 大数据流动的安全风险识别与应对策略研究——基于信息生命周期的视角[J]. 图书馆学研究，2017(9)：86-87.

(2)大数据安全风险分析

大数据在给人类社会带来诸多驱动、发现、转型与便捷的同时，也带来了前所未有的信息安全威胁与风险,① 对大数据安全风险分析提出了更高的要求。大数据安全风险分析的工作原理，是将描述性的、诊断性的、预测性的和规定性的模型用于数据，来回答特定的问题或发现新的见解的过程。② 具体来讲，就是在大数据安全风险识别的基础上，借助专家知识库、机器学习等进一步判定安全风险的性质和威胁程度，预测安全风险的发展趋势和可能影响，并根据不同的安全风险威胁程度给出相应的信息反馈。

(3)大数据安全风险预警

大数据安全风险预警就是在大数据安全风险分析的基础上，对达到一定安全风险阈值的风险因素进行提取和警示的过程。从大数据安全风险预警的实质来看，通过对大量庞杂信息的采集，挖掘隐藏的具有价值的信息，通过实时分析、研判，及早发现事件潜在隐患，将危机扼杀在摇篮里或者为应对危机作决策准备。③ 从大数据安全风险预警的过程来看，就是从关于大数据安全的数据中挖掘可信度和可靠度高的信息，运用大数据分析技术，从大数据安全风险的特性、危险性等指标判别预警级，对大数据安全风险进行危机预警，生成大数据安全风险分析报告，为大数据安全管控部门快速了解、识别和掌握大数据安全风险动态、处置大数据安全风险提供决策依据，最终达到预测的预警目的。

(4)大数据安全风险处置

大数据安全风险处置就是对大数据安全风险预警显示的技术漏洞、网络攻击等风险因素进行处理和解决的过程。具体来讲，以物联网、云计算、移动互联网技术为基础的大数据技术，可以快速将

① 王世伟. 论大数据时代信息安全的新特点与新要求[J]. 图书情报工作，2016(6)：6.

② 曾忠禄. 大数据分析：方向、方法与工具[J]. 情报理论与实践，2017(1)：3.

③ 储节旺，朱玲玲. 基于大数据分析的突发事件网络舆情预警研究[J]. 情报理论与实践，2017(8)：612.

各类数据进行全方位识别、采集、传输、处理，以及时、完整的数据信息支撑起包括源头治理、动态管理和应急处置等主要环节的全流程治理。① 通过大数据安全风险的动态管理，对大数据安全风险进行实时评估，在大数据安全风险预警的基础上及时采取相应行动，保证大数据安全风险处置的质量与效果。

(5)大数据安全风险管控效果评估

2003年《国家信息化领导小组关于加强信息安全保障工作的意见》提出，"需要重视信息安全风险评估工作，对网络与信息系统安全的潜在威胁、薄弱环节、防护措施等进行分析评估，并进行相应等级的安全建设和管理"。② 大数据安全风险管控的效果评估就是通过构建效果评估的整体框架和指标体系，对大数据安全风险识别、大数据安全风险分析、大数据安全风险预警和大数据安全风险处置的过程中可能存在的薄弱环节以及安全管控实施的结果等进行评价和分析，以便从中发现大数据安全风险管控存在的问题并提出进一步改进的建议。

5.3 基于规划的大数据资源统筹发展的路径设计

大数据资源统筹发展作为一个全新的研究课题，面临着来自理论与实践的多重挑战。如何有效协调数据资源、基础设施、保障因素、数据处理能力等在内的大数据资源体系的规划与建设，以便发挥大数据资源在国家治理和政府决策中的应用价值，③ 是大数据资

① 孙粤文．大数据：风险社会公共安全治理的新思维与新技术[J]．求实，2016(12)：75.

② 国家信息化领导小组关于加强信息安全保障工作的意见(中办发〔2003〕27号)[EB/OL]．(2018-07-12)．http：//www.tsgy.gov.cn/News.aspx?id=9233.

③ 周耀林，常大伟．面向政府决策的大数据资源规划模型研究[J]．情报理论与实践，2018(8)：45.

源统筹发展需要关注的问题。结合国务院《促进大数据发展行动纲要》关于“加强顶层设计和统筹协调”“建立国家大数据发展和应用统筹协调机制”“积极研究数据开放、保护等方面制度”“促进信息系统跨部门、跨区域共享”①等要求来看，加强大数据资源统筹发展的要素整合，优化大数据资源统筹发展的流程，强化大数据资源统筹发展的部门合作和区域协同，是推进基于规划的大数据资源统筹发展的重要方向。

5.3.1　基于要素整合的大数据资源统筹发展

大数据资源统筹发展涉及的要素繁多，主要包括大数据资源统筹发展的组织管理要素、数据资源要素、基础设施要素、法规标准要素、应用技术要素和安全管控要素(详见5.2节)。为协调和优化大数据资源统筹发展不同要素之间的关系，就需要推动基于要素整合的大数据资源统筹发展，从而提高大数据资源统筹发展构成要素的利用效率。

5.3.1.1　基于要素整合的大数据资源统筹发展的内涵

资源整合是对不同来源、不同层次、不同结构、不同内容的资源进行选择、汲取、配置、激活和有机融合，对原有的资源体系进行重构，以形成新的核心资源体系的过程。② 基于要素整合的大数据资源统筹发展就是借鉴资源整合的相关理念，将大数据资源统筹发展的相关要素在国家层面、区域层面和行业层面进行统筹协调、优化配置和深度融合的过程。

从整合的内容来看，基于要素整合的大数据资源统筹发展既包括基于全系统整合的统筹发展，即从战略层面将大数据资源统筹发

① 国务院．促进大数据发展行动纲要[EB/OL].[2020-10-11]. http://www.gov.cn/zhengce/content/2015/09/05/content_10137.htm.

② 董保宝，葛宝山，王侃．资源整合过程、动态能力与竞争优势：机理与路径[J]．管理世界，2011(3)：93.

展的组织管理要素、数据资源要素、法规标准要素、应用技术要素、安全管控要素等视为一个有机整体加以整合，也包括局部性整合，例如，对政府数据资源、社会数据资源等多元异构的数据资源的整合等。

从整合的层面来看，基于要素整合大数据资源统筹发展有国家层面的要素整合，即国务院通过国家政策、专项规划等实施的大数据资源相关要素的整合；区域层面的要素整合，即省市大数据管理机构在特定区域内实施的大数据资源相关要素的整合；行业层面的要素整合，即由生态环保部、农村农业部、交通运输部等国务院组成部门在专业领域内部进行的大数据资源相关要素的整合。

从整合的方式来看，基于要素整合大数据资源统筹发展主要通过统筹协调不同来源、不同结构、不同类型的大数据资源，实现大数据资源相关要素的有序发展；通过优化配置大数据资源在不同区域、不同行业的资源分布状况，提高大数据资源相关要素的流通效率；通过深度融合不同性质、不同权属的大数据资源，增强大数据资源相关要素的利用成效。

5.3.1.2 基于要素整合的大数据资源统筹发展的现状分析

充分认识基于要素整合的大数据资源统筹发展的现状与需求，是进一步分析基于要素整合的大数据资源统筹发展实施路径与应对策略的重要前提。下面从理论研究和政策规划两个角度分析基于要素整合的大数据资源统筹发展的现状，并对其中存在的问题进行探讨。

(1)基于要素整合的大数据资源统筹发展理论研究现状

从目前的研究情况来看，基于要素整合的大数据资源统筹发展的理论研究主要集中在数据资源整合和大数据基础设施整合研究两个方面。

在数据资源整合方面，白如江、冷伏海探讨了科学数据的整合问题，认为随着信息与网络技术的发展，科学研究过程中产生了大量的原生数字科学数据、整合集成科学数据，对实现科学数据共享与互操作具有重要的意义，并针对“大数据”环境下科学研究的特点，分析了“大数据”时代科学数据整合的挑战，论述了科学数据整合的主要理论与方法。① 傅德印、黄恒君等分析了大数据视角下互联网异源异构数据的整合问题，从参与者行为、数据质量角度论证了将异源异构互联网数据作为名录库更新数据源的优势，讨论了名录库基本信息、属性信息及地理定位信息获取的技术手段，并给出应用实例。② 荣霞探讨了图书馆数字资源整合的问题，指出随着大数据时代的到来，图情信息资源数字化发展迅速，做好图书馆数字资源的整合工作，关系到图书馆未来的可持续发展，并从大数据时代数字出版入手，对图书馆数字资源的整合路径和方法进行了分析。③ 李振、周东岱等研究了教育数据的整合问题，认为在大数据时代，实现教育大数据的融通共享是数据驱动教育变革及创新的前提与先决条件，设计了包含数据源层、数据获取层、数据存储层、数据整合层、数据访问层的教育大数据整合平台体系架构，并提出了基于语义技术、数据空间理论、数据湖存储架构以及区块链技术的实现策略。④ 王运、李宇佳等探讨了政府公共数据整合的问题，指出整合和利用海量公共数据，有助于提高政府运转效能和行政管理水平，更好地为国民经济和社会发展服务，从而提升国家综合国力和增强国家安全，实现由传统政府向现代政府转变。⑤

在大数据基础设施整合研究方面，马晓婷分析了图书馆数据整合系统的构建问题，认为随着大数据时代的到来，图书馆用户个性

---

① 白如江，冷伏海．“大数据”时代科学数据整合研究[J]．情报理论与实践，2014(1)：94.

② 傅德印，黄恒君，陶然．大数据视角下名录库更新维护——基于互联网异源异构数据整合的探讨[J]．统计研究，2015(1)：5.

③ 荣霞．大数据时代图书馆数字资源整合研究[J]．出版广角，2018(8)：66.

④ 李振，周东岱，刘娜．教育大数据整合：现状、问题、架构与实现策略[J]．图书馆学研究，2017(20)：47.

⑤ 王运，李宇佳，严贝妮．大数据环境下我国政府公共数据整合与开放研究——基于上海市政府的案例分析[J]．图书馆理论与实践，2016(1)：1.

化服务的数据总量正在快速增长，对图书馆 IT 系统架构和计算能力带来了极大的挑战，采用多层次的系统结构设计构建的图书馆大数据资源整合平台具有较强的扩展能力，并以松散耦合度方式运行，可以在保证数据质量的前提下，实现核心数据的集成与共享，有助于实现图书馆的信息资源整合。① 谢获宝、张茜等讨论了大数据时代企业会计信息系统的整合问题，指出大数据时代下新的数据产生途径、数据处理技术和数据运用模式，将对企业会计信息系统的融合提出新的挑战，并以苏宁云商为例，通过对其构建物流、资金流和信息流系统的过程及实现“三流”合一举措的介绍及分析，分析了大数据时代下企业利用互联网和数据资源，实现会计信息系统整合的路径。②

整体来看，基于要素整合的大数据资源统筹发展理论研究在取得一定进展的同时，也存在着不足：从研究的内容来看，主要集中于数据资源整合和大数据基础设施整合两个方面，对大数据资源统筹发展涉及的技术资源、法规条件、组织管理要素、安全管控体系等的整合缺乏必要的研究和论证，研究的内容有待进一步丰富；从研究的视野来看，基于要素整合的大数据资源统筹发展研究还局限于大数据资源某一构成要素的内部整合，缺乏对大数据资源全要素的整体考量和全面审视，还不能从大数据资源的六个维度出发，在统筹不同构成要素的基础上设计有效的整合路径。

(2)基于要素整合的大数据资源统筹发展政策规划现状

从国内大数据资源统筹发展的政策规划来看，国务院《促进大数据发展行动纲要》作为大数据资源统筹发展的纲领性文件，从建立国家大数据发展和应用统筹协调机制，加快法规制度建设，积极研究数据开放、保护等方面制度，健全市场发展机制，鼓励政府与企业、社会机构开展合作，建立标准规范体系，积极参与相关国际

① 马晓亭. 大数据时代图书馆数据整合系统构建研究[J]. 图书馆建设，2014(6)：83.

② 谢获宝，张茜. 大数据时代下企业 ERP 系统的构建及其与会计信息系统的整合——以苏宁云商为例[J]. 财务与会计，2014(2)：18.

标准制定工作，加大财政金融支持，推动建设一批国际领先的重大示范工程，加强专业人才培养，建立健全多层次、多类型的大数据人才培养体系，促进国际交流合作，建立完善国际合作机制等方面，对大数据资源发展涉及的要素进行了相对系统地规划和统筹，① 内容涵盖了大数据资源统筹发展的机制体制创新、制度规范建设、政策资金支持、人才培养体系构建、国际交流合作等多个方面。中国煤炭工业协会会同中国煤炭运销协会研究制定的《推进煤炭大数据发展的指导意见》，从构建煤炭大数据开放、共享体系，构建煤炭大数据标准体系，加快煤炭企业数据平台建设，建立全国煤炭数据平台，推动煤炭大数据运用等方面，构建了煤炭大数据发展的内容体系和指导框架，② 对大数据资源统筹发展的资源要素、标准要素、平台支撑要素、大数据应用等内容进行了规划。国土资源部《关于促进国土资源大数据应用发展的实施意见》，作为国土资源领域的专项政策规划，从持续完善国土资源数据资源体系、全面推进国土资源系统内部信息互联互通、大力推进政府部门之间的数据共享服务、稳步推进国土资源数据向社会开放、有效提升国土资源决策支持能力、加强地质环境与地质灾害分析预警与信息服务、大力推进地质调查信息服务、培育智能化国土资源调查评价监测应用新业态等方面，③ 将大数据资源统筹发展的内容进一步拓展到大数据资源的应用和大数据新业态的培育等方面。

从外国大数据资源统筹发展的政策规划来看，美国《联邦大数据研究和开发战略计划》从提高大数据处理能力，加强研发投入，健全基础设施，促进数据共享，注重隐私、安全、伦理，强化教育培训，促进大数据创新生态系统协同创新等七个方面提出了新的大

① 国务院．促进大数据发展行动纲要[EB/OL]．[2020-10-11]．http：//www.gov.cn/zhengce/content/2015/09/05/content_10137.htm.

② 国务院．推进煤炭大数据发展指导意见[EB/OL]．[2020-10-11]．http：//www.gov.cn/xinwen/2016-07/21/content_5093524.htm.

③ 中华人民共和国自然资源部．关于促进国土资源大数据应用发展的实施意见[EB/OL]．[2020-10-11]．http：//www.mlr.gov.cn/zwgk/zytz/201607/t20160712_1411348.htm.

数据发展战略计划，明确了大数据研究和开发的关键领域和核心技术。①《欧盟大数据价值战略研究和创新议程》确定了九大优先创新发展领域，包括五项技术领域和四项非技术领域。技术重点优先领域包括深度分析、优化架构、隐私和匿名机制、可视化和用户体验、数据管理工程。互补的非技术重点优先领域包括技能培养，商业模式和生态系统，政策、法规、标准化，社会感知和社会影响评估。② 澳大利亚《公共服务大数据战略》，以六条“大数据原则”为指导，将大数据管理、大数据与隐私保护、大数据整合分析、大数据开放共享四个方面确立为大数据战略的关键问题，旨在推动公共部门利用大数据分析进行服务改革，制定更好的公共政策，保护公民隐私，使澳大利亚在该领域跻身全球领先水平。③

通过对比国内外大数据资源统筹发展的相关政策可以发现，我国更加侧重于从体制机制创新、管理体系构建、数据平台整合、大数据业态培养等宏观方面，推进大数据资源的统筹发展；国外更倾向于从隐私保护、大数据安全、大数据管理、大数据关键技术研发等中微观层面，实现大数据资源的统筹发展。但总体来看，国内外大数据资源统筹发展的政策规划，都没有对大数据资源构成要素之间的内在关联进行系统地梳理，并立足于要素整合的视角对大数据资源相关要素进行合理科学地配置、保障和应用。当前，基于要素整合的大数据资源统筹发展在政策表达层面仍然不够深入，呈现出大数据资源构成要素相对独立、协调不足的状态。

5.3.1.3 基于要素整合的大数据资源统筹发展的对策

为推进基于要素整合的大数据资源统筹发展，需要不断深化大数据资源统筹发展要素整合的认知水平，完善大数据资源统筹发展

① 联邦大数据研究和开发战略计划[EB/OL]. [2020-10-11]. http://www.sic.gov.cn/News/251/7883.htm.

② 黄超. 欧盟大数据价值战略研究与创新议程解读[J]. 中国信息安全，2016(3)：99.

③ 澳大利亚《公共服务大数据战略》[EB/OL]. [2020-10-11]. http://intl.ce.cn/specials/zxgjzh/201308/14/t20130814_24662628.shtml.

要素整合的政策框架，创新大数据资源统筹发展要素整合的模式。

(1)针对大数据统筹理论研究滞后的问题，需要提高大数据资源统筹发展要素整合的认知水平

理论在实践发展中有着重要的引导和促进作用，加强基于要素整合的大数据资源统筹发展的理论研究，有助于深化大数据资源统筹发展的认知水平。为此，需要从多个方面强化大数据资源统筹发展要素整合的理论研究。

首先，从系统论的研究视角出发，将大数据资源发展涉及的组织管理要素、数据资源要素、法规标准要素、应用技术要素和安全管控要素等进行综合考量，有效界定和区分不同要素在大数据资源统筹发展中的地位与作用，为大数据资源统筹发展的要素配置和资源整合提供依据。

其次，为充分发挥大数据资源构成要素的各自功能，需要加强大数据资源统筹发展构成要素之间的关系研究，在厘清不同要素相互关系的基础上，实现大数据资源的体系重构和结构优化，从而形成基于要素整合的大数据资源统筹发展的持续竞争优势。

最后，深化大数据资源统筹发展要素整合的方法论研究，从大数据资源的复杂性以及大数据资源统筹发展的系统性出发，探索和构建适合大数据资源整合的方法体系，为基于要素整合的大数据资源统筹发展提供理论工具。

(2)针对大数据资源规划引领性不足的问题，需要完善大数据资源统筹发展要素整合的政策框架

从国内外大数据资源统筹发展的政策内容来看，对大数据资源统筹发展涉及要素的认识还存在诸多差异，尚未形成统一的大数据资源统筹发展要素整合的政策框架。为此，既需要从纲领性政策规划中体现大数据资源统筹发展要素整合的理念，也需要在专项政策规划中突出大数据资源统筹发展要素整合的内容。

从纲领性政策规划制定的角度来讲，目前主要是通过罗列大数据资源相关要素的方式对大数据资源统筹发展涉及的内容进行规划和引导，并未明确不同内容在政策体系中的结构关系和优先序，这就要求明确大数据资源统筹发展不同要素在政策框架中的相互关系

和发展顺序，并在宏观层面进一步引导大数据资源跨区域、跨机构的要素整合，在中观层面不断规范不同权属、不同类型的数据资源、信息系统等的要素整合。

从专项政策规划制定的角度来讲，由于大数据资源统筹发展在专业领域具有特定的背景要求，这就需要结合大数据资源统筹发展的特殊专业环境和具体应用场景，在专业系统内部构建完善的大数据资源统筹发展要素整合的政策框架。

(3)针对大数据资源整合力度不足的问题，需要创新大数据资源统筹发展要素整合的模式

目前，基于要素整合的大数据资源统筹发展的研究还存在一定的问题，对大数据资源统筹发展要素整合的认识和理解还停留在数据资源整合和信息系统整合的层面，对深层次和广领域的大数据资源整合的研究还未有效展开。为促进大数据资源统筹发展，需要创新大数据资源统筹发展要素整合的模式，既要推动以政府数据和社会数据为基础的数据资源的整合，也要加强不同信息系统、数据中心等大数据基础设施的整合，还要从体制机制创新、协同模式构建、整合路径规划等方面推进跨行业、跨区域、跨机构的大数据资源整合。此外，结合大数据资源的具体应用场景，进一步探索基于业务流程、价值共创、文化认同、产业链重构、社会自组织、社会治理等不同的大数据资源统筹发展要素整合模式，也是推动大数据资源统筹发展要素整合模式创新的重要举措。

5.3.2　基于流程优化的大数据资源统筹发展

流程优化作为一种重要的管理思想，“其方法与工具是研究管理流程的一项基本方法策略，通过不断发展、完善、优化业务流程方法，对于保持业务流程实施的成效，最大化流程优化的成果具有重要意义”。[①] 这就要求在明确基于流程优化的大数据资源统筹发

① 水藏玺，吴平新，刘志坚．流程优化与再造[M]．北京：中国经济出版社，2013：25.

展内涵的基础上，明晰大数据资源统筹发展的现状和问题，并据此提出大数据资源统筹发展的对策，从而提高基于流程优化的大数据资源统筹发展的实践效果。

5.3.2.1　基于流程优化的大数据资源统筹发展的内涵

流程优化要围绕优化对象要达到的目标进行；在现有的基础上，提出改进后的实施方案，并对其作出评价；针对评价中发现的问题，再次进行改进，直至满意后开始试行，并正式实施。从流程优化实施的内容来看，主要包括社交总体规划、优化项目启动、流程描述及分析、流程优化社交、配套方案设计、项目实施、项目评测、持续改建等几个方面。① 基于流程优化的大数据资源统筹发展就是借鉴流程优化的相关理论，在剖析大数据资源统筹发展各个环节面临的问题与障碍的基础上，通过梳理、完善、优化和发展大数据资源统筹发展的流程，实现大数据资源统筹发展效率提高的过程。大数据资源统筹发展作为一个动态发展的过程，其流程优化涉及技术层面的流程优化、业务层面的流程优化和战略层面的流程优化三个维度，即大数据资源统筹发展的技术流程优化、大数据资源统筹发展的业务流程优化和大数据资源统筹发展的战略流程优化。下面从不同维度对基于流程优化的大数据资源统筹发展的内涵进行分析和阐释。

大数据资源统筹发展的技术流程优化，是对大数据资源统筹发展过程中大数据资源的采集、处理、存储与管理、开发与利用等技术流程进行优化的过程。大数据资源统筹发展的技术流程是建构于大数据技术之上的一种技术规程，旨在从技术应用和技术规范的角度分析大数据资源统筹发展过程中的技术障碍，并提供一种规范化的处理方案和解决手段。优化大数据资源统筹发展的技术流程，有助于提高大数据资源在大数据采集、数据处理、数据存储、数据价值实现等环节中的效率。

---

① 冉斌．企业流程优化与再造实例解读[M]．北京：中国经济出版社，2008：13.

大数据资源统筹发展的业务流程优化，是在大数据资源统筹发展的具体业务实践中，以场景应用为中心，以大数据资源的业务价值实现为导向，根据不同的应用场景及其业务流程合理规划大数据资源统筹发展的实施过程。大数据资源统筹发展的业务流程优化，主要是围绕大数据资源在具体的业务活动中如何科学地进行功能定位、业务衔接、价值转化等环节进行，从内容来看，包括对大数据资源统筹发展在业务活动中的战略环境、动力因素、价值取向进行分析，对大数据资源、基础设施、保障因素、数据处理能力等进行规划与建设，对大数据资源进行数据价值挖掘和开发利用等。

大数据资源统筹发展的战略流程优化，是对大数据资源统筹发展涉及的一系列政策目标、政策工具、政策实践等进行科学规划，确保大数据资源统筹发展的宏观政策环境分析、发展政策制定、发展政策实施、发展政策评估、发展政策迭代等的有序实施。大数据资源统筹发展的战略流程优化主要是从宏观政策制定和政策实施的角度，分析大数据资源统筹发展政策实践的问题。优化大数据资源统筹发展的战略流程，有助于在明确大数据资源统筹发展的政策目标的基础上，更为合理地制定大数据资源统筹发展的政策实施框架和政策实施过程，降低大数据资源统筹发展实施的政策成本，也为大数据资源统筹发展的技术流程优化和业务流程优化提供战略指导和政策依据。

5.3.2.2　基于流程优化的大数据资源统筹发展现状分析

流程优化理论在图书情报领域已经获得一定应用。例如，王琰探讨了流程优化理论在图书馆管理中的应用方式；① 曾光等分析了流程优化理论在图书馆服务中的应用问题；② 俞秋娟将流程优化的

① 王琰．以读者为本的图书馆管理流程优化[J]．图书馆论坛，2012(2)：20.

② 曾光，明均仁，童旺宇．基于过程挖掘的图书馆服务流程优化研究[J]．图书馆学研究，2016(19)：8.

理念应用于图书馆文献征集。① 大数据环境下，流程优化的理念在图书情报领域的应用范围、研究主题等得到进一步的发展和深化，例如，彭知辉分析了大数据环境下公安情报流程优化的问题；② 陈艳探讨了基于大数据的图书馆业务流程再造问题；③ 张倩论述了高校档案大数据业务流程重组的问题，考察了传统高校档案业务流程的内容构成。④

流程优化理论在图书情报领域的应用以及与大数据相关研究的结合，为基于流程优化的大数据资源统筹发展提供了重要参考。从现有的研究情况来看，流程优化理论在大数据资源统筹发展中的应用研究已获得一定进展，如周耀林、常大伟在《大数据资源统筹发展的困境分析与对策研究》中指出，从系统论的视角来看，大数据资源统筹发展需要协调好大数据获取、大数据传输、大数据存储、大数据处理、大数据分析、大数据应用等环节的关系，优化各环节的处理流程和技术方法；⑤ 谢俊奇、尹岷等在《大统筹、大数据、大融合，北京智慧国土的探索与实践》中认为，智慧城区建设要坚持“大统筹格局”、强化“大融合理念”，既要与市发展和改革委员会、经信委等部门沟通业务协同问题，也要与业务处室实现联合业务流程再造，联合发布业务规则，联合培训推广。⑥

总体来看，结合大数据环境下业务管理的新实践和新要求，推进信息管理流程的优化和再造，提高部门业务管理的效率和信息管

---

① 俞秋娟．图书馆文献征集流程优化研究[J]．图书馆建设，2012(8)：8.

② 彭知辉．论大数据环境下公安情报流程的优化[J]．情报杂志，2016(4)：18.

③ 陈艳．基于大数据的图书馆业务流程再造研究[J]．新世纪图书馆，2014(6)：29.

④ 张倩．高校档案大数据业务流程重组研究[J]．档案与建设，2016(11)：30.

⑤ 周耀林，常大伟．大数据资源统筹发展的困境分析与对策研究[J]．图书馆学研究，2018(14)：68.

⑥ 谢俊奇，尹岷，李建林．大统筹、大数据、大融合，北京智慧国土的探索与实践[J]．国土资源信息化，2016(6)：7-10.

理的效能，是图情档学界和业务管理部门正在关注并积极探索应对策略的现实问题。其中，针对大数据资源统筹发展这一特定场景的流程优化问题已有学者提出了相关建议，但也应该看到，基于流程优化的大数据资源统筹发展的研究极其薄弱，对大数据资源统筹发展与流程优化理论如何进行深层次的结合，如何在大数据资源统筹发展的实践中应用流程优化理论等问题的探讨尚显不足，特别是对大数据资源统筹发展的流程识别、流程管理和流程再造问题还未涉及。这就要求进一步从战略流程优化、业务流程优化、技术流程优化等多个维度，不断加强大数据资源统筹发展的关键流程识别，强化大数据资源统筹发展的流程管理，推动大数据资源统筹发展的流程再造，从而深化对基于流程优化的大数据资源统筹发展问题的认识，构建起基于流程优化的大数据资源统筹发展的理论框架和认识基础。

5.3.2.3 基于流程优化的大数据资源统筹发展的对策

为推动基于流程优化的大数据资源统筹发展，需要在有效识别大数据资源统筹发展关键流程的基础上，不断地强化大数据资源统筹发展的流程管理，并根据实践发展的新趋势和新要求，推动大数据资源统筹发展的流程再造，从而实现大数据资源统筹发展流程优化与大数据资源统筹发展现实需求的契合。

(1)识别大数据资源统筹发展的关键流程

如何在错综复杂的组织中识别出流程是建立基于流程的组织的基础，因此识别组织的流程是设计基于流程的组织的关键。① 核心流程的识别主要有两种方法：一种是内部定义法，其步骤是对组织的活动进行分析，将活动合并为流程；另一种是外部定义法，其步骤是识别和理解需求，寻找组织满足需求的活动和流程。② 从基于

---

① 张志勇，匡兴华，晏湘涛．基于流程的组织设计研究进展[J]．管理科学，2004(5)：34.

② 孟宪国．基于流程和战略的组织设计[M]．北京：中国标准出版社，2002：56.

流程优化的大数据资源统筹发展的分类来看，主要包括大数据资源统筹发展的战略流程优化、大数据资源统筹发展的业务流程优化和大数据资源统筹发展的技术流程优化三种。

大数据资源统筹发展的战略流程的选择和实施，主要受到国家信息化战略、国家信息政策需求、国家发展战略的价值取向、国家信息化机构的运行管理机制等方面的影响，识别大数据资源统筹发展战略流程中的关键流程就需要应用核心流程识别的外部定义法，结合大数据资源统筹发展的外部宏观环境，科学认知大数据资源统筹发展战略流程的关键环节，合理界定宏观政策环境分析、发展政策制定、发展政策实施、发展政策评估、发展政策迭代等在大数据资源统筹发展战略流程中的地位和功能。

大数据资源统筹发展的业务流程和技术流程的设计和运作，主要受到内部组织运行模式、组织管理架构、业务需求、技术环境、技术应用和技术实现方式等的影响，识别大数据资源统筹发展业务流程和技术流程的关键环节，就需要应用核心流程识别的内部定义法，对大数据资源统筹发展的关键业务环节和核心技术环节进行整体把控。

(2)强化大数据资源统筹发展的流程管理

流程管理自泰勒的科学管理提出以来开始萌芽，至今经历了三次发展浪潮，在其发展过程中，由简单到复杂，出现了一系列的流程管理技术。流程管理逐渐由隐藏于传统管理的幕后显现出来，走上了前台，并逐渐取代传统管理思想成为管理的主要思想和方法，①发展演变呈现出信息化、电子化、网络化和平台化的趋势。② 流程管理以规范化地构造端到端的卓越流程为中心，以持续地提高组织业务绩效为目的，实质上是对角色能力及其协调关系的管理，是对

① 岳澎，黄解宇．流程管理的演进历程：从幕后到前台，由配角到主角[J]．现代管理科学，2005(6)：50.

② 张志刚，黄解宇，岳澎．流程管理发展的当代趋势[J]．现代管理科学，2008(1)：88.

组织能力和关系的契合。①

强化大数据资源统筹发展的流程管理，首先，要在大数据资源统筹发展关键流程识别的基础上，科学地设计大数据资源统筹发展的战略流程、业务流程和技术流程，将大数据资源统筹发展涉及的政策因素、体制机制因素、组织管理因素、制度规范因素、数据资源因素、基础设施因素、技术因素、人才因素等合理地嵌入大数据资源统筹发展的流程中，实现不同因素在大数据资源统筹发展流程中的有效衔接和相互配合。其次，促进大数据资源统筹发展的流程实施，从大数据资源统筹发展流程实施的组织建设、团队管理、跨部门协作、评估和监管机制构建等方面对大数据资源统筹发展的战略流程、业务流程和技术流程进行规范，将大数据资源统筹发展的流程管理与大数据资源统筹发展的职能管理、业务管理、技术管理、绩效管理进行协调，形成以大数据资源统筹发展流程管理为主线，以大数据统筹发展的职能管理、业务管理、技术管理和绩效管理为补充的运作管理体系。最后，强化大数据思维在大数据资源统筹发展流程管理中的思想启迪作用，创新大数据技术在大数据资源统筹发展流程管理中的应用方式和应用范围，以全新的理念和技术推动大数据资源统筹流程管理在新的时代背景和技术环境下焕发新的活力。

(3)推动大数据资源统筹发展的流程再造

20 世纪 90 年代，美国麻省理工学院教授迈克尔和 CSC 管理顾问公司董事长詹姆斯合著《公司重组——企业革命宣言》(*Reengineering the Corporation: A Manifesto for Business Revolution*)一书，首次提出业务流程再造理论，掀起了一场世界性的流程再造运动。② 流程再造是管理思想和信息技术发展的综合产物。实际上，“流程再造不仅仅是业务流程的再造，由于业务流程的再造，还引

① 连明．流程管理及其在大学图书馆管理中的运用[J]．情报科学，2011(1)：47.

② [美]迈克尔·哈默．企业再造：企业革命的宣言书[M]．王珊珊，等，译．上海：上海译文出版，2007：192.

起了对组织结构的再造以及组织文化的重塑”。①

推动大数据资源统筹发展的流程再造，首先，要审视现有的大数据资源统筹发展在战略流程实施、业务流程运作和技术流程设计中存在的问题和不足，依据大数据资源统筹发展的战略方向和实施环境，明确大数据资源统筹发展的流程再造的可能和路径。其次，以数据流和价值流为导向，结合大数据资源的采集、管理、存储、开发和应用等主要环节，科学整合大数据资源统筹发展涉及的各个部门和职能，推动以大数据资源的数据流和价值流为主导的大数据资源统筹发展流程再造。最后，在流程再造理论的支撑下，重塑大数据资源统筹发展宏观、中观和微观组织结构，提高大数据资源统筹发展所涉及不同层级、不同性质的组织结构之间的协调效率和组织效果，促进基于流程优化的大数据资源统筹发展的实践推进。

5.3.3　基于跨部门合作的大数据资源统筹发展

跨部门合作无论被作为一种特定的政府行为，还是一种能力，都是贯穿这些政府管理形态中的主要思想工具。“跨部门合作的主体是两个或者两个以上主体职能具有相依性兼顾差异性的相互独立的部门；合作前提是相关部门具有合作的共同目标和愿景；合作方式是合作式而非竞争式的共享资源；合作保障是塑造结构化和情感化的双重本质属性；合作目标是创造最大化的组织效益和社会效益。”②跨部门合作有助于促进知识共享，以适当的方式在适当的地方合作制定决策并采取行动，将所有的关键性问题和关键部门进行充分且适当地考虑，充分动用整个部门的资源以达到共同目标。探索基于跨部门合作的大数据资源统筹发展路径，有助于在不同机构之间共享资源、形成合力，共同推进大数据资源统筹发展。下面从

① 李青．流程再造理论在我国公共管理中的应用与启示[J]．经济管理，2011(6)：168.

② 陈曦．跨部门合作机制对我国政府的启示[J]．学术探索，2015(4)：23.

基于跨部门合作的大数据资源统筹发展的内涵、基于跨部门合作的大数据资源统筹发展的现状与问题、基于跨部门合作的大数据资源统筹发展的对策三个方面，对基于跨部门合作的大数据资源统筹发展进行阐释和论述。

5.3.3.1 基于跨部门合作的大数据资源统筹发展的内涵

在推进国家治理体系和治理能力现代化的时代背景下，建立跨部门合作治理机制是克服传统社会管理体制弊端，应对复杂社会治理形势的必然选择。基于跨部门合作的大数据资源统筹发展，就是在大数据资源统筹发展的过程中，通过构建有利于大数据资源流通、整合与利用的跨部门的组织管理机制、资源共享机制、权责分配机制、协同行动机制、利益协商机制和监督评估机制，从而形成以跨部门合作为基础的大数据资源整合的组织管理体系和资源共享平台，为在更大范围内协调大数据资源统筹发展涉及的资源要素提供组织支撑。下面从基于跨部门合作的大数据资源统筹发展的实施前提和本质属性两个方面，进一步阐释基于跨部门合作的大数据资源统筹发展的内涵。

从基于跨部门合作的大数据资源统筹发展的实施前提来看，一致的目标追求和充分的利益诱导，是各部门围绕大数据资源统筹发展进行合作的基本前提。首先，由于不同部门的业务工作千差万别，导致其大数据资源应用场景的差异以及在大数据资源统筹发展中目标追求的不同，只有使不同部门的目标追求和价值循序与大数据资源统筹发展的目标和价值相一致，才能凝聚不同部门共同参与大数据资源统筹发展；其次，利益驱动是跨部门合作的原生动力，只有在大数据资源统筹发展的过程中为跨部门协同提供充分的利益诱导，才能激发不同部门参与大数据资源统筹发展的积极性，同时为基于跨部门合作的大数据资源统筹发展提供动力支持。

从基于跨部门合作的大数据资源统筹发展本质属性来看，基于跨部门合作的大数据资源统筹发展既是一种资源整合机制，也是一种协作制度安排。其一，由于大数据资源具有来源的多样性、结构的复杂性、分布的广泛性、价值的多元性和开发的困难性，单一部门开发和利用大数据资源存在很大的难度，同时也不利于大数据资源的有效配置和利用价值的最大化，这就有必要通过一定的合作机制，实现大数据资源在不同部门之间的交换共享。据此构建的基于跨部门合作的大数据资源统筹发展路径，实质上是一种以大数据资源为中心的资源整合机制。其二，跨部门合作的大数据资源统筹发展涉及多个主体，不同主体的职能属性、权责范围、运作方式等存在很大的差异，有效推进基于跨部门合作的大数据资源统筹发展，就需要构建一种多部门参与并且行之有效的制度框架。在此制度框架内，不同的部门围绕共同的目标协同推动大数据资源统筹发展。

5.3.3.2　基于跨部门合作的大数据资源统筹发展的现状与问题

从政策层面来看，跨部门合作在大数据资源统筹发展中的地位和作用已获得国家政策的认可，2015 年国务院《促进大数据发展行动纲要》提出在如何完善大数据发展的组织实施机制时强调，应建立国家大数据发展和应用统筹协调机制，推动形成职责明晰、协同推进的工作格局；设立大数据专家咨询委员会，为大数据发展应用及相关工程实施提供决策咨询；各有关部门要进一步统一思想，认真落实行动纲要提出的各项任务，共同推动形成公共信息资源共享共用和大数据产业健康安全发展的良好格局。① 2016 年国务院《政务信息资源共享管理暂行办法》规定，促进大数据发展部际联席会议负责组织、指导、协调和监督政务信息资源共享工作，指导和组织国务院各部门、各地方政府编制政务信息资源目录，组织编制国家政务信息资源目录，并指导国家数据共享交换平台建设、运行、管理单位开展国家政务信息资源目录的日常维护工作；国家发展与改革委员会、国家网信办组织编制信息共享工作评价办法，每年会同中央编办、财政部等部门，对各政务部门提供和使用共享信息情况进行评估，并公布评估报告和改进意见；国家发展与改革委员会、财政部、国家网信办建立国家政务信息化项目建设投资和运维

① 国务院．促进大数据发展行动纲要[EB/OL]．[2020-10-11]．http：//www.gov.cn/zhengce/content/2015/09/05/content_10137.htm.

经费协商机制，对政务部门落实政务信息资源共享要求和网络安全要求的情况进行联合考核。① 从上述国家大数据发展相关政策内容可以看出，在促进大数据资源统筹发展的过程中，完善大数据资源统筹发展的跨部门合作组织体系，强化科技决策咨询机构在大数据资源统筹发展中的决策支持作用，明确大数据资源统筹发展不同部门的职责权限，规范大数据资源统筹发展跨部门合作的工作机制，探索大数据资源统筹发展跨部门合作的监管方式，是国家政策关注的重点内容和政策引导的主要方向。

从组织层面来看，基于跨部门合作的大数据资源统筹发展的合作机制已经初步建立，主要包括促进大数据发展部际联席会议制度、国家大数据专家咨询委员会、国家大数据创新联盟、政务信息系统整合共享推进落实工作领导小组等。首先，为进一步加强组织领导，强化统筹协调和协作配合，加快推动大数据发展，经国务院同意，于2016年4月建立了促进大数据发展部际联席会议制度，联席会议由发展与改革委员会主要负责同志担任召集人，发展与改革委员会、工业和信息化部、中央网信办分管负责同志担任副召集人，其他成员单位有关负责同志为联席会议成员。2017年5月，第二次联席会议原则审议通过《促进大数据发展2017年工作要点》《政务信息资源目录编制指南》《国家大数据专家咨询委员会设置方案》等文件，听取了国家数据共享交换平台与共享网站的建设、运行和应用情况，为促进大数据资源统筹发展提供了重要的跨部门沟通协调机制。② 2017年5月，由国家发展与改革委员会、工业和信息化部、国家互联网信息办联合主办的国家大数据专家咨询委员会启动大会暨国家大数据创新联盟成立大会在贵阳召开，该委员会和创新联盟肩负着加强战略研究、服务国家决策，加强技术攻关、引领行业发展，加强资源整合共享、推动产学研结合，加强国际交

---

① 国务院．政务信息资源共享管理暂行办法[EB/OL]．[2020-10-11]．http：//www.gov.cn/zhengce/content/2016-09/19/content_5109486.htm.

② 促进大数据发展部际联席会议第二次会议[EB/OL]．[2020-10-11]．http：//www.gov.cn/xinwen/2017-05/10/content_5192362.htm.

流合作、拓展发展空间等职能，在促进跨部门、跨领域的大数据资源统筹发展方面发挥着重要的支撑作用。① 2017 年 8 月，为贯彻落实党中央、国务院决策部署，按照《政务信息系统整合共享实施方案》等有关文件要求，国家发展与改革委员会副主任林念修主持召开政务信息系统整合共享推进落实工作领导小组工作推进会，该领导小组在促进跨部门、跨系统的政务信息系统整合共享方面发挥着重要的领导协调作用。②

从应用层面来看，已经有机构对跨部门合作的大数据资源整合、平台共建和联合应用进行了实践和推进。在大数据资源跨部门整合方面，最高人民检察院副检察长张雪樵强调，信息互联共享是建设现代化法治强国的必由之路，各级检察机关要牢固树立大融合、大共享、大应用思维，着力构建内部畅通、外部共享的数据资源一体化大数据生态，推进跨部门大数据整合共享；③ 在大数据平台跨部门共建方面，最高人民检察院党组书记、检察长曹建明强调，各级检察机关要按照中央政法委统一部署，依托统一业务应用系统，深入研究如何实现与其他政法单位办案系统的互联互通，推进跨部门大数据办案平台建设；④ 在大数据资源跨部门联合应用方面，黑龙江省测绘地理信息局与省审计厅签署战略合作协议，旨在推动基础地理信息大数据跨部门、跨区域共享与应用。⑤

从基于跨部门合作的大数据资源统筹发展的政策层面、组织层面和应用层面来看，基于跨部门合作的大数据资源统筹发展已经获

---

① 国家大数据专家咨询委启动大会暨国家大数据创新联盟成立大会召开[EB/OL]. [2020-10-11]. http://bigdata.sic.gov.cn/Column/550/0.htm.

② 发展改革委副主任主持召开政务信息系统整合共享推进落实工作领导小组工作推进会[EB/OL]. [2020-10-11]. www.gov.cn/xinwen/2017-08/25/content_5220517.htm.

③ 郑赫南. 推进跨部门大数据整合共享[N]. 检察日报，2018-03-08(1).

④ 王治国. 推进跨部门大数据办案平台建设[N]. 检察日报，2017-07-13(2).

⑤ 赵祎多. 我省推动地理信息大数据跨部门区域应用[N]. 黑龙江经济报，2017-08-21(1).

得相当进展，这为进一步促进大数据资源统筹发展提供了重要的政策依据、组织支撑和案例参照。相较于基于跨部门合作的大数据资源统筹发展的实践情况，基于跨部门合作的大数据资源统筹发展的理论研究则显得相对滞后。从目前的检索情况来看，尚无学者从跨部门合作的视角深入探讨大数据资源统筹发展的路径和方式，还未形成基于跨部门合作的大数据资源统筹发展的专题研究，致使基于跨部门合作的大数据资源统筹发展在学术研究和理论认知方面难以满足大数据实践发展的现实需求。为此，需要在借鉴跨部门合作相关理论方法以及基于跨部门合作的大数据资源统筹发展实践的基础上，进一步加强大数据资源统筹发展的理论研究，为基于跨部门合作的大数据资源统筹发展提供理论指导和方法工具。

5.3.3.3 基于跨部门合作的大数据资源统筹发展的对策

为促进基于跨部门合作的大数据资源统筹发展的有序进行，需要完善跨部门合作的利益整合机制，形成基于跨部门合作的大数据资源统筹发展的动力基础；构建跨部门合作的运行管理体系，形成基于跨部门合作的大数据资源统筹发展的运行框架；明确跨部门合作的权责分配方式，形成基于跨部门合作的大数据资源统筹发展的制度支撑。

(1)完善基于跨部门合作的大数据资源统筹发展利益整合机制

在行政组织系统中，不同的行政组织由于其职能存在差异，因而其目标也不尽相同，每一个部门都有属于自己的部门利益和视角，在利益驱使下每个部门都会为本部门行为进行成本—效益分析，以追求实现部门利益最大化这一目标。① 大数据资源统筹发展涉及的部门和层级复杂，在大数据资源统筹发展的过程中不可避免地存在一系列的部门利益冲突，完善基于跨部门合作的大数据资源统筹发展的利益协调机制，可以更有效地调动不同部门参与大数据资源统筹发展的积极性。

① 陈曦．跨部门合作机制对我国政府的启示[J]．学术探索，2015(4)：26.

为了平衡不同部门的利益关系，在制定大数据资源统筹发展相关政策的过程中，就需要引入利益整合机制，为参与大数据资源统筹发展政策过程的相关利益主体提供能够围绕各自利益关切进行互动和博弈的利益表达机制，可以最大限度地消除不同部门之间的利益冲突，有助于强化跨部门的利益整合，从而在部门利益获得保障的前提下共同推进大数据资源统筹发展。

(2)构建基于跨部门合作的大数据资源统筹发展运行管理体系

跨部门合作在实践中应用得非常广泛，从其实现方法来看，可以实施组织变革，进行组织结构和财政预算合并或共享；也可以建立虚拟或实际的联合行动小组，通过设置共同的客服界面，成立共同的管理机构，共享目标和绩效指标；还可以通过磋商增加协同并管理各种平衡机制，分享信息以增强相互之间的认识等。①

目前，在我国基于跨部门合作的大数据资源统筹发展运行管理体系的建设主要是通过联合行动小组的方式进行的，例如，在国家层面成立的大数据发展部际联席会议制度、政务信息系统整合共享推进落实工作领导小组等，以及在地方层面成立的山东省大数据发展部门联席会议、阳泉市大数据发展联席会议、黔南州大数据发展领导小组办公室联席会议等，相关实践为基于跨部门合作的大数据资源统筹发展运行管理体系建设提供了重要参照。同时也应该看到，基于跨部门合作的大数据资源统筹发展还属于探索布局阶段，更多的省市区尚未建立完善的大数据资源统筹发展运行管理体系，建设的方式也需要进一步丰富和拓展。

(3)明确基于跨部门合作的大数据资源统筹发展权责分配方式

规范构成了跨部门合作的秩序和载体，也是各部门间共享权力、分担责任的基础。正处在转型期的中国，还存在正式规范不完善、不健全的情况，规范缺失下跨部门合作的责任性问题较为突出。这种情况带来了权力界限模糊、责任划分不明、危机后果相互

① 孙迎春．国外政府跨部门合作机制的探索与研究[J]．中国行政管理，2010(7)：103.

转嫁等诸多问题，导致跨部门合作缺少合适的制度框架。①

明确基于跨部门合作的大数据资源统筹发展的权责分配方式，就是为了构建跨部门合作的正式规范和制度框架，为基于跨部门合作的大数据资源统筹提供必要的制度约束和运行规范。为此，需要在部门权责对等和权责分配具有稳定性与灵活性的基本原则下，结合不同部门在大数据资源统筹发展中的职责权限，合理划分不同部门的权责范围，明确不同部门权力归属、责任追求和权利救济的途径与方式，构建基于分权制衡的大数据资源统筹发展的结构性运作模式。此外，在明确基于跨部门合作的大数据资源统筹发展的权责分配方式的过程中，既要关注行政体系内部权责平衡体系的构建，还要注重外部督查审计在跨部门合作中的权责监督作用，为外部监督力量在大数据资源统筹发展中的作用发挥做好制度设计和渠道建设。

5.3.4 基于区域协同的大数据资源统筹发展

区域问题是当代中国现代化建设中极其重要的命题，也是我国人文社会经济科学学者们长期关注的领域。20 世纪 90 年代以来，随着我国市场化程度的日益加深、城镇化水平的逐步提高、经济活动的高度密集、信息技术的日新月异，我国区域内社会经济联系愈发紧密，并在空间上建立了新的关联，形成了城市群、经济带、经济圈等新的社会经济空间形态。为了进一步提升区域整体竞争力，以“相互依存、相互开放、共同发展”为基调的协同发展理念，成为区域发展的必然选择路径。②

大数据资源在区域分布上具有不平衡性，如何将不同区域的大数据资源进行协同开发与整合利用，推进基于区域协同的大数据资

① 赵成福．公共危机治理中跨部门合作的困境及出路[J]．河南师范大学学报(哲学社会科学版)，2012(6)：62.

② 王丽，刘京焕．区域协同发展中地方财政合作诉求的逻辑机理探究[J]．学术论坛，2015(2)：48-51.

源统筹发展，从而最大限度地实现大数据资源跨区域的优化配置和价值增值，就成为大数据资源统筹发展需要重视的领域。下面从基于区域协同的大数据资源统筹发展的内涵、基于区域协同的大数据资源统筹发展的现状与问题、基于区域协同的大数据资源统筹发展的对策三个方面，分析基于区域协同的大数据资源统筹发展。

5.3.4.1 基于区域协同的大数据资源统筹发展的内涵

区域协同发展是指在既定环境下地区之间在产业、政策、环境方面相互依存、相互开放，并形成发展同步、利益共享的相对协调状态。从理论上讲，区域协同发展的理论基础主要包括梯度发展理论、共生理论、比较优势理论、劳动分工理论和竞争合作理论等；从研究的内容来看，新常态下对于区域协同发展的研究，更强调创新协同、市场化协同、协同增长等“内生性”协同机制与方式。① 基于区域协同的大数据资源统筹发展就是以区域协同发展理论为依据，通过加强大数据资源区域协同的顶层设计和构建大数据资源区域协同的政策框架、管理架构和方法体系，实现大数据资源在不同区域间的有序流动、合理配置，以及促进不同区域大数据发展的优势互补和协调均衡。下面从大数据资源统筹发展区域协同的目标任务、主要内容和基本方式三个方面，进一步阐释基于区域协同的大数据资源统筹发展的内涵。

从大数据资源统筹发展区域协同的目标任务来看，大数据资源统筹发展的区域协同旨在打破大数据资源流通的区域壁垒，促进大数据资源跨区域的整合利用，推动大数据资源在不同区域的合理产业分工，形成大数据资源合理分工、相互协调、有序竞争、充分发展的区域格局。具体来讲，就是通过合理定位不同区域在大数据资源统筹发展中的角色，充分发挥不同区域在大数据资源统筹发展中的比较优势，构建基于区域协同的大数据资源合作开发与共同利用的协同机制，从而推动大数据资源在不同区域的均衡发展。

① 王金杰，周立群．新常态下区域协同发展的取向和路径——以京津冀的探索和实践为例[J]．江海学刊，2015(4)：74.

从大数据资源统筹发展区域协同的主要内容来看，其主要由大数据资源统筹发展的基础要素、动力要素、支撑要素、手段要素等构成。大数据资源统筹发展的区域协同是以大数据资源的区域合作开发与协同利用为核心，以大数据技术资源、数据资源、基础设施资源、人才资源等的协同利用为基础要素，以大数据资源不同区域的开发利用需求、政治政策需求、区域经济协同需求等为动力要素，以大数据资源统筹发展的政策协同、体制协同、管理协同、制度协同等为支撑要素，以大数据资源统筹发展区域协同的理论工具、政策过程、管理方法和技术方式为手段要素的内容体系。

从大数据资源统筹发展区域协同的基本方式来看，由于“具有单一主导决策核心的巨人国易于成为其复杂等级官僚机构的受害者，其复杂的沟通渠道使其对于社群中许多较为地方化的公共利益缺乏回应性，不能满足地方公民对公益物品的需求”。① 公共选择学派突破了政府为主体的区域协同发展框架，认为需要通过科层组织、市场机制、社会自主治理三种路径解决区域公共问题。同样，大数据资源统筹发展的区域协同也面临着区域行政管理边界阻隔、区域利益诉求多样、区域经济社会发展状况不均衡等造成的多种障碍，这就要求大数据资源统筹发展区域协同借鉴公共选择学派的相关学术观点，构建多元化的大数据资源统筹发展区域协同的路径，即从行政权力主导的政府协同、市场力量引导的市场协同、社会力量参与的社会协同等多个方面创新大数据资源统筹发展区域协同的方式，为行政力量、市场力量、社会力量在大数据资源统筹发展中的作用发挥提供渠道。

5.3.4.2 基于区域协同的大数据资源统筹发展的现状分析

相关学者从区域协同的视角考察信息资源的规划、建设与保障等问题，为基于区域协同的大数据资源统筹发展的研究提供了重要

① ［美］迈克尔·麦金尼斯. 多中心体制与地方公共经济［M］. 毛寿龙，译. 上海：上海三联书店，2000：55.

参考。张凤全分析了基于区域协同的医疗信息平台的网络规划问题;① 王淑、王恒山等探讨了基于协同学原理的区域医疗信息系统协同建设的问题;② 彭坤、冷金昌等构筑了区域协同医疗平台的信息安全保障体系。③

新的技术环境下，区域协同理论与大数据的结合领域进一步拓展，杨毅探讨了大数据技术在区域大气污染联防联控的应用问题，认为大数据技术为区域大气环境质量管理、地区间协调和合作机制构建提供了数据与决策支持;④ 于锦华、邵剑兵等探讨了大数据视角下的区域旅游合作机制建设问题，认为区域内和区域间的旅游合作机制是当前旅游业发展的重要主题，大数据发展为区域旅游合作机制的创新提供了新的可能，从大数据驱动区域协同的角度提出了发展区域内和区域间旅游合作的建议;⑤ 黄金川、徐君等分析了基于大数据的城市群空间联系网络，将大数据应用于城市协同发展研究。⑥ 与此同时，区域大数据产业的发展问题也日益引起学者们的注意，彭程、姚谦分析了我国大数据产业区域发展现状，认为目前中国大数据产业主要积聚于长三角、珠三角和环渤海地区等经济比较发达的地方，西部地区和中部地区我国大数据产业发展相对滞后，呈现出区域发展不平衡的特点;⑦ 邓子云、陈磊等从大数据产

---

① 张凤全. 区域协同医疗信息平台网络规划[J]. 中国数字医学，2010(1)：22.

② 王淑，王恒山，王云光. 基于协同学原理的区域协同医疗信息系统及协同模式研究[J]. 中国医院管理，2009(7)：31.

③ 彭坤，冷金昌，孙晓玮，等. 区域协同医疗平台的信息安全保障体系研究[J]. 中国数字医学，2010(1)：23.

④ 杨毅. 大数据时代下探索区域大气污染联防联控的新模式[J]. 科技传播，2014(11)：107.

⑤ 于锦华，邵剑兵，张建涛. 大数据视角下的区域旅游合作机制探讨[J]. 辽宁经济，2014(7)：17.

⑥ 黄金川，徐君，黄艳. 基于大数据的城市群空间联系网络研究——以京津冀协同区域为例[J]. 科技经济导刊，2018(3)：1.

⑦ 彭程，姚谦. 我国大数据产业区域发展现状分析[J]. 西安邮电大学学报，2014(6)：101.

业属性分析、大数据产业战略基础分析和大数据产业战略定位分析三个步骤，提出一种区域大数据产业发展战略的形成分析方法，并以湖南省的大数据产业发展战略为例进行实证分析；① 王秋野、崔文晶等设计了大数据产业区域竞争力分析模型，认为大数据技术的核心价值在于技术向各个行业的渗透和应用，形成不同领域的大数据产业应用，为了明晰大数据产业的发展状况，需要一套评估大数据产业发展区域竞争力的模型，研究竞争力评估要素和标准，通过典型城市应用，总结适用场景，为政府和企业提供重要的理论与技术基础。② 此外，以大数据驱动公共服务区域协同创新也成为新的研究议题。叶春森认为云计算和大数据推动了服务型社会的发展，以大规模、新模式驱动区域信息共享、服务互联和社会互通，这为社会公共服务的数字化、网络化的发展和区域协同提供技术支撑和再造平台，并在战略环境分析的基础上，从目标和维度两个层面研究了协同框架，并从资源、技术、服务、内容、文化和人才等视角探析战略实现路径。③ 这都为探索基于区域协同的大数据资源统筹发展提供了重要的认识基础。

从已有的研究成果来看，尚无关于基于区域协同的大数据资源统筹发展的专题研究成果，这说明大数据资源统筹发展的区域协同研究还有进一步深化的必要和拓展的空间。为此，需要在现有研究成果的基础上，结合大数据资源统筹发展的特性和区域协同的具体场景，探索基于区域协同的大数据资源统筹发展的现实基础、主要障碍、实现路径、推进策略、实施方式和步骤等，形成基于区域协同的大数据资源统筹发展的专题研究成果，为推进大数据资源统筹发展的多元路径构建提供理论支撑。

① 邓子云，陈磊，何庭钦，等．一种区域大数据产业发展战略形成方法及实例研究[J]．科技管理研究，2017(21)：160.

② 王秋野，崔文晶，齐荣．大数据产业区域竞争力模型设计与应用[J]．电子科学技术，2017(5)：109.

③ 叶春森．云计算和大数据环境下社会公共服务的区域协同战略[A]．中国软科学研究会．第十一届中国软科学学术年会论文集(上)[C]．中国软科学研究会，2015：6.

5.3.4.3 基于区域协同的大数据资源统筹发展的对策

新常态下基于区域协同的大数据资源统筹发展面临着更多的机遇和挑战，需要继续深化区域协同的理论认知，创新区域协同的组织模式和实施策略，在区域协同中不断激活各方隐性资源，最大限度地释放“协同效应”；欠发达地区在引入外部资源时应注重激活内部要素，培育内生增长能力；顶层设计应将协调各方利益和损益补偿的机制构建纳入区域协同发展的新内涵；区域发展正形成由“极化”向“扩散”转化、由“竞争大于合作”向优势互补与合作共赢转变、由松散型合作向机制化协同转变的新取向。① 为促进基于区域协同的大数据资源统筹发展，激发区域协同在大数据资源统筹发展中的潜在价值，需要从构建大数据资源统筹发展的区域协同战略框架，完善大数据资源统筹发展的区域协同运行机制，推进大数据资源统筹发展的区域协同组织实施等方面，进一步优化基于区域协同的大数据资源统筹发展的应对策略。

(1)构建大数据资源统筹发展的区域协同战略框架

中华人民共和国成立以来，我国区域发展战略经历了均衡发展、非均衡发展和协调发展三个阶段，呈现出主体多元化、内容多维度化、机制市场化和战略空间细化的演变趋势。目前我国区域发展战略之间还缺乏宏观整体性衔接，阻碍区域协调发展的瓶颈远未取得突破，因而亟需制定一个全局性区域连接发展规划。或者以整合发展的理念对现有的区域发展战略规划进行统筹管理。② 在大数据资源统筹发展的过程中，就需要立足于我国区域发展战略的演变趋势，构建大数据资源统筹发展的协同战略框架，即从协调发展的视角审视大数据资源统筹发展的区域合作问题，从区域战略协同的角度规划大数据资源的未来发展方向。

从区域战略协同的视角来看，随着社会的发展和组织多元化、

① 王金杰，周立群．新常态下区域协同发展的取向和路径——以京津冀的探索和实践为例[J]．江海学刊，2015(4)：74.

② 孙斌栋，郑燕．我国区域发展战略的回顾、评价与启示[J]．人文地理，2014(5)：1.

全球化的推进，传统的战略协同理念受到挑战和冲击，就是以资源为核心的理念逐渐被以资源和认知并重的新的理念所替代，如价值链协同和核心能力协同理论的结合运用，说明战略协同理论日趋成熟。从多元的观点可以发现，战略协同实际上是多组织和多主体为了一个共同的目标对全新组织框架内的所有资源进行共享并产生的一种整体协同效应的过程。① 因此，在推进基于区域协同的大数据资源统筹发展的过程中，首要解决的问题就是构建大数据资源统筹发展的区域协同战略框架，并在该区域协同战略框架内通过战略合作协调不同区域的大数据资源统筹发展需求和目标，制定不同区域大数据资源统筹发展战略协同的政策体系和组织管理框架，构建不同区域大数据资源统筹发展战略协同的沟通机制和交流渠道，完善不同区域大数据资源统筹发展战略协同的利益整合机制和价值共享机制，培育和扩大不同区域大数据资源统筹发展战略协同的价值增长点和交流合作空间。

(2)完善大数据资源统筹发展的区域协同运行机制

协同是一种多元主体之间持续和稳定的关系，需要建立新的权力结构和体系，这种沟通关系是正式的、多层次的，是一种集体协商。同时，协同还包括主体之间共享资源、共享收益和共担风险，是一种比合作和协调更高层次的集体行动。② 为推进基于区域协同的大数据资源统筹发展，贯彻落实大数据资源统筹发展的区域协同战略，就需要完善大数据资源统筹发展的区域协同运行机制，为基于区域协同的大数据资源统筹发展提供必须的机制支撑。

运行机制是指在人类社会有规律的运动中，影响这种运动的各因素的结构、功能及其相互关系，以及这些因素产生影响、发挥功能的作用过程和作用原理及其运行方式。③ 大数据资源统筹发展的

① 裴成发．信息资源规划中的战略协同问题[J]．情报理论与实践，2016(5)：3.

② Mattessich P W, Monsey B R. Collaboration: What Makes It Work. A Review of Research Literature on Factors Influencing Successful Collaboration[M]. Fieldstone Alliance, 1992: 39.

③ 赵欣，范斌．敦亲睦邻：社区公共空间的分类运行机制与共同体构建[J]．晋阳学刊，2014(6)：90.

区域协同运行机制，就是为了促进大数据资源统筹发展的区域协同而构建的运行架构以及为了支撑该运行架构形成的一系列体制机制的总和。为完善大数据资源统筹发展的区域协同运行机制，需要从不同区域的利益整合、规划制定、创新发展、监督实施等方面进行综合考虑，构建由动力协同机制、规划协同机制、创新协同机制、监管协同机制等构成的大数据资源统筹发展区域协同的运行机制。其中，动力协同机制是大数据资源统筹发展区域协同有效推进的驱动力量，规划协同机制是大数据资源统筹发展区域协同有效实施的重要前提，创新协同机制是大数据资源统筹发展区域协同深入发展的前进引擎，监管协同机制是大数据资源统筹发展区域协同组织实施的基本保障。

(3)推进大数据资源统筹发展的区域协同组织实施

在由数字化、信息化和网络化催生出的智能化时代，跨界协作成为治理变革浪潮的核心特征。为应对日益复杂的社会问题，达到共同的社会目标，一体化的社会治理需要坚持协同原则，在政府部门间、政府间、政府与社会其他主体间建立起相互交叉、内外结合的协作机制，通过协同治理解决社会治理碎片化的难题。一体化的社会治理需要坚持大数据决策原则，树立科学思维导向，推动社会治理政策从经验决策向数据驱动决策转化，使公共决策尽可能地实现全数据决策，减少因缺少数据支撑而带来的偏差，提高公共决策的精准性，提升公众的生活质量与幸福指数。① 推进大数据资源统筹发展的区域协同，既是一体化社会治理的客观要求，也是发挥大数据资源的决策支持功能推进一体化社会治理的助推力量，这就需要采用多元化的方式促进大数据资源统筹发展区域协同的组织实施，将基于区域协同的大数据资源统筹发展在实践层面得到落实。

推进大数据资源统筹发展的区域协同组织实施，从推进大数据资源统筹发展区域协同认识层面，强化区域协同的治理理念，明确大数据资源统筹发展区域协同的制约因素，借鉴国内区域经济协同发展机制构建的经验，为大数据资源统筹发展区域协同的组织实施

---

① 黄新华. 社会协同治理模式构建的实施策略[J]. 社会科学辑刊，2017(1)：68.

扫清思想障碍；从推进大数据资源统筹发展区域协同的组织层面，深化大数据资源协同发展的行政管理改革和业务流程再造，奠定了大数据资源统筹发展区域协同的组织基础；推进大数据资源统筹发展区域协同的技术创新，不断完善大数据资源统筹发展区域协同的方法体系，从而提升大数据资源统筹发展区域协同的效率；推进大数据资源统筹发展区域协同管理，建立健全大数据资源统筹发展区域协同的激励约束机制，以项目带动的方式进行区域协同试点运行，并在总结经验教训的基础上逐步推广大数据资源统筹发展区域协同的成功案例。

5.4 基于规划的大数据资源统筹发展的实施

为了促进基于规划的大数据资源统筹发展的实践发展，笔者从基于要素整合、流程优化、跨部门合作和区域协同的大数据资源统筹发展，构建了基于规划的大数据资源统筹发展的实施路径，并分别从深化认知水平、完善政策框架、创新整合模式方面提出了基于要素整合的大数据资源统筹发展的应对策略，从识别关键要素、强化流程管理、推动流程再造方面分析了基于流程优化的大数据资源统筹发展的应对策略，从完善利益整合机制、构建运行管理体系、明确权责分配方式方面论述了基于跨部门合作的大数据资源统筹发展的应对策略，从构建战略协同框架、完善协同运行机制、推进协同组织实施方面研究了基于区域协同的大数据资源统筹发展的应对策略。为了促进相关应对策略的应用和实施，笔者从明确基于规划的大数据资源统筹发展的目标定位、落实基于规划的大数据资源统筹发展的主体责任、完善基于规划的大数据资源统筹发展的组织结构、健全基于规划的大数据资源统筹发展的考核机制四个方面，阐释了如何基于规划实施大数据资源统筹。

5.4.1 明确基于规划的大数据资源统筹发展的目标定位

大数据资源统筹发展作为一个全新的研究课题，是对国家大数据发展战略的积极响应，面临着来自理论与实践的多重挑战。如何有效协调数据资源、基础设施、保障因素、数据处理能力等在内的大数据资源体系的规划与建设，仍是今后大数据资源统筹发展研究需要考虑的重要问题。① 这就要求进一步明确基于规划的大数据资源统筹发展的目标定位，从大数据资源统筹发展的理论研究、大数据资源统筹发展的管理模式重构、大数据资源统筹发展的法律制度完善、大数据资源统筹发展的技术方法创新等多个角度勾画大数据资源统筹发展的战略愿景。

具体来讲，在基于规划的大数据资源统筹发展的理论研究目标设定上，需要结合大数据资源统筹发展的不同场景，从大数据资源统筹发展的基础理论、专门理论和应用理论等方面深化大数据资源统筹发展的理论认知水平，为大数据资源统筹发展提供充分的理论支撑；在基于规划的大数据资源统筹发展的组织管理目标设定上，形成以大数据资源统筹发展为中心、以权责合理划分为基础、以统筹协同为基本方式的组织管理机制，创新大数据资源统筹发展的体制机制，实现国家、地方和专门领域大数据资源发展的相互配合；在基于规划的大数据资源统筹发展的法律制度建设目标设定上，遵循政策文件推动引导、行业标准先行试点、法律规范适时出台的原则，不断推进大数据资源统筹发展的标准建设、制度建设和法律建设，完善大数据资源统筹发展的法律法规、标准规范等，为大数据资源统筹发展提供有效的法律制度保障；在基于规划的大数据资源统筹发展技术方法创新的目标设定上，以大数据获取、大数据管理与存储、大数据传输、大数据分析与应用等环节的技术需求为导向，围绕数据科学理论体系、大数据计算系统与分析理论、大数据驱动的颠覆性应用模型探索等重大基础研究进行前瞻布局，开展数据科学研究，引导和鼓励在大数据理论、方法及关键应用技术等方面展开探索，构建基于数据驱动的大数据资源统筹发展的技术方法体系，确保大数据资源统筹发展的有效推进。此外，还需要进一步拓展大数据资源统筹发展研究的视野，从宏观管理和战略协同的角

① 周耀林，常大伟. 大数据资源统筹发展的困境分析与对策研究[J]. 图书馆学研究，2018(14)：70.

度提高大数据资源统筹发展的协调性；丰富大数据资源统筹发展的手段措施，从数据维、管理维、技术维、服务维、应用维等多个维度审视大数据资源统筹发展的可能与路径；优化大数据资源统筹发展的框架体系，完善大数据资源统筹发展的理论体系、制度框架、组织基础和管理架构，从而促进大数据资源的有序发展和价值实现。①

5.4.2 落实基于规划的大数据资源统筹发展的责任事项

基于规划的大数据资源统筹发展涉及的主体众多，明确和落实不同主体的责任有助于在权责分配的基础上改善大数据资源统筹发展的实施效果。基于规划的大数据资源统筹发展的主体可以从领导主体、协同主体和执行主体三个方面进行分析。

从领导主体在基于规划的大数据资源统筹发展的责任事项来看，主要包括领导主体的决策责任，即制定大数据资源统筹发展的战略决策和行政规划等的责任；领导主体的组织责任，通过自定大数据资源统筹发展的管理目标和任务，建立有利于大数据资源统筹发展的行政管理机构，明确不同行政管理结构的权责范围，组织大数据资源统筹发展的人财物分配等；领导主体的协调责任，即负责设计大数据资源统筹发展的行政环境，组织协调大数据资源统筹发展的实践推进；领导主体的控制责任，即在大数据资源统筹发展的行政进程中，衡量和控制大数据资源统筹发展的计划执行和完成情况，调控大数据资源统筹发展计划执行中存在的任务偏差，确保大数据资源统筹发展按照预定目标有效推进；领导主体的监督责任，即负责从大数据资源统筹发展的制度执行、运行效果、责任追究、绩效奖励等方面监管大数据资源统筹发展的进展情况。

从协同主体在基于规划的大数据资源统筹发展的责任事项来看，各类工商企业在大数据资源统筹发展中扮演着促进大数据资源交换、推进大数据技术研发、助力大数据产业发展、创新大数据价

① 周耀林，常大伟．大数据资源统筹发展的困境分析与对策研究[J]．图书馆学研究，2018(14)：70.

值应用方式、拓宽大数据应用领域等重要角色。国务院《促进大数据发展行动要求》明确提出，要以企业为主体，营造宽松公平环境，加大大数据关键技术研发、产业发展和人才培养力度，着力推进数据汇集和发掘，深化大数据在各行业的创新应用，促进大数据产业健康发展；鼓励大数据企业进入资本市场融资，努力为企业重组并购创造更加宽松的金融政策环境；引导创业投资基金投向大数据产业，鼓励设立一批投资于大数据产业领域的创业投资基金；支持社会资本参与公共服务建设，鼓励政府与企业、社会机构开展合作，通过政府采购、服务外包、社会众包等多种方式，依托专业企业开展政府大数据应用，降低社会管理成本；引导培育大数据交易市场，开展面向应用的数据交易市场试点，探索开展大数据衍生产品交易，鼓励产业链各环节市场主体进行数据交换和交易，促进数据资源流通，建立健全数据资源交易机制和定价机制，规范交易行为。①

从执行主体在基于规划的大数据资源统筹发展的责任事项来看，大数据资源规划的执行主体要认真学习和执行大数据资源统筹发展领导主体的相关决策与任务要求，并结合具体的职能部门对大数据资源统筹发展的任务进行分解、细化和推进。同时，基于规划的大数据资源统筹发展的执行主体，既要积极吸纳大数据资源统筹发展协同主体参与大数据资源政策的推进，为大数据资源统筹发展协同主体参与大数据实践提供服务和支持，也要将大数据资源统筹发展中发现的新问题、新情况以及新实践、新经验，及时反馈给大数据资源统筹发展领导主体，为大数据资源统筹发展领导主体适时调整大数据发展战略提供依据。

5.4.3　完善基于规划的大数据资源统筹发展的组织结构

20 世纪 70 年代至今，随着组织研究中战略学派和权变研究的兴起，组织结构作为一种重要的组织要素，其与组织绩效间的关系

① 国务院．促进大数据发展行动纲要[EB/OL]．[2020-10-11]．http：//www. gov. cn/zhengce/content/2015/09/05/content_10137. htm.

开始吸引研究者的注意力。① 根据新组织结构学派的观点，组织结构的核心要素为组织的分工结构和协调机制——复杂的组织活动通过分工进行分解，又需要协调将各分工模块的行为整合到组织目标下，可以说分工决定了组织形态，协调决定着组织的管理模式，而组织中特定的分工及协调关系共同决定了其绩效管理系统及模式。② 完善基于规划的大数据资源统筹发展的组织结构，推进大数据资源统筹发展领导主体、协同主体和执行主体的合理分工和有效协调，有助于防止大数据资源统筹发展涉及不同部门就同一事项决策存在的矛盾和冲突，避免组织结构混乱导致的大数据资源配置碎片化的危险。从我国的政治实践来看，现代科层制结构和矩阵式结构在公共事务管理过程中都获得了较为普遍的应用，并在持续的变革中日臻完善。为提高基于规划的大数据资源统筹发展的组织结构完善的成效，就需要结合我国现代科层制和矩阵式结构的成功经验以及大数据资源统筹发展的现实需要，构建基于现代科层制的大数据资源统筹发展的组织机构和基于矩阵式的大数据资源统筹发展的组织机构，从而在纵向上保障大数据资源统筹发展实施的效率和在横向上推动大数据资源统筹发展多主体的协同。

(1)基于规划的大数据资源统筹发展的科层制组织结构

现代科层制是19世纪以来社会进步的直接反映，回应了工业化和民主化的社会对公共部门执行体系的效率要求。从管理效率的角度出发，科层制的设计存在高度的内在一致性，具有简明易行的操作办法，为其跨越不同文化与政治系统的广泛接受性创造了基础。科层制结构是我国行政管理体制运行的基本结构，虽然在不同时期和不同国家的具体实践中，经常出现各种扭曲和偏离，但这种

① Pels J, Saren M. The 4Ps of Relational Marketing, Perspectives, Perceptions, Paradoxes and Paradigms [J]. Journal of Relationship Marketing, 2006(4): 59.

② 郑毅，刘文斌，孟溦．结构视角下的中国大学行政权力泛化[J]．高等教育研究，2012(6): 25.

基本的内在属性是稳定的。科层制成为"复杂组织的最有效的管理形式"。① 基于规划的大数据资源统筹发展的科层制组织结构就是以国务院为组织结构的顶层，负责在国家层面制定大数据资源统筹发展的整体战略，以国务院组成部门及其领导的业务系统和省市县各级行政管理部门为该组织结构的中低层，并在各自的职责范围内制定大数据资源统筹发展的具体实施方案和推动大数据资源统筹发展的实践发展。基于规划的大数据资源统筹发展的科层制组织结构，仍然沿用了当前的行政管理组织结构，并在现有的行政管理架构内进行新的组织变革以适应大数据资源统筹发展的现实需求，例如，成立省级、市级或县级的大数据资源行政管理机构，专门负责大数据资源统筹发展的实践推进。这一组织结构模式既有助于提高大数据资源统筹发展组织结构建设的效率，也可以降低大数据资源统筹发展组织结构变革的风险和成本。但基于规划的大数据资源统筹发展的科层制组织结构的弊端也较为明显，即大数据资源统筹发展的组织结构主要以科层制的垂直结构为主，不利于跨部门的机构协同，为此还需要构建基于大数据资源统筹发展的矩阵式组织结构以弥补科层制组织结构存在的固有弊端。

(2)基于规划的大数据资源统筹发展的矩阵式组织结构

矩阵式结构适用于职能部门和地区部门共同负责，或是难以区分哪类部门负责程度较高的公共事务。目前，在一些重大危机处理或者事关全局的重大公共事务上也采用这种组织结构，其特点是地区部门和职能部门相互沟通、协商解决、参与人员多、职能完善、处理事件功能强大。② 基于规划的大数据资源统筹发展作为多部门协同推进的关于公共信息事务，其规划的制定、政策的实施、产业的发展、资源的共享等也需要在多个职能部门、多个地区之间进行必要的协商沟通，这就要求基于规划的大数据资源统筹发展在借鉴

① 敬乂嘉. 政府扁平化：通向后科层制的改革与挑战[J]. 中国行政管理，2010(10)：105.

② 汪朗峰，伏玉林. 基于组织结构的公共部门组织变革研究[J]. 管理科学学报，2013，16(4)：85.

矩阵式组织结构的基础上，不断推进大数据资源统筹发展组织结构的完善。从目前我国的实践情况来看，基于规划的大数据资源统筹发展的矩阵式组织结构已经开始实施，其中政府行政系统内部的大数据资源统筹发展的矩阵式组织结构有大数据发展部际联席会议制度、政务信息系统整合共享推进落实工作领导小组、山东省大数据发展部门联席会议、大同市大数据发展联席会议、阳泉市大数据发展联席会议、黔南州大数据发展领导小组办公室联席会议等，政府行政系统外部的大数据资源统筹发展的矩阵式组织结构有中国大数据技术与应用联盟、中国大数据产业生态联盟、中国产业大数据联盟、中关村大数据产业联盟等。但也应该看到，矩阵式组织结构存在沟通工作量较大、薪资成本比较高的特点，如何进一步提高矩阵式组织结构的运行效率、降低其运行成本仍然是完善基于规划的大数据资源统筹发展的组织结构的重要研究课题。

5.4.4 健全基于规划的大数据资源统筹发展的考核制度

公共部门主要向社会公众提供公共产品和服务，与私人部门相比，公共部门缺乏利润的刺激和竞争的环境，极易造成效率低下。通过制度化、规范化的绩效评估，可以发现其在公共产品和服务的数量和质量上存在的问题，促使公共部门对社会和公众的需求做出反应，采取积极的措施，不断地补充和完善，提高管理绩效。公共部门绩效管理的宗旨在于提高绩效，结合公共部门服务行政的特点，大力提高公共部门的服务质量和服务水平。绩效管理的核心是提高组织和个人绩效，绩效考核作为公共部门工作状况的综合反映，是整个绩效管理过程的核心。绩效考核质量的高低，关系到绩效目标能否顺利实现。而绩效指标反映的是考核内容，即从哪些方面来对绩效进行考核。所以绩效考核指标的设计是否科学合理关系到考核的结果是否准确，科学的绩效指标的构建是绩效考核规范化、制度化的基础，影响到绩效管理的目标能否顺利实现，也能在很大程度上推动公共部门尽快对社会公众的需求做出反应，提供优质高效的公共产品和服务。① 在我国，大数据战略主要是由公共部门进行制定和实施的，在推进的过程中可能存在效率底线的情况，这就要求完善基于规划的大数据资源统筹发展的绩效指标体系，推动基于规划的大数据资源统筹发展考核制度的规范化和科学化建设，有助于做好大数据资源统筹发展的绩效管理工作，从而控制、监督和激励相关公共部门在大数据资源统筹发展中的政策行为。为健全基于规划的大数据资源统筹发展的考核制度，需要明确基于规划的大数据资源统筹发展考核制度建设的原则，完善基于规划的大数据资源统筹发展考核制度的指标体系，强化基于规划的大数据资源统筹发展的考核制度的实施效果。

首先，要明确基于规划的大数据资源统筹发展考核制度建设的原则。本书从系统性原则、专业性原则、动态性原则和效率性原则四个方面，提出了基于规划的大数据资源统筹发展考核制度建设的原则。其中，基于规划的大数据资源统筹发展考核制度建设的系统性原则，是指在构建考核制度的过程中，要将涉及大数据资源统筹发展的管理要素、组织要素、制度要素、资源要素等都纳入考核制度的建设内容，从而形成一个以大数据资源统筹发展为中心的考核制度体系。基于规划的大数据资源统筹发展考核制度建设的专业性原则，是指大数据资源统筹发展考核制度的构建要结合大数据资源自身的特性，在制定大数据资源统筹发展考核制度的过程中，要积极吸纳大数据领域机构、专家等相关主体的参与。基于规划的大数据资源统筹发展考核制度建设的动态性原则，是指在大数据资源统筹发展的过程中要根据实践发展的动态变化，适时地调整和完善大数据资源统筹发展的考核制度。基于规划的大数据资源统筹发展考核制度建设的效率性原则，是指大数据资源统筹发展考核制度的构建要以有助于提升大数据资源统筹发展的实践效率为依据。

其次，要完善基于规划的大数据资源统筹发展考核制度的指标体系。科学的政府绩效考核指标是实现政府绩效管理的关键。然

---

① 刘华．公共部门绩效考核指标体系的构建[J]．东南学术，2013(2)：71.

而，目前我国地方政府绩效考核指标要素却存在着诸多弊端，严重阻碍了我国政府行政改革的深入推进，因此构建科学的地方政府绩效考核指标，对于转变地方政府职能，促进地方经济、政治、文化、社会和谐发展具有重大的意义。① 同样，构建科学和完善的基于规划的大数据资源统筹发展考核制度的指标体系，对推进大数据资源统筹发展具有积极意义。完善基于规划的大数据资源统筹发展考核制度的指标体系，要明确考核制度的绩效指标内容，结合大数据资源统筹发展相关部门的设置，根据不同部门的权责范围以及责任大小，重点考察大数据资源统筹发展的主要工作和关键任务，对大数据资源统筹发展的工作任务进行指标的层层分解，构建一个操作性和指导性较强的考核指标内容体系。在指标内容体系构建的基础上，为提供考核制度执行的精细化程度，还需要合理设定考核制度各个指标的权重，在指标体系权重赋值的过程中，既可以采用主观加权法，即将一些专家、管理者和员工等多方的个人意见集中统一，按照大数据资源统筹发展的实际工作和自身规律合理的分配权重，也可通过比较加权，首先确定指标体系中最不重要的那个指标，然后将其他指标与之进行比较，判断它们的重要程度是最不重要的那个指标的倍数，进行层次分析，得出各个指标的权重系数。②

最后，强化基于规划的大数据资源统筹发展考核制度的实施效果。基于规划的大数据资源统筹发展考核制度能否发挥应有的作用，在一定程度上取决于该考核制度是否能获得有力的贯彻执行。为了提升基于规划的大数据资源统筹发展考核制度的执行效果，就需要建立和大数据资源统筹发展相适应的新型绩效评估体系。由于绩效评估的存在以及绩效评估方法及措施的运用，促使政府在运作和管理过程中更加注意从成本-效益视角考虑公共政策的制定和执行，有助于推动公共管理方法与技能的改进和发展，也有利于有效

① 赵晖．我国地方政府绩效考核指标要素分析[J]．南京师大学报(社会科学版)，2010(6)：17.

② 刘华．公共部门绩效考核指标体系的构建[J]．东南学术，2013(2)：75.

配置资源，从而有可能减少政府部门因决策不当造成的公共资源浪费。新型绩效评估体系的建立将是一场深刻的变革，它将触及干部考核方法、政府职能转换和一系列我们习以为常的理念，这就要求着眼于建立健全对政府部门及其领导干部绩效评估体系，靠机制和体制发挥作用。① 完善基于规划的大数据资源统筹发展的绩效评估机制，将其作为政府创新大数据资源发展战略的重要手段，有助于推动大数据资源行政管理方式的改革。同时，从绩效评估的角度强化基于规划的大数据资源统筹发展考核制度，可以帮助大数据行政管理部门及时发现大数据发展战略中的问题，为其及时地调整大数据发展战略、完善大数据资源的配置方式、优化大数据资源的发展策略提供参考，使其成为推进我国大数据发展战略的重要政策工具。

① 张定安，谭功荣．绩效评估：政府行政改革和再造的新策略[J]．中国行政管理，2004(9)：77.

6　大数据资源规划与统筹发展保障体系

我国大数据的发展正处于从政策制定向着实践推进的过渡阶段。从现实状态来看，不同层级政府在职能、职责和机构设置上存在高度的一致性，地方利益驱使下内部市场的分隔以及地方政府部门的竞争，直接导致大数据资源规划与统筹发展主体责任落实上的困难，加大了中央与地方、地方与地方之间组织协调的压力；相关法律法规、标准规范建设的滞后，大数据获取、传输、存储、处理、分析和应用等环节技术缺陷的存在，也使得大数据资源规划与统筹发展的现实需求难以得到满足，制约了大数据资源规划与统筹发展的有效推进。面对上述问题，我国现行的国家级、省市级大数据发展战略规划均提出了相应的对策。例如，《促进大数据发展行动纲要》要求"健全大数据安全保障体系""建立国家大数据发展和应用统筹协调机制""加快法规制度建设""推进大数据产业标准体系建设""建立健全大数据人才培养体系"。①《生态环境大数据建设总体方案》中，环境保护部提出要"完善组织实施机制""健全数据管理制度""建立标准规范体系""完善统一运维管理""强化信息

① 国务院关于印发促进大数据发展行动纲要的通知(国发〔2015〕50号)[2021-01-04]. http：//www.gov.cn/zhengce/content/2015-09/05/content_10137.htm.

安全保障"①。上述规划中，"保障"一词被反复提及，而构建大数据资源规划与统筹发展保障体系也被认为是亟待开展的重要工作。

战略规划是当前及未来一个阶段的发展路线和施政纲领。战略规划的落地，需要建立一定的保障机制。而全面的保障机制的建立，需要针对当下我国大数据规划与统筹发展的现状、存在的障碍与不足以及战略规划中拟定的行动路线展开。大数据资源的出现，要求政府、企业等组织适应大数据资源开发与管理的特殊要求，改变部分不适应的机构、程序和系统架构，从而加强政府、企业的大数据应用与治理能力。② 从大数据资源规划与统筹发展的组织管理机制保障来看，加强部门间的协同合作，形成职责清晰、协同推进的工作格局，有助于促进大数据资源的共建共享；从大数据资源规划与统筹发展的法规政策保障来看，完善大数据采集、利用、权益保障和风险管控的法规政策建设，有助于形成良好的大数据资源管理政策环境；从大数据资源规划与统筹发展的标准规范保障来看，加强数据采集、数据开放、数据质量、数据交换等标准的制定实施，有助于推动大数据资源标准体系建设；从大数据资源规划与统筹发展的技术保障方面来看，加强大数据资源存储、认知、分析、处理和可视化等技术的研发，有助于突破大数据资源应用的技术瓶颈；从大数据资源规划与统筹发展的安全保障方面来看，针对网络信息安全新形势，加强大数据安全技术产品研发，有助于构建强有力的大数据资源安全保障体系。③

为此，完善大数据资源规划与统筹发展的机制、政策、标准、技术和安全保障显得极为重要和迫切。机制保障旨在克服主体层面的困境，科学协调组织结构、相关人员的组成及其运行，推动形成职责明晰、协同互进的工作格局，这是决定大数据资源规划与统筹

---

① 关于印发《生态环境大数据建设总体方案》[2021-01-04]. http：//www.mee.gov.cn/gkml/hbb/bgt/201603/t20160311_332712.htm.

② 周耀林，赵跃，段先娥. 大数据时代信息资源规划研究发展路径探析[J]. 图书馆学研究，2017(15)：38.

③ 周耀林，常大伟. 面向政府决策的大数据资源规划模型研究[J]. 情报理论与实践，2018，41(8)：45.

发展的首要问题、核心问题；政策保障需要解决当前相关法律法规建设滞后的问题，研究并遴选出迫切需要制定的政策，为大数据资源规划与统筹发展提供强有力的支撑；标准保障是要尽快建成大数据资源规划与统筹发展的业务规范、技术标准和管理规则，确保大数据规划与统筹发展的高效与规范；技术保障则从系统论角度出发，协调好大数据获取、传输、存储、处理、分析、应用等环节的关系，优化各环节的处理流程和技术方法；安全保障是要利用相关的技术手段和管理方法，实现大数据资源安全与开放的平衡，确保大数据资源规划与统筹健康、持续地发展，上述各个方面的关系如图 6-1 所示。

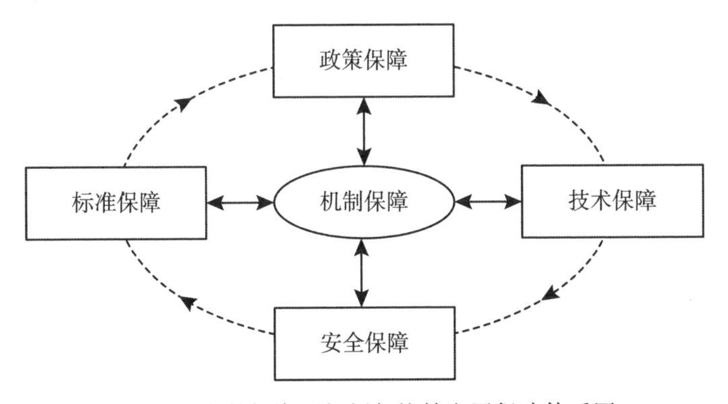

图 6-1　大数据资源规划与统筹发展保障体系图

为此，本章将对这五个方面进行重点研究和论述，着力建立一种比较完整的大数据规划与统筹发展保障体系，为大数据规划和统筹发展保驾护航，从而实现大数据资源利用的最优化、服务效益的最大化和用户满意的最佳化。

6.1　大数据资源规划与统筹发展的机制保障

“机制”泛指一个工作系统中的组织或部分之间相互作用的过

程和方式。① 我国大数据工作存在着条块分割、信息化能力差异大的问题，如何合理地组织与协调大数据发展体系内部各组成要素及其相关关系，进而促使其稳定高效地运转，也就成为大数据资源规划与统筹发展工作需要关注的重要问题。协同不同层级、不同组织机构的大数据资源规划并推动大数据资源统筹发展，就要求建立一定的机制。

实际上，各国在推行大数据发展战略过程中，都通过建立一定的组织管理机构、形成一定的机制以推动大数据项目的落地。以英国为例，数字、文化、传媒和体育部(DCMS)为了推进《英国数字战略》(UK Digital Strategy)，成立了数字经济理事会和数字经济咨询组，成员包括政府官员、大学教授、科技企业负责人，并设立秘书处，通过季度会议等形式，确保大数据方案的实施。② 美国发布《大数据研究和发展计划》(*Big Data Research and Development Initiative*)并成立了“大数据高级指导小组”。

在我国，结合现有的问题与不足，笔者认为需要切实做好大数据组织管理和大数据运行两方面的机制建设工作。

6.1.1 大数据组织管理机制保障

如果说机制是对大数据资源规划与统筹发展的首要保障，那么组织管理机制则是机制保障中的基础和前提。构建科学完善的组织管理机制，需要建设契合中国实际的大数据市场机制，强化数据的安全管理机制，并在各部门之间形成顺畅友好的数据共享机制。

6.1.1.1 中国特色的大数据市场机制

早期的大数据资源主要产生于企业，与之相关的采集、存储、

---

① 孙绍荣．制度设计中的博弈与机制[M]．北京：中国经济出版社，2014：3.

② 闫德利．数字英国：打造世界数字之都[J]．新经济导刊，2018(10)：30.

分析工作也是由这些企业(尤其是互联网企业)主导着。在社会主义市场经济环境下，强化对市场主体的监督与管理是十分重要的。2015年6月至8月，国务院连续下发了三个针对大数据行业的指导性文件，即《关于运用大数据加强对市场主体服务和监管的若干意见》《积极推进"互联网+"行动的指导意见》和《促进大数据发展行动纲要》，强调加强对市场主体的服务和监管。《关于运用大数据加强对市场主体服务和监管的若干意见》更是提出要以数据开放为抓手，充分运用大数据、云计算等现代信息技术，加强事中事后监管，维护市场正常秩序，促进市场公平竞争，优化发展环境。

市场监管领域牵涉部门众多，生成数据繁杂，市场主体大数据的提炼与形成有助于提升监管的质量与效率。市场主体大数据可通过归集整合工商、质监、税务、法院、人民银行、水电等多个领域或企事业单位掌握的身份、业绩、企业年报、信息记录等信息获得。在信用监管领域，利用市场监管主体登记信息、资质信息、信用行为信息等数据开展信用主体动态监控，并探索在政府采购、招标投标、日常监管等工作中使用信用相关信息，提升市场监管工作，实现城市精准管理。在联合惩戒方面，利用监管主体登记信息、司法信息、行政执法信息等数据开展跨部门协作互动，实现对失信市场主体联合惩戒的精准互动。在社会共治方面，利用监管主体信息、资质信息、信用行为信息等数据，依托"部门+社区""部门+社会机构"等服务模式，引入社会力量参与市场监管，实现社会参与多元共治。

伴随着大数据战略的持续推进，政府大数据的地位与作用愈加重要，有效整合、开放共享和深化利用政务服务大数据，可以为公众提供个性化、精准化的便捷服务。同时，应加快构建起政府和企业沟通的信息平台，使其成为政府为企业提供高效快捷服务的绿色通道，为企业自身管理提供基础办公平台，为企业生产性服务提供工业设计、物流、人才、交易、行业舆情等信息服务，成为企业成长的助力平台。以此为基础，在国家和行业大数据规划下，建立具有中国特色的大数据市场机制，是我国大数据资源规划和统筹发展的重要环境。

6.1.1.2 强化数据的安全管理机制

大数据时代的来临对数据的安全提出了挑战。毕竟，数据安全是大数据管理和统筹发展的基础和前提。离开了数据安全，大数据资源管理和统筹发展就是一句空话。我国的数据安全保护立法虽起步较晚，但开展的初级探索也可以为安全管理机制的构建提供借鉴。与此同时，如何借鉴美国、欧盟等发达国家和地区的数据安全立法经验，也是需要思考的问题。

国外数据安全的立法是建立在个人信息保护立法和政府信息公开体系基础之上的。美国早期的数据安全立法，以尊重和保障公民的知情权、规范信息管理、促进信息公开和自由为主，代表性的法律为1966年的《信息自由法》和1975年的《信息自由法修正案》。随着互联网的进一步发展以及侵犯个人隐私事件的频发，美国将保障数据安全的焦点集中于个人隐私保护上，对涉公领域和非涉公领域的隐私实行分散式立法，其代表性的法律有2002年的《关键性基础设施信息法》、2002年的《爱国者法案》、2014年的《国家网络安全保护法案》、2018年的《外国情报监视法案修正案》和《澄清境外数据合法使用法案》。

欧盟的数据安全立法以个人隐私保护为重点。例如，2002年欧盟通过《电子通信领域个人数据处理和隐私保护的指令》，2015年通过《通用数据保护条例》，2016年通过《网络与信息系统安全指令》，推动在欧盟范围内形成统一的网络法规标准。

除美国和欧盟外，德国、英国、日本、俄罗斯等国也都开展了数据安全立法工作。例如，德国2002年颁布《联邦数据保护法》，日本2005年颁布《个人信息保护法》《信息公开与个人信息保护审查会设置法》，英国颁布《2017年数据保护法案(草案)》，俄罗斯在2014年颁布《俄罗斯联邦〈关于信息、信息技术和信息保护法〉修正案及个人互联网信息交流规范的修正案》等，对互联网数据的传播行为进行了规范。

我国的大数据安全立法仍处于探索阶段，目前尚未有国家层面的数据安全或个人信息安全的专门法律法规，但在《中华人民共和国宪法》《中华人民共和国网络安全法》《中华人民共和国民法总则》

以及各部门法规中，可见到数据安全的相关规定。此外，国务院印发《关于运用大数据加强对市场主体服务和监督的若干意见》、中国人民银行制发《个人信用信息基础数据库管理暂行办法》、国家网信办制定《个人信息和重要数据出境安全评估办法》，对个人信息、重要数据的安全评估提出了要求。在地方层面，《浙江省公共数据和电子政务管理办法》(2017 年)、《贵阳市大数据安全管理条例》(2018 年)、《深圳经济特区数据条例(征求意见稿)》(2020 年)是我国具有代表性的地方数据安全法规。

以相关立法精神为基础，建立和完善数据安全管理机制，必须从健全数据发布运作机制和完善数据安全管理机制两方面入手。其中，数据发布运作机制包括网络数据的发布管理机制、日常管理和运行机制、信息及信源保障机制、舆情监测处置和应急机制、网络诉求和回应机制、网络评论引导机制等。建立数据安全管理机制的核心是网络与信息安全的涉密类型、涉密机构、等级保护、风险评估、信息通报、应急处置、事件调查与处理、专业人员管理等。

6.1.1.3　推进各部门之间的数据共享机制

政府数据作为国家的公共资源，在不危害国家安全、不侵犯商业秘密和个人信息的前提下，最大限度地开放给社会，有利于增加政府透明度，提高公共服务水平，提升政府治理能力，激发社会创新活力。

推进数据共享机制建设，要按照“谁主管，谁提供，谁负责”“谁经手，谁使用，谁管理，谁负责”的原则，明确政务数据共享开放和服务的主管机制、提供机制、使用机制和管理机制，形成国家统筹、部际协调、部门统一的工作局面。

推进数据共享机制建设，要按照政务数据“共享是原则、不共享是例外”“开放是常态、不开放是例外”的原则，积极组织建设政务数据的共享开放，明确各系统、各项目的建设必须满足数据共享、开放和服务的需要，实现政务数据共享开放与社会大数据融合应用的需要。

推进数据共享机制建设，要按照“覆盖全国、统筹利用、统一接入”的要求，明确国家政务数据共享交换工程、国家公共数据开放网站和服务平台主管部门的工作职责，落实政务数据共享、开放和服务的部门职责，提升宏观调控、市场监管、社会管理和公共服务的精准性和有效性。

大数据资源统筹发展过程中也需要考虑到不少企业和组织机构已经拥有了一定的大数据资源。对于这些政府以外的大数据资源，不仅要加强指导和管理，也需要敦促它们在一定的范围内、通过一定的方式进行共享，建立数据共享机制，提升数据赋能。

在推进数据共享机制建设的过程中，要按照坚守底线、确保安全的基本要求，明确政务数据共享开放的信息安全等级保护，落实网络安全工作责任，形成跨部门、跨地区的条块融合的安全保障工作联动机制。

6.1.2 大数据运行机制保障

6.1.2.1 大数据市场合作竞争机制

在我国特色社会主义市场经济体制下，政府主要扮演监管者与服务者的角色，而企业对于推动大数据市场发展的重要性不言而喻。加快大数据产业主体培育，营造良好的政策法规环境，培养行业龙头企业，支持龙头企业整合利用国内外技术、人才和专利等资源，加快大数据技术研发和产品创新，提高产品和服务的国际市场占有率和品牌影响力，有助于形成“政产学研用”统筹推进的机制。加强中央政府与地方大数据发展政策衔接，优化产业布局，形成协同发展合力。

要统筹企业的协同发展，支持中小企业深耕细分市场，加快服务模式创新和商业模式创新，提高中小企业的创新能力；鼓励生态链各环节企业加强合作，构建多方协作、互利共赢的产业生态，形成大中小企业协同发展的良好局面。培养市场主体的合作竞争意识，优化大数据产业区域布局；建设一批大数据产业集聚区，支持地方根据自身特点和产业基础，突出优势，合理定位，创建一批大数据产业集聚区，形成若干大数据新型工业化产业示范基地；加强基础设施统筹整合，通过优胜劣汰，助推大数据创新创业，培育大

数据龙头企业、骨干企业、明星中小企业，强化服务与应用，完善配套设施，构建良好产业生态。

此外，在大数据市场合作竞争机制建立过程中，通过大数据技术研发、行业应用、教育培训、政策保障等方面积极创新，培育壮大大数据产业，带动区域经济社会转型发展，形成科学有序的产业分工和区域布局，从而彰显大数据资源及其统筹发展的魅力。

6.1.2.2 大数据人才培养机制

大数据人才是大数据领域发展的核心资源，而高校则是培育大数据人才的摇篮。国内各省(市)对大数据人才培养与所在省(市)的高等教育实力、大数据相关学科建设情况直接相关。就开设大数据相关专业的高校数量来看，北京市、陕西省、江苏省、湖北省和山东省名列前茅。总体看来，大数据人才在世界范围内仍处于紧缺状态。这就要求建立适应大数据发展需求的人才培养机制。①

建立大数据人才培养机制，一方面，建议在全国范围内组织开展大数据标准宣传培训活动，培养掌握大数据标准技术和标准实施方法论的专业人员；鼓励和支持行业协会、高等院校、科研院所设立标准化相关研究机构，大力培育标准化科研人才；② 编制数据管理能力标准宣传培训教材，指导第三方机构依据标准制定数据管理从业人员能力培养和评价方法，形成市场化的从业人员能力培养和评价机制。另一方面，发挥企业在大数据人才培养中的积极作用，提供专业的大数据标准化教学培训课程，全面提升企业家的标准化战略创新能力、企业管理层和员工的标准化技能、标准化专业技术人员的专业水平、政府公务人员和社会公众的标准化知识，为大数据标准化改革发展提供人才保障。此外，政府应当完善大数据人才培养和引入机制，通过创新型青年人才培养计划、大数据“十百千万”人才计划的实施，整合各方面政策资源和条件，完善专业的大

① 王元卓，隋京言．应用型大数据人才培养[J]．高等工程教育研究，2021(1)：46.

② 崔晓龙，张敏，等．新工科背景下应用型大数据人才培养课程群研究与建设[J]．实验技术与管理，2021，38(2)：215.

数据人才梯队。①

总之，加强大数据人才培养，整合高校、企业、社会资源，推动建立创新人才培养模式，建立健全多层次、多类型的大数据人才培养体系。② 与此同时，也需要建立一定的评价机制，保证大数据专业人才的健康发展，推动大数据资源的管理与开发利用。

6.1.2.3　大数据技术创新发展机制

科技竞争正在成为国际上综合国力竞争的焦点，世界各国纷纷把推动科技创新和发展新兴产业作为国家战略，科技创新的速度和转化为现实生产力的步伐进一步加快，创新资源配置全球化的特点更为突出。这种背景下，大数据资源管理与技术创新发展具有重要的意义。

围绕国家大数据战略，以强化大数据产业创新发展能力为核心，瞄准大数据技术发展前沿领域，强化创新能力，提高创新层次，以企业为主体集中攻克大数据关键技术，加快产品研发，发展壮大新兴大数据服务业态，加强大数据技术、应用和商业模式的协同创新，培育市场化、网络化的创新生态。

利用大数据技术打造新型双创孵化平台，为创业科技人员和处于创业初期的科技型中小企业提供必要的资源和服务，降低创业成本，提高创业成功率，促进科技成果转化，培育科技型企业和企业家，对推动高新技术产业发展、完善国家和区域创新体系、繁荣经济发挥着重要的作用，是科技型中小企业生存与成长所需要的制度安排，具有重大的社会经济意义。

基于大数据的科技双创孵化活动紧密围绕科技创业活动，以促进科技成果转化、培养高新技术企业和企业家为宗旨，是培育战略性新兴产业源头企业和建设创新型国家的战略工具，是培养产业领军人才的有效载体，是支撑区域科学发展、优化发展的科技服务创

① 李莎莎，周竞文，等．数据科学与大数据人才专业课程体系分析[J]．计算机工程与科学，2018，40(S1)：112.

② 夏大文，张自力．DT时代大数据人才培养模式探究[J]．西南师范大学学报(自然科学版)，2016，41(9)：192.

新业态。大数据科技双创孵化为创新链条提供全过程综合服务，提供创新活动所需的资金流、信息流、知识流、人才流等，提高创新效率。

科学大数据在推动科学研究、促进各行业领域科学发现和技术创新方面有着非常大的潜力。当前，中国科学院已启动“十三五”信息化专项科学大数据工程项目“大数据驱动学科创新示范平台”，基于“十三五”建设的“中国科技云”和全院科学大数据公共基础环境平台，在生命科学、空间科学、天文科学、高能物理等学科领域，建设大数据驱动学科创新示范平台，实现学科内数据资源的深度集成整合，构建科学大数据分析应用环境，创新大数据驱动科学发现的研究模式。未来，科学大数据必将是人类科研革命和社会进步的重要支撑。

6.2 大数据资源规划与统筹发展的政策保障

政策是“国家或政党为了实现一定历史时期的路线和任务而制定的国家机关或者政党组织的行动准则”。① 大数据政策是指为保证大数据工作顺利开展，满足机关、企事业单位及社会公众对大数据及其服务的迫切需要，从整体建设、发布实施和技术服务等方面提出的行为规范和准则。大数据政策保障则是在特定社会价值理念的指导下，为达成一定的社会期望和行为目标，而制定的大数据管理、发展方面的战略、法令、办法和条例的总和，以确保大数据工作沿着正确的方向高效有序地进行。

6.2.1 大数据资源规划与统筹发展政策建设现状

2012 年以来，围绕着大数据，美国、英国、法国、日本等国家纷纷实施了多轮政策行动，而我国也在 2015 年启动了大数据政策的制定工作。分析比较国内外大数据资源规划和统筹发展的政

① 罗红．公共政策理论与实践[M]．沈阳：沈阳出版社，2014：4.

策，有助于形成我国大数据规划和统筹发展的政策保障。

6.2.1.1 国外代表性大数据政策

2012 年 3 月，美国白宫科技政策办公室发布了全球首个大数据发展政策——《大数据研究和发展计划》(*Big Data Research and Development Initiative*)。① 随着该计划的颁布，“大数据高级指导小组”成立了，目的在于提高从大型海量复杂数据集合中访问、组织、洞见和发现信息的工具与技术水平。同年 7 月，日本推出《面向 2020 年的 ICT 综合战略》，聚焦大数据应用所需的社会化媒体等智能技术开发，传统产业 IT 创新以及大数据在新医疗技术开发、缓解交通拥堵等公共领域的应用。

2013 年 2 月，法国政府发布《数字化路线图》(*Feuille de route du Gouvernement sur le numérique*)，在明确了大数据是战略性高新技术的基础上，提出了一系列的投资计划及创新性解决方案。同年 10 月，英国商务、创新和技能部牵头发布《英国数据能力发展战略规划》，提出要使英国成为大数据分析的世界领跑者，并使各级各类机构与公众从中受益。同年 11 月，美国信息技术与创新基金会发布《支持数据驱动型创新的技术与政策》(*An Introduction to the Technologies and Policies Supporting Data-Driven Innovation*)，提出了“数据—知识—行动”计划，鼓励公共部门和私营部门开展数据驱动型创新。

2014 年欧盟发布了《数据驱动经济战略》，旨在打造一个以数据为核心的连贯性欧盟生态体系。同年 5 月，美国总统行政办公室发布《大数据：把握机遇，保存价值》，集中阐述了美国大数据应用与管理的现状、政策框架和改进建议。

2015 年 9 月，俄罗斯数据本地化立法正式生效，要求所有国外公司在俄罗斯境内的服务器上存储和处理俄罗斯公民的个人信息。任何存储俄罗斯国民信息的组织，无论是客户还是社交媒体用

① Obama Whitehouse, Big data research and development Initiative [EB/OL]. [2020-09-08]. https://obamawhitehouse.ar-chives.gov/blog/2012/03/29/big-data-big-deal.

户，都必须将该数据移至俄罗斯服务器。

2016 年 5 月，美国发布《联邦大数据研发战略计划》，正式提出了大数据研发关键领域的七个战略。同年 12 月，俄罗斯批准《俄罗斯联邦科技发展战略》，提出了俄罗斯科技的总体发展目标，大数据开发位列其中。同年 10 月，日本发布《数据与竞争政策研究报告书》，明确了运用竞争法对“数据垄断”行为进行规制的主要原则和判断标准。

2018 年，欧盟委员会发布《建立一个共同的欧盟数据空间》，该政策聚焦公共部门数据开放共享、科研数据保存和获取、私营部门数据分享等事项。同年 5 月，欧盟正式实施《通用数据保护条例》(*General Data Protection Regulation*, GDPR)，强化了自然人的个人数据保护权，并对欧盟内部个人数据的自由流动进行限制或禁止，进一步推动欧盟境内数据交换共享。同年 11 月，欧洲议会和欧盟理事会颁布《非个人数据自由流动条例》(*Regulation on the Free Flow of Nonpersonal Data*)，对数据的本地化要求、主管当局的数据获取及跨境合作、专业用户的数据迁移等问题作了具体规定。

2019 年 12 月，美国发布《联邦数据战略与 2020 年行动计划》，确立了政府范围内的数据使用框架原则，40 项具体数据管理实践以及 20 项具体行动方案。

2020 年 2 月，欧盟发布《欧洲数字战略》，旨在通过增强欧盟企业及公民数字能力建设、善用技术巨头市场力量及挖掘信息通讯技术可持续发展潜力，使欧盟成为世界上最具竞争力的数据敏捷型经济体；支持欧洲单一数字空间(DataSpace)的长效发展，至 2030 年，欧盟在全球数字经济的市场份额至少与其经济实力相当，并成为数字经济及应用创新的全球领导者。①

6.2.1.2 国内主要大数据政策

我国首个大数据政策是国务院办公厅于 2015 年 7 月发布的《关

① European Commision. The White Paper Artifical Intelligence [R/OL]. [2020-02-23]. https://ec. europa. eu/info/pubicatins/whtie-paper-aritificial intellegence-european-approach-excellence-and-trust_en.

于运用大数据加强对市场主体服务和监管的若干意见》，提出研究制定有关大数据的基础标准、技术标准、应用标准和管理标准。同年8月，国务院发布《关于印发促进大数据发展行动纲要》，全面系统地部署我国大数据发展，在政策机制部分着重强调建立标准规范体系。

2017年1月，工业和信息化部发布《大数据产业发展规划（2016—2020年）》，明确了“十三五”时期大数据产业发展的指导思想、发展目标、重点任务、重点工程及保障措施。

2020年4月，中共中央、国务院印发《关于构建更加完善的要素市场化配置体制机制的意见》，首次将数据作为一种新型生产要素写入文件，并强调加快培育数据要素市场，推进政府数据开放共享，提升社会数据资源价值。

围绕国家政策，各部委和相关行业机构也陆续出台了一系列行业政策以促进大数据在各领域的深入应用，见表6-1。

表6-1　　**我国部分领域大数据政策①**

序号	政策名称	发布日期	发文单位	主要政策内容
1	智慧城市时空大数据平台建设技术大纲（2019版）	2019年2月	自然资源部	智慧城市时空大数据平台建设的背景、任务、目标以及示范应用等，详细说明时空大数据和云平台的各项内容
2	银行业金融机构数据治理指引	2018年5月	中国银行保险监督管理委员会	银行业金融机构数据治理的概念、原则，提出数据治理架构、数据管理、数据质量控制和数据价值实现的要求

① 数据来源：《大数据标准化白皮书（2020年版）》[EB/OL]. [2020-11-20]. http://www.cbdio.com/BigData/2020-09/23/content_6160374.htm.

续表

序号	政策名称	发布日期	发文单位	主要政策内容
3	关于深入开展“大数据+网上督察”工作的意见	2017年9月	公安部	从提高思想认识、顺应时代潮流、坚持创新引领、加强组织领导四个方面提出“大数据+网上督察”的措施要求
4	智慧城市时空大数据与云平台建设技术大纲(2017版)	2017年9月	国家测绘地理信息局办公室	智慧城市时空大数据与云平台建设的背景、任务、目标、示范应用等，详细介绍时空大数据与时空信息云平台
5	大数据驱动的管理与决策研究重大研究计划2017年度项目指南	2017年7月	国家自然科学基金委员会	对大数据驱动的管理与决策研究的核心问题、2017年度重点资助研究方向、项目遴选原则、申报要求等进行了说明
6	关于推进水利大数据发展的指导意见	2017年5月	水利部	水利大数据发展的指导思想、基本原则、主要目标等，具体阐明其发展及应用基础、应用重点和保障措施
7	大数据产业发展规划(2016—2020年)	2017年1月	工信部	大数据产业发展基础、面临形势、指导思想等，明确大数据产业发展重点任务、重点工程并制定其保障措施
8	农业农村大数据试点方案	2016年10月	农业部	农业农村大数据试点的总体要求、四大试点目标、四项主要任务以及三项保障措施
9	关于推进交通运输行业数据资源开放共享的实施意见	2016年8月	交通运输部	交通运输行业数据资源开放共享总体要求、主要任务等，明确从协调领导、制度执行等四方面来加强组织实施

续表

序号	政策名称	发布日期	发文单位	主要政策内容
10	关于加快中国林业大数据发展的指导意见	2016年7月	国家林业局	林业大数据发展总体要求和其四大体系的主要任务，要求充分利用五大示范工程并提出七大保障措施
11	关于印发促进国土资源大数据应用发展实施意见	2016年7月	国土资源部	根据国土资源大数据应用发展形势，明确指导思想、基本原则等，阐明八大主要任务，并提出五项保障措施
12	生态环境大数据建设总体方案	2016年3月	环保部	生态环境大数据建设的总体要求(指导思想、基本原则等)，并提出其六大主要任务及五大保障措施
13	关于组织实施促进大数据发展重大工程的通知	2016年1月	发展与改革委员会	大数据发展重大工程组织实施的总体思路和重点方向，并具体说明其有关要求和组织方式

围绕国家大数据战略，各省市也相继出台大数据政策规划。例如，贵州省大力推进社会信用体系与大数据应用和发展试点；浙江省以构建城市大脑为核心，带动大数据产业全面落地；山东省加快推动大数据产业创新发展，进一步健全大数据产业链条。表6-2列举了部分省市出台的大数据政策规划。

6.2.2 大数据资源规划与统筹发展政策的完善

伴随着大数据工作的持续推进，其中存在的缺陷和不足也逐渐显现出来，数据资源开放共享程度低、数据质量不高、数据资源流通不畅、管理能力弱、数据价值难以被有效挖掘利用的问题最为突出，而这与我国当前技术创新与支撑能力不强、大数据产业支撑体

系不完善、人才队伍建设不得力有关。具体到政策层面，需要尽快完善相关政策，强化指引和规范。大数据资源规划与统筹发展的各项政策中，数据共享开放政策、大数据交易流通政策和公民信息保护政策三个方面是需要强化的重点。

表 6-2　　**部分省市级大数据政策规划①**

省市	文件名称	发布时间	主要政策内容
浙江省	浙江省“城市大脑”建设应用行动方案	2019 年 6 月	“城市大脑”建设的指导思想、目标、原则，重点提出建设的三大任务和工作保障措施
成都市	成都市引进培育大数据人才实施办法	2019 年 5 月	明确成都市引进培育大数据人才目标、支持范围、支持政策，详细介绍评选百人领军人才等相关政策和配套措施等
贵州省	贵州省建设社会信用体系与大数据融合发展试点 2019 年工作要点	2019 年 4 月	提出健全制度规范、强化深度融合和共享开放、完善激励和惩戒机制、开展突出问题专项治理等八大工作要点
	贵州省大数据战略行动 2019 年工作要点	2019 年 3 月	提出深入实施数字治理攻坚战、深入实施数字经济攻坚战、深入实施数字民生攻坚战等七大战略行动工作要点
山西省	山西省促进大数据发展应用 2019 年行动计划	2019 年 4 月	大数据发展应用的总体要求(指导思想、行动目标)、重点任务及相应保障措施

① 数据来源：《大数据标准化白皮书(2020 年版)》[EB/OL]. [2020-11-20]. http://www.cbdio.com/BigData/2020-09/23/content_6160374.htm.

续表

省市	文件名称	发布时间	主要政策内容
山东省	数字山东 2019 行动方案	2019 年 3 月	提出打造数字政府、培育数字经济、构建数字社会、强化基础保障的具体举措
	数字山东发展规划(2018—2022 年)	2019 年 2 月	数字山东建设基础形势和总体要求，提出夯实基础、发展数字经济、实施重点突破等具体举措及保障措施
湖南省	湖南省大数据产业发展三年行动计划(2019—2021 年)	2019 年 1 月	阐述指导思想和发展目标，详细介绍发展大数据产业的重点任务和相应保障措施(组织、政策、人才、制度等)
天津市	天津市促进大数据发展应用条例	2019 年 1 月	政务数据、社会数据共享和开放的规定，大数据开发应用的具体方面、保障措施及安全防护措施
广州市	广州市人民政府办公厅关于推进健康医疗大数据应用的实施意见	2018 年 12 月	阐述推进健康医疗大数据实施的总体要求(指导思想、推进思路与目标)、五大重点任务和七项保障措施
广东省	广东省政务数据资源共享管理办法(试行)	2018 年 11 月	明确政务数据资源共享管理职责分工，阐述对政务数据进行编目采集、共享应用、安全管理等具体要求
河南省	河南省促进大数据产业发展若干政策	2018 年 9 月	促进大数据产业发展的若干政策，包括电价优惠政策、奖补政策、人才引进优惠政策、专项资金支持等

续表

省市	文件名称	发布时间	主要政策内容
福州市	福州市推进大数据发展三年行动计划(2018—2020年)	2018年9月	分析国内外发展现状和福州现状，阐述其指导思想与目标、重点研发任务、建设工程等，以及保障措施和推进机制
重庆市	关于开展大数据智能化领域2018年市级工程研究中心认定的通知	2018年7月	大数据智能化领域研究中心认定的总体思路、工作目标，详细介绍申报的重点领域、具体要求
	重庆市以大数据智能化引领的创新驱动发展战略行动计划(2018—2020年)	2018年3月	未对外公布
四川省	四川省促进大数据发展工作方案的通知	2018年1月	提出四川省大数据发展总体思路与发展目标，制定四大项任务(58项具体任务)，再提出相应措施保障实施

6.2.2.1 数据共享开放政策

国家和地方政府对于数据共享交换的总体要求是打通政府间数据壁垒和隔阂，实现政府数据的跨部门流动和互通，有效发挥政府数据的关联分析能力，建立“用数据说话、用数据决策、用数据管理、用数据创新”的政府管理机制，实现基于数据的科学分析和科学决策。

只有通过统筹完善，逐步推动政府数据资源共享，制定政府数据资源共享管理办法，整合政府部门公共数据资源，促进互联互通，提高共享能力，才能提升政府数据的一致性和准确性。在此过程中，明确各部门数据共享的范围边界和使用方式，基本形成跨部门数据资源共享共用格局，并充分利用统一的国家电子政务网络，构建国家、省市、乡镇等多级政府数据共享交换平台，搭建互通互融的数据共享大格局。

在我国政府职能转变和产业转型发展的背景下，在《政府信息公开条例》的基础上，面对大数据时代的到来，我国政府正在逐步从“政府信息公开”向“政府数据开放”探索前进。近年来，党中央、国务院在公共信息资源开放的有关工作中不断进行战略部署，陆续发布了一系列战略规划和政策文件，推动公共信息资源开放。2018年，中央网信办、发展与改革委员会、工业和信息化部联合印发《公共信息资源开放试点工作方案》，确定在北京市、上海市、浙江省、福建省、贵州省5省市开展公共信息资源开放试点工作，对政府数据共享开放的管理机制、部门职责、平台建设维护、采集汇聚、共享开放范围边界及使用具体要求、监督管理、安全保障等措施进行了规范。① 2020年，中央网信办、农业农村部、国家发展改革委、工业和信息化部、科技部、市场监管总局、国务院扶贫办印发《关于开展国家数字乡村试点工作的通知》，部署开展国家数字乡村试点工作，进一步推动了“数字中国”的建设和发展。②

6.2.2.2　大数据交易流通政策

伴随着大数据应用日益渗透到各行各业中，数据所蕴含的巨大商业价值也越来越为人们所重视，逐渐演变成为重要的企业资产和国家战略资源。数据资源通过交易流通，能释放更大的价值，提升生产效率，推进产业创新。通过市场化的手段来促进数据流通成为一种趋势，数据流通市场应运而生。

2014年5月27日，美国联邦贸易委员会（FTC）公布的《数据经纪商：呼吁透明度与问责制度》（*Data Brokers-a Call for*

---

① 中央网信办、发展改革委、工业和信息化部联合印发《公共信息资源开放试点工作方案》[EB/OL]. [2020-02-15]. http://www.echinagov.com/policy/201408.htm.

② 中央网信办等七部门联合印发《关于开展国家数字乡村试点工作的通知》[EB/OL]. [2020-08-18]. http://www.gov.cn/xinwen/2020-07/18/content_5528067.htm.

Transparency and Accountability)报告显示，美国"数据经纪商"行业正在迅速发展壮大，海量的个人数据被用来进行以营销为目的的消费者数据分析，数据收集和分析几乎覆盖全美消费者，所提供的服务包括出售市场营销产品、开展风险消减服务、提供查询服务等，并对提供服务的三类数据经纪商提出了建议。① 虽然数据经纪商提供的服务不同，但从美国联邦贸易委员会(FTC)针对三类数据经纪商的规制建议来看，目的都是为了保障消费者对个人数据被收集和使用时合理的知情权和访问权，在个人数据被不当利用时还可赋予用户退出等相关权利。2017 年 1 月，欧盟委员会发布的《打造欧洲数据经济所有权》(Building of a European data economy)白皮书指出，欧盟现有的数据相关法律框架并不能有效地促进数据的运作，建议未来从法律角度对数据所有权问题进行回应。② 报告基于数据所有权，提出创造一种非排他性、灵活和可扩展的所有权，这种非排他性的所有权可以由对其进行系统性操作的参与者来申明。

当前，我国并没有针对数据流通进行专门性立法。立法中与数据流通相关的内容一般针对涉禁止违反信息传播、禁止侵害商业秘密、个人信息保护、数据安全以及平台责任方面。针对上述内容，《中华人民共和国民法总则》《中华人民共和国网络安全法》《中华人民共和国著作权法》《保守国家秘密法》《全国人民代表大会常务委员会关于维护互联网安全的决定》《全国人民代表大会常务委员会关于加强网络信息保护的决定》《消费者权益保护法》《国家安全法》《刑法》《反恐怖主义法》《反不正当竞争法》等法律，《互联网信息服务管理办法》《中华人民共和国著作权法实施条例》《电信条例》《国际联网安全保护管理办法》等行政法规，《电信和互联网用户个人信息保护规定》《网络借贷信息中介机构业务活动管理暂行办法》《互联网新闻信息服务管理规定》等部门规章，《最高人民法院最高人民检察院关于办理侵犯公民个人信息刑事案件适用法律若干问题

① Brill J. Statement of Commissioner Brill on the Commission's Data Broker Report-Data Brokers：A Call for Transparency and Accountability[R]. 2000：3.

② Zech H. Building a European Data Economy[EB/OL]. [2021-01-03]. IIC 48，501-503(2017). https：//doi. org/10. 1007/s40319-017-0604-z.

的解释》等六部司法解释，《互联网新闻信息服务新技术新应用安全评估管理规定》等规范性文件作出了相关规定。

6.2.2.3 公民信息保护政策

当前，大数据技术及其相关产业的发展正前所未有地改变着个人信息的收集和使用方式，给现有的个人信息保护制度带来新的问题和挑战。近年来，云计算、物联网、移动互联网等新技术新业务的快速发展，给现有的个人信息保护法律制度带来了新的挑战，各国修订、立法活动更加频繁。

早在1981年，欧盟理事会就通过了《有关个人信息自动化处理保护公约》；1995年，欧盟通过的《关于个人数据处理保护与自由流动指令》(1995/46/EC)很快就成为世界各国个人信息隐私保护，以及数据保护领域法律文件和国际协议制定中的范例，直到2016年5月被《通用数据保护条例》(General Data Protection Regulation，GDPR)替代；2002年，欧盟通过了《电子通信领域个人数据处理和隐私保护的指令》(2002/58/EC)，并于2017年1月10日进行了修订。相较于欧盟对公民数据严苛的法律保护，美国对公民个人信息保护的法律则相对宽松。2014年5月，美国总统执行办公室发布2014年全球“大数据”白皮书《大数据：把握机遇，守护价值》，从政策调整、法律制定、法律解释和技术革新几个方面，对大数据时代下完善公民个人数据保护提出了建议，试图解决大数据利用与公民信息保护价值之间的冲突，以释放大数据为经济社会发展带来的新引擎。

我国个人信息保护以分散立法为主，尚未制定专门统一的个人信息保护法。个人信息保护立法体系由法律、行政法规、部门规章、地方性法规和规章、各类规范性文件等共同组成，形成了多层次、多领域、内容分散、体系庞杂的个人信息保护法律体系。近年来，在法律规定中直接对“个人信息保护”进行规定的趋势日趋明显，我国个人信息保护法律体系框架基本形成，从内容上来看，涵盖了个人信息保护领域的大部分要素和制度。

6.3 大数据资源规划与统筹发展的标准保障

工业化发展促进了标准的建设，而标准的建设又进一步推动了工业化发展，并保障和推进着人类的进步。在我国，早期的“标准”多被称为“规矩”。“没有规矩无以成方圆”真切地反映出标准所具有的规范和约束作用，以及社会对其价值的认同。在1991年发布的国际标准《标准化和有关领域的通用术语及其定义》(ISO/IEC Guide 2-1991 General terms and their definitions concerning standardization and related activities)中，国际标准化组织(ISO)和国际电工委员会联合(IEC)对“标准”的概念加以界定，称其为由公认权威机构认可、通过并予以批准的规则，旨在对活动及其结果加以规范约束。

大数据资源的科学规划与统筹发展同样离不开标准的制定及开放。① 2015年《促进大数据发展行动纲要》提出“建立标准规范体系，推进大数据产业标准体系建设”；2016年《中华人民共和国国民经济和社会发展第十三个五年规划纲要》要求“完善大数据产业公共服务体系和生态体系，加强标准体系和质量技术基础建设”；2017年《大数据产业发展规划(2016—2020年)》再次强调，“推进大数据标准体系建设，加强大数据标准化顶层设计”。

透过大数据发展的历程不难发现，国际、国内层面大数据标准的建设工作基本上起步于2014年。在经过早期的筹备、协商、申报、草拟等准备工作后，2017—2020年，一系列标准陆续制定完成并正式发布，用以指导大数据管理的实践；同时，仍有很多标准处于报批、立项、申报、在研或拟研制的阶段。可见，以完整、严密的标准保障大数据管理的顺利进行，一直得到政府部门、相关部门的重视，并视其为大数据工作的重要组成。

---

① 张保胜．网络产业：技术创新与竞争[M]．北京：经济管理出版社，2007：121.

6.3.1 大数据资源规划与统筹发展标准建设的现状

2016—2020年，工信部先后发布了三版由全国信息技术标准技术委员会大数据标准工作组、中国电子技术标准化研究院联合编写的《大数据标准化白皮书》(2016年版、2018年版、2020年版)，详细介绍了国内外主要国家、地区大数据标准建设的进程、成果，设计出大数据标准体系表，提出我国大数据标准建设的工作建议，这也为本部分研究的开展提供了很好的借鉴与参考。

6.3.1.1 国际、国内大数据标准的主要建设机构

目前，主持、承担或参与国际大数据标准建设的机构主要有国际标准化组织/国际电工委员会的第一联合技术委员会(ISO/IEC JTC1)、国际电信联盟电信标准分局(ITU-T)、IEEE大数据治理和元数据管理(IEEE BDGMM)和美国国家标准技术研究所(NIST)。其中，NIST最早进行大数据标准研究与建设，但从影响力和贡献来看，ISO/IEC JTC1表现得更为突出。

ISO/IEC JTC1成立于1987年，是一个信息技术领域的国际标准化委员会，同时也是发展最快的国际标准制定委员会，其下的数据管理和交换分技术委员会(ISO/IEC JTC 1/SC 32)、人工智能分委员会/数据工作组(ISO/IEC JTC 1/SC 42/WG 2)、信息安全、网络空间安全和隐私保护分委员会/安全控制与服务工作组(ISO/IEC JTC 1/SC 27/ WG 4)和数据使用咨询组(ISO/IEC JTC 1/AG 9)，结合自身的工作特色及侧重点，承担起大数据标准的建设工作。ISO/IEC JTC 1/SC 32主要研制信息系统环境内或环境之间的数据管理与交换标准；ISO/IEC JTC 1/SC 42/WG 2主要负责开展大数据领域关键技术、参考模型以及用例等基础标准的研制；ISO/IEC JTC 1/SC 27/ WG 4主要侧重于大数据的安全；ISO/IEC JTC 1/AG 9则负责大数据使用内涵、概念、要点等标准的建设。

ITU-T大数据标准化工作主要由第13研究组SG13、第16研究

组 SG16 和第 20 研究组 SG20 负责。SG13 下设的第 7 课题组 Q7/13 和第 8 课题组 Q8/13、SG16 下设的第 21 课题组 Q21/16 和第 24 课题组 Q24/16 以及 SG20 下设的第 2 课题组 Q2/20 均开展了大数据标准的建设。

IEEE BDGMM 成立于 2017 年，主导大数据治理和交换相关标准的建设。NIST 专门成立了大数据公共工作组，重点研究了大数据的互操作框架。

在我国，主持全国大数据标准研究与建设工作的主要有全国信息技术标准化委员会(简称全国信标委)大数据标准工作组、全国信息安全标准化技术委员会(简称全国信安标委)大数据安全标准特别工作组和中国电子技术标准化研究院。全国信标委大数据标准工作组主要负责制定和完善我国大数据领域标准体系，组织开展大数据相关技术和标准的研究，申报国家、行业标准，承担国家、行业标准制修订计划任务，宣传、推广标准的实施，组织推动国际标准化活动。全国信安标委大数据安全标准特别工作组，致力于大数据安全领域国家标准的制定。中国电子技术标准化研究院即“工业和信息化部电子工业标准化研究院”，是工业和信息化部直属事业单位，是国家从事电子信息技术领域标准化的基础性、公益性、综合性研究机构。

此外，2017 年以来，我国各地区纷纷成立了地方性的大数据标准化技术委员会，如贵州省大数据标准化技术委员会(2017 年)、广东省大数据标准化技术委员会(2017 年)、内蒙古自治区云计算与大数据标准化技术委员会(2017 年)、山东省大数据标准化技术委员会(2018 年)、山西省网络安全和大数据信息技术标准化技术委员会(2019 年)和上海市公共数据标准化技术委员会(2020 年)等，负责主持并开展国家层面大数据标准的应用以及大数据地方标准的研制工作，以服务当地大数据产业的发展。

6.3.1.2 国际、国内大数据标准的主要建设成果

在国际层面，伴随着我国标准化工作和大数据管理水平的提

升，我国在国际大数据标准建设中的影响力和贡献度越来越高。2014年，ISO数据管理和交换分技术委员会(ISO/IEC JTC 1/SC 32)将《SQL对多维数组的支持》的编制工作委托给中国专家；2015年，中国提案《SQL对MapReduce及与之相关的流数据处理的支持》得到ISO数据管理和交换分技术委员会专家的高度肯定，并于2016年6月年会上确认以WG3“数据库语言工作组”和中国国家成员体的名义联合申报“数据库语言新技术设计说明第1部分：SQL对流数据的支持”。该标准于2016年10月正式立项，是我国第一项获得立项的大数据相关领域国际标准。

在2020年4月的大数据工作组会议上，我国提交的国际提案《信息技术 人工智能 用于分析和机器学习的数据质量 数据质量过程框架》得到人工智能分委员会/数据工作组(ISO/IEC JTC 1/SC 42/WG 2)专家的一致认可。截至目前，我国已参与ISO/IEC JTC 1/SC 42/ WG 2主持开展的6项大数据国际标准的研制工作。信息安全、网络空间安全和隐私保护分委员会/安全控制与服务工作组(ISO/IEC JTC 1/SC 27/ WG 4)正在编制的ISO/IEC 20547-4《信息技术 大数据参考架构 第4部分：安全与隐私保护》(状态FDIS)、ISO/IEC 27045《信息技术 大数据安全与隐私保护过程》(状态WD)和ISO/IEC 27046《信息技术 大数据安全与隐私保护实现指南》也由我国专家承担主要编制工作。

国内层面，我国大数据管理的国家标准、地方标准在2017年以后陆续公示并发布出来，部分标准也处于草拟、研制和拟研制的状态。2017年以前，在缺少针对性、专门性标准的情况下，我国以采纳成熟国际标准和相关领域标准的方式开展标准化工作。对该类标准进行了总结统计(见表6-3)，① 其内容主要涉及数据资源、数据库产品、平台和技术的安全三方面。

① 数据来源：《大数据标准化白皮书(2020年版)》[EB/OL]. [2020-11-20]. http: //www. cbdio. com/BigData/2020-09/23/content_6160374. htm.

表 6-3 **采纳的国际及相关领域主要标准**

序号	一级分类	二级分类	国家标准编号	发布时间	标准名称	采用标准号及采用程度	状态
1	数据	数据资源	GB/T 30881—2014	2014 年	信息技术 元数据注册系统(MDR)模块	ISO/IEC 19773：2011	发布
2			GB/T 18391.1—2009	2009 年	信息技术 元数据注册系统(MDR)第 1 部分：框架	ISO/IEC 11179-1：2004，IDT	发布
3			GB/T 18391.2—2009	2009 年	信息技术 元数据注册系统(MDR)第 2 部分：分类	ISO/IEC 11179-2：2005，IDT	发布
4			GB/T 18391.3—2009	2009 年	信息技术 元数据注册系统(MDR)第 3 部分：注册系统元模型与基本属性	ISO/IEC 11179-3：2003，IDT	发布
5			GB/T 18391.4—2009	2009 年	信息技术 元数据注册系统(MDR)第 4 部分：数据定义的形成	ISO/IEC 11179-4：2004，IDT	发布
6			GB/T 18391.5—2009	2009 年	信息技术 元数据注册系统(MDR)第 5 部分：命名和标识原则	ISO/IEC 11179-5：2005，IDT	发布
7			GB/T 18391.6—2009	2009 年	信息技术 元数据注册系统(MDR)第 6 部分：注册	ISO/IEC 11179-6：2005，IDT	发布
8			GB/T 23824.3—2009	2009 年	信息技术 实现元数据注册系统内容一致性的规程 第 1 部分：数据元	ISO/IEC TR 20943-1：2003，IDT	发布
9			GB/T 23824.3—2009	2009 年	信息技术 实现元数据注册系统内容一致性的规程 第 3 部分：值域	ISO/IEC TR 20943-3：2004，IDT	发布
10			GB/Z 21025—2007	2007 年	XML 使用指南		发布

续表

序号	一级分类	二级分类	国家标准编号	发布时间	标准名称	采用标准号及采用程度	状态
11	平台/工具	数据库产品	GB/T 12991—2008	2008年	信息技术 数据库语言 SQL 第1部分：框架	ISO/IEC 9075-1：2003，IDT	发布
12	安全和隐私	平台和技术安全	GB/T 22080—2008	2008年	信息技术 安全技术 信息安全管理体系要求	ISO/IEC 27001：2005，IDT	发布
13			GB/T 22081—2008	2008年	信息技术 安全技术 信息安全管理实用规则	ISO/IEC 27002：2005，IDT	发布
14			GB/T 20273—2006	2006年	信息安全技术 数据库管理系统安全技术要求	—	发布
15			GB/T 20009—2005	2005年	信息安全技术 数据库管理系统安全评估准则	—	发布

我国现有的大数据国家标准，主要由全国信标委大数据标准工作组、全国信安标委大数据安全标准特别工作组和中国电子技术标准化研究院负责编制。三个机构目前已开展61项标准的研制工作，其中50项国家标准已发布，11项国家标准在研制，见表6-4。①

表6-4　**我国现行大数据国家标准**

序号	标准号	标准名称	状态	制发机构
1	GB/T 38667—2020	信息技术 大数据 数据分类指南	发布	中国电子技术标准化研究院

① 数据来源：《大数据标准化白皮书(2020年版)》[EB/OL]. [2020-11-20]. http://www.cbdio.com/BigData/2020-09/23/content_6160374.htm.

续表

序号	标准号	标准名称	状态	制发机构
2	GB/T 38672—2020	信息技术 大数据 接口基本要求	发布	全国信标委大数据标准工作组
3	GB/T 38667—2020	信息技术 大数据 大数据分类指南	发布	全国信标委大数据标准工作组
4	GB/T 38673—2020	信息技术 大数据 大数据系统基本要求	发布	全国信标委大数据标准工作组
5	GB/T 38676—2020	信息技术 大数据 存储与处理系统功能测试要求	发布	全国信标委大数据标准工作组
6	GB/T 38643—2020	信息技术 大数据 分析系统功能测试要求	发布	全国信标委大数据标准工作组
7	GB/T 38675—2020	信息技术 大数据 计算系统通用要求	发布	全国信标委大数据标准工作组
8	GB/T 38633—2020	信息技术 大数据 系统运维和管理功能要求	发布	全国信标委大数据标准工作组
9	GB/T 38664.1—2020	信息技术 大数据 政务数据开放共享 第1部分：总则	发布	全国信标委大数据标准工作组
10	GB/T 38664.2—2020	信息技术 大数据 政务数据开放共享 第2部分：基本要求	发布	全国信标委大数据标准工作组
11	GB/T 38664.3—2020	信息技术 大数据 政务数据开放共享 第3部分：开放程度评价	发布	全国信标委大数据标准工作组
12	GB/T 38666—2020	信息技术 大数据 工业应用参考架构	发布	全国信标委大数据标准工作组
13	GB/T 38555—2020	信息技术 大数据 工业产品核心元数据	发布	全国信标委大数据标准工作组

续表

序号	标准号	标准名称	状态	制发机构
14	GB/T 37728—2019	信息技术 数据交易服务平台 通用功能要求	发布	全国信标委大数据标准工作组
15	GB/T 37721—2019	信息技术 大数据分析系统功能要求	发布	全国信标委大数据标准工作组
16	GB/T 37722—2019	信息技术 大数据存储与处理系统功能要求	发布	全国信标委大数据标准工作组
17	GB/T 37973—2019	信息安全技术 大数据安全管理指南	发布	全国信安标委大数据安全标准特别工作组
18	GB/T 37964—2019	信息安全技术 个人信息去标识化指南	发布	全国信安标委大数据安全标准特别工作组
19	GB/T 37988—2019	信息安全技术 数据安全能力成熟度模型	发布	全国信安标委大数据安全标准特别工作组
20	GB/T 37932—2019	信息安全技术 数据交易服务安全要求	发布	全国信安标委大数据安全标准特别工作组
21	GB/T 32909—2019	非结构化数据表示规范	发布	中国电子技术标准化研究院
22	20190841-T-469	信息技术 大数据 面向分析的数据存储与检索技术要求	草案	全国信标委大数据标准工作组
23	20190842-T-469	信息技术 大数据 政务数据开放共享 第 4 部分：共享评价	草案	全国信标委大数据标准工作组
24	20190840-T-469	数据管理能力成熟度评估方法	草案	全国信标委大数据标准工作组

续表

序号	标准号	标准名称	状态	制发机构
25	20194186-T-469	信息技术 大数据 数据资源规划	草案	全国信标委大数据标准工作组
26	GB/T 36073—2018	数据管理能力成熟度评估模型	发布	全国信标委大数据标准工作组
27	GB/T 36343—2018	信息技术 数据交易服务平台 交易数据描述	发布	全国信标委大数据标准工作组
28	GB/T 36344—2018	信息技术 数据质量评价指标	发布	全国信标委大数据标准工作组
29	GB/T 36345—2018	信息技术 通用数据导入接口规范	发布	全国信标委大数据标准工作组
30	GB/T 32392.5—2018	信息技术 互操作性元模型框架(MFI)第5部分：过程模型注册元模型	发布	中国电子技术标准化研究院
31	GB/T 32392.7—2018	信息技术 互操作性元模型框架(MFI)第7部分：服务模型注册元模型	发布	中国电子技术标准化研究院
32	GB/T 32392.8—2018	信息技术 互操作性元模型框架(MFI)第8部分：角色与目标模型注册元模型	发布	中国电子技术标准化研究院
33	GB/T 32392.9—2018	信息技术 互操作性元模型框架(MFI)第9部分：按需模型选择	发布	中国电子技术标准化研究院
34	20180988-T-469	信息技术 工业大数据 术语	草案	全国信标委大数据标准工作组
35	20182054-T-339	智能制造 工业数据空间模型	草案	全国信标委大数据标准工作组
36	20182040-T-339	智能制造 多模态数据融合系统技术要求	草案	全国信标委大数据标准工作组

续表

序号	标准号	标准名称	状态	制发机构
37	20182053-T-339	智能制造 工业大数据平台通用要求	草案	全国信标委大数据标准工作组
38	20182052-T-339	智能制造 工业大数据时间序列数据采集和存储框架	草案	全国信标委大数据标准工作组
39	20180840-T-469	信息安全技术 个人信息安全影响评估指南	征求意见	全国信安标委大数据安全标准特别工作组
40	GB/T 35295—2017	信息技术 大数据 术语	发布	全国信标委大数据标准工作组
41	GB/T 35589—2017	信息技术 大数据 技术参考模型	发布	全国信标委大数据标准工作组
42	GB/T 34952—2017	多媒体数据语义描述要求	发布	全国信标委大数据标准工作组
43	GB/T 35294—2017	信息技术 科学数据引用	发布	全国信标委大数据标准工作组
44	GB/T 34945—2017	信息技术 数据溯源描述模型	发布	全国信标委大数据标准工作组
45	GB/T 35273—2017	信息安全技术 个人信息安全规范	发布	全国信安标委大数据安全标准特别工作组
46	GB/T 35274—2017	信息安全技术 大数据服务安全能力要求	发布	全国信安标委大数据安全标准特别工作组
47	GB/T 18142—2017	信息技术 数据元素值表示格式记法	发布	中国电子技术标准化研究院
48	GB/T 34949—2017	实时数据库 C 语言接口规范	发布	中国电子技术标准化研究院

续表

序号	标准号	标准名称	状态	制发机构
49	GB/T 34978—2017	信息安全技术 移动智能终端个人信息保护技术要求	发布	中国电子技术标准化研究院
50	20173852-T-469	信息安全技术 数据出境安全评估指南	征求意见	全国信安标委大数据安全标准特别工作组
51	GB/T 32908—2016	非结构化数据访问接口规范	发布	中国电子技术标准化研究院
52	GB/T 32633—2016	分布式关系数据服务接口规范	发布	中国电子技术标准化研究院
53	GB/T 32630—2016	非结构化数据管理系统技术要求	发布	中国电子技术标准化研究院
54	GB/T 32392.1—2015	信息技术 互操作性元模型框架(MFI)第1部分:参考模型	发布	中国电子技术标准化研究院
55	GB/T 32392.2—2015	信息技术 互操作性元模型框架(MFI)第2部分:核心模型	发布	中国电子技术标准化研究院
56	GB/T 32392.3—2015	信息技术 互操作性元模型框架(MFI)第3部分:本体注册元模型	发布	中国电子技术标准化研究院
57	GB/T 32392.4—2015	信息技术 互操作性元模型框架(MFI)第4部分:模型映射元模型	发布	中国电子技术标准化研究院
58	GB/T 31496—2015	信息技术 安全技术 信息安全管理体系实施指南	发布	中国电子技术标准化研究院
59	GB/T 30994—2014	关系数据库管理系统检测规范	发布	中国电子技术标准化研究院

续表

序号	标准号	标准名称	状态	制发机构
60	GB/T 28821—2012	关系数据管理系统技术要求	发布	中国电子技术标准化研究院
61	GB/Z 28828—2012	信息安全技术 公共及商用服务信息系统个人信息保护指南	发布	中国电子技术标准化研究院

地方层面，依托省级标准化技术委员会，我国陆续出台了一系列大数据标准。例如，贵州省面向政务数据研制形成了《政府数据 数据开放工作指南》(DB52/T 1406—2019)、《政府数据 开放数据核心元数据》(DB52/T 1407—2019)、《政府数据 数据分类分级指南》(DB52/T 1123—2016)等10余项政务数据地方标准，对人口、法人、空间地理、非遗、宏观经济等领域的核心元数据进行统一规范，推动政府数据共享与开放。山东省加快推进本省农业供给侧结构性改革，研制形成《农业大数据标准体系》(DB37/T 3431—2018)、《农业大数据 数据处理基本要求》(DB37/T 3432—2018)《农业大数据 基础数据源 第1部分：公共》(DB37/T3433.1—2018)等10项农业大数据地方标准，聚焦大数据与农业的融合应用。内蒙古自治区基于"云上北疆"云平台建设，研制形成了《大数据标准体系编制规范》(DB15/T 1590—2019)、《大数据平台 数据接入质量规范》(DB15/T 1873—2020)、《公共大数据安全管理指南》(DB15/T 1874—2020)等地方标准，推动政府数据共享交换和公共数据高质量开放。例如，上海市推动研制《公共数据共享交换工作规范 平台管理规范》，湖北省发布了《政务数据服务度量计价规范》。

6.3.2 大数据规划与统筹发展标准建设的推进

随着大数据在各行业应用的不断深入，大数据与实体经济融合已成为当前大数据产业发展的重要趋势，大数据标准化工作也逐渐由互联网企业主导演变成各领域协调参与的新态势，这些都为大数据标准的建设提出了新的要求。大数据标准化白皮书提出了“基础统领、应用牵引”的建设原则，① 同时对大数据标准体系框架做了进一步的优化与完善(见表6-5)。对照现有的标准体系框架，结合已经研制发布的大数据标准，笔者认为，可以依据流程管理的思想，进一步夯实大数据标准建设，结合大数据的生存周期，不断开展标准的迭代和更新，才能切实强化大数据资源规划与统筹发展的标准保障。

表6-5 **大数据标准体系框架表**

序号	一级标准(类型)	二级标准(内容)	三级标准
1	基础标准	术语标准	—
		参考架构类标准	—
2	数据标准	数据资源标准	数据元素标准
			元数据标准
			参考数据标准
			主数据标准
			数据模型标准
		交换共享标准	数据交易标准
			开放共享标准

① 数据来源：《大数据标准化白皮书(2020年版)》[EB/OL]. [2020-11-20]. http://www.cbdio.com/BigData/2020-09/23/content_6160374.htm.

续表

序号	一级标准（类型）	二级标准（内容）	三级标准
3	技术标准	大数据集描述标准	多样化数据度量标准
			差异化数据度量标准
			异构异质数据度量标准
		大数据生存周期处理技术标准	数据采集标准
			数据预处理标准
			数据存储标准
			数据分析标准
			数据可视化标准
			数据访问标准
		大数据开放与互操作标准	不同业务层次系统之间的互联与互操作机制标准
			不同技术架构系统之间的互操作机制标准
			同质系统之间的互操作机制标准
			通用数据开放共享技术框架标准
		面向领域的大数据技术	电力行业大数据技术标准
			医疗行业大数据技术标准
			电子政务大数据技术标准
4	平台/工具标准	大数据系统产品标准	大数据产品功能规范标准
			大数据产品性能规范标准
		数据库产品标准	数据库功能标准
			数据库性能标准
			数据库功能及性能的测试方法和要求

续表

序号	一级标准（类型）	二级标准（内容）	三级标准
5	治理与管理标准	治理标准	治理规划标准
			治理具体实施方法
		管理标准	面向数据管理模型
			元数据管理
			主数据管理
			数据质量管理
			数据目录管理
			数据资产管理
		评估标准	数据管理能力评估
			数据服务能力评估
			数据治理成效评估
			数据资产价值评估
6	安全和隐私标准	应用安全	大数据及其他领域融合应用安全
		数据安全	个人信息安全标准
			重要数据安全标准
			跨境数据安全标准
		服务安全	数据安全质量
			服务安全能力
			交换共享安全
			面向数据产品安全
			解决方案安全
		平台和技术安全	系统安全
			接口安全
			技术安全

续表

序号	一级标准（类型）	二级标准（内容）	三级标准
7	行业应用标准	通用领域应用标准	应用方法标准
			能力评估标准
		垂直行业应用标准	工业大数据
			政务大数据
			电力大数据
			生态环境大数据

6.3.2.1 数据采集标准

伴随着大数据与各行业融入的不断深入，全面掌握与监管好大数据对于大数据的科学规划、统筹和处理有着十分重要的意义。大数据的掌握与监管以大数据的梳理和采集为前提，依据数据来源和涉及领域的不同，可分为政府大数据采集和企业大数据采集。

数据资源通常以元数据描述其特征，以目录呈现资源布局。因此，大数据的采集中，元数据的规范与完善是关键，目录的构建是重点。元数据的采集内容包括数据分类信息、数据名称、数据提供方、提供方代码、数据摘要、数据格式、信息项信息、共享属性、开发属性、更新周期、发布日期、关联资源等基础特征，以此构建起元数据库，再利用工具对元数据库进行分类，形成大数据资源目录。围绕政务大数据的采集，上海市、广东省、湖北省、山东省、贵州省、四川省、陕西省、江苏省、内蒙古自治区等地方形成30余项地方标准，主要集中于政务资源开放共享、政务大数据管理等。例如，成都市就数据采集、数据共享、数据开放和安全方面制定了相关标准，目前正在修订四川省地方标准《成都市政务信息资源交换标准体系》；陕西省也在平台、应用、管理、隐私等方面开展大数据标准体系的建设工作，并重点在气象、铁路、车联网、城市运行管理等行业应用方面组织大数据标准研究。

对于企业大数据，不同的行业和领域对于大数据采集的要求有所不同。从需求挖掘上看，以阿里巴巴、京东为代表的全品类、综合性平台，凭着一站式满足全部消费需求提高了平台的利用效率，也通过整合需求获得了更高的规模经济优势和更多的大数据来源；从预测市场上看，大数据预测技术通过对数据的甄别与分析，勾勒用户消费习惯与能力的"用户画像"，获取产品在各区域、时间段和消费群的销售情况与市场趋势等，实现电商企业在开发、生产和销售的全产业链中更精准和迅速的反应；从营销环节上看，急剧增加的消费数据使得电商企业更加理解客户，通过大数据应用划分消费群体，进行个性化、智能化的推广，有效提升了营销行为转化成购买行为的比例，带来了更高的经营效率；从仓储物流环节上看，基于行业内统一的数据标准化管理体系，电商(及合作的物流企业)依靠对客户数据的分析，选择更合理的派送方式、路径，更科学、智能地调配仓储，提供分时配送等服务，大大降低了仓储物流环节的存货和时间压力，提升了物流服务质量及交易的即时性、便捷性；从定制服务上看，电商企业通过"用户画像"等数据技术，为用户提供差异化、定制化产品和服务，如定制咨询应答策略、针对性商品推荐和个性化关怀等，以个性化服务大大提升了用户体验，同时也有利于改善电商行业竞争日趋同质化的现状，避免过度竞争的问题。

6.3.2.2　数据存储标准

大数据存储广泛地存在于政府数据存储和企业数据存储中。从涉及的标准来看，大数据存储标准涉及内存数据库标准、关系型数据库标准、NoSQL 数据库标准、分布式文件系统标准和对象存储系统标准等。

我国政府数据的存储标准起步较晚，目前全国已有北京市、上海市、广州市、深圳市、武汉市、贵州省等几十个省、市政府开放了政务数据。例如，武汉市政府公开数据网中，将政府开放元数据类型分为资源状态、资源访问、数据简介、关键字、更新时间、原数据发布时间、主题分类、数据条数、机构名称、机构简介、机构地址 11 种类型，仅次于成立最早的上海市政府的 12 种类型。

天津市政府在国内首个建成了城市“数据湖”。该项目由天津市津南区人民政府具体承建，包含城市“数据湖”和大数据应用两大部分。作为城市新一代信息化基础设施，该项目集海量存储、云计算、大数据分析、人工智能应用等于一身，通过充分挖掘城市公共数据资源，吸引产业数据，服务城市民生和经济发展，让政府全面、实时地掌握区域人、地、事、物的动态情况，从而在城市治理中迅速、准确地做出决策部署。城市“数据湖”部分整体规划建设 2000PB 以上的光磁融合、冷热结合的存储能力，以及大数据分析平台和人工智能引擎，存储容量将达到全国领先水平；大数据应用部分将基于城市“数据湖”开展重点领域的大数据应用开发和建设，包括交通大数据、公共安全大数据、健康大数据、智慧云亭和产业互联网大数据等。截至目前，天津市津南区包括公共交通、城市管理、公共医疗卫生等 17 个委办局的行业数据已经开始全面入驻“数据湖”，部分行业大数据已开始对外开放应用，在城市交通出行、公共卫生服务等领域开始发挥作用，为未来打造城市大数据生态圈提供了可靠、高效的数据基础，也显著提升了政府应对突发重大事件的能力和效率。虽然我国政府整体开放数据的框架已初具规模，但是相比于美国政府的开放数据平台来说还有很大的进步空间，仍处于初步的开放阶段。

随着互联网企业及其应用的不断发展与扩张，微博、微信、直播等互联网应用的风靡带来了海量的图片、音频和视频文件，这些非结构化数据的容量、文件的数量已经超越了传统 NAS 存储的处理能力。因此，各大互联网厂商根据自身特点发展出了适合业务需求的分布式存储架构，例如，Google 的 GFS，亚马逊的 AWSS3，以及 FaceBook 的 Cassandra 等。其中，亚马逊 2006 年推出的 AWSS3 对象存储，其定义的 S3 接口已经逐渐成为非结构化数据存储的标准。

6.3.2.3 数据流通交易标准

数据资源通过交易流通能释放更大的价值，提升生产效率，推

进产业创新。通过市场化的手段来促进数据流通已成为一种趋势，数据流通市场应运而生。2017 年 1 月，欧盟委员会发布了《打造欧洲数据经济》(*Building a European Data Economy*)的白皮书。白皮书指出，欧盟现有的数据相关法律框架并不能有效地促进数据的运作，建议未来从法律角度对数据所有权问题进行回应；该报告基于数据所有权，提出创造一种非排他性、灵活和可扩展的所有权，这种非排他性的所有权可以由对其进行系统性操作的参与者来申明。①

当前我国并没有针对数据流通的专门性立法，立法中与数据流通相关的内容一般是针对涉禁止违反信息传播、禁止侵害商业秘密、个人信息保护、数据安全以及平台责任方面。针对上述内容，《中华人民共和国民法总则》《中华人民共和国网络安全法》《中华人民共和国著作权法》《中华人民共和国保守国家秘密法》《全国人民代表大会常务委员会关于维护互联网安全的决定》《全国人民代表大会常务委员会关于加强网络信息保护的决定》《中华人民共和国消费者权益保护法》《中华人民共和国国家安全法》《中华人民共和国刑法》《中华人民共和国反恐怖主义法》《中华人民共和国反不正当竞争法》等法律，《互联网信息服务管理办法》《中华人民共和国著作权法实施条例》《中华人民共和国电信条例》《计算机信息网络国际联网安全保护管理办法》等行政法规，《电信和互联网用户个人信息保护规定》《网络借贷信息中介机构业务活动管理暂行办法》《互联网新闻信息服务管理规定》等部门规章，《最高人民法院最高人民检察院关于办理侵犯公民个人信息刑事案件适用法律若干问题的解释》等六部司法解释，《互联网新闻信息服务新技术新应用安全评估管理规定》等规范性文件作出了规定。

数据资源的流动性和可获取性是大数据应用和产业发展的基础。为促进数据的开放和社会化利用，规范数据流通行为，应当建立数据流通负面清单制度，禁止危害国家安全、侵犯个人信息及企

① Zech H. Building a European Data Economy[EB/OL]. [2021-01-03]. IIC 48, 501-503(2017). https://doi.org/10.1007/s40319-017-0604-z.

业商业秘密等数据的流通；完善第三方平台监管机制，建立数据交易机构资质审核和准入机制，加强事前准入、事中监测和事后处置等监管机制和手段；通过建立具有可操作性的数据流通规则及相关标准，鼓励地方和行业组织先试先行，尝试创设相关规则和标准，对流通过程中的数据质量、数据分类、数据安全等问题作出规范。

目前，各地政府不同程度地建立了政府内部、政府和企业、政府和公众之间的数据整合流通标准和规则，包括数据开放、数据共享、数据交换等，以解决政府内部数据共享、政府数据对外开放、政府和企业数据交换等问题。制定数据安全和隐私的标准，形成阶段性政府数据安全使用的标准和隐私保护的基本条款，并向完善的安全和隐私保护标准的目标迈进；建立政府大数据平台架构体系和评测标准，梳理政府大数据平台架构的通用特点，形成通用架构标准和基本的评测标准，并最终根据不同政府职能和业务对通用架构进行细分，形成涵盖多个政府业务的架构体系，并制定相应的评测标准。

6.3.2.4 大数据系统操作标准

随着大数据理念的深入人心，大数据的价值已经充分受到行业人士的认可。与大数据相关的技术层出不穷，如对象存储、高性能存储以及 Hadoop 分布式计算等，且其特性和使用场景各有千秋。如何在这些高门槛的技术基础之上，开发出使常人能接触的大数据操作系统则成为未来大数据市场发展的方向。

目前普遍被采用来应对大数据的是开源软件与廉价的 x86 服务器的组合，这些开源产品包括 Hadoop、Spark、Storm、NoSQL 等。传统存储和数据库当然也针对大数据的需求升级，但用来存储价值密度低的大量非结构化数据却不现实。这些原本被 Google、Facebook、Yahoo 等大公司验证在某些场景很成功的开源项目，也存在问题：不同功能模块对应多个相互独立的开源项目，为不同的目的而设计，其关系很复杂，缺乏通用性，系统部署和使用复杂而低效，二次开发困难，并且难以统一管理和监控，维护成本高，所以，构建一个统一的大数据操作平台显得非常有必要。

2015年5月，海绵数据宣布推出其第二代大数据操作系统产品Sponge。它是一个简单多层，兼容完全POSIX兼容的分布式NFS、Hadoop，支持对象存储、云存储、SDS(软件定义存储)、容器机制，集成Spark为计算引擎，基于内存计算技术的分布式系统。①它能够将大数据的存储、管理和计算有机融合，具有实时一致性，易于兼容现有系统，相比10年前诞生的第一代产品Hadoop更加简单易用，易于扩展。同年9月，国内大数据服务提供商百分点公司也发布了大数据操作系统BD-OS，同样帮助普通大数据行业从业人员缩小了底层技术与数据应用层之间的距离。

2016年，阿里云也推出基于Hadoop/Spark的大数据处理分析服务操作系统——E-MapReduce。②该系统依托阿里云云服务器(ECS)，用户可以方便地使用Hadoop、Spark、Hive等生态系统中的其他周边系统来分析和处理自己的数据。

目前，开源软件平台为大数据存储管理和处理提供了基础。而在国家层面建立统一的测试方法，对大数据平台产品与服务的功能进行评价，是引导技术研发、系统建设和促进大数据产品成熟的关键。为此，需要以开源软件为基础，以国产大数据操作系统为导向，在广泛吸取学术界和开源测试软件成果的基础上，建立一套评价大数据系统产品的指标体系和评价方法，共同建立一套评价大数据系统和服务的测试标准。③

6.4 大数据资源规划与统筹发展的技术保障

伴随着全球数据规模的急剧扩张，大数据处理的需求日益繁重

① Sponge：统一Hadoop、Spark、SDS、Swift的大数据操作系统[EB/OL]. [2021-01-04]. http://www.bi168.cn/thread-7895-1-1.html.

② E-MapReduce[EB/OL]. [2020-12-04]. https://www.aliyun.com/product/emapreduce.

③ 张群，吴东亚，赵菁华. 大数据标准体系[A]. 大数据，2017：16.

且多样化，远非当前的计算机存储与处理技术可以胜任。尤其是，大数据资源规划与统筹发展涉及跨地域、跨行业，大大超出了单个组织机构的信息化规划和实施的范畴，这对技术提出了更高的要求，需要建立从数据采集到数据清洗、存储、处理的大数据处理的全程技术保障。

大数据处理是指从各种类型的巨型数据中快速获得有价值的信息的全过程。从流程划分来看，关于大数据处理流程主要包括以下几种观点：其一，大数据处理主要涉及数据收集、数据预处理、数据存储、数据分析、数据可视化、数据应用六个环节；① 其二，大数据处理主要包括信息采集、存储、分析挖掘三个环节；② 其三，大数据处理主要由数据采集、数据预处理、数据存储与管理、数据分析、数据展示五个环节构成。③ 借鉴上述学术观点，笔者认为，大数据抽取与清洗、大数据标准化处理和集成管理也是提升大数据处理质量的关键环节，大数据处理流程可以概括为大数据的获取、抽取、清洗、存储、标准化、集成、挖掘和展现八大流程。如图6-2 所示。

大数据的处理具有很强的技术依赖性，技术的先进与否，直接关系到大数据处理的质量与效果。为了保持最佳的工作状态，基于上述八大流程，推进核心技术研究显得十分必要且重要。因此，需要重点研究大数据采集技术、大数据清洗技术和大数据存储技术三项关键技术。同时，鉴于"大数据"的含义不仅指数据本身，还包括处理数据的工具、平台和系统，还将探讨大数据处理技术平台的构建，进而研究大数据规划与统筹发展技术层面保障的实现。④

① 莫祖英．大数据处理流程中的数据质量影响分析[J]．现代情报，2017，37(3)：70.

② 姚雪梅．基于大数据处理流程的图书馆用户关系数据管理及应用研究[J]．图书馆理论与实践，2016(12)：85.

③ 陆泉，张良韬．处理流程视角下的大数据技术发展现状与趋势[J]．信息资源管理学报，2017，7(4)：17.

④ 马建堂．大数据在政府统计中的探索与应用[M]．北京：中国统计出版社，2013(10)：166.

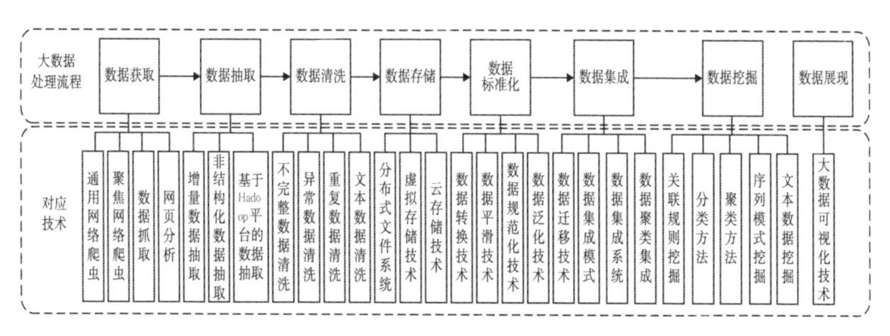

图 6-2　大数据技术框架

6.4.1　大数据采集技术

数据采集就是将被测对象的各种参量通过各种传感器元件进行适当转换后，再经采样、量化、编码、传输等步骤，最后送到控制器进行出具处理货存储记录的过程。① 大数据采集是指有针对、有目标地利用数据采集工具或技术，对特定范围内的数据进行采集、提取、转换与加载，存入系统内部，借以挖掘其潜在价值的过程。大数据采集是数据获取流程中的重要环节，大数据采集技术也是大数据系列技术中的关键技术。

从内容上看，大数据时代的数据采集，囊括了政治、经济、科技、文化、生活等诸多领域的数据。从类型上看，有文本数据、语音数据、图片数据、视频数据、图像数字化数据等多种类型。从来源渠道看，大数据包括来自企业 ERP 系统、各种 POS 终端机网上支付系统等业务系统的商业数据，来自通信记录及 QQ、微信、微博等社交媒体的互联网数据和来自射频识别装置、全球定位设备、传感器设备、视频监控设备等的物联网数据。这些数据由成千上万的用户在访问、操作过程中产生，有着海量、高并发的显著特征，

① 任家富，庹先国，陶永莉. 数据采集与总线技术[M]. 北京：北京航空航天大学出版社，2008：7.

但由于未经过前期的结构化处理，其真实性、可靠性也难以保证，这些无疑都会增加数据采集的难度。

6.4.1.1 数据采集

大数据采集是指根据应用背景和系统要求对互联网、社会化媒体、无线传感设备的各类数据进行收集和聚合的过程。大数据来源的多样化，要求改进和完善数据采集方法，从数据库、云服务器和用户终端等渠道全面、高效地采集数据。①

数据分为结构化数据、半结构化数据和非结构化数据三大类。以一组企业大数据为例，定量的、能够用数据或统一的结构加以表示的是结构化数据，如信用卡号码、日期等数字数据，产品名称、产品编号等符号数据，结构化数据的存储和排列通常很有规律，便于查询和修改。半结构化数据具有一定的结构性，但同结构化数据相比，它的结构有一定的变化，包含了用以分隔语义元素以及对记录和字段进行分层的标记，如员工的工号、姓名、性别、出生日期等，这些信息同属于员工基本信息这一大类，呈并列关系。非结构化数据就是字段可变的数据，它可能是文本的或非文本的，也可能是人为的或机器生成的。常见的企业非结构化数据有企业内部各种文档、视频、影片、邮件、图片等，这些数据格式之间互不兼容，也无法直接指导他们的内容，数据库只能以二进制的格式将它们直接存储在一个 BLOB 字段中。如何通过大数据技术，将该企业的各类数据整合在一起，为互通互融的平台搭建以及大数据开发利用奠定基础，这是大数据技术需要回答的问题。尤其是非结构化数据的采集，是各类数据处理的关键。

利用 Hadoop 系统所提供的 MapReduce 开源框架进行数据的分布式并行采集与统计是企业内部非结构化数据采集方案之一。

以 Excel 文档数据为例，Excel 文档数据包含了多个目录的任务包(见表 6-6)，首先将其打包成 zip 压缩包，以“.job”后缀结尾

① 朱光，丰米宁，刘硕．大数据流动的安全风险识别与应对策略研究——基于信息生命周期的视角[J]．图书馆学研究，2017(9)：85.

提交至平台；系统接收到任务包后，会先解析 job 包中的 job. plist 文件，确认符合要求后，再根据 job. plist 文件列表中标识属性进一步确认指定的 Excel 文件是否存在，确认存在后，系统会尝试启动用户定义的主程序对 Excel 数据进行处理。这一方案旨在解决海量小文件的处理问题，方案中处理的 Excel 文档大小都在 10MB 以内，且其中 80%的文档大小在 1MB 以内，文档数据内容包含多种形式的数据表格与运算公式，所有从 Excel 文档中采集的数据，都以 UTF8 编码格式存储为文本文件，采集过程中并未对数据做任何运算处理，仅是将数据抽取并输出。

除了上述方案外，Hadoop Archive、SequenceFile、MapFile 和 CineFileInput Format 也是常用的方案。①

表 6-6　　企业 Excel 文档数据采集任务包组成

序号	文件	功　能
1	Job. plist 文件	任务内容的说明文件，如任务名称、描述、主程序执行入口、数据输入/输出目录(相对路径)、数据输出回调接口等
2	Libs 目录	包含任务执行所需的所有第三方库文件(jar)及其相关配置文件
3	Classes 目录	包含所有任务处理程序编译后得到的 java class 文件及其所必须的相关配置文件
4	Model 目录	保存自定义数据 schema 所对应的文件
5	Data 目录	所有与任务相关的 Excel 文档

除了企业内部数据外，网络数据也是非结构化数据采集的主要对象。目前，网络数据的采集主要通过网络爬虫或网站公开接口(应用程序编程接口 Application Programming Interface，简称 API)从

① 梁柏山，杨启蓓，龙忠建．基于 Hadoop 的分布式非结构化数据采集系统[J]．基层建设，2018(30)：133.

网页上获取，经过内容、格式上的处理、转换和加工后，以结构化的方式存储为本地数据文件。

网络数据的采集由网络爬虫、数据处理、统一资源定位器(Uniform Resource Locator，URL)、队列和数据四个模块组成，其处理过程是：将需要采集数据的网站的 URL 信息(即 WWW 页地址)写入 URL 队列，由网络爬虫从互联网上抓取 URL 队列中的网页内容，将抽取出来的数据写入数据库。数据管理平台(Data Management Platform)读取这些数据，处理后重新将数据写入数据库。从检索方式上看，通用网络爬虫只提供基于关键字的检索，不支持基于语义信息的查询；从采集数量质量上看，通用网络爬虫采集到的数据针对性和指向性突出，有可能会采集到大量用户并不需要的网页，当面对大量不同类型的非结构化数据时，如图片、数据库、音频、视频多媒体等，通用网络爬虫采集时会出现一定的难度和偏差。

面对通用网络爬虫的问题和缺陷，聚焦网络爬虫应运而生。聚焦网络爬虫主要分为浅聚焦网络爬虫和深聚焦网络爬虫两大类。浅聚焦网络爬虫的工作方式与通用网络爬虫相似，以网站中的所有信息为抓取对象，不同在于浅聚焦网络爬虫通过 URL 的选择和指定来确定采集内容，因此 URL 的选择对其十分重要；深聚焦网络爬虫则通过主题相关度算法定位并采集相近的 URL 和数据，针对性更强。

6.4.1.2　系统日志采集方法

系统日志是记录系统中硬件、软件和系统问题的信息，同时还可以监视系统中发生的事件。用户可以通过它来检查错误发生的原因，或者寻找受到攻击时攻击者留下的痕迹。许多企业平台每天都会产生大量日志，其类型以流式数据居多。为及时采集和捕获这些日志数据，企业大多会配备海量数据的采集工具，使用较为广泛的有 Hadoop 的 Chukwa，Cloudera 的 Flume 和 Facebook 的 Scribe 等。

其中，Chukwa 是 2009 年 11 月推出的开源数据收集系统，主要用于监控大型分布式系统(2000 以上节点，每日数据量为 T 级

别)。但它无法作为一个系统独立部署，而是要先行构建一个Hadoop环境。Chukwa以Java为实现语言，主要展示集群作业运行时长、占用资源量、空余可用资源、作业失败的原因、出现问题的节点、性能错误、资源瓶颈、资源消耗情况以及整体作业执行情况。Chukwa具有较好的伸缩性和健壮性，能够为数据的收集、存储、分析和展示提供全面支持。

Flume是Cloudera公司于2009年7月推出的一个高可用、高可靠、分布式的海量日志采集、聚合和传输系统，实现语言为Java。它将数据从数据源收集过来，再将收集到的数据送到指定的目的地。Flume具有较好的可扩展性，内置组件齐全，不必进行额外开发即可使用。

Scribe是Facebook公司于2008年10月开源的日志收集系统，以C、C++为实现语言，通常与Hadoop结合使用。Scribe从各种数据源上收集数据，放到一个共享队列上，然后推到后端的中央存储系统上。作为一项分布式系统，Scribe设计简单，易于使用，可扩展性好，但其负载均衡不够理想，且资料较少。①

6.4.1.3 数据库采集系统

除了系统日志采集、网络数据采集之外，一些现代的数据库，如Redis和MongoDB这样的NoSQL，也开始在存储和管理海量数据的基础上，设计并开发出数据查询及收集功能。针对大数据的采集，由Facebook团队开发的可支持PB级别的可伸缩性数据仓库Hive是当下比较流行的技术。首先，Driver将查询传递给编译器compiler，通过典型的解析、类型检查和语义分析阶段，使用存储在Meta store中的元数据。编译器生成一个逻辑任务，然后通过一个简单的基于规则的优化器进行优化。最后生成一组MapReduce任务和HDFS Task的DAG优化后的Task。然后执行引擎使用Hadoop按照它们的依赖性顺序执行这些Task。Hive简化了对于那

① 娄岩．大数据技术应用导论[M]．沈阳：辽宁科学技术出版社，2017：18.

些不熟悉 Hadoop MapReduce 接口的用户学习门槛，提供了一些简单的 HiveQL 语句，对数据仓库中的数据进行简要分析与计算。

在大数据采集技术中，其中有一个关键的环节就是 transform 操作。它将清洗后的数据转换成不同的数据形式，由不同的数据分析系统和计算系统进行处理和分析。将批量数据从生产数据库加载到 Hadoop HDFS 分布式文件系统中或者从 Hadoop HDFS 文件系统将数据转换到生产数据库中，这是一项艰巨的任务。用户必须考虑确保数据的一致性、生产系统资源消耗等细节。使用脚本传输数据效率低下且耗时。Apache Sqoop 就是用来解决这个问题，Sqoop 允许从结构化数据存储（如关系数据库、企业数据仓库和 NoSQL 系统）轻松导入和导出数据。使用 Sqoop，可以将来自外部系统的数据配置到 HDFS 上，并将表填入 Hive 和 HBase 中。运行 Sqoop 时，被传输的数据集被分割成不同的分区，一个只有 mapper Task 的 Job 被启动，mapper Task 负责传输这个数据集的一个分区。Sqoop 使用数据库元数据来推断数据类型，因此每个数据记录都以类型安全的方式进行处理。

6.4.2　大数据清洗技术

大数据时代，数据有着海量、泛化和多样化的特征。数据的质量不仅决定着数据的价值，更影响着数据存储、数据分析和数据挖掘等后续工作的开展。因此，在完成前期的采集获取工作后，对数据进行一定程度的筛查和预处理是十分必要的。娄岩将大数据的预处理环节总结为数据清洗、数据集成、数据变换和数据规约四个方面（如图 6-3 所示）。① 数据清洗在其中最为关键、技术性也最强。

数据清洗是针对脏数据开展的过滤与修复工作，以确保数据的质量、可靠性和有用性。清洗的过程包括数据分析、制定清洗规

① 娄岩．大数据技术应用导论［M］．沈阳：辽宁科学技术出版社，2017：43.

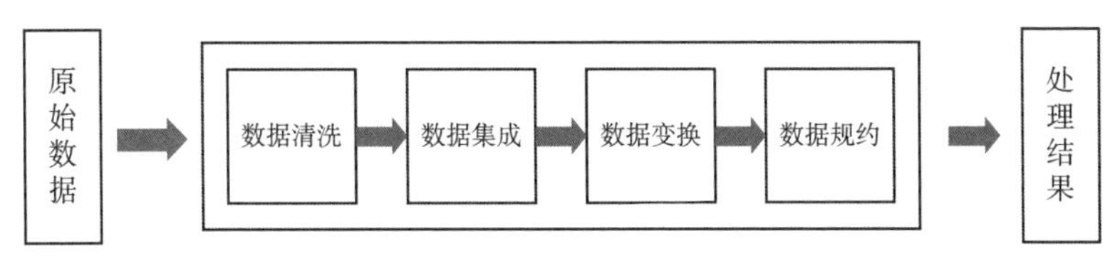

图 6-3　大数据处理流程

则、规则验证、数据清洗、导入干净数据五个环节。数据分析是数据清洗的先导环节，主要对数据质量、存在问题进行分析；制定清洗规则是结合问题拟定清洗方案、选定清洗策略的过程；清洗规则制定完以后，需要在数据源中随机选取一定数量的样本，就其清洗效率和准确性进行验证，如不符合要求需要对规则进行调整和改进，这个过程是规则验证；形成满意的清洗规则后，即可针对不同的数据问题进行清洗，这是数据清洗的核心环节，清洗完毕后，可将干净数据导入数据库中，以备后期使用。

依据数据问题的不同，数据清洗主要包括三个方面工作内容：剔除并过滤无用、重复或干扰的数据；更正或修复异常、错误的数据；查找并补充缺失的数据。

6.4.2.1　重复数据的清洗

重复数据的清洗是指对重复、冗余的数据进行的删除、去重等操作。搜索引擎快速去重算法是一种常用方法，具体包括特征抽取、文档指纹生成和文档相似性计算两种。特征抽取是指将文档中出现的连续汉字序列作为一个整体，并对其进行哈希计算，形成一个数值，多个哈希值构成文档的特征集合，进而比较文档相似程度；文档指纹生成和相似性计算法是从文档内容中抽取一批能代表该文档的特征，计算出其权值，利用一个哈希函数将每个特征映射成固定长度的二进制表示，将这些进行简单的相加，得到的数据被称为文章的指纹，如果指纹中相同的 0 或 1 越少，两篇文章相似度越高。

6.4.2.2 异常数据的清洗

异常数据是指偏离预期或统计结果的数值。若将它们同正常数据放在一起，会影响实验结果的正确性；若将它们简单地删除，又可能忽略重要的实验信息。因此，必须认真找出异常原因，采取适当的处理措施。造成数据异常的原因主要有以下三个方面：第一，某个数据的来源可能与其他数据不同，来自另一个类，其生成背景和观测方法与其他数据不同，使其呈现出与其他数据不同的特征；第二，数据的自然变异；第三，数据测量和采集过程中的操作误差。

对于异常数据，常用的检测方法有基于模型的检测、基于邻近度的检测和基于密度的检测三种。① 其中，基于模型的检测方法，即建立一个数据模型，将不能同模型完美拟合的数据认定为异常数据；基于邻近度的检测方法，即在数据对象之间定义邻近性度量，将那些距离上远离大部分其他对象的数据视为异常数据；基于密度的检测方法，即直接计算数据对象密度，在密度区域中有别于近邻数据的数据被视为异常数据。处理异常数据时，高度异常的数据值应予以删除或舍弃，异常水平低的数据应尽可能予以修正。

6.4.2.3 不完整数据的清洗

不完整数据的清洗是指对缺失数据的填补。常用的方法有删除对象法和数据补齐法。删除对象法是指直接删除信息表中缺失信息属性值的对象，借以获得不含有缺失值的完备信息表，这是一个相对简单的方法，缺陷在于删除了原本可能有价值的历史数据，丢弃了隐藏其中的有价值信息。如果因缺失信息属性值被删除的数据量很少时，对整体数据分析影响不大，反之，将可能造成数据的偏离，引致错误的分析结果。数据补齐法是指用合适的数据填补空缺值，借以获得完整数据的方法。填补的方法有单一填补法和多重填

---

① 王鑫，张涛，金映谷．异常检测算法综述[J]．现代计算机，2020(30)：21.

补法。这类方法优点在于通过模拟缺失数据的分布，较好地保持变量间的关系，缺点在于计算复杂。

6.4.3 大数据存储技术

伴随着大数据的海量增长，迎面而来的就是大数据存储难题。大数据来源多元、形成时间不一、生成背景与空间各异，传统的单机存储引擎显然已经无法满足数据存储的需求，唯有大容量、高吞吐量、高扩展性、性能安全、成本低廉、使用灵活的存储系统才能真正提高存储的能力与效率。可以说，大数据的存储问题能否得到妥善解决，将是直接影响大数据应用的关键。

对于大数据存储这一富有挑战性的问题，硬件的升级是迫切的，但软件更新、技术更新同样十分重要。事实上，硬件的发展最终依靠的还是软件技术的创新。总体看来，当前大数据主要有如下五种主流存储技术。

6.4.3.1 数据扩容技术

如前所述，大数据时代的数据规模已达到 PB 级别，因而需要对现有数据存储系统加以扩容，才能更好地满足存储需求。换言之，数据存储系统只有具备良好的扩容性能，且能快速便捷地操作，才能具有更为长久的生命力，也更易于为用户所认可和接受。目前，规模可扩展架构存储日益受到用户的欢迎，除了每个结点具有一定的存储容量外，系统内部还具有数据处理能力以及互联设备，同时，它的扩容操作十分方便，不需要关闭机器，只需要增加模块或磁盘柜即可开展无缝平滑的扩展，最大限度地避免了存储孤岛的出现。

6.4.3.2 图存储技术

大图数据是大数据的主要类型，在数据总量中占有很大的比重。大图数据存储的科学与否直接影响着大数据存储的进程，也决定着大图数据的访问、查询以及挖掘的方式方法。大图数据的信息由节点、边和权重所组成，对这些信息的存储主要有关系数据存储和“关系数据库+文本”两类技术。

关系数据存储如图 6-4 所示。关系数据的存储首先要给每个节点、每条边编写一个唯一的编号，节点的编号一般为单个数字，依次为 1、2、3、4……；边的编号则涉及两个节点以及各自的权重，一般来说，两个节点一个为起始节点，一个为终止节点，这些信息都需要以创建关系表的方式，详细存储入数据库中，见表 6-7、表 6-8。大图还原时，以一个节点为出发点，对大图各边进行探索，以节点 1 为例，与 1 相连的节点有 3、5 和 6，1 为起始节点，3、5 和 6 各为终止节点，由此可绘出 3 条边。在此基础上，继续以 3、5 和 6 为起始节点，依然可得到新的边，进而绘制出整个大图。需要注意的是，这种推导追溯还原大图的方法较为耗时，对于有上百万节点、上百万条边的图来说，这并不是特别适用且高效的方法。

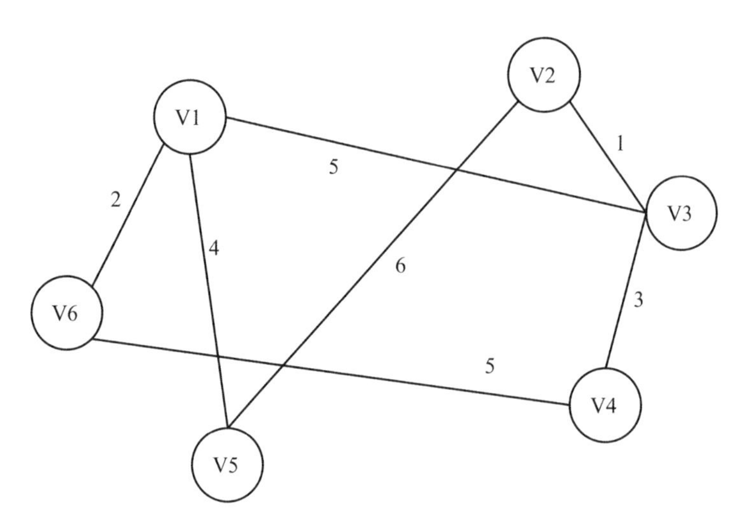

图 6-4　大图数据基本信息示例

表 6-7 节点关系表

节点编号	节点信息
1	V1
2	V2
3	V3
4	V4
5	V5
6	V6

表 6-8 边关系表

边编号	起始节点编号	终止节点编号	权重
1	1	3	5
2	1	5	4
3	1	6	2
4	2	3	1
5	2	5	6
6	3	1	5
7	3	2	1
8	3	4	3
9	4	3	3
10	4	6	5
11	5	1	4
12	5	2	6
13	6	1	2
14	6	4	5

“关系数据+文本”。这一存储技术可以很好地修正关系数据存储的缺陷，它保持了之前的节点关系表，将节点的详细信息存储于

数据库中，但边的信息改用文本的形式加以存储。将每个节点的邻近节点通过数组写入文本中，由于一个节点的邻近节点不止一个，因此每个节点的邻近节点将成为存储在文本中的某一区域，由于每个节点都对应一个偏移量，即某个节点的邻近节点存储位置的起始位置。同样以 1 为节点开始扩展，1 的邻近节点有 3、5 和 6，此处扩展了三个节点，通过这三个节点扩展它们各自的邻近节点，以此类推，达到还原图结构的目的。①

6.4.3.3 新型数据库存储技术

如前所述，大数据的生成使得传统的数据库无法满足其使用需求，海量的数据量也是其无法承受的，迫切需要性能的优化与升级。为此，以 NoSQL 和 NewSQL 为代表的新型数据库技术应运而生。NoSQL(Not Only SQL)出现于 1998 年，不同于传统的 OldSQL 关系数据库，是非结构化数据库的统称。与传统的关系数据库相比，NoSQL 没有使用 SQL 作为查询语言，不使用固定表格模式，这使其具有很好的横向可扩展性。NoSQL 数据库中，常用的数据存储方式有文档存储、列存储、键值存储、对象存储、图形存储和 XML 存储，其中以键值存储和文档存储最为常用。NewSQL 是新型可扩展、高性能数据库的统称，它一方面保持了传统关系数据库中 ACID 和 SQL 的特性，同时也具备 NoSQL 对海量数据的存储管理能力。为了满足复杂应用的需要，NewSQL 还可以同其他数据库混合，架构出新的数据库，实现功能互补，较为典型的有 OldSQL+NewSQL、OldSQL+NoSQL 和 NewSQL+NoSQL 三种混合模式。

6.4.3.4 虚拟存储技术

虚拟存储是将硬盘、RAID 等多种存储介质模块按照一定的规则集中管理，即在一个存储池中统一管理全部存储模块，从而为用户提供大容量、高数据的传输性能。依据虚拟存储系统拓扑

① 刘军丹，赵书良，郭晓波，赵娇娇．元图的存储结构及其搜索算法[J]．计算机应用研究，2013(7)：29.

结构的不同，虚拟存储技术可分为对称式和非对称式两种。对称式的拓扑结构是指虚拟存储控制设备、存储软件系统、交换设备集成于一体，内嵌于网络传输路径之中。非对称式的拓扑结构是指虚拟存储控制设备独立于网络传输路径之外。依据实现原理的不同，虚拟存储技术又可分为数据块虚拟和虚拟文件系统两种。虚拟存储提供了一个大容量存储系统集中管理的手段，大大提高了存储系统整体访问带宽，以更为灵活的方式开展存储资源管理。为此，虚拟存储技术正逐步成为共享存储管理的主流技术，并在数据镜像、数据复制、磁带备份增强设备和实时数据恢复中得到应用。

6.4.3.5 云存储技术

云存储是在云计算基础上延伸和发展出来的一个新的概念，它将存储资源放到云上供用户存取，改变了传统局域网存储的繁琐与复杂，用户不需要了解交换机的型号、端口的数量，抑或是防火墙的设置，只需要知道接入网、用户名及密码，即可方便快捷地获取资料，这是一种完全透明的存储和使用状态。依据云的类型和权限，云存储包括公有云存储、私有云存储和混合云存储三类。① 公有云是第三方提供商为用户提供的能够使用的云。企业通过自己的基础设施直接向外部用户提供服务。外部用户并不拥有云计算资源，而是通过互联网访问服务。私有云是为一个客户单独使用而构建的云，可以提供对数据、安全性和服务质量的有效控制。混合云融合了公有云和私有云，是云计算的主要模式和发展方向，它将公有云和私有云进行混合和匹配，以获得最佳的效果，这种个性化的解决方案，达到了既省钱又安全的目的。

当然，针对不同的大数据类型和安全保密要求，组织机构、企业到底应用哪种云存储技术仍需要谨慎选择。

---

① 董晓莉，李杉．数字资源长期保存混合云平台技术分析[J]．图书馆工作与研究，2018(8)：50.

6.4.4 大数据处理技术平台

在经历了采集、获取、清洗、预处理、存储等流程后，深度挖掘、分析计算成为大数据处理的主要工作。如何利用大数据处理技术构建起科学技术平台，承载其海量数据的处理业务，成为迫切且富有价值的命题。由 Apache 组织的分布式计算开源框架 Hadoop 以其稳定的特性、高效的运行日益受到各类用户的青睐。它支持在大量廉价硬件设备组成的集群上应用程序，并为程序提供一组稳定可靠的接口。随着大数据处理技术的不断深入与成熟，Hadoop 作为开发和运行处理大数据的软件平台，已经得到越来越广泛的应用，一些新的处理工具、平台或引擎发挥出越来越大的作用。

6.4.4.1 MapReduce

MapReduce 是 Google 实验室提出的用以处理大规模数据集的分布式并行编程框架，其名字源于函数式编程模型中的 Map 和 Reduce 操作。MapReduce 的基本思想是将执行的问题拆解成映射(Map)和归约(Reduce)操作。MapReduce 的核心组件包括 InputFormat、Input Split、RecordReader、Mapper、Combiner、Partitioner、Shuffle&Sort、Reducer、OutputFormat。MapReduce 兼有函数式和矢量编程语言的属性，这使其在处理 TB 和 PB 级海量数据的搜索、挖掘、分析和机器智能学习上具有显著的优势，但也存在一定的局限性，例如，在图形处理、信息传递等复杂逻辑中表现不理想，无法在分散、无索引的数据中进行查询，Map 和 Reduce 无法同时运行等。①

6.4.4.2 Cloudera Impala

Impala 是 Cloudera 公司推出的一个开源项目，是一个基于

① 亢丽芸，王效岳，白如江. MapReduce 原理及其在自然语言处理中的应用研究[J]. 情报科学，2014，32(5)：120-126.

Hadoop 的大数据实时查询与分析引擎。Impala 大大提高了 Hadoop 的查询效率，使得大数据的计算和分析成为人机“交互式”任务。Impala 的核心组件包括 Impala 组件、Statestore 组件、Catalog 组件。同基于 Hadoop 的数据仓库 Hive、SparkSQL 相比，Impala 能够集成在 Cloudera 公司发行的基于 Hadoop 的开源项目 CDH 生态系统中，这使得 Impala 数据的储存、分享和访问工作可利用 CDH 的解决方案来完成，避免了数据孤立和数据迁移带来的高额支出。Impala 支持对 CDH 中数据存储的直接访问，并具有极快的响应速度，通常在几秒或几分钟内即可返回结果，而在 Hive 中查询往往需要耗费数十分钟甚至几个小时。Impala 率先支持了 Parquet 列式存储格式，从而为数据的大规模查询提供了优化。Cloudera 公司是美国大数据平台的主流提供商，在 Cloudera 公司承接的金融、电信、制造业、零售业等多个领域的项目中，Impala 都得到了广泛的应用，并在大数据的实时查询和分析上发挥了重要的作用。①

6.4.4.3 FusionInsight

FusionInsight② 是华为公司设计的一个分布式数据处理系统，为企业级用户提供大数据存储、查询和分析服务，并为其快速建立海量数据信息处理系统。在 Hadoop 的基础上，FusionInsight 再次进行了封装和增强，其功能类似于开源的 CDH 和 HDP 等。FusionInsight 由 FusionInsight HD、FusionInsight MPPDB、FusionInsight Miner、FusionInsight Farmer 和一个操作运维系统 FusionInsight Manager 构成，可同时满足离线处理、交互查询、流处理、实时检索四大场景的需求。目前，FusionInsight 已经为我国金融、保险、公共安全、交通、银行、电信、石油等行业约 60%的项目提供服务，尽可能将大数据的价值发挥到极致。

① 王伟军，刘蕤，周光有．大数据分析[M]．重庆：重庆大学出版社，2017：62.

② 关辉，许璐蕾．基于华为 FusionInsight 的《大数据平台建设》课程实验教学探索[J]．电脑知识与技术，2018，14(24)：92.

6.5　大数据资源规划与统筹发展的安全保障

安全是指确保系统在生产和运行的过程中不受威胁、不受损害，或是将威胁与损害控制在人类能接受水平之下。① 大数据安全是指确保大数据在其生命周期中得到保护，不因偶然的或是恶意的原因遭到破坏、更改、泄露。在大数据的价值获得了广泛认同，大数据的研制与应用取得重大进展时，数据泄露及其安全隐患已然成为影响大数据健康发展的重要障碍。大数据分析、大数据挖掘以及大数据开放共享等均对大数据的质量提出了很高的要求，但是基础设施的缺陷、网络病毒的攻击、数据存储的隐患、隐私数据的泄露，又无一不在威胁并侵袭着大数据的真实性、完整性和有效性。正如《促进大数据发展行动纲要》所强调的，健全大数据安全保障体系，营造健康安全的运行环境，对于大数据工作至关重要。

关于数据安全，共性的认识是从制度安全、技术安全、运算安全、存储安全和服务安全等多方面加以保障。而对于大数据这一复杂而系统的对象，其安全保障的内涵理应更为丰富和宽泛。国家信息中心吕欣等曾将大数据安全保障的对象划分为"大数据基础设施""数据资源"和"组织"三大类。② 参考这一观点，笔者认为，大数据的安全保障应以确保大数据的保密性、完整性、可溯源性、可用性，以大数据的健康动态流动为目标，以富有战略性的顶层设计为指引，以基于数据生命周期的安全运行和组织管理为支撑，以高效统一的基础设施和成熟技术为抓手，实现对大数据资源的安全保障。基于这种认识，大数据资源规划和统筹发展的安全保障需要着力于战略规划、安全技术和运行管理三大方面。

① 张尼，张云勇，胡坤．大数据安全技术与应用[M]．北京：人民邮电出版社，2014：82.

② 吕欣，韩晓露．健全大数据安全保障体系研究[J]．信息安全研究，2015，1(3)：212.

6.5.1 大数据安全的战略规划保障

战略规划是指对重大的、全局性的、基本的、未来的目标、方针、任务的谋划，需要以总揽全局的战略眼光进行顶层设计。① 强化大数据安全保护，宏观层面的保障将涉及法律法规、标准以及制度谋划，属于战略规划的层面。鉴于前文已对法规和标准进行了专门的研究，在此仅做简单概括性论述。

强化大数据的安全保障，立法层面迫切要做的是对网络空间立法的完善。我国网络空间专项立法进程一直较为缓慢，关于数据的规范使用、隐私保护等方面的专门立法也处于空白，从而导致数据的安全防护遭到威胁，同时也很容易侵犯公民的隐私权，数据"防""用"之间的边界难以厘定，数据的开放、交易与共享也难以科学有效地实施。为此，迫切需要开展网络空间的立法建设，将数据上升到知识产权的高度，认真界定和规范数据的发布权、归属权，明确我国的网络主权和数据主权，明晰政府、企业在网络空间以及大数据开发利用全过程中的权利义务，规范各行为主体在网络空间中的行为，保护各行为主体的合法权益，强化公民隐私的保护。对于敏感信息和涉密信息，需制定专项条款，明确危险数据安全行为的法律责任及惩罚方式，真正规范大数据资源的采集和利用。除了强化网络安全立法外，国家关键信息设施的安全保护立法也十分重要和迫切，信息设施对于大数据研制的顺利开展有着至关重要的作用，在确保国家关键信息设备安全有法可控的基础上，重点做好信息安全等级划分及实施的工作，全力保障我国重要信息网络和核心大数据安全，以提高我国网络安全协同防御能力。②

强化大数据的安全保障，标准层面迫切要做的是对大数据安全

① [美]乔治·斯坦纳. 战略规划[M]. 李先柏，译. 北京：华夏出版社，2001：23.

② 靳玉红. 大数据环境下互联网金融信息安全防范与保障体系研究[J]. 情报科学，2018，36(12)：135.

和隐私保护技术标准进行健全。数据安全以数据为中心，重点考虑数据生命周期各阶段中的数据安全。现有的数据安全标准，由传统数据安全标准、个人信息保护标准和大数据安全专门标准组成，见表 6-9。①

表 6-9　　现有大数据安全标准统计表

类型	标　准
传统数据安全标准规范	支付卡行业数据安全标准
	NCHHSTP 数据安全和私密性指南
个人信息安全标准规范	ISO/IEC 29100：2011 信息技术 安全技术 隐私保护框架
	ISO/IEC 29101：2013 信息技术 安全技术 隐私保护体系结构框架
	ISO/IEC 29190：2015 信息技术 安全技术 隐私保护能力评估模型
	ISO/IEC 27018：2014 信息技术 安全技术 可识别个人信息(PII)处理者在公有云中保护 PII 的实践指南
	ISO/IEC 29134 信息技术 安全技术 隐私影响评估指南
	ISO/IEC 29151 信息技术 安全技术 可识别个人信息(PII)保护实践指南
	BS 10012：2009 数据保护 个人信息管理系统规范
	GB/T35273—2017 信息安全技术 个人信息安全规范
大数据安全标准规范	ISO/IEC 20547-4 信息技术 大数据参考架构 第 4 部分：安全与隐私保护
	NIST 1500-4NIST 大数据互操作框架：第 4 册 安全与隐私
	GB/T 35274—2017 信息安全技术 大数据服务安全能力要求
	GB/T 37973—2019 信息安全技术 大数据安全管理指南

① 大数据安全标准化白皮书[EB/OL].[2021-01-14]. http://www.cac.gov.cn/2017-04/13/c_1120805470.htm.

2017 年 4 月 8 日，全国信息安全标准化技术委员会发布了《大数据安全标准化白皮书》。该白皮书在总结大数据安全标准化现状的基础上，进一步指出了大数据安全所面临的安全风险，如技术平台层面的传统安全措施难以适配、平台安全机制亟待改进、应用访问控制愈加复杂，以及数据应用层面的数据安全保护难度大、个人信息泄露风险加剧、数据真实性和数据所有权益难以保障；提出了大数据安全标准化的五大需求，规范大数据安全相关术语和框架、大数据平台安全建设和安全运维、数据生命周期管理各环节安全管理、大数据服务安全管理标准和行业大数据应用安全与健康发展标准。

在上述五大需求的基础上，白皮书编制了大数据安全标准体系框架（如图 6-5 所示），结合大数据技术和应用的快速演变、大数据工作的进展，提出加快制定个人信息安全、数据共享、数据出境安全、大数据安全审查支撑性标准的研制，如《大数据安全参考架构》《大数据基础平台安全要求》《个人信息去标识化指南》《个人信息影响评估指南》《数据出境安全评估指南》《大数据交易服务安全要求》和《大数据安全能力成熟度模型》，大力推广大数据安全标准应用。①

强化大数据的安全保障，制度层面迫切要做的是构建起大数据安全综合防御体系，强化大数据平台安全保护和建设第三方安全监测评估体系。根据赛迪智库的报告，大部分的数据泄露是发生在组织内部，而非来自外部的入侵，因此，建立健全大数据安全保障机制，明确数据采集、传输、存储、使用、开放等环节的安全边界、责任主体与具体要求，有着十分重要的意义。建立贯穿大数据应用云管端的综合立体防御体系，覆盖数据收集、传输、存储、处理、共享、销毁全生命周期，适应国家大数据战略和市场应用的需求，提升大数据平台安全防御能力，从而实现由被动防御到主动检测转

① 大数据安全标准化白皮书［EB/OL］.［2021-01-14］. http：//www.cac.gov.cn/2017-04/13/c_1120805470.htm.

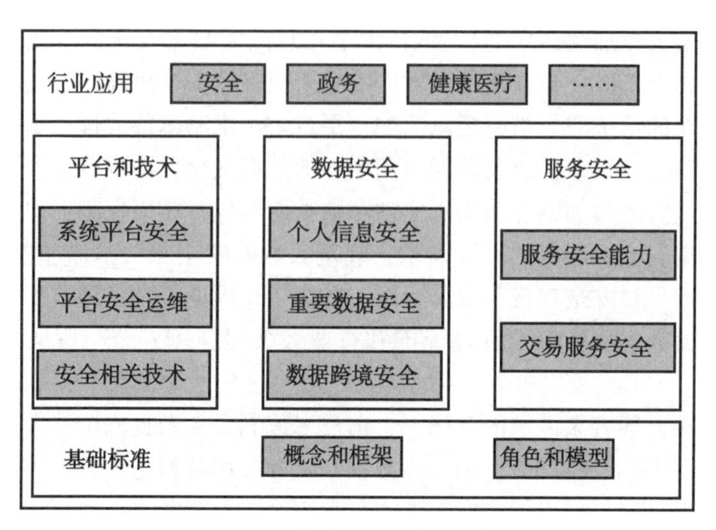

图 6-5　大数据安全标准体系框架

变的系统平台。①

6.5.2　大数据安全的技术保障

技术层面的大数据安全，可以从物理安全、系统安全、网络安全、存储安全、访问安全等角度进行综合考量，旨在最大限度地保护具有流动性和开放性特征的大数据自身安全，防止数据泄露、访问越权、数据篡改、数据丢失、密钥泄露等问题的出现。“2018 年大数据产业峰会”上，中国信息通信研究院发布了《大数据白皮书(2018 年)》，重点聚焦了大数据技术创新和安全防护，绘制的大数据安全技术总体视图，将大数据的技术安全划分为平台安全、数据安全和个人隐私安全三个方面。②“2020 数据资产管理大会”上，

① 蔡蕙敏，张一帆．关于构建大数据安全保障体系的思路与建议[J]．网络安全技术与应用，2017(6)：71.

② 中国信通院发布《大数据白皮书(2018 年)》[EB/OL]．[2021-02-22]．https：//xw. qq. com/jiangsu/20180420O1920700.

中国信息通信研究院发布了《大数据白皮书(2020 年)》，重点聚焦了大数据技术发展、大数据治理和大数据法治建设等问题，并从安全战略、全生命周期安全和基础安全三个维度构建了大数据安全治理能力评估模型。① 以此为参照，笔者将大数据安全的技术保障划分为基础设施安全保障、平台安全保障、数据安全保障和用户隐私安全保障四个层次，如图 6-6 所示。

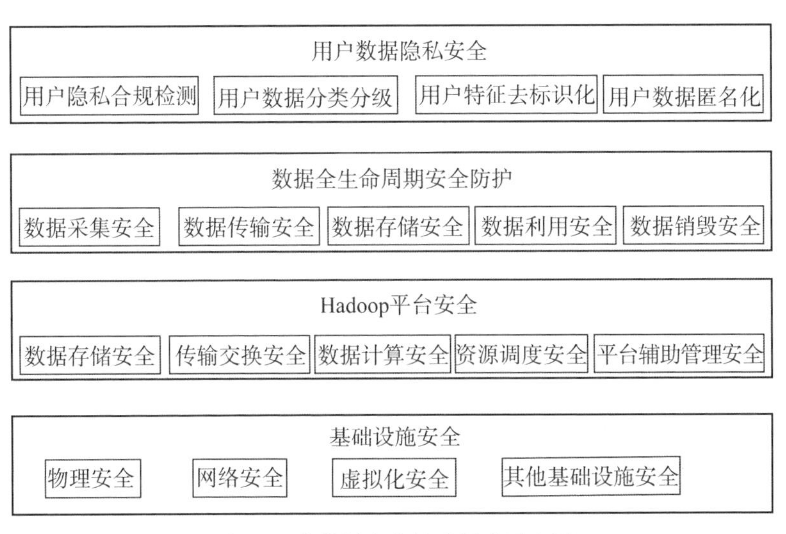

图 6-6　大数据安全技术保障层次图

(1)基础设施安全

基础设施安全通常指数据中心的硬件安全，如果硬件设施的安全缺乏保障，那么大数据资源安全的保障就如空中楼阁，缺乏物理层的基础设施保护。数据中心不但要妥善选址，并且在设计施工和运营时，合理划分机房物理区域，合理布置信息系统的组件，以防范环境潜在危险(如火灾、电磁泄漏等)和网络中的非授权访问。提供足够的物理空间、电源容量、网络容量、制冷容量，以满足基

① 中国信通院发布《大数据白皮书(2020 年)》[EB/OL]. [2021-03-22]. http://www.thepaper.cn/newsDetail_forward_9333668.

础设施快速扩容的需求。

(2)Hadoop 平台安全

尽管 Hadoop 的创始者 DougCutting 创新性地赋予其高可靠性、高扩展性、高效性和高容错性四大优点，但是，随着数据的海量增长和技术的不断更新，Hadoop 平台也处在不断迭代更新之中，与商业版本的 Hadoop 平台相比，开源的 Apache 版本 Hadoop 平台存在兼容性差、集群性能稳定性低等问题。因此，类似 cloudera 这样的收费版 Hadoop 大数据平台应运而生。而大数据资源规划与统筹发展建设的安全技术保障需要先考虑数据运行平台的安全性、鲁棒性、高效性等特性，避免为了节省成本而造成技术支持能力不足等问题。

(3)数据全生命周期安全防护

数据同其他文件档案资源一样，也具有生命周期的特点，因此要在数据生命周期的每个阶段对其进行安全防护。大数据平台为保证数据在全生命周期中的流动安全，通过采用数据分类分级、元数据管理、数据脱敏、数据加密、数据隔离、数据销毁等手段，来保障数据资源的安全性。大数据促使数据生命周期由传统的单链条逐渐演变成为复杂多链条形态，增加了共享、交易等环节，且数据应用场景和参与角色愈加多样化。在复杂的应用环境下，保证国家重要数据、企业机密数据以及用户个人隐私数据等敏感数据不发生外泄，是数据安全的首要需求。海量多源数据在大数据平台汇聚，一个数据资源池同时服务于多个数据提供者和数据使用者，强化数据隔离和访问控制，实现数据“可用不可见”是大数据环境下数据安全的新需求。

(4)用户隐私数据安全

2018 年，欧盟《通用数据保护条例》(*General Data Protection Regulation*，GDPR)实施后，对国际互联网科技巨头收集并使用用户数据的行为做出了严格规范。GDPR 在公法层面认可了一些长期以来的个人数据权利内容，并对违法行为规定了严苛的责任。这些保护措施产生了威慑效应。在安全技术层面，通过匿名技术隐藏公开数据记录与特定个人之间的对应联系，避免用户信息泄露。使用

已有的大数据处理工具与修改匿名算法是大数据环境下数据匿名技术的主要趋势，这些技术能极大地提高数据匿名处理效率。

6.5.3 大数据安全的运行管理保障

大数据的安全保障，除了需要在法律法规、标准、政策层面进行宏观统筹、技术层面的突破外，还需要综合协调好大数据运行中的政府、企业、个人等主体，加强大数据的风险管理与责任控制，将安全防护切实落实到大数据整个生命周期中。

6.5.3.1 大数据生命周期的整体安全管控

为减少大数据使用带来的安全风险，强化对大数据生命周期中各个环节的安全管控很重要。大数据的生命周期依次包括收集、存储、处理、使用、传输和销毁等诸多环节，每个环节面临的安全风险不一，需要采取的管控风险也各不相同。

作为生命周期的第一个环节，大数据采集面对的是多样化的数据来源，多元化的数据主体，以及海量的数据资源，对数据采集环节的安全把控，应该要注意对数据来源知识产权、隐私权的保护，以合法的技术手段收集所需数据，从源头上去确保数据的真实、完整和有效性。①

随着互联网、云计算技术的发展与应用，跨境存储逐渐成为大数据存储的主流，由此也将带来数据归属、版权以及数据篡改上的安全隐患，需要遵守服务器所在国或地区的相关法律，尊重个人隐私和个人财产安全，公平公正地维护数据存储权利。数据处理和使用环节是大数据生命周期中的重要环节，需要严格规范数据分析、数据挖掘和数据聚合相关操作，严格做好数据、信息的审查与监管，减少错误数据和敏感数据，合理分配管理人员、使用人员的数据权限，提高大数据的安全保障。数据传输是一项外向性的工作，

① 刘迎风，梁满，冯骏．以数据为核心：构建上海市公共数据安全保障体系思路[J]．中国信息安全，2019(12)：65.

从数据流来看，有数据向境外的传输，也有对境外数据的访问，相伴而来的就是敏感数据的处理问题。

数据销毁环节，需要制定严格的国内、国际数据销毁制度，明确数据销毁流程，科学推荐数据销毁方式，以实现对数据的可信销毁。

基于此，建立符合中国实际的数据跨境管理策略，明确规范跨境数据类型与格式、限制跨境的数据种类及范围，构建国际数据协调共享联盟，建立明确的问责制度，对于维护数据合理合法权益有着重要作用。

6.5.3.2 大数据安全的日常运营维护保障

网络安全信息共享和重大风险识别大数据支撑体系建设是大数据安全管理运营维护的核心工作。大数据安全日常运营维护主要包括：通过对网络安全威胁特征、方法、模式的追踪和分析，实现对网络安全威胁新技术、新方法的及时识别与有效防护；通过对大数据安全运营的过程进行态势感知和监控，实时全面评估安全保障平台的基础设施是否得到安全控制；通过强化资源整合与信息共享，建立网络安全信息共享机制，协同推进对网络安全重大事件的预警、研判和应对指挥。其中，突发事件、运营维护权限和漏洞管理是大数据安全管理运营维护保障的基本业务流程。

(1)突发安全事件管理

安全事件指由于网络攻击或者破坏，可能或已经造成大数据安全管理平台信息泄露、数据被篡改、服务不可用的事件。这些攻击行为主要包括网络攻击事件、信息破坏事件、信息内容安全事件等。由于安全事件处理的专业性和紧迫性，安全管理平台应提前组建全天候的专业安全事件响应团队以及对应的安全专家资源池，根据安全事件对整网、客户的危害更新事件定级标准以及事件响应时限和解决时限要求。①

① 张徐亮，万里冰，钱伟中，海忠，张晋宾．基于区块链的电力大数据安全保障体系[J]．华电技术，2020(8)：70.

(2)运营维护权限管理

系统账号/权限管理分两个维度：账号生命周期管理和授权管理。①

账号生命周期管理包括账号的开销户管理、账号责任人/使用人管理、口令管理、开销户监控管理。账号建立完毕之后，纳入账号管理员处日常维护管理。

账号授权管理过程，即如果账号使用人要使用账号，启用授权流程，通过口令或者提升账号的权限等方式进行授权(其中，规定账号的申请人和审批人不能是同一个人)。根据不同业务维度和同业务不同职责，登录权限分为：核心网络、接入网络、安全设备、业务系统、硬件维护、监控维护、数据库系统等权限，不同岗位职责人员限定只能访问本角色所管辖的设备，其他设备无权访问。所有运维账号由统一运维审计平台集中管理，并且进行自动审计。

(3)漏洞管理

漏洞指系统设计、部署、运营和管理中，可被利用于违反系统安全策略的缺陷或弱点。平台应建立包括漏洞收集、排查、修复和披露的漏洞响应流程，并制定对应的漏洞响应策略以避免漏洞被利用。一旦漏洞被发现在线利用，应立刻启动安全事件响应流程，进行快速隔离和恢复动作。大数据安全管理平台依托其建立的漏洞管理体系进行漏洞管理，能确保云基础设施、各服务、运维工具等自研漏洞和第三方漏洞在短时间内完成响应和修复，并最终避免漏洞在线被利用的风险。

6.5.3.3 大数据安全产品服务保障

数据资源安全依靠大数据安全产品和服务提供保障。目前国内外互联网巨头公司如亚马逊(AWS)、微软、华为、阿里巴巴和腾讯均开发了自己的大数据安全产品(平台)，为业界提供数据安全服务。

① 杨松，刘洪善，程艳．云计算安全体系设计与实现综述[J]．重庆邮电大学学报(自然科学版)，2020，32(5)：16.

亚马逊云计算服务于2006年正式上线，是全球最早的云计算服务提供商。作为云计算服务的鼻祖，亚马逊提出的安全共担责任模型(AWS Shared Security Responsibility Model)如今已经成为云服务业界的基本共识。几乎所有云计算服务厂商的安全白皮书都会在此模型上，结合自家特色服务进行优化，以保障用户数据资源安全。亚马逊安全共担责任模型如图6-7所示。

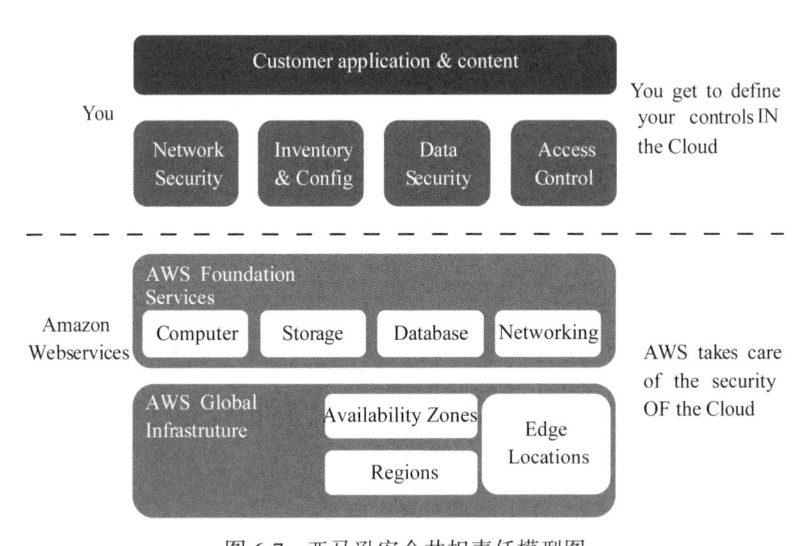

图6-7 亚马逊安全共担责任模型图

2020年第三季度阿里云的云服务在国内的市场份额达到40.9%，位列第一。① 阿里云的云服务平台能够为用户提供数据云存储、专用网络、云平台安全服务、人工智能等多样化产品与服务，其安全架构如图6-8所示。②

如图6-8所示，阿里云共提供了11个不同层面的安全架构保障，其中包括物理安全、硬件安全、虚拟化安全、云产品安全4个

① 2020年第三季度云计算市场份额出炉[EB/OL]. [2021-03-22]. http://www.enkj.com/idcnews/Article/20130801/20211.

② 阿里云安全解决方案[EB/OL]. [2021-03-22]. https://help.aliyun.com/document_detail/88078.html.

业务安全	防垃圾注册	防交易欺诈	活动防刷	实人认证
安全运营	态势感知	操作审计	应急响应	安全众测
数据安全	全栈加密	镜像管理	密钥管理	HSM
网络安全	虚拟专用网络（VPN）	专有网络（VPC）	分布式防火墙	DOos防御
应用安全	Web应用防护	代码安全		
主机安全	入侵检测	漏洞管理	镜像加固	自动宕机迁移
账户安全	访问控制	账户认证	多因素认证	日志审计

图 6-8　阿里云安全架构图

云平台层面的安全架构保障，包括账户安全、主机安全、应用安全、网络安全、数据安全、安全运营、业务安全 7 个云用户层面的安全架构保障。在涉及国家安全稳定的领域采用安全可靠的产品和服务，有助于提升基础设施关键设备安全可靠水平，加强大数据环境下防攻击、防泄露、防窃取的监测、预警、控制和应急处置能力建设。

7 案例：公共文化大数据资源规划与统筹发展

公共文化服务是现代政府的基本职责之一。《中华人民共和国国民经济和社会发展第十四个五年规划纲要》《国家"十三五"时期文化发展改革规划纲要》和《文化部"十三五"时期文化产业发展规划》具体明确了"提升公共文化服务水平""推动公共文化数字化建设""推进基本公共文化服务标准化、均等化""完善公共文化设施网络""有效匹配公共文化供给与群众文化需求""提高公共文化服务效能"等建设目标。大数据时代给社会带来了全新的发展模式和机遇，这一变革趋势也会对公共文化服务体系的建设带来深刻的影响，将大数据的技术和理念应用于公共文化服务领域，实现公共文化大数据资源规划和统筹发展，可以助力我国现代公共文化服务体系的构建，为实现基本公共文化服务标准化、均等化等目标创造契机。

从现代政府职能的转变来看，大数据可以改变政府公共文化决策的方式，从而提升政府文化治理的能力，便于政府更科学、更准确地保障公众的文化权益，满足人民群众不断变化着的文化需求；从公共文化服务的发展来看，"现代公共文化服务的重要特征就是与科技的融合发展，通过科技创新提升公共文化服务的效能"，①

① 魏大威．数字图书馆推广工程"十三五"规划思考[J]．图书馆杂志，2015(6)：4.

因而有效地管理和利用公共文化大数据资源，将有助于平衡公共文化服务的供需水平，从而有效提升公共文化服务的效能，并进一步带动现代公共文化服务体系的全面建设。基于这种考虑，从国家层面规划的视角，以公共文化大数据为案例，将本课题组关于大数据资源规划与统筹发展的前期研究成果应用于公共文化领域，实现基于这一场景应用的示范性效果。

7.1 公共文化大数据资源规划与统筹发展的理论框架建构

公共文化服务的现代转型、中国文化资源的深度挖掘以及公共文化发展新的增长点都为公共文化大数据资源规划与统筹发展带来新的机遇，但传统固化的思维方式、文化信息的处理难度以及安全保障体系的隐患等也为其发展带来威胁。尽管在国家政策支持、数字资源和专业人才、信息技术基础等方面存在一些基础性的优势积累，但条块分割的管理体制、资源广泛分散整合程度低、资金渠道单一化等劣势的存在不利于公共文化大数据资源规划与统筹发展的持续推进。

公共文化大数据资源规划属于国家层次的大数据资源规划，参考本书第 3 章提出的大数据资源规划原则，笔者认为，公共文化大数据资源规划需要坚持战略引导、数据驱动、资源统筹、综合保障四个基本原则。具体而言，战略引导原则不仅需要考虑依托国家大数据战略以及文化大数据战略规划，还要注重从顶层设计的角度思考公共文化大数据资源的规划与统筹问题；数据驱动需要强调文化与科技的高度融合，注重国家层面公共文化大数据基础设施建设以及国家公共文化大数据治理问题；资源统筹原则要求政府文化主管部门要做好公共文化大数据资源的横向和纵向统筹，统筹实现系统之间、部门之间、地域之间的协同发展；综合保障原则要求做好公共文化大数据资源发展的政策、制度和安全等方面的保障。

遵循上述原则，笔者首先依据本书第 4 章构建的大数据资源规划模型，重点适用其中的规划流程模型和文本模型，将探索公共文化大数据资源规划流程的设计以及公共文化大数据资源规划文本的编制。其次，依据第5章提出的基于规划的大数据资源统筹发展路径，探索公共文化大数据资源规划的实施与统筹发展策略。最后，依据第6章提出的大数据资源规划与统筹发展保障体系，探讨公共文化大数据资源规划实施与统筹发展的保障策略，并提出公共文化大数据资源规划与统筹发展成效评估的思路，总体框架如图7-1所示。

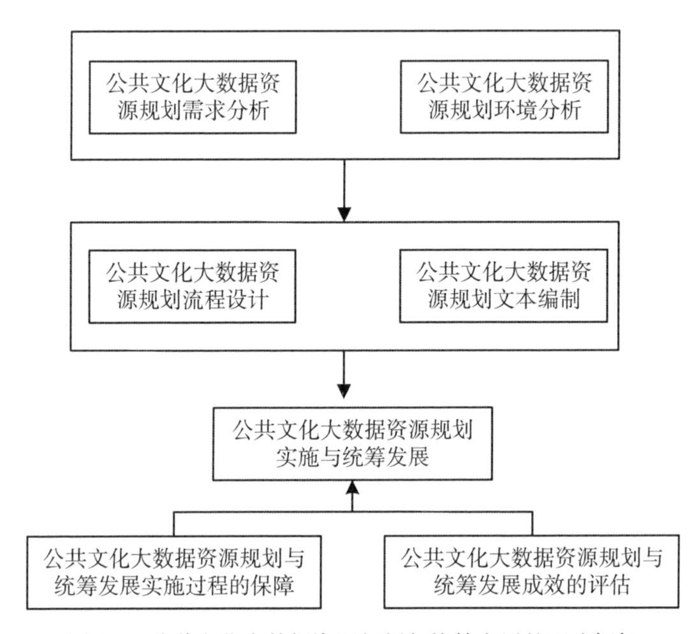

图7-1 公共文化大数据资源规划与统筹发展的理论框架

7.2 公共文化大数据资源规划与统筹发展的环境分析

国务院2015年发布的《关于加快构建现代公共文化服务体系的

意见》明确提出了“加快推进公共文化服务数字化建设与现代传播能力”和“加强公共文化大数据采集、存储和分析处理”的要求。①“公共文化大数据的采集与分析”也作为重点课题，被国家文化部列为制定公共文化“十三五”规划的重要参考依据，② 这是国家层面对公共文化大数据的顶层规划。将大数据思维和技术融入公共文化服务实践和国家文化治理体系，是政府职能转变的必然要求和公共文化服务的发展趋势所决定的。

7.2.1 公共文化大数据资源规划与统筹发展的需求

大数据因其先进的数据分析技术和变革性的思维理念，已被广泛运用于经济和社会的诸多领域，为实现公共文化服务的标准化、均等化与创新提供了契机。公共文化服务要实现科学决策、平衡供需机制、实现均等化治理、提升公众体验和服务效能，就需要借助大数据理念和技术解决当前公共文化大数据资源利用共享方面尚存的诸多瓶颈问题，这使得公共文化大数据资源规划与统筹发展需求凸显。

7.2.1.1 决策支持视角下的公共文化大数据资源规划与统筹发展需求

政府公共文化服务的决策水平决定了公共文化服务的质量和效能。如何决策、做出何种决策，与决策者掌握的数据信息有着直接的联系。大数据分析技术可为公共文化服务决策的科学化提供利器，这需要对大数据资源做出有效规划。通过大数据资源规划与统筹发展，挖掘蕴含其中的丰富的数据价值和策略价值，对有利于公

---

① 中共中央办公厅 国务院办公厅．关于加快构建现代公共文化服务体系的意见［EB/OL］．［2020-01-14］．http：//news.hexun.com/2015-01-14/172381949.html.

② 嵇婷，吴政．公共文化服务大数据的来源、采集与分析研究［J］．图书馆建设，2015(11)：21.

共文化科学决策的大数据资源，包括公共文化资源大数据、公共文化机构大数据、公共文化消费大数据等进行采集、整合、开发和利用，从而进行科学决策和有效治理，并及时掌握社会舆论热点和可能出现的问题，科学地制定问题解决方案，以进一步提升服务决策的质量和效能，为科学决策提供循环支持。

具体来说，公共文化决策支持视角下的大数据资源规划与统筹发展需要从决策信息、决策方案、结果预测等多方面积极管控大数据资源的规划与统筹发展。决策信息层面，大数据资源规划与统筹发展要求覆盖公共文化供需数据以及公共文化系统的运行和管理数据，以便采用相关的技术方法从海量数据中搜寻并发现目前公共文化中存在的问题，为改善公共文化的内容、形式、效果等提供科学决策信息的支持；决策方案层面，通过大数据资源规划与统筹发展从海量数据中提取具有重要参考价值的决策原材料，为公共文化的运行机制、管理制度与服务方案提供多种选择，提高方案的设计与处理能力；结果预测层面，“只要提供的数据量足够庞大真实，通过数据挖掘模式，就可以较为准确地把握人们的行为规律”,① 通过大数据资源规划与统筹发展从而提高对备选方案后果的可预测性，有效提高公共文化决策的效率。

7.2.1.2 供需平衡视角下的公共文化大数据资源规划与统筹发展需求

目前，我国公共文化供需还存在着多重矛盾：供需数量不平衡，以国际标准衡量供给量远远不足；供需结构不平衡，存在供不应需或供非所需的情况；供需内容不平衡，供给内容上的单一化、刚性化，无法满足需求内容上的多样化和个性化。这些因素都导致公共文化供给效益较低，需要利用大数据资源规划与统筹发展平衡供需机制，以“建立一种能够准确反映需求的表达机制”和“完善反

① 陈潭，等．大数据时代的国家治理[M]．北京：中国社会科学出版社，2015：31.

馈纠偏机制”以形成“以需定供”的供给体系。①

在需求维度，通过大数据资源规划与统筹发展可以系统挖掘公共文化大数据背后的有用需求信息，为政府探测用户需求创造条件。由于大数据具有“接近全体数据的认知模式”②和对海量数据相关性、混杂性的探索与包容，需要通过有效地规划使其得到合理地应用。例如，全面整合公共图书馆的图书借阅大数据资源，从微观层面上可以了解读者的阅读偏好，宏观层面上则可以掌握全体公众的审美倾向和文化需求；合理规划网络大数据资源，对网站信息、BBS资源、社交媒体、搜索引擎、电商平台中与公共文化相关的大数据进行分析处理，通过精准的数据挖掘其中隐含的公共文化的真实需求。总之，政府公共文化主管部门需要从国家全局出发，利用大数据资源规划与统筹发展从海量网络和用户信息中探测人们公共文化的需求特点及变化趋势。

在供给维度，大数据资源规划与统筹发展要为公共文化有效供给提供指引。“当前伴随公共文化而产生的各类大数据已经完全能收集、组织和利用起来”，③ 这些数据总体上可分为供给侧和需求侧两大类型，供给侧提供的是内容层面的资源大数据以及各类公共文化机构在生产活动中所产生的产业大数据，通过供给侧大数据的汇聚，可以准确测量公共文化供给的内容、水平和能力，为改善公共文化后续供给奠定基础。此外，还需对比产生于公共文化系统以及其所属的社会大系统运行的需求大数据，以进一步改善传统的单一化、刚性化供给，形成面向需求的弹性供给结构，提高公共文化供给的精确性。

① 游祥斌，杨薇，郭昱青．需求视角下的农村公共文化服务体系建设研究——基于H省B市的调查[J]．中国行政管理，2013(7)．

② 郭建锦，郭建平．大数据背景下的国家治理能力建设研究[J]．中国行政管理，2015(6)：73.

③ 刘炜，张奇，张昱．大数据创新公共文化服务研究[J]．图书馆建设，2016(3)：4.

7.2.1.3　治理创新视角下的大数据资源规划与统筹发展需求

公共文化服务是实现文化强国的重要途径，是实现国家治理体系和治理能力现代化的重要内容。①《文化部“十三五”时期文化发展改革规划》进一步对文化治理体系和治理能力现代化提出了要求。文化治理视角下的公共文化治理创新，对于推进现代公共文化体系的建设有着重要意义，也是国家治理现代化的必然要求。借助大数据资源的合理配置与规划，在挖掘有效数据的同时让数据本身说话，为提高公共文化的治理水平提供切实保障。

关于治理，福柯在《政治之镜》中分析：“治理是对事物的准确布置，通过安排，将其引向合适的目的。”②而在本尼特看来，治理更是一种关系：在文化与治理对接的过程中，文化既是治理的对象，又是治理的手段；当文化指涉社会道德、风俗、行为方式等时，它是治理的对象和目标；而当文化与艺术、智力活动相提并论时，又会成为对道德、风俗、行为等领域进行治理性干预和管理的工具。③ 从文化治理的视域来看，对于提升和创新公共文化的方式，学术界形成了一系列观点，主要有以下六种：“均等化”治理创新、开放创新、技术发展与创新、以评估驱动“供需”对接创新、传统文化事业中的“结构化”创新以及社会化参与创新。④ 由于大数据在信息、技术、思维等方面的全面革新，对其进行有效规划，将有助于公共文化的治理创新。

以公共文化的均等化治理创新为例，由于区域差距、城乡差

① 张永新．构建现代公共文化服务体系的重点任务[J]．行政管理改革，2016(4)：38.

② Foucault M. Security, Territory, Population: Lectures at the Collège de France, 1977-78[M]. Basingstoke and New York: Palgrave Macmillan, 2009: 96.

③ Bennett T. Putting Policy into Cultural Studies[C]//Grossberg L, et al. (eda.), Cultural Studies. New York and London: Routledge, 1992: 26.

④ 刘辉．文化治理视角下的公共文化服务创新[J]．中州学刊，2017(5)：67.

距、群体差距是形成均等化治理的主要障碍，因此大数据资源的规划与统筹发展应围绕不同区域、城乡与群体之间公共文化供给状况及差异，确定各项数值的具体差距，并结合不同区域的产业发展数据、政府财政支出数据及公共服务各项指标数据等，寻找非均等化症结所在。同时对照各种相关的研究成果、网络舆论以及各类公共文化评价反馈等大数据资源，找出目前公共文化供给的短板，进行针对性地弥补与改善。其中，通过大数据资源规划与统筹发展进行“文化资源共享的整合”是重中之重，“技术上的发展与创新”则是应有之意。①

7.2.1.4 公众体验视角下的大数据资源规划与统筹发展需求

为适应移动互联网等现代科技发展趋势，破解公共数字文化工程发展中存在的瓶颈问题，2019 年文化和旅游部办公厅印发《公共数字文化工程融合创新发展实施方案》，要求“强调统筹规划，融合发展。加强云计算、大数据、人工智能等现代科技应用，创新公共数字文化服务业态，促进工程转型升级和服务效能提升”。② 随着我国公共文化体系逐渐向公共数字文化服务体系的转型，大数据技术也为公共文化效能的提升带来契机，成为打通服务、沟通公众、增强体验的重要法宝。

体验的概念是基于服务营销的背景而产生的，其核心要义是关注公众真实需求，为使用者创造并传递价值。根据马斯洛的需求层次理论，用户的体验创造了精神层面的满足，因而体验能对应于最高的需求层次——自我实现的需要，从体验的视角出发能从更高的层面提升服务效能，对服务内容的个性化和情感化提出创新性的要求，通过创造积极的用户体验，使其成为推广公共文化的重要途径。在数字化环境下，积极的用户体验不仅指系统资源或服务的可

① 田为民，刘波．公共文化服务技术手段与服务模式的创新与发展[J]．中共福建省委党校学报，2013(8)．

② 公共数字文化工程融合创新发展实施方案[EB/OL]．[2021-03-22]．http：//www.gov.cn/zhengce/zhengceku/2019-09/25/content_5433092.htm.

用性，还包括用户在与系统进行交互时对于系统的感知与体验，如 Darlene Fichter 提出以贴近用户心灵的技术方式来创作资源内容、提供评价反馈、适时调整行为等。①

基于用户体验视域的大数据资源规划与统筹发展，需要以用户需求和体验为出发点，采集用户体验的数据资源，鉴别用户的真实需求，结合公共文化的网络数据资源分析和影响力评估，探索基于用户体验的公共文化优化策略。首先，可利用公众体验的大数据资源，对测评数据进行综合评定，及时调整服务形式、策略和手段，主动、精准地向社会公众提供有效的文化资源。其次，通过大数据分析，准确把握公共文化的利用效率和公众的真实需求，通过智能推荐引擎系统合理调配资源，或重点加强公众热切需求的资源供给力度，或针对性地定制更具特色的个性化服务，或主动提供更加方便快捷的搜索渠道等手段。最后，在用户体验大数据的基础上建立评估模型，从服务终端的有效性以及用户体验的满意度等角度，有效评估服务主体的服务效能，从而为修正服务主体定位偏差、弥补服务内容和形式不足等问题，形成针对性的改进方案，并通过服务优化策略的实施不断推进用户体验感的提升。

7.2.2 公共文化大数据资源规划与统筹发展的瓶颈

公共文化大数据在数据采集、存储管理、开放共享、挖掘利用等方面都面临着困难与挑战。② 首先，公共文化大数据本身的特点带来的挑战：一是数据结构复杂，给数据的存储与运算带来了困难；二是价值密度较低，与数据总量的大小成反比。其次，公共文化大数据的负面影响缺乏制度制约，从而引发了一定风险。最后，当前公共文化服务机构还没有完全进入数据化建设和服务阶段，限

① Darlene Fichter. Great Marketing Ideas in Libraryland [J]. Feliciter, 2014, 60(4): 40.

② 廖迅. 公共文化大数据研究现状综述与趋势研判[J]. 图书馆, 2019(7): 42.

制了公共文化大数据发展。这些困难和挑战正好印证了报告前文提出的几方面障碍。总体上看，笔者认为公共文化大数据资源利用共享的瓶颈主要体现在体制、制度、管理、技术四个方面。

7.2.2.1 体制障碍

政府是提供公共文化服务的主体，也是大数据治理的主体，但要真正实践向“服务型政府”的转型和现代化的治理之路仍有相当长的距离。现有的政府管理体制、文化运行体制、权责分配体制给公共文化大数据资源利用共享带来不同程度的障碍。

从政府管理体制来看，传统体制机制的固有短板，使当前的管理理念仍停留在管制的层面。这种官僚式的管制思维，在大数据时代表现出明显的滞后性，严重影响了政府管理的质量与效益，如不能对内外部环境的变化进行准确识别，缺乏大数据的思维技术和运作方式，将难以应对危机事件。同时，政府部门虽然已经成立了不同层级的大数据管理部门，但各部门之间往往各自为政、缺乏充分的协调与联动。换言之，没有与之相适应的制度体系与流程规范的有力支撑，大数据管理部门的运作效率无法保障。因此，即使利用大数据技术促进了相关管理手段的更新与升级，但政府管理体制与大数据运作方式未实现有效对接，政府管理整体绩效水平的提升也会大打折扣。①

从文化运行体制来看，现行文化体制很大程度上采用的是行政命令的运行机制，对上负责的工作意识高于为公众提供文化服务的意识，更有甚者，下级在履行职责之外会不遗余力地向上级进行超量性或者典型性文化业绩献媚，② 这势必会影响公共文化产品和服务的有效供给与服务质量的提升。而原有行政文化权力与民众文化权益的紧张对峙，使得文化官僚及相应机构更加维护自身的主导性

① 李燕．用好大数据，创新政府管理思维与手段［EB/OL］．［2021-01-08］．http：//www.echinagov.com/news/54424.htm.

② 王列生．国家公共文化服务体系论［M］．北京：文化艺术出版社，2009：53.

和与之捆绑的部门利益，这种根深蒂固的权力支配，也会构成数据开放的隐性阻力，造成数据分割以及一系列问题。

从权责分配体制来看，一方面是“政府职能的错位，政府该管的未管或没有管好，比如调查研究、制定政策、颁布法规等”；① 另一方面又存在着结构和功能的重叠，如目前中央政府着力推动的文化惠民工程就分属不同的部门，而部门之间各行其是，很多业务和职能之间重复交叉，造成资源的极大浪费。加之科层结构中横向和纵向的行政壁垒，导致主体权责不明，对于利益则相互争抢，出了问题却互相推诿免责，影响了公共文化事业的宏观管理和协调发展。② 如何消除壁垒，平衡部门利益和责任，是开放大数据的关键，也是公共文化大数据资源规划与统筹发展成败的关键。

7.2.2.2 制度障碍

公共文化大数据资源利用共享，需要国家从法律法规、行业规范以及标准建设等多方面对大数据及个人隐私数据进行监管和保护，也需要公共文化服务各方主体切实遵守相关规定，承担相应责任，在自身权利义务范围内进行行为决策。目前，对于公共文化大数据资源利用共享还存在诸多制度上的障碍。

首先，相关的法律制度建设还比较薄弱。无论从文化立法还是从大数据立法来看，都还没有形成成熟的法制建设体系，更不用说能将两者结合的法制或法规。一方面，文化立法长期以来是我国立法的短板，目前文化领域只有《中华人民共和国文物保护法》《中华人民共和国档案法》《中华人民共和国著作权法》《中华人民共和国非物质文化遗产法》《中华人民共和国电影产业促进法》《中华人民共和国公共文化服务保障法》《中华人民共和国公共图书馆法》7部，而健全完善的公共文化服务法律体系，需要形成以宪法为根本，以公共文化服务基本法律、专门法律和行政法规为主干，以地

① 孙滨．论艺术表演团体体制改革[M]．银川：宁夏人民出版社，1999：41.

② 王能宪．文化建设论[M]．北京：人民出版社，2006：93.

方性法规和行政规章为补充的一套完备的法律体系，这都不可能在短期内完成。另一方面，在大数据立法方面，我国起步也较晚，涉及大数据资源统筹发展的只有4部地方法规，除《贵州省大数据发展应用促进条例》明确了大数据资源统筹发展的法律地位和主要内容①之外，其他的管理办法和开放条例都还未深入社会数据资源的统筹。

其次，公共文化服务与大数据行业制度规范还不健全，其发展障碍突出表现在公共文化数据资源的开放获取和隐私保护的矛盾上。不可否认，开放公共文化大数据与个人信息及隐私保护不可避免地存在某种程度上的分歧。不加限制地催熟大数据产业，可能会侵害公民隐私等权益；而一味强调公民的个人隐私安全，则可能在数据源头、收集利用等方面面临若干挑战。在实践中，由于缺乏公共文化服务数据的定密、保密制度，在数据的采集、存储、共享过程中，主体很难判定哪些数据涉及国家安全、商业秘密或个人隐私，而相应奖惩制度的缺失，又使得主体间数据开放共享的积极性和主动性难以调动起来。另外，作为大数据开发应用重要基础的数据权的归属尚未确定，从产业长期发展角度考虑，还不能采取冒进政策，只能在现有的数据安全隐私保护框架上添砖加瓦、逐层推进，以清晰可控的制度规范引导公共文化服务主体的行为，促进公共文化服务效能的有序提升。

再次，公共文化大数据标准建设还缺乏完善的制度保障。2015年国务院印发《深化标准化工作改革方案》和《国家标准化体系建设发展规划(2016—2020年)》,② 其中提出了“基本公共服务标准化工程”和“新一代信息技术标准化工程”重大工程建设规划。据此，文化部已在全国广泛开展了公共文化服务标准化的试点工作，但适

① 贵州省大数据发展应用促进条例[EB/OL]. [2021-03-01]. http://search.chinalaw.gov.cn/law/searchTitleDetail? LawID = 342599&Query =% E5% A4%A7%E6%95%B0%E6%8D%AE&IsExact = &PageIndex = 1.

② 王颖. 科学推进公共文化服务标准化建设[J]. 中国质量万里行, 2016(2): 17.

合全国范围的保障标准、技术标准和评价标准制度还未形成。2015年国务院《促进大数据发展行动纲要》虽然制定了政府数据开放和信息共享的时间表，2018年国务院办公厅印发了《科学数据管理办法》，以及中国电子技术标准化研究院编制了《大数据标准化白皮书》，但各种大数据相关的标准规范还在编制过程中，并未形成完备的标准规范制度。

7.2.2.3 管理障碍

由于大数据资源具有数据结构复杂、数据来源广泛、数据分布不均、数据存储难度大等特性，公共文化大数据资源在体量(volume)、效率(velocity)、来源(variety)、价值(value)及真实性(veracity)等方面也呈现出多V特性，决定了大数据资源开发利用的复杂性，也为公共文化大数据资源开发利用与共享带来巨大的挑战。

从大数据资源的管理来看，其数据形态多样，无论是政府数据还是社会数据，在大数据资源规划管理过程中都会存在若干障碍，如政府数据的开放与整合程度不够，社会数据的获取和管理不得不面对安全与隐私保护、知识产权保护等方面的问题，传统官僚制的管理思维，也会带来严格的等级制、权力崇拜和人治惯性等，这些都对数据的开放应用构成了潜在的阻力。对于管理人员来说，学习并掌握大数据治理知识是非常必要的。同时，数据开放共享和隐私保护的法律、政策和制度还没有形成，如前文所说激励或奖惩制度等的缺失，因而在制度环境尚未完善的情况下如何突破管理的桎梏，使政治环境的构建与法制建设同步是需要深入思考的问题。

公共文化大数据资源的来源广泛，既有公共文化机构内部所产生的业务数据和管理数据，又有来源于公共文化机构外部的网络数据，形成一种多层级的公共文化大数据结构，给大数据资源的规模化开发利用与共享带来障碍。业务数据是大数据构成的核心部分，即由公共文化机构内部信息系统所产生的数据，包括业务系统数据(如藏品管理数据、信息自动化系统数据)、用户终端系统数据(如展览展示平台数据、终端服务机数据、互动平台数据)、数据仓库

统计明细数据等。管理数据是维护文化服务机构正常运营的各种管理信息系统所产生的数据。例如，财务系统、自动化办公系统、人流量分析系统、博物馆商店系统、设备租借管理系统等，这些数据有的是信息孤岛，难以进行大数据应用，有的能记录下用户文化消费的行为，具有大数据分析应用的价值，① 但又由于分属于不同领域和部门，整合的难度较大，需要借助于国家顶层设计来搭建共享平台，建立完善的整体协同机制。另外一部分大数据来源于公共文化机构外部，即网络数据。与公共文化服务相关的网络平台(包括论坛、微博、微信等社交平台)所产生的相关的信息资讯、评价反馈、用户偏好、使用习惯、销售数据等非结构化信息，对这些数据的搜集整理及分析更为复杂，而且其所有权掌握在网站企业手中，因此在实际应用中面临着诸多的困难，给公共文化大数据的规划与统筹发展提出了更多的挑战。

7.2.2.4 技术障碍

尽管大数据的应用价值被广泛认可，并带动了政府部门以及学界、业界的广泛研究热情，如中国计算机学会、中国通信学会的大数据委员会对大数据中科学与工程问题的研究，科技部和工信部更是将大数据技术作为重点项目予以支持。然而，这些基础性研究很难在短期内提升我国大数据技术管理应用的整体水平，主要原因表现在：

一是政府大数据分析工具与相关技术较为落后，数据处理技术基础薄弱，尤其是还没有针对于公共文化服务的数据收集、分析与处理技术，制约了大数据资源利用共享的推进实效。

二是原创意识不高，缺乏平台级的自主创新技术，存在信息化管理的风险，且在国际上大数据技术话语权微弱。

三是虽然利用大数据技术逐步完善了公共文化服务网络平台的建设，但更偏向产品和服务数量的增加，而不注意质的挖掘，与公

① 嵇婷，吴政．公共文化服务大数据的来源、采集与分析研究[J]．图书馆建设，2015(11)：21.

共文化服务的满意度提升仍存在一定的差距。

四是我国目前大数据的标准化程度不高，还缺乏统一的元数据标准、分类和代码，不同的部门、企业、单位往往从各自管理经营的角度出发，使得数据的开发应用遇到很大障碍，许多有价值的数据没有被捕获、存储和分析，而失去了应有的数据价值。

可见，大数据的真正意义不在于掌握庞大的数据信息，而在于对数据的专业化处理，提高对数据的"加工能力"，实现数据的"增值"。通过对大数据的全面规划和统筹安排，提升数据源的质量，确保大数据分析结果的准确、有用。① 就国家层面而言，公共文化大数据资源规划与统筹发展面临的不是单一层面的挑战，而是数据技术与安全、信息开放与隐私保护、制度管理与人才培养等综合性的问题，考验国家对大数据资源的统筹能力。

7.2.3 公共文化大数据资源规划与统筹发展的环境矩阵分析

公共文化大数据资源规划与统筹发展，实际上是公共文化服务发展到信息化和网络化高级阶段的必然要求。早在 2002 年，文化部和财政部就共同出台《关于实施全国文化信息资源共享工程的通知》，着力打造文化共享工程，经过十多年的发展，已经形成了三大公共数字文化惠民工程的格局——文化共享工程、数字图书馆推广工程、公共电子阅览室建设计划，并以此为依托，逐步建立了公共数字文化设施网络，加强了公共数字文化资源的生产。在大数据环境下，应进一步提高公共数字文化产品的供给与服务能力，建设全媒体覆盖的数字文化服务网络，培育新型的公共文化服务业态。为此，需要对大数据环境下的公共文化服务现状进行分析，以明确大数据资源规划与统筹发展的环境因素，可以采用由美国管理学教授韦里克(H. HHK Weihrich)提出的 SWOT(或 TOWS)分析法，通过列举分析来研究所属对象的内外因素，包括内部的优势(strengths)、劣

① 周耀林，赵跃，段先娥．大数据时代信息资源规划研究发展路径探析[J]．图书馆学研究，2017(15)：38.

势(weaknesses)和外部的机遇(opportunities)、威胁(threats)。① 通过 SWOT 分析，将当前公共数字文化服务的内外部条件进行综合，利用大数据发展的机遇，扬长避短，探索公共文化大数据资源规划与统筹发展的最佳策略。笔者将 SWOT 分析法各要素运用到公共数字文化服务现状研究中，得到了公共文化大数据资源规划与统筹发展的 SWOT 矩阵分析图，如图 7-2 所示。

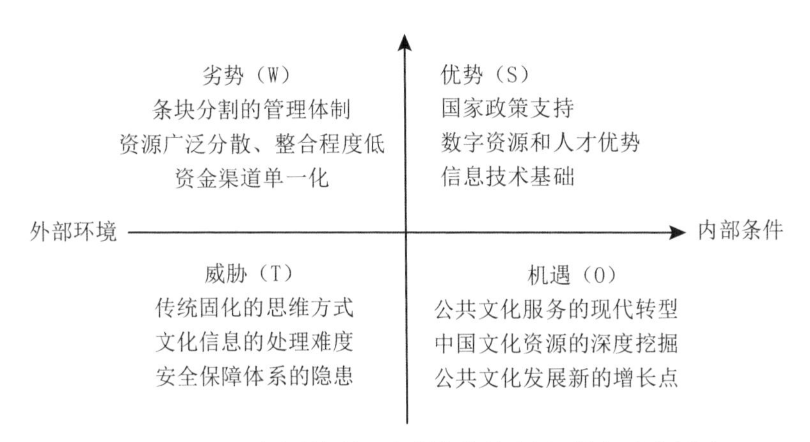

图 7-2 公共文化大数据资源规划与统筹发展环境矩阵分析图

7.2.3.1 优势分析

首先，国家在政策上大力支持公共文化的信息化建设，这对于大数据资源规划与统筹发展的实施奠定了坚实的政策基础。

从公共数字文化建设的发展脉络来看，文化部、财政部于 2011 年共同出台了《关于进一步加强公共数字文化建设的指导意见》，指出要推进公共数字文化建设制度的顶层设计，加大投入和保障机制，注重人才培养和队伍建设。这一政策的出台为公共数字文化建设提供了战略性的指导方向，各级政府也相继出台地方性法

① Weihrich H. The TOWS Matrix-a Tool for Situational Analysis[J]. Long range planning, 1982, 15(2): 54.

规和政策，进一步明确了公共数字文化建设的定位、架构与目标、建设重点和实施路径等。① 公共数字文化建设成为数字化、信息化、网络环境下文化建设的新平台、新阵地，是利用信息技术拓展公共文化服务能力和传播范围的重要途径，对于消除数字鸿沟，满足人民群众不断增长的精神文化需求，提高全民族文明素质，构建社会主义核心价值体系具有重要意义。② 2015 年，中共中央办公厅、国务院办公厅出台《关于加快构建现代公共文化服务体系的意见》，提出到2020 年，基本建成覆盖城乡、便捷高效、保基本、促公平的现代公共文化体系。2017 年，文化部印发的《文化部"十三五"时期公共数字文化建设规划》指出，公共数字文化建设是加快构建现代公共文化体系的重要任务。这些政策的贯彻执行，为公共文化在大数据发展的环境之下，利用新的技术提升服务效能奠定了基础，也促使中央财政在支持构建现代公共文化体系资金投入方面逐年上升。③ 2019 年，文化和旅游部办公厅印发《公共数字文化工程融合创新发展实施方案》，目标是到2020 年年底，基本建成统一的工程标准规范体系，实现工程平台有效整合、资源共建共享、管理统筹规范、服务便捷高效，社会力量参与机制更加健全，服务效能显著提升。④

其次，公共文化领域具备相对的数字资源和人才优势。以公共图书馆为例，我国数字图书馆资源建设总量呈逐年快速增长趋势，2016 年数据量首次突破 2000TB，2018 年数据量达到 2610TB。资

① 文化部社会文化司于群谈文化发展成就[EB/OL].[2021-01-14]. http://live.people.com.cn/note.php?id=722111013155739_ctdzb_015.

② 文化部、财政部．关于进一步加强公共数字文化建设的指导意见[EB/OL].[2021-01-14]. http://www.mof.gov.cn/zhengwuxinxi/zhengcefabu/201112/t20111209_614350.htm.

③ 陆和建，李杨．基于 SWOT-PEST 分析的基层公共文化服务社会化管理发展策略研究[J]. 图书情报知识，2016(4)：124.

④ 文化和旅游部办公厅关于印发《公共数字文化工程融合创新发展实施方案》的通知[EB/OL].[2021-03-22]. http://www.gov.cn/zhengce/zhengceku/2019-09/25/content_5433092.htm.

源发布总量也随之保持了相应的增长规模，2011 年发布量为 504TB，2016 年就达到 1873TB，2018 年则达到 2447TB。① 截至 2021 年 1 月，仅中国数字图书馆推广工程的数字资源就包括 27 万张图片、13 万种中文图书、1.22 万种中文期刊、15 万首音频音乐、150 小时科普视频、5000 个英语微视频等。② 图书馆丰富的文献资源种类涉及政治、经济、文化、历史，以及人类生活的方方面面，为知识信息化奠定了基础。另据国家文化和旅游部统计，截至 2019 年年末，全国公共图书馆从业人员 57796 人，比上年末增加 194 人。③ 其中，具有高级职称的人员 6966 人，占 12.1%；具有中级职称的人员 18540 人，占 32.1%。可以看出，以图书馆为代表的公共文化领域，具备相对的数字资源优势和人才优势，为其开展实施大数据资源规划与发展提供了强有力的支撑。

再次，以公共图书馆为代表的公共文化事业本身具备信息技术的基础，能将大数据发展的成果优先加以应用。在信息化发展的过程中，图书馆等公共文化机构总能紧跟时代潮流，不断将新的信息技术应用到公共文化中，从最初的数字资源采集、存储和共享，到逐渐实现线上线下相结合的网络信息平台的转变，催生了各种公共数字文化云的相继建立。随着移动互联网技术和社交媒体技术的进一步发展，公共文化机构也积极应对，开通微博、微信公众号等新媒体交互手段，开辟便利的沟通渠道、提供丰富的文化信息，进一步拉近了服务主体与服务对象之间的距离，实现了服务平台与用户的即时交互。其中，公共图书馆系统由于最早开始进行信息化建设，数字图书馆已经普遍建立，基本上代表了同类系统中数字化和

① 温程辉.2018 年公共图书馆行业数字化发展现状与市场趋势分析［EB/OL］.［2021-03-01］. https://www.qianzhan.com/analyst/detail/220/190424-41c2f21e.html.

② 数字图书馆推广工程［EB/OL］.［2021-03-22］. http://www.ndlib.cn/.

③ 中华人民共和国文化和旅游部 2019 年文化和旅游发展统计公报［EB/OL］.［2020-12-21］. https://www.mct.gov.cn/whzx/ggtz/202006/t20200620_872735.htm.

网络化的最高水平。它同时作为国家级文化重点建设工程和文化惠民工程的主要承担者之一，在资源建设、信息传递、内容推广和技术维护上积累了丰富的实践经验，在大数据资源成果应用上具有优势和示范作用。① 而随着国家多项文化惠民工程的实施，也从整体上进一步提升了各类文化机构的信息基础设施和信息化应用水平，不仅促进了馆藏资源的日益丰富，特别是数字化信息增量显著，而且也促进了管理手段初步的计算机化和网络化。②

7.2.3.2 劣势分析

第一，传统的“条块分割”的文化管理体制依然盛行，使得文化市场体系发育迟缓，且低于全国市场体系发展的一般水平，不利于大数据等生产要素的自由流通，以及大数据资源规划与统筹发展。虽然我国文化体制改革正在日益深入，但总体进程缓慢，尤其是国家文化宏观管理和监管体制改革进程缓慢。这是因为文化体制的改革与政治体制的改革密切相关，涉及党政关系、政企关系、政事关系等诸多方面。

目前，政府行政干预依然较多，管理职责又划分不明，“缺位”和“越位”现象同时存在，管办不分、政企不分、政事不分、职能交叉、行政管理成本过高的问题依然突出，③ 从而导致了市场微观主体的交易成本过高，而且依靠以专项资金为主要手段和行政推进为主要方式的发展模式，在一定程度上强化了政府文化主管部门配置资源的传统体制，抑制了以市场配置资源为主的发展模式，导致市场微观主体的活跃度不够，④ 不利于公共文化的社会化发展进程。这也是我国文化市场上缺乏战略投资者，国有文化产业集团难

① 侯雪婷，杨志萍，陆颖．基于 SWOT 分析的公共图书馆文化精准扶贫战略研究[J]．图书情报工作，2017(11)：29.

② 刘炜．大数据创新公共文化服务研究[J]．图书馆建设，2016(3)：6.

③ 石宗源．中国特色新闻出版业发展之路[M]//王永亮，等．传媒思想——高层权威解读传媒．北京：北京广播学院出版社，2004：37.

④ 赵红川．国家文化治理的挑战及其可能[J]．四川文理学院学报，2014(7)：7-11.

以通过资本市场的投融资平台进行跨地区、跨行业经营，迅速发展壮大的主要原因。总之，条块分割的管理体制伴随着区域壁垒和行政干预等问题，导致全国统一的文化大市场尚未形成，条块分割的局面仍明显存在。

第二，目前公共数字文化资源来源不同、分散无序、整合程度低，与公共文化大数据工程的目标还存在着较大差距。条块分割的管理体制使得分属于不同系统的各种公共文化机构，难以形成统一的服务架构与体系标准，各机构之间开展的合作还很有限，虽然以LAM(图书馆、档案馆、博物馆)为基础的机构协作逐渐开展，但资源整合的深度和广度仍然不够。

各公共文化机构虽然纷纷搭建了数字资源服务平台，国家层面构建了公共文化云平台，但资源整合仍停留在框架建构的初级阶段，全国范围内的公共数字文化资源尚未全面打通。以国家公共文化云微信公众号为例，点击进入武汉地区的场馆导航栏目，选择博物馆或图书馆按钮，页面显示选择区域暂无资源，说明平台上不同机构资源的统一检索和深度挖掘并未真正实现，尚不能为公众提供准确便捷的一站式服务。这种情况既需要充分地利用大数据技术，以改善公共数字文化资源整合程度低的问题，也需要提高公共文化资源利用率，以便给大数据的开发和利用带来开放性的环境。

第三，我国当前公共文化的主要模式仍是以政府为主导、以公共文化机构为骨干的发展格局，公共财政拨款仍为主要资金来源，国家层面的公共图书馆或者社区文化服务中心，资金来源均为国家财政拨款。

2015年《关于加快构建现代公共文化服务体系的意见》，虽然强调简政放权、吸引社会资本投入，但还需要在相当长的时间内从实践层面完善政策体系、优化路径策略、加大激励监管、强化舆论引导，才能真正形成社会力量参与公共文化发展的新格局。由于公共图书馆等文化机构的公益属性，自筹资金难度很大，其功能的实现目前基本取决于公共财政投入的力度。虽然国家逐年加大公共财政支持的力度和各专项资金的拨款力度，但各级公共文化机构只能勉强维持收支平衡，以2016年县级公共图书馆为例，其工资福利支出(249.3398万元)约是商品和服务支出(147.1561万元)的1.7倍，其基本支出(400.834万元)就占到了总经费支出(614.86万元)的65%。① 与此同时，省市级以下的公共图书机构还普遍存在着馆舍老破陈旧、设备更新缓慢、资源短缺匮乏等问题，在现有财政支持情况下，仅有江西、山东等少数省份明确规定了公共图书馆经费保障的内容，多数省份均缺乏明确的基本服务保障经费量化指标和地方配套资金的基本保障标准，② 更无法保障大数据资源规划与统筹发展的资金配套。

7.2.3.3　机遇分析

首先，公共文化的现代化转型需要依靠大数据资源规划战略统筹推进。大数据资源规划服务于公共文化的现代化可以体现在以下几个方面：一是促进管理理念的现代化，包括以大数据应用满足基础保障和环境建设的需求，实现公共服务均等化目标，从数据的科学化治理贯彻政府的服务理念，协调社会力量的广泛参与等因素的实现；二是促进政府决策的现代化，政府部门可以利用大数据的信息价值进行科学预判和决策，通过大数据的整体规划与统筹发展，提升数据认知和管理能力，促进公共文化服务能力的整体提升和现代化转型；三是促进公共文化服务方式的现代化，通过大数据战略推动科技创新，使科技手段与文化内容相结合，综合利用现代传播手段推进公共文化体系的现代化。

其次，大数据资源规划与统筹发展可以促进中国文化资源的深度挖掘。大数据技术的应用可以从根本上改变供给端的文化产品结构，通过大数据综合服务平台的构建，挖掘我国传统文化资源中新的内涵，提供具有时代特色、高品质、多元化的文化产品。各种文化机构在文化传播的契机中，只有争先获取更多的优质数据资源，

① 中国图书馆学会．中国图书馆年鉴2017[M]．北京：国家图书馆出版社，2018：487.

② 冯佳．中部地区图书馆事业发展新机遇——中部地区贯彻落实两办《意见》的地方路径[J]．图书馆，2016(10)：15.

形成一个牢固的数据网络，才能满足社会公众的文化需求，进一步扩大中国文化的影响力。

最后，大数据资源规划与统筹发展可以带动公共文化发展新的增长点。根据预测，2020年全球数据总量将达到44ZB，海量数据是一个巨大的金矿，能够为公共文化发展提供重要的来源。大量的数据需要合理规划、统筹布局，一是要不断提升数据处理与数据分析的速度，提高公共数字文化资源整合的效率；二是要深入挖掘海量公共文化数据之间的联系，提高数据资源的质量、广度和深度，提供具有知识性的服务内容；三是通过消费大数据的挖掘，了解用户的使用习惯和偏好，为用户提供符合多样化的资源和个性化的服务形式，从而提高资源的利用价值。① 因而，公共文化机构可以利用全面整合的大数据资源，实现信息生产方式的转变，促进文化生产力的全面提升，真正使巨大的数据资源成为谋略全局的重要要素，成为带动公共文化发展的新的增长点。

7.2.3.4 威胁分析

第一，相较于经营性文化产业，公共文化领域的思维方式较为固化。一方面，传统管制观念尚未清除，服务理念还未成熟，尤其是面向基层的公共文化，其内容、形式与方法革新都较慢，不符合大数据治理与发展的思路，在一定程度上也会影响大数据规划与统筹的顺利实施。另一方面，大数据思维相较于传统的数字化的概念，在思维本质上有一个跳跃性的发展。它不仅要求及时转变现有的思维定式，具备处理有着复杂变量的大数据的能力，还需要进一步探究开放的大数据背后所隐藏的规律，通过多方联动的精密系统，提供精准化的公共文化服务，这无疑是一个巨大的挑战。

第二，文化信息的加工处理能力也面临着更严峻的考验。大数据时代不同类型的数据的汇聚，使得信息更多以碎片化形式存在，信息的价值密度低，还伴有大量的冗余和虚假内容的存在。因此，

---

① 王学贤．利用大数据整合公共数字文化资源[EB/OL]．[2021-01-19]．http：//www.lf.gov.cn/Item/67828.aspx.

要想对大数据进行加工处理以及价值挖掘，实际上是对信息技术和处理能力的考验。① 同时，数据规模日益庞大、种类繁多，电子文档、电子邮件、网页、视频文件、多媒体等非结构化的数据形式大量存在，从技术层面对大数据资源规划与统筹发展提出更高的要求。

此外，对安全保障体系也提出了新的要求。在大数据时代，由于需要将不同机构和部门的公共数字文化资源都整合在同一个平台上，数字资源安全存在一定的隐患。这就需要做好安全保障工作，构建符合实际的数据安全保障体系以保证公共数字文化资源采集、存储、交换和使用过程中的安全问题。如运用数据加密技术，保障数据的完整性；对数据进行实时监测，并定期进行扫描，确保数据运行的安全状态。②

7.3　公共文化大数据资源规划流程设计

公共文化大数据资源规划与统筹发展实施流程，是将本报告提出的大数据资源规划理论与公共文化大数据资源统筹发展实践相结合，通过大数据资源规划的方案设计，并在规划的指导和约束下，不断完善和推进公共文化大数据资源统筹发展实践的全过程。整个实施流程由资源规划和统筹发展两部分构成，分为环境分析、目标设定、方案设计、规划实施与监督、效果反馈与评估五个阶段。

从资源规划的角度来看，公共文化大数据资源规划流程中，首先，要对公共文化大数据规划与发展的环境进行分析，为大数据资源规划做好准备，可结合公共文化服务机构的发展战略、工作内容、资源配置、资金来源、人才队伍等几个方面对内外部环境进行

① 曹艳芳．论大数据背景下新媒体提供公共文化服务的策略[J]．安徽行政学院学报，2016(3)：63.

② 王学贤．利用大数据整合公共数字文化资源[EB/OL]．[2021-01-19]．http：//www.lf.gov.cn/Item/67828.aspx.

分析；其次，明确地设定大数据资源规划的目标，这个目标应考虑公共文化事业建设发展的不同阶段，在规划期内设定相应的短期、中期、长期的阶段性目标，要在前期准备的基础上，对目标进行科学、合理、可行的设定，不能脱离实际，更不能好高骛远；再次，进行规划方案的设计，要对已有的文献资料、调研数据、历史文本、现实材料进行科学的量化统计和定性研究，再结合大数据资源规划的文本模型和公共文化服务规划远景制定规划方案。

从统筹发展的角度来看，一方面，公共文化大数据资源规划的实施，是大数据资源统筹发展实践的首要环节，实施的过程要严格遵守规划制定过程中设定的目标、时间、内容、标准等，并需要培养相应的实施监督机制，对于执行情况进行必要的考查与客观的记录，以便能及时发现问题并寻找解决方案，根据情况调整后续策略，确保大数据资源规划实施的效果，也才能够确保公共文化服务效能的提升，实现对各方利益的保护。另一方面，大数据资源统筹发展实践并未随着规划方案的实施而结束，对于资源规划的实施效果，应建立专门的反馈机制与评估体系，在规划实施过程中和规划实施完成后进行跟踪反馈评价。特别是资源规划中如有设定短期目标、中期目标、长期目标的，应对不同时限内的目标完成情况进行核查，针对评估指标逐条打分，寻找差距，确保后期规划与统筹发展实践的正确性与合理性。过程评价和结果评价的数据，也可为之后其他类型的大数据资源规划与统筹发展提供研究基础和宝贵经验。

7.3.1 公共文化大数据资源规划流程的基本结构

大数据资源规划的实施流程要明确大数据资源规划中的各活动要素及相互关系，要以确立规划与统筹发展最优路径为目标，对规划与统筹过程中涉及的组织管理、数据资源、实施过程、过程保障及效果评估的相互作用、结果等因素进行有效组合，通过这一过程明确规划制定和统筹发展的关系和具体操作问题。合理地规划实施流程，可以减少规划制定过程中的信息损耗，同时通过程序理性地约束，确保规划制定的客观透明性。因此从某种意义上来说，规划实施流程是整个规划理论研究中的基础部分，是影响着规划前期准备、中期实践与后期管理控制整个过程的重要制度性问题。

另外，要始终注意大数据资源规划与统筹发展是相互紧密关联的，规划是理论前提和实践的基础，统筹发展则是规划的目的和归宿。第一，这一制定过程需要与大数据所面向的公共文化服务战略相符合，参照对应的公共文化服务系统各方面进行相应地资源规划。第二，规划内容既要将公共文化战略中的各个组成部分紧密联系起来，又要与大数据资源管理实现对接。第三，规划时要注意区分开不同类型的文化机构，还要将大数据资源管理以不同工作性质、不同工作要求划分归纳出来，以提高资源规划与管理的效率，更好地实现对资源管理的运用与增强文化机构战略的有效性。① 根据前文的分析，形成公共文化大数据资源规划与统筹发展实施流程结构图，如图 7-3 所示。

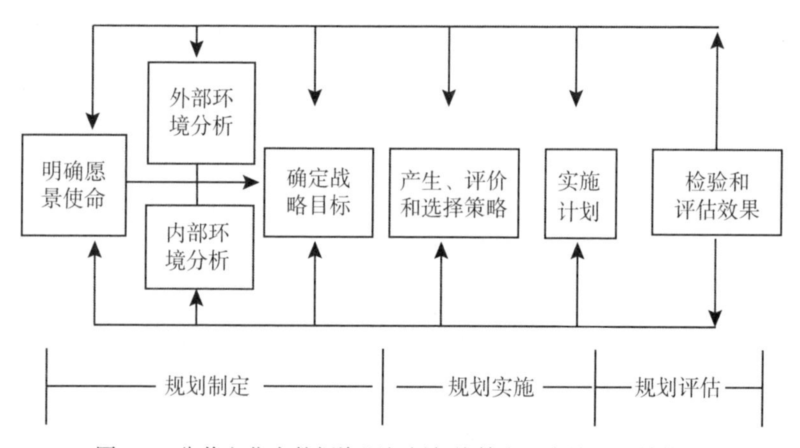

图 7-3　公共文化大数据资源规划与统筹发展实施流程结构图

① 顾函卿．基于事业单位战略的人力资源规划流程及方案探析[J]．人力资源管理，2017(1)：33.

7.3.2 公共文化大数据资源规划流程的主要内容

公共文化大数据资源规划是对公共文化服务从日常事务管理到未来发展规划的一种设想，大数据统筹发展则是规划的组织管理与实践阶段。在对环境进行分析之后，整个规划与统筹发展的实际操作过程可以划分为规划制定、策略推进、过程保障与效果评估几个阶段，通过运作机制、保障机制和反馈机制的相互关联，循环推进。大数据资源规划的制定、实施和评估基于以优势、劣势、机会和威胁分析为主的环境策略，其有序开展依赖于规划流程的规范性、规划内容的合理性以及规划实施的保障性。在特殊情况下，大数据规划的内容可以随着内外环境的变化和过程评估反馈及时调整，而战略规划制定过程一旦确立便形成工作制度，需要保持程序理性的稳定性，以控制和保障战略规划制定的客观性、延续性。基于上述逻辑，大数据规划制定流程的研究是大数据规划的基础，是实施大数据规划活动的必要保障。

利用 SWOT 分析工具对大数据背景下公共文化事业发展的环境进行分析，是公共文化大数据资源规划和统筹发展的起点，规划目标的设定、规划文本的制定、规划实施、保障与评估都是以此为基础，并在各自的维度展开设计。

(1)规划目标的制定

公共文化大数据资源规划目标可以理解为由战略目标(Goals)、战略任务(Objectives)、行动策略或计划(Measures 或 Actions)等构成的目标体系。它阐述的是我们的目的以及如何到达目的的途径，是实现未来公共文化服务愿景的各种行动的集合。目标的制定方法有多种，由于机构和管理人员的层级不同，介入分析与决策程度不一，可形成自上而下、自下而上、上下相结合、规划小组制定四类规划目标的形成方法。① 自上而下的方法是从管理高层出发，由管理决策者先制定总体战略目标，各部门再根据自身实际情况将其分

① 甘华鸣，等．战略管理操作规范[M]．北京：企业管理出版社，2004：166.

解并制定具体的任务和策略。这种方法有利于高层管理者从宏观上掌控整体发展态势和长远目标，但却束缚了中层管理人员和普通工作人员的积极性和创造性。自下而上的方法则强调工作人员的积极性，先由各部门提交各自的部门目标，再由管理决策者综合评定、整合、修改并加以平衡，形成总体目标。这种方法能集思广益，具有广泛的群众基础，在实施过程中更容易获得认可和支持，但又难于协调各部门的利益，甚而会影响管理决策者对整体发展目标的前瞻性把握。上下相结合的方法则综合前两种方法的优势，通过集体研讨和小组讨论的结合，由管理者和普通工作人员共同沟通和磋商，编制出适宜的目标，从而可以产生较好的协调效果，有助于使命的实现。规划小组制定的方法是指成立专门的规划制定小组负责目标的定位，然后由管理决策者和各部门代表参与座谈，征求修改意见，逐步完善形成最终稿。这种方法的针对性较强，效率较高。

规划目标的最终确定需要经过目标方案的讨论阶段，首先，要考察拟定的目标是否符合公共文化服务的愿景与使命，是否符合外部环境及未来发展的需要；其次，要考察目标是否具有可行性，要按照目标的要求，分析目前公共文化服务应用大数据的实际能力，找出目标与现状的差距，然后研究用以消除这些差距的措施，尽量明确时间范围、资源需求、人员配置等细节问题；最后，还要对目标的完善程度进行评价，重点考察目标是否明确，是否具有多层级、多阶段、多维度的目标体系，分目标内容是否统一协调，有无改善的余地等。在制定过程中反复的交流和讨论显得很重要，要遵循“讨论—通过—建议—讨论—通过”的循环流程来整合各种意见，从而达成团队共识，并使组织认同感得到提升。

规划目标的制定过程需要注意：第一，目标是规划指导思想的具体化；第二，目标要能针对公共文化事业发展现状及困难，提出并解决关键问题；第三，目标必须是可衡量的，具有一定的操作性；第四，目标中要明确资金保障的标准，要在规划文本中给予经费说明；第五，环境分析是基础，要根据环境因素确立规划目标，以保证目标与内部环境、外部宏观环境、行业环境以及未来发展趋势的协调。

表 7-1 **大数据资源规划目标示例**

规划名称	大数据产业发展规划（2016—2020 年）	贵州省数字经济发展规划（2017—2020 年）
规划目标	到 2020 年，技术先进、应用繁荣、保障有力的大数据产业体系基本形成。大数据相关产品和服务业务收入突破 1 万亿元(基于现有电子信息产业统计数据及行业抽样估计，2025 年我国大数据产业业务收入 2800 亿元左右)，年均复合增长率保持 30% 左右，加快建设数据强国，为实现制造强国和网络强国提供强大的产业支撑 ——技术产品先进可控。在大数据基础软硬件方面形成安全可控技术产品，在大数据获取、存储管理和处理平台技术领域达到国际先进水平，在数据挖掘、分析与应用等算法和工具方面处于领先地位，形成一批自主创新、技术先进，满足重大应用需求的产品、解决方案和服务 ——应用能力显著增强。工业大数据应用全面支撑智能制造和工业转型升级，大数据在创新创业、政府管理和民生服务等方面广泛深入应用，技术融合、业务融合和数据融合能力显著提升，实现跨层级、跨地域、跨系统、跨部门、跨业务的协同管理和服务，形成数据驱动创新发展的新模式	到 2020 年，探索形成具有数字经济时代鲜明特征的创新发展道路，信息技术在三次产业中加快融合应用，数字经济发展水平显著提高，数字经济增加值占地区 GDP 的比重达到 30%以上 ——打造全省经济发展新增长极。数字经济主体产业快速壮大，主体产业增加值年均增长 20%以上。智能终端产品制造产值 1000 亿元，集成电路产值 250 亿元，电子材料与元器件产值达到 250 亿元，软件和信息服务业收入 500 亿元，通信服务业业务总量超过 1500 亿元。创建贵安数字经济国家级创新示范区，打造贵阳数字经济示范城市、遵义数字端产品制造集聚区，建成贵阳—遵义—贵安数字经济核心引领带和一批省级数字经济示范基地(园区)，形成一批具有引领性的技术、产品、企业、行业。贵州成为西部重要的数字经济发展基地 ——创建全国数字经济融合试验区。数字经济贡献能力显著增强。数字经济对三次产业创新转型和结构升级的促进作用明显。互联网广泛应用，网络协同制造、智能生产、服务型制造、绿色制造模式广泛推行，全省两化融合发展总指数达到 75。重点行业数字化研发设计工具普及率达到 74%、关键工序数控化率达到 58%。融合型、服务型数字经济加快发展，旅游、金融、电商、物流等行业向数字化、智慧化发展，能源互联网、智能制造等新兴模式快速发展，产业协同创新体系基本形成。数字经济成为全省加快转型升级的强大动力

续表

规划名称	大数据产业发展规划（2016—2020年）	贵州省数字经济发展规划（2017—2020年）
规划目标	——生态体系繁荣发展。形成若干创新能力突出的大数据骨干企业，培育一批专业化数据服务创新型中小企业，培育10家国际领先的大数据核心龙头企业和500家大数据应用及服务企业。形成比较完善的大数据产业链，大数据产业体系初步形成。建设10~15个大数据综合试验区，创建一批大数据产业集聚区，形成若干大数据新型工业化产业示范基地 ——支撑能力不断增强。建立健全覆盖技术、产品和管理等方面的大数据标准体系。建立一批区域性、行业性大数据产业和应用联盟及行业组织。培育一批大数据咨询研究、测试评估、技术和知识产权、投融资等专业化服务机构。建设1~2个运营规范、具有一定国际影响力的开源社区 ——数据安全保障有力。数据安全技术达到国际先进水平。国家数据安全保护体系基本建成。数据安全技术保障能力和保障体系基本满足国家战略和市场应用需求。数据安全和个人隐私保护的法规制度较为完善	——创建全国数字经济惠民示范区。数字经济惠民水平大幅提升。全省信息化发展指数达到85，达到全国中上水平，网络普及率和数字生活指数排名显著提高。政务服务效率和智慧化水平大幅提升，行政审批和公共服务事项网上全流程办理率达到65%。高速光纤网络基本实现城乡全覆盖，城市和农村普遍提供20Mbps以上的接入服务能力，3G/4G网络全面覆盖城乡，满足城市和农村家庭依实际情况灵活选择多样化信息服务的带宽需求，城乡数字鸿沟加快缩小，精准扶贫数字化取得显著成效。数字经济发展带动新增就业岗位累计超过150万个，其中新增吸纳大学生就业累计80万人。数字经济成为全省民生改善的重要途径 ——打造全国数字经济创新新高地。信息基础设施水平和供给能力明显提升，网络安全保证能力明显提高，数字经济人才洼地初步形成，发展支撑性作用明显增强，形成适应数字经济发展的政策法规体系、标准规范体系、开放合作机制、创业创新体制机制、科技管理体制和良好营商环境。累计引进和培养10000名以上数字经济中高端人才，集聚30家以上以技术为核心、品牌为龙头、资本为纽带、跨地区跨行业的数字经济龙头骨干企业和200家以上创新力、竞争力强的数字经济“小巨人”企业、“独角兽”企业，孕育催生一批数字经济新兴业态。数字经济成为全省创新驱动发展的强劲引擎

(2)规划文本的编制

规划文本又称“规划书”，是大数据资源规划活动中形成的纲领性文件。规划文本在很大程度上反映着规划活动的程序理性与最终效果，因此其内容和形式应该具备一定的规范和要求。规划文本的制定要体现以下特点：一是内容全面。规划文本不仅包括规划的指导思想(或使命、愿景、价值观)、总体战略目标、各阶段或各部门分目标，还包括实现战略目标的战略任务、方法、策略等。二是语言简练。三是指向明确。四是上下互动，共同参与完成。①

规划文本的编制工作可从规划小组中挑选参与过规划制定前期工作的人员，同时该人员需具备较好的写作能力和丰富的写作经验，并且对来自各方的评论和建议有较强的理解、思考和吸纳能力。规划文本的编制工作主要有以下步骤：

第一，草案拟定，旨在将规划分析与制定的结果明确化、书面化，即依照规范的文本结构框架，将前期的使命、愿景、战略目标、任务等整合在一起，拟定文本草案。

第二，文本修订。文本草案形成后，需要经过多轮修订，首先由文本编制人员进行自我修改、剔除错字和病句；然后提交规划小组负责人进行综合修改；最后将修改过的文本递交给规划委员会的每位成员审核。

第三，广泛征求意见。将初步形成的大数据战略规划文本，通过大会、网络发布、公示、通告等渠道向各部门员工、社会公众以及相关利益群体广泛征求修改意见，平衡各方观点并获得理解认同。

第四，修改定稿，予以批准。根据各方给予的修改意见，对规划文本进行修改，再由规划小组委员会的成员对文本进行审定，核准发布。

① “大学战略规划与管理”课题组．大学战略规划与管理[M]．北京：高等教育出版社，2007：167.

表 7-2 **大数据资源规划文本示例**

规划名称	大数据产业发展规划（2016—2020 年）	贵州省数字经济发展规划（2017—2020 年）
规划文本结构	序言 一、我国发展大数据产业的基础 二、“十二五”时期面临的形势 三、指导思想和发展目标 （一）指导思想 （二）发展原则 （三）发展目标 四、重点任务和重大工程 （一）强化大数据技术产品研发 （二）深化工业大数据创新应用 （三）促进行业大数据应用发展 （四）加快大数据产业主体培育 （五）推进大数据标准体系建设 （六）完善大数据产业支撑体系 （七）提升大数据安全保障能力 五、保障措施 （一）推进体制机制创新 （二）健全相关政策法规制度 （三）加大政策扶持力度 （四）建设多层次人才队伍 （五）推动国际化发展	序言 一、发展基础和发展环境 （一）发展基础 （二）发展优势 （三）存在问题 （四）面临挑战 二、总体要求 （一）总体思路 （二）发展原则 （三）发展目标 三、发展重点 （一）发展资源型数字经济，释放数据资源新价值 （二）发展技术型数字经济，打造信息产业新高地 （三）发展融合型数字经济，激发转型升级新动能 （四）发展服务型数字经济，培育数字应用新业态 四、重大工程 （一）数字经济集聚发展工程 （二）信息基础设施提升工程 （三）数据资源汇聚融通工程 （四）数字政府增效便民工程 （五）企业数字化转型升级工程 （六）民生服务数字化应用工程 （七）新型数字消费推广工程 （八）精准扶贫数字化工程 （九）创新支撑载体打造工程 （十）数字经济安全保障工程

续表

规划名称	大数据产业发展规划（2016—2020 年）	贵州省数字经济发展规划（2017—2020 年）
规划文本结构		五、保障措施 （一）构建创新管理体系 （二）健全财税投融资机制 （三）夯实创新支撑能力 （四）大力培育市场需求 （五）加强数字智力建设 （六）建立国内合作机制 （七）拓展国际合作空间 六、组织实施 （一）加强组织领导 （二）抓好试点示范 （三）强化考核评估

（3）规划的实施与评价

大数据资源规划制定之后的实施阶段，实际上就是大数据统筹发展的实践应用环节。在这一过程中，规划实施与监督、效果反馈与评估是对前期规划成果的检验，同时形成了一个双向的回路系统。其中，监督机制确保规划实施的完成度，评估机制则对规划实施的质量进行反馈，并进一步地改善规划方案，为下一阶段设定合理有效的战略目标打下基础。

7.4 公共文化大数据资源规划文本编制

公共文化大数据资源规划文本，是应用于公共文化领域的大数据“战略规划书”，是推动大数据在公共文化服务统筹发展中的最重要的纲领性文件。这一规划文本的制定，不仅要以国务院出台的《促进大数据发展行动纲要》为蓝本，又要兼顾国务院办公厅制定的《关于加快构建现代公共文化服务体系的意见》，以构建公共文化大数据云服务平台为目标，通过加强数字图书馆、档案馆、博物馆、美术馆和文化馆等公益设施建设，实现传播中国文化、为社会提供文化服务的使命。由于规划文本的制定直接影响着规划活动的实施程序与统筹发展的效果，因此其内容和形式应具备相应的规范和要求。在规划文本编制的过程中，要以大数据资源规划文本模型为依据，文本做到目标明确、内容全面、语言精练；同时还需要有专门的规划制定小组，在相应的组织程序保障下，实现编制过程的上下沟通、多方参与，并最终修订完成。

7.4.1 公共文化大数据资源规划文本编制主体

规划文本的编制主体，从广义上来说，包括组织管理主体、研究咨询主体以及具体的执行主体。从组织管理层面来说，国家层面目前已经形成了以国务院为核心，由国务院职能部门和大数据专家咨询委员会构成的大数据资源统筹发展的组织管理主体；从研究咨询层面来说，我国也启动了由文化部全国公共文化发展中心联合北京大学信息管理系共同主办的“公共文化服务大数据应用文化部重点实验室”，主要开展基础性技术研究、标准化研究、学术交流活动、发展培育新兴学科和高水平人才、促进相关科研成果转化和新技术的试验示范等；从具体执行层面来说，在已有的组织架构和研究支撑之下，还需要专门的规划与统筹发展委员会，并成立规划制定工作小组和统筹发展工作小组，以保证规划文本的编制与实施。本节主要从执行主体层面论述本规划文本的编制工作。

7.4.1.1 规划与统筹发展委员会的设立

常规的规划制定工作一般由所属部门的办公室承担，办公室集中负责协调、统筹各部门，这能够在规划制定阶段保证规划文本的顺利编制。但对于大数据资源规划而言，这本身是一个较新的领域，技术含量高，又缺少具体行业应用的经验，成立专门性的委员会和常设工作小组，将对规划的制定与实施产生更为积极的影响。

委员会是规划项目的管理与决策部门，而常设工作小组则需要在委员会的指导之下完成具体的日常工作和专项任务。

2017年7月，在中宣部、国家新闻出版广电总局、国家版权局、全国扫黄打非办公室等部门支持下，中国文化(出版广电)大数据产业项目专家指导委员会在京成立，首批专家由中国科学院院士牵头，包括来自国家信息中心、新华社、北京大学、中国人民大学、北京邮电大学、山东大学、中国传媒大学等24位国内相关领域顶尖的高校专家、行业专家、协会专家等共同组成。

在公共文化服务领域，也可通过设立公共文化大数据资源规划与统筹发展委员会，来对整个公共文化大数据资源规划的制定和实施进行监督与领导。委员会主要负责规划的管理、决策、审定，对整个规划过程提供战略性的指导意见。同时在委员会的组织下成立专门的规划制定工作小组负责需求障碍分析、内外环境调研、总体目标确定、规划文本编制等具体工作；战略规划实施阶段则需要有专门的统筹发展工作小组来负责规划任务的实施、协调、监督，以及规划评估工作的顺利开展。

(1)委员会的归属问题

公共文化大数据资源规划研究，涉及多方协作的问题。从国家大数据专家咨询委员会来看，大数据应用组专家可以为大数据发展应用及相关工程实施提供决策咨询和指导；从国家公共文化发展中心专家委员会的职责来看，它又为公共文化服务体系建设提供理论指导、政策咨询、业务建议；从公共文化服务大数据应用文化部重点实验室来看，其工作内容和其下属实验基地为大数据资源规划提供重要的实验参考数据和评估指标。战略规划委员会的设置，需要由上级主管部门协调各委员会和相关部门，由全国公共文化发展中心负责牵头组织并受国家大数据管理机构的指导与监督。同时，还可考虑设立专门的战略规划研究及推广委员会，促进全国各地公共文化大数据资源规划的有序开展。

(2)委员会临时或长久设置的问题

从国家层面来看，有专门的发展规划司进行战略规划的设计，如国家发展和改革委员会发展规划司制定一系列的“国民经济和社会发展五年规划”，工业和信息化部规划司出台关于工业、通信业以及信息化发展的若干规划，外交部政策规划司拟订外交工作领域政策规划，国土资源部规划司组织编制全国及区域性的国土规划和国土资源五年规划，文化部政策法规司负责拟订文化艺术发展的方针政策和统筹协调重要文化政策编研工作等，这些部门都属于常规常设部门，有着稳定的规划计划和管理归属，但对于国家级专项规划来说，则需要跨领域、跨部门的统一协作，如文化部“一带一路”文化发展行动计划(2016—2020年)就是如此。

大多数的专项规划组织是在制定战略规划前期临时组建的，如在“一带一路”文化政策实施的背景之下，由国家发展与改革委员会牵头筹建了“一带一路”建设工作领导小组，负责“一带一路”战略规划的制定与实施。公共文化大数据资源规划与统筹发展委员会，也需要根据大数据战略要求设立，在规划实施完成之后，可根据现实情况的变化作出调整或撤销，或者在原有规划部门的基础上成立新的规划委员会，以指导下一阶段的规划工作。无论是否设立专门机构，战略规划都需要有专人或组织推进，专项组织一旦确定，就需要在上级领导的宏观指导之下，综合考虑战略规划的规格、等级、目标、管理、职能、应用模式等要素，以便确定规划组织的职责划分、办公配备、人员编制、资金配套、考核评估等问题，在此基础上，进一步确定委员会和工作小组的大小、规模和人员构成。

(3)委员会的人员构成

从国内外战略规划组织模式的成功经验来看，委员会的人员构成往往多元化，不仅需要选调上级主管、行政管理人员作为组织骨干，还需要择优选取专业的咨询顾问和基层工作人员的代表参加，有时甚至采取竞聘的方式广纳人才。这种组织方式和多元化的主体格局不仅更能体现民主的优势，还能充分调动组织成员的积极性，有利于规划的制定、实施和开展。

公共文化大数据资源规划与统筹发展委员会的人员结构，可依照“三三制”的原则，通过选派、申报和推荐相结合的方式，确定相应比例的行政管理人员、专家咨询人员和基层工作人员组成。其

中，行政管理人员应具有较高的政策管理水平和行政管理经验，参与过国家重大发展规划和政策的制定工作；专家、学者应长期从事公共文化服务或大数据相关政策理论研究，熟悉国内外公共文化发展状况或具备大数据研究背景，在相关学术领域成果丰富、知名度高；基层工作者包括基层文化工作者和大数据产业人员，有十年以上的工作经验或具有高级专业技术职称，要求理论功底和实践经验同样深厚。

在委员会的实际人员配备中，既要注重成员的专业性背景，又要注意选择范围的广泛性。一方面，规划人员应尽可能覆盖政府部门、教育界、新闻出版业、信息化行业及相关领域专家等直接利益相关者。另一方面，委员会还可以不定期以会议或座谈会的形式，吸纳其他领域的利益相关者畅所欲言，平等、自由地参与到规划制定的讨论中来。这样才能真正实现规划制定过程的民主与集中，以多元化的主体结构，容纳更广泛的群体意见，保证规划制定的专业性和全面性。

(4)委员会成员数量

委员会的成员数量应有一定的标准，要根据规划的规格和大小来确定，不能随意决定和变动。如果人数太少可能会影响战略规划工作的有效开展，不能保证成员参与的广泛性；如果人数太多要么会限制每个成员的"发言时间"，要么不能保障规划制定实施的效率，增加了民主集中过程中的读解难度。因此委员会成员的构成数量一定要适中，才能有效发挥委员会的功能。①

合理的委员会成员数量，最少应该能保障日常工作的顺利开展，最多应能代表主要的利益相关者。参照我国大数据专家咨询委员会的成员数量，公共文化服务大数据规划委员会以35人左右为宜，可根据具体情况作出适当的调整。这是基于国家层面的一般估算值，不同区域、不同层级的规划委员会人数可根据自身的规划目标和管理方式再进行确定。2017年设立的国家大数据专家咨询委，

① [美]伦纳德·古德斯坦，等. 战略计划实务：企业执行版[M]. 曹彦博，王宇，译. 北京：中国财政经济出版社，2004：90.

经过促进大数据发展部际联席会议46个成员单位联名推荐，将徐宗本院士、梅宏院士等10余名专家吸纳到国家大数据专家咨询委，并设大数据应用组专家20名，产业组、安全组专家各10名。中国文化大数据产业项目专家委员会的首批专委会成员由24位国内相关领域顶尖的高校专家、行业专家、协会专家等共同组成。

综上所述，规划与统筹发展委员会是战略规划组织的核心单位，对规划制定与实施进行全面管理和决策。首先，要明确委员会组织成员的选择方法，成员应涵盖上级领导及各级管理者、专家成员、基层工作人员，以及其他领域各利益相关者代表；其次，委员会成员规模有一定数量的标准，需要根据规划类型、规格等级和统筹发展模式而确定；再次，在此基础上设立专门负责战略规划分析与制定的规划制定工作小组，并采用各种座谈会或其他创造性的形式，让其他领域的相关人员积极参与到规划制定过程之中，为规划提供各种有用数据，提供建议与策略，统筹规划，做好文本的编制工作。

7.4.1.2 规划制定工作小组

规划文本的编制工作可从规划委员会中挑选精干人员组成规划制定工作小组，尤其是参与过战略规划制定前期调研工作的人员，具备较好写作能力和丰富写作经验的工作人员，对国家相关政策、产业发展现状及基层群众意见等有较强理解、思考和吸纳能力的专家、学者。一旦确定工作小组的成员，就要对他们进行具体的任务分工，明确各自职责，为公共文化大数据资源规划提供重要的组织和人事保障。

(1)规划制定工作小组职责

公共文化大数据资源规划委员会下属的规划制定工作小组，是承担规划调研与制定的专职部门，从创建初始便承担起规划组织日常工作，由全体小组成员共同参与，负责规划制定的统筹协调、交流与协商等工作。规划委员会主要从宏观上指导战略规划制定工作，而规划制定工作小组则承担具体的文书起草、编制和修订工作。

规划制定工作小组围绕规划制定的核心工作而运作，需要稳定的人员与足够的时间投入。工作小组成员要求具备良好的业务分析能力、观察理解能力、沟通协调能力、表达写作能力。从其成员分工来看，可包含规划制定负责人或促进者、具体管理者、资料收集人员、文本编制人员、联络人员等，可由一人担负多重职责。规划制定工作小组的职责，除主要负责战略规划文本的草拟、修改、完善、拟定、推广等一系列活动之外，还包括协调与外部的沟通，吸收、借鉴其他利益相关者的建议；负责设计并组织沟通内外的各种研讨会，准确把握并及时处理各种需求与建议，为规划制定提供充足的调研数据；收集并评估内外部环境信息，明确自身发展优劣势和机遇挑战，提供全面准确的环境分析结果；确定规划目标，根据规划目标阐释具体的行动方案和实施策略；根据规划进程及时调整、修改具体工作安排；与各职能部门进行沟通，实时跟踪监测环境变化，及时准确地为战略规划的修改与完善提供支持。

贵州省贵安新区大数据产业发展领导小组下设大数据产业发展领导小组办公室，大数据办设在贵州电子科技职业学院，下设综合协调组、发展规划组、产业促进组、信息服务组。其中发展规划组的职责就是研究拟订大数据产业发展总体规划和政策并组织实施；研究制定政府数据资源收集、存储、登记、开发利用及共享的标准规范及管理办法并组织实施；负责政府部门数据资产目录登记、备案和统计；研究制定大数据企业认定办法并组织实施。

(2)规划文本编制工作内容

从大数据资源规划文本的编制流程来看，规划制定工作小组需要根据大数据资源规划文本模型来构建公共文化服务大数据规划文本的编制标准：

第一，根据规划制定的一般规律，可以将规划文本的规划时长确定为五年，以便与国家“十三五”期间的各项规划政策相协调；同时，借鉴国外大数据规划文本的研究特质，应确保本规划文本的呈现方式具有相对的独立性并包含精确量化指标。

第二，根据规范文本的结构体例，结合我国大数据战略规划和公共文化服务规划的一般特征，选择核心体例要素、特色体例要素和一定的辅助体例要素，形成可读性强、辨识度高的文本体例。

第三，根据国家层面的规划层级、公共文化行业的规划类别和大数据应用的规划对象，参考文本基本内容要素和备选内容要素标准，完善本规划文本的细节和内容，形成具体可行、操作性强的大数据资源规划文本。

7.4.2 公共文化大数据资源规划文本编制内容

就规划文本的编制流程而言，也遵循一定的组织原则，由规划制定工作小组按照草案拟定、文本修订、征集意见、修改定稿的流程进行编制，再由规划委员会对文本进行审核批准。具体来说，规划文本的编制工作包括两部分内容：一是文本结构体例，二是文本具体内容。

7.4.2.1 文本结构体例

如前文所述，大数据资源规划文本应该具有相对固定的编制体例和内容构成，形成具有标志性的结构体例。具体来说，也就是规划文本应该由哪些基本部分组成。根据大数据资源规划文本模型的研究，公共文化服务大数据规划文本需要具备基本的核心体例要素，包括对使命的陈述、愿景的展望、目标的制定、任务的开展、策略的实施、保障的机制等关键问题的描述；也可结合我国国情与规划类型，提取具有中国特色的战略规划文本体例要素；还可以选择一定的辅助体例要素作出补充和完善。

(1)核心体例要素

核心体例要素包括使命或愿景、目标与任务、策略与保障，它们构成了文本主体的三大部分。

使命或愿景是规划首先要明确的内容。使命或愿景作为国外规划文本中经常出现的体例要素，在国内规划文本中并没有明确的设置，但往往会置于文本的开篇或结尾描述对未来的展望与责任。如国务院《促进大数据发展行动纲要》中，开头段落描述了制定该规划的目的：为贯彻落实党中央、国务院决策部署，全面推进我国大

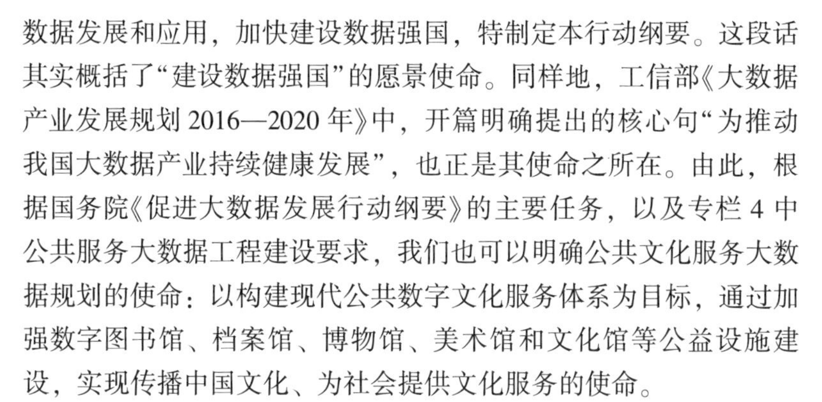

数据发展和应用，加快建设数据强国，特制定本行动纲要。这段话其实概括了“建设数据强国”的愿景使命。同样地，工信部《大数据产业发展规划 2016—2020 年》中，开篇明确提出的核心句“为推动我国大数据产业持续健康发展”，也正是其使命之所在。由此，根据国务院《促进大数据发展行动纲要》的主要任务，以及专栏 4 中公共服务大数据工程建设要求，我们也可以明确公共文化服务大数据规划的使命：以构建现代公共数字文化服务体系为目标，通过加强数字图书馆、档案馆、博物馆、美术馆和文化馆等公益设施建设，实现传播中国文化、为社会提供文化服务的使命。

其次，目标与任务正是战略目标的具体化，它是实现未来公共文化服务愿景的各种行动的集合，阐述的是我们如何到达目的地的途径。美国《2016 联邦大数据研究和发展战略计划》在目录以及摘要中就明确了七大战略目标：(1)利用新兴的大数据基础和技术创建下一代功能；(2)支持大数据的发展和研究以探索和理解数据以及所得到知识的可信度，更好地决策、获得突破性发现和形成自信的行为；(3)加强建立和研究对能够在相关机构的任务支持下产生大数据创新的网络基础设施；(4)通过能够促进数据共享和管理的政策来提高数据的价值；(5)从隐私、安全、伦理三方面理解大数据的收集、共享和使用；(6)扩大国家在大数据教育和培训方面的覆盖面，以满足社会对深层次分析人才和广大劳动者分析能力日益增加的需求；(7)创建和提升国家大数据创新生态系统内的连接。① 该计划以此七大战略目标构成章节体例，在每一战略目标之下又阐述了若干行动计划。国内的规划文本虽然未见以战略目标形成如此显著的体例标识，但也仍然非常重视对目标和任务的表述，基本上将其作为规划文本的主体部分，并形成独立的章节结构。据此，根据国家《促进大数据发展行动纲要》《文化部“十三五”时期公共数字文化建设规划》等相关规划文件的目标和要求，结合本规划愿景，形成了本规划的总体战略目标，即“使大数据应用成为带动

① 《电子政务发展前沿》编译组．2016 联邦大数据研究和发展战略计划[M]．国家电子政务外网管理中心办公室，2016.

公共文化发展新的增长点，构建现代公共数字文化服务体系”，在此基础之上形成几大战略任务：推动公共文化服务决策科学化、平衡公共文化服务供需机制、促进公共文化服务治理创新、提升公共文化服务效能。

策略与保障是为实施战略目标和任务而制定的行动措施和保障方案。策略可以单独成章，如联邦德国的《数字纲要2014—2017》中将措施列为独立的第三章，而在大多数情况下，策略往往作为战略任务的下一级标题，作为达成任务的具体方法和措施。围绕前文提出的几大战略任务，我们在每一个战略任务之下，应形成具体措施。同时，大多数文本的保障措施都会置于文本的后半部分，作为策略实施的必要性工具。如《文化部“十三五”时期公共数字文化建设规划》中的保障措施主要有加强组织领导、完善经费保障、注重队伍建设、强化督查落实；《生态环境大数据建设总体方案》中的保障措施主要有完善组织实施机制、健全数据管理制度、建立标准规范体系、实施统一运维管理、强化信息安全保障；《成都市大数据产业发展规划(2017—2025年)》中的保障措施主要有强化组织工作体系、完善产业政策体系、健全人力资源支撑体系、加强财政支持与产融创新、提升数据安全保障能力。从各种规划文本的保障措施来看，各项标题有着一定的共性，但结合各种规划领域的差异和特点，其具体内容又有所不同。根据已有的前期理论成果，本研究将在后面的章节中从机制保障、政策保障、标准保障、技术保障、安全保障五大保障层面进行详细的论述。

(2)特色体例要素

中国特色的社会主义理论体系，是我国坚持特有的政治体制、社会结构及运行机制的理论基础和行动指南，是指导我们进行社会主义现代化建设的旗帜。从邓小平理论、“三个代表”重要思想、科学发展观到治国理政新理念的延展性发展，其中关于社会主义本质、社会主义发展初级阶段、改革开放和市场经济体制，以及每一届全国人民代表大会所提出的重大思想等理论成果都是各种规划文本制定的指导思想和出发点，这一要求也就构成了战略规划文本的特色体例要素之一。由此形成本规划的指导思想：全面落实党的十

九大、十九届各次全会精神，深入贯彻习近平总书记系列重要讲话精神和治国理政新理念新思想新战略，按照党中央、国务院决策部署，以加快构建现代公共文化服务体系为核心，加强大数据顶层设计和统筹协调，完善制度标准体系，统一基础设施建设，推动信息资源整合互联和数据开放共享，促进公共文化服务大数据平台建设和应用，提升服务效能，保障数据安全。通过公共文化服务大数据发展和应用，推进现代公共文化服务的数字化转型，改善公共文化服务标准化、均等化，为更好地满足广大人民群众快速增长的数字文化需求提供有力支撑。围绕这一指导思想，坚持以正确导向为目标的顶层设计、以服务导向为宗旨的政府主导、以效能导向为标准的开放共享、以效能导向为驱动的科学管理的基本原则。

除此之外，还有对大数据发展基础和形势分析等方面的特色体例要素，发展基础和形势分析有时是融合在一起的。当前，我国公共数字文化建设恰逢"互联网+"和大数据时代，已经积累了大数据方面的一些成果，形成了一定的研究和应用基础，例如，由文化部全国公共文化发展中心联合北京大学信息管理系主办了"公共文化服务大数据应用文化部重点实验室"；以三大文化惠民工程为基础的国家公共文化云(网站、微信、客户端)，构建了公共数字文化服务的总平台。另外，国家对公共文化服务的信息化建设给予了政策上的大力支持，公共文化服务领域具备相对的资源和人才优势，公共文化服务事业本身也具备一定的信息技术基础。同时，我国文化市场条块分割、区域壁垒和行政干预等问题依然存在，公共数字文化资源来源不同、分散无序、整合程度低，资金渠道单一化，主要靠国家财政拨款。这些内部条件又面临着传统公共文化服务理念的制约、文化信息的加工处理能力的考验、数据安全保障体系的考验，从另一层面来看，大数据又促进了公共文化服务的现代化转型，增加了文化供给的质量与效益，以及大数据产业本身带来的巨大价值等发展机遇。对这些基本发展形势的分析，也可以作为文本编制的重要内容。

(3)辅助体例要素

如前文所述，如要保证规划文本的研究性和独立性，则需要具体严密的论证过程，有实证数据的支撑和精确量化的指标系统，这无疑会增加文本的深度和长度，一些辅助体例要素就显得非常有必要，如目录及摘要、前言或引言等，可以供读者清晰了解规划的主旨、结构体例和重要内容；附录可以提供文中数据的具体来源、规划参与人员或有贡献者的名录、参考文献、致谢等附件；评价体系则可以通过对各项任务执行效果的评价，实现监测和管理战略任务的目的。本规划主要从实施效果评估角度，形成目标—任务—行动计划—评估的模式，并提出“评价指标”条目，为将来战略规划实施效果的评价提供具体的标准。

7.4.2.2　文本编制内容

在以上文本编制体例的基础之上，对重点内容进行归纳，形成公共文化服务大数据规划文本的主要内容。

(1)指导思想

全面落实党的十九大、党的十九届各次全会精神，深入贯彻习近平总书记系列重要讲话精神和治国理政新理念新思想新战略，按照党中央、国务院决策部署，以加快构建现代公共文化服务体系为核心，加强大数据顶层设计和统筹协调，完善制度标准体系，统一基础设施建设，推动信息资源整合互联和数据开放共享，促进公共文化服务大数据平台建设和应用，提升服务效能，保障数据安全。通过公共文化服务大数据发展和应用，推进现代公共文化服务的数字化转型，改善公共文化服务标准化、均等化，为更好地满足广大人民群众快速增长的数字文化需求提供有力支撑。

(2)基本原则

顶层设计、正确导向。以社会主义核心价值观为引领，坚持社会主义先进文化前进方向，围绕公共数字文化建设和服务体系现代化开展大数据顶层设计，顶层设计开放、创新应用全面、基础架构灵活，不断适应公共文化服务的新形势、新任务和新要求，提高服务的针对性和实效性，保障人民群众基本文化权益，促进社会文明进步。

政府主导、服务导向。牢牢把握公共数字文化服务的公益属性，全面落实政府主体责任，充分发挥政府主导作用，鼓励和引导社会力量参与，激发公共数字文化发展活力。以用户需求大数据为核心提升公共文化服务，提供精准化的服务供给，提升公众满意度。建立健全公共文化需求征集和评价反馈机制，丰富公共数字文化产品和服务内容。

开放共享、效能导向。统筹整合机构内外部数据资源，建设供需数据开放共享平台，促进供需有效对接，提升服务效能。建立国家层面的公共文化大数据综合服务平台，建设公共文化服务大数据重点示范区，为人民群众提供集成化、"一站式"公共数字文化服务。

健全规范、保障安全。建立公共文化服务大数据管理工作机制，健全大数据标准规范体系，保障数据的准确性、一致性和真实性，强化运维管理和安全防护，保障信息安全。鼓励业务创新、管理创新和模式创新，逐步形成公共文化服务大数据应用新格局。

(3)总体架构

公共文化大数据资源规划与统筹发展总体架构为"一个机制、两个系统、三个平台"。一个机制即公共文化服务大数据管理工作机制，两个系统即标准规范系统和信息安全系统，三个平台即公共文化服务大数据决策支持平台、公共文化服务大数据资源共享平台和公共文化大数据云综合服务平台，如图7-4所示。

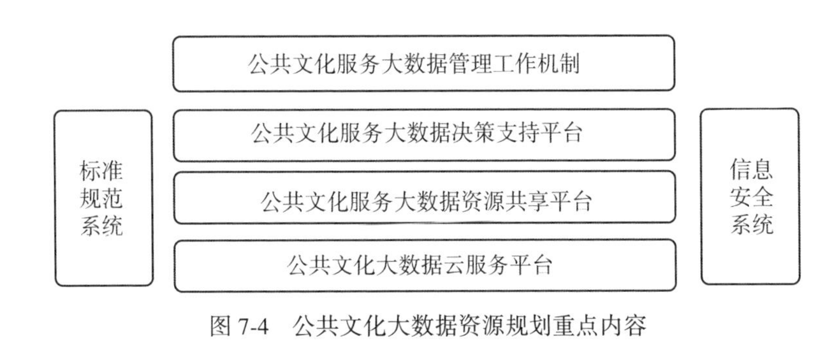

图7-4　公共文化大数据资源规划重点内容

一个机制：公共文化大数据管理工作机制包括工作层面的业务

协同、数据开放、管理运维、评估反馈等，以及服务层面的科学决策、精准化供给和服务创新等，促进大数据的形成、管理和应用。

两个系统：标准规范系统为大数据发展提供建设标准与规范引导；信息安全体系为大数据系统提供稳定运行与安全可靠的技术保障。

三个平台：公共文化大数据平台分为系统支持层、数据资源层和业务应用层。其中，公共文化大数据决策支持平台是系统支持层，为公共文化服务决策科学化以及各项制度、机制建设提供有效辅助；公共文化大数据资源共享平台是数据资源层，为大数据应用提供统一数据采集、集聚、流通等支撑服务；公共文化大数据云服务平台是业务应用层，为大数据在公共文化领域提供综合应用服务。

(4)主要目标

通过公共文化大数据资源规划和统筹发展，在未来五年实现以下战略目标：实现公共文化服务综合决策科学化。将大数据作为实现公共文化服务管理科学决策的重要手段，真正做到“用数据决策”。利用大数据支撑公共文化服务发展形势分析、公共文化政策措施制定、服务风险预测预警、统筹工作会商评估，提高公共文化服务治理科学化水平。

实现公共文化服务供需平衡机制。充分运用大数据资源，建成一批结构合理、内容丰富、品质精良的公共数字文化供给侧资源大数据库；充分运用用户业务大数据和用户时空大数据建成数字文化需求侧资源大数据库。实现供需大数据资源的开放共享流通，使两端数据资源形成有效对接，保障人民群众的基本文化权益。

实现公共文化服务的治理创新。充分运用大数据提高监管能力，以均衡区域布局、统筹城乡差异、保障群体均等，更好地推进标准化、均等化和精准化治理进程，保障不发达地区、边远地区及弱势群体的文化权益，为提高公共文化服务的治理能力提供切实依据。

实现公共文化服务效能提升。通过不同渠道的资源整合，实现大数据集成化的采集、分发和分析，再应用于文化主管部门及各种文化机构的行政管理、资源调配、管理决策等；依托国家公共数字文化服务云平台，实现线上线下互动式服务模式广泛应用，通过菜单式、点单式服务模式，有效提升公共文化服务的效能。

(5)主要任务及策略

一是建立公共文化服务大数据决策支持系统，其中包括决策信息大数据系统和决策咨询大数据系统。根据决策科学化的需要，对各类公共文化服务供需数据进行抓取、提炼与分析，从中筛选出有助于科学决策的可用信息资源库。在此基础上，分别建立满足政府智能决策和机构智能推荐需求的公共文化服务决策咨询大数据系统，以提供政府决策与行业咨询的资源保障。

二是实施以用户需求为导向的大数据策略，包括研究不同类型公共文化机构中用户数据的集成整合，形成基于用户体验的业务大数据和基于用户行为的时空大数据，对这两类数据类型进行融合分析，以实现个性化和精准化的服务目标。

三是推进公共文化服务治理创新策略，包括基于区域平衡的治理创新、基于城乡统筹的治理创新和基于群体均等的治理创新，以推进公共文化服务标准化、均等化和精准化治理进程，切实提高公共文化服务的大数据治理能力。

四是按计划地进行大数据资源的整合、建设和利用，包括基于机构合作的大数据资源整合、基于项目建设的大数据资源整合、基于平台构建的大数据资源整合，通过多源头、跨领域的关联分析，实现数据价值的深度挖掘，满足公共文化服务的高效化和精准化的要求，有效提升公共文化服务的效能。

(6)保障措施

在规划实施过程中，需要协调若干方面的要素，让它们相互影响、共同支撑、形成合力，为公共文化服务大数据统筹发展保驾护航，从机制、政策、技术、安全等方面形成一个完善健全的保障体系。

完善组织管理运行机制。成立公共文化大数据资源规划委员会及工作小组，明确各小组成员职务及工作职责，协同配合、全面推进大数据建设项目。以政府为主导性力量，促进相关组织、企业和个人等社会力量的广泛参与，保障公共文化服务的社会化运作模式。

健全政策保障制度。通过约束性措施如法律法规等一系列规范性的文件，为公共文化服务大数据建设提供法律保障；通过人才队伍建设、财政支持等政策作为激励措施保障公共文化服务的有效开展；加强公共文化服务业务专网等基础设施建设，保障大数据应用的顺利开展。

打造先进的技术支撑平台。重点推进公共文化服务数据整合集成、传输交换、共享开放、应用支撑、数据质量与信息安全等方面标准规范的制定和实施；规范数据采集、存储、共享和应用，保障数据的一致性、准确性和权威性，打造先进实用的技术支撑平台。

强化数据安全保障。建立集中统一的"公共文化服务数据安全框架"，明确数据采集、传输、存储、使用、开放等各环节的具体要求。落实信息安全制度，加强网络安全建设，构建公共数字文化服务安全管理中心，增强大数据公共文化云基础设施、数据资源和应用系统等的安全保障能力。

7.5 公共文化大数据资源规划与统筹发展的实践推进

公共文化大数据资源规划与统筹发展是大数据应用于公共文化服务领域的一项重大战略，战略的实施对于推动公共文化服务决策科学化、完善公共文化服务供需机制、促进公共文化服务治理创新、提升公共文化服务效能模式创新等方面能发挥积极的作用。规划的实施与统筹发展的推进，首先需要明确其在国家大数据发展战略中的定位，将公共文化服务视为大数据重点应用领域，并从健全公共文化服务大数据管理机构、推进公共文化服务现代化系统变革、强化个人数据隐私保护、吸纳社会化力量共同参与等方面保障公共文化服务大数据战略的实施与推进。

7.5.1 明确战略定位

大数据正深刻改变着人类社会发展的方向。公共文化大数据作为大数据的一个子集，推动着公共文化领域的系统性变革，影响范围涉及公共文化观念、公共文化体制和公共文化服务模式等层面，对推动科学化决策、优化资源配置、实现精准化服务、提升服务效能与质量提供了巨大机遇。在国家大数据发展战略中，公共文化是大数据发展的重点应用领域，其战略定位具有明显的应用性，主要表现在以下几个方面。

(1)建设公共数字文化体系，丰富公众的文化生活

公共数字文化体系，是面向公众的公益性数字化文化体系。随着数字化、信息化的深入发展，公共文化体系在向现代化转型的过程中，同时发展出与时代相适应的公共数字文化体系，主要包括数字文化理论研究、数字文艺精品创作、数字文化知识传授、数字文化传播、数字文化娱乐、数字文化传承、农村数字文化七大服务系统。《"十三五"时期公共数字文化建设规划》进一步指出，要以重点公共数字文化惠民工程为抓手，进一步完善公共数字文化网络，丰富群众的数字文化生活。从这一战略定位出发，要求大数据资源规划以现代公共数字文化体系的构建为其基本战略目标。

(2)为全民提供文化服务，提升全民文化素养

大数据战略要促进公共文化服务公平，保障全民族文化艺术素养的提升。根据"公共文化服务标准化、均等化发展"的目标，大数据工程要致力于文化科学知识的普及、文化鉴赏能力的普及、文化技能应用的普及和文化娱乐活动的普及，对城乡基层的文化普及重点引导。通过对大数据资源的统筹、社会化力量的引入、互联网云服务质量提升、文化体制机制创新等举措，促进城乡公共文化服务的全面提档升级，全民族知识文化素养的普遍提升。

(3)建设文化强国，增强文化自信

文化是国家和民族的灵魂，是民族凝聚力和创造力的重要源泉，是综合国力竞争的重要因素，是经济社会发展的重要支撑。大

数据战略通过对重大公共文化工程和文化项目建设的支持，完善公共文化体系，提高文化服务效能，从而增强我国文化的整体实力和竞争力，建设社会主义的文化强国。总之，文化自信和文化建设相辅相成、互为促进。通过大数据资源规划与统筹发展丰富文化资源，引导公众在文化建设中自我表现、自我教育、自我服务，在实践创造中进行文化创造、坚定文化信仰、弘扬中华优秀传统文化、传递中国精神。

7.5.2 明晰组织管理主体

从大数据宏观战略主体来看，一方面，国务院、国务院相关部门、地方各级政府、大数据专家咨询委员会等是我国大数据资源规划与统筹发展的组织管理主体。具体来说，在国家层面形成了以国务院为核心，由国务院职能部门和大数据专家咨询委员会构成的大数据资源统筹发展的组织管理主体；在地方层面，形成了由省级和市级大数据管理机构为中心的大数据资源规划与统筹发展的组织管理主体。另一方面，文化部、文化部全国公共文化发展中心、地方各级文化主管部门是公共文化服务政策的组织管理主体。

在这种组织管理体系下，公共文化大数据资源规划和统筹发展，通过设立公共文化大数据资源规划与统筹发展委员会，来对整个公共文化服务大数据战略规划的制定和实施进行监督与指导。它既由文化部及全国公共文化发展中心组织领导，又接受国家大数据管理机构的指导与监督。委员会全面负责规划的管理、实施与决策，并对整个规划实施进程进行指导。同时在规划与统筹发展委员会下成立专门的规划制定工作小组负责环境研究、需求分析、目标确定、文本编制及修订等具体工作；在战略规划实施阶段，设置专门的统筹发展工作小组来负责规划目标的实施、协调、监督，以及战略规划评价工作的顺利开展。统筹发展工作小组就是大数据战略实施与推进的直接主体。

统筹发展工作小组是战略实施的执行部门，其职责主要包括：根据规划战略重点，分解战略目标、任务，及时调整实施策略；实

时跟踪监测环境变化，及时调节供需关系，优化资源配置；对大型投资项目、重点建设工程提供可行性分析和实施建议；跟踪和评价战略规划的实施情况，建立合理的绩效考核制度；进行工作总结，为后续战略规划的修改与完善提供支持。还可考虑设立下一级的战略规划研究及推广委员会，结合部门的实际情况将规划转化为切实可行的具体工作方案；评估战略规划对部门发展的影响；为部门制度、计划与发展战略提出建议。战略制定与实施过程是双向循环的，需要不断地互动沟通以促进其完善，统筹工作小组在推进过程中要及时获取各种反馈信息，有助于新的战略议题的发现。

7.5.3 服务决策支持

公共文化服务现代化的转型，既需要公共文化基础设施等硬件的提升，也需要加强公共文化的软件配套水平，其中软件能力的首要因素取决于公共文化决策的科学化水平与能力。大数据具备的核心优势就在于，其所独具的信息捕捉能力、问题分析能力与趋势预判能力，可以为提高公共文化决策的科学化水平提供条件。通过大数据资源规划与统筹发展，建立基于大数据的公共文化决策支持系统。

(1)为机构业务决策提供信息支持

大数据能改变公共文化决策的方式，也能为各种公共文化机构的业务决策提供科学指引和智能推荐。通过公共文化信息数据的汇聚，对比文化服务需求数据与公共文化行业供给数据，借助大数据技术方法搜寻并发现目前文化生产实践中的短板，在大数据分析的基础上，以智能推荐的方式为各种文化机构提供应用解决方案，开发设计新服务新产品、定向进行宣传推广、精准测评服务效果等，通过这些举措创新公共文化供给方式，使文化更好地服务于社会。

(2)为政府宏观决策提供方案支持

大数据思维和技术为政府革新文化配给方式，以数据作为政府宏观决策的科学基础提供了契机。通过大数据对我国公共文化的宏观环境和微观环境进行分析研判，为公共文化相关政策的规划与制定提供数据支撑，为构建国家公共文化体系提供顶层设计方案与决策参考。

7.5.4　坚持需求导向

对于基本公共文化，国家制定了一套初步的实施标准，从报纸、广播、电视、电影、戏剧等，到文化知识培训、文体娱乐活动、文艺鉴赏及素养养成等方面都设定了最低的服务数量和频次要求等，以满足公众的基本文化需求。① 这就要求坚持以用户需求为导向的大数据策略，通过研究不同类型公共文化机构中用户数据的集成整合以及对这些数据进行融合分析的方法，实现个性化和精准化的服务目标。

(1)基于用户体验的业务大数据分析

对于某一具体的公共文化机构来说，业务系统中产生的业务大数据是其核心数据，它包含了用户对公共文化的各种体验信息，如数字图书馆服务系统数据、博物馆电子展览系统数据、服务机构官方网站数据、用户投票系统数据、咨询反馈服务系统数据、社交媒体交互系统等各种数据，这些数据记录了用户的资源利用情况、使用体验情况及满意度等信息。对这些数据的应用是非常有价值的，其关键在于整合所有文化机构的数据信息，摸索出用户体验的数据规律，从而推进公共文化与用户需求之间的有效对接。②

基于用户体验的业务大数据的深入挖掘与分析可以从以下两个方面开展。一是用户体验的测评。用户体验测评数据主要有直接或间接两种获取途径，直接途径主要是从各种文化机构的业务系统及服务网站、公共文化云平台、手机社交媒体等移动服务网络中获取的各种用户使用数据和信息；间接途径则是针对典型性网站样本的

① 刘炜．大数据创新公共文化服务研究[J]．图书馆建设，2016(3)：4-12.

② 戴艳清．基于用户体验的公共数字文化服务营销研究论纲[J]．情报资料工作，2017(1)：51.

用户群体，从系统可用性、资源价值性、用户感官体验、认知体验、情感体验等项目设置通用化用户体验测评表，对服务内容和形式进行体验测量，利用大数据技术分析测评结果。二是用户体验渠道的选择。用户体验渠道选择的数据也可以通过直接途径和间接途径获得，直接途径数据的获取范围广泛，不仅来源于各种公共文化网站的点击率及使用数据，还可以从相关社交媒体开通和使用情况、网站实用信息及微博、微信转载情况中获得；间接途径数据同样可以通过设计渠道选择量表来获取，在设计量表时还应综合考虑第三方的相关体验数据分析，如搜索引擎网站中关于公共文化网站的收录及查询情况分析、重要导航网站的收录及使用情况分析、移动终端用户群体的影响力及设备的兼容性等指标分析，在此基础上再进一步分析测评结果。

(2)基于用户行为的时空大数据分析

公共文化用户需求大数据分析，不仅要理解用户到底需要什么，还要理解这些需要是如何产生，用户又是如何获取所需要的产品和服务的。只有掌握了这些基于用户需求背后的用户行为数据，才能深层次上理解如何更好地为不同类型用户服务，将公共文化资源有效地投放或推送给用户。

公共文化机构中，除业务大数据外，还有一类是时空大数据，包括但不限于人流量数据、阅览室阅读行为数据等，这类数据具有重要的应用价值，已经在电子商务领域、移动通信领域、金融服务领域、公共交通以及智慧城市服务等领域中获得了较为成功的应用效果。公共文化机构完全可以借鉴这种大数据应用成果，提升对公共文化空间管理的科学性。例如，通过公共文化场所提供的 WiFi 服务，可以采集到服务区域内开启了 WiFi 的手机信息，以及利用 WiFi 上网的手机的行为信息，通过这些数据可以分析手机使用人群的基本特征和使用习惯，以及用户在这一区域的停留时间和重复访问次数，公众的行走线路及使用偏好等，并进一步捕捉某个时间段内该区域的热力图信息，以及公共文化场所的功能布局是否合理、哪些服务项目利用程度高等数据，辅助管理者更好地提供服务。

7.5.5　创新治理策略

“在过去很长一段时间里，公共文化建设更多是政府本位、资源本位”①，这种基于大政府模式的公共文化体系不仅不具备经济性、高效性和可持续性，而且导致了公共文化非均等化等问题。借助大数据思维和技术的革新，可以帮助我们克服这些弊端，通过数据背后的信息挖掘，以平衡区域布局、统筹城乡差异、保障群体均等，更好地推进公共文化的标准化、均等化和精准化进程，从而提高公共文化的整体效能，并进一步保障不发达地区弱势群体的文化权益，为提高公共文化的治理能力提供切实依据。

(1)基于区域均衡的治理创新

受限于社会政治经济发展的不平衡，我国中西部地区的公共文化建设水平明显低于东部发达地区，尤其是边疆地区、少数民族地区、革命老区、贫困山区等欠发达地区所享受到的公共文化水平较低，甚至是公共文化建设的盲区。基本公共文化均等化的目标之一是实现区域均等，其首要任务就是针对中西部地区及不发达区域，加强公共文化基础设施建设，保障基本公共文化产品和服务的供给，提升基本公共文化水平和能力。为缩小区域差距，我国公共数字文化工程在财政投入、基础设施建设、资源共建共享等方面向中西部地区有所倾斜，如根据民族地区、贫困山区的特点建立基层公共文化点，举办富有地域特色的文化活动。在已有成果的基础上，应进一步通过大数据资源规划与统筹发展平衡区域布局，消除地域性差别，提高全国地域范围内公共文化的均等化水平。

(2)基于城乡统筹的治理创新

我国是农业大国，农村地区占全国土地总面积的94%以上，农村人口达到6亿，只有保障广大农村的整体文化建设水平，才能实现中国文化的繁荣与复兴。然而目前农村地区的公共文化体系建

---

① 公共文化立法课题组．创新驱动公共文化服务体系现代化探析[J]．现代传播，2015(5)：55.

设较为迟缓，公共文化相较于城市地区缺少便利的条件。要实现基本公共文化的均等化，还需要统筹城乡差异，通过大数据战略规划均衡配置农村地区的公共文化资源，尤其实现公共数字文化工程的全面覆盖，农村地区文化服务水平的全面提升。针对目前农村的资源整合项目还较少的现状，通过大数据资源规划统筹城乡经济文化发展，加强面向基层的资源共享与服务推广机制，统筹城乡资源建设与服务，是与"十三五"经济文化发展规划要求相适应的工作重点。

(3)基于群体均等的治理创新

关怀保障弱势群体的文化权益，实现群体均等是实现基本公共文化均等化目标的另一个重要方面。受社会经济文化水平的制约，残疾人、老年人、进城务工人员、未成年人、贫困人群等非主流和弱势群体的文化权益长期被漠视，无法有效获取公共文化产品和服务。如能通过合理的大数据资源规划，在有效掌握弱势群体的文化需求特点的基础上，为他们提供触手可及的公共文化，将直接促进群体的均等，实现文化治理的创新。在大数据环境下，已有的公共数字文化服务系统可以提供有关弱势群体的各种文化体验和文化行为大数据，再通过大数据资源的合理规划和统筹发展，进一步改进提升数字文化服务系统，以针对性满足这一部分群体的公共文化需求，保障弱势群体的文化权益。

7.5.6 推进资源整合

各类公共文化大数据的分散和隔离是各级政府和公共文化机构面临的挑战。这就要求应用大数据技术进行集成化的采集、分发、分析、应用，改变各级文化主管部门及各种类型机构的行政管理、资源调配等，通过不同渠道的数字文化资源整合，将公共文化的"端菜"模式改变为"点菜"模式，有效提升公共文化的效能。

(1)基于机构合作的数字文化资源整合

任何一种单一类型的公共文化机构，只能提供公共文化的一部分，只有将不同类型、不同结构的服务集成地、系统化地整合在一起，如基于LAM(图书馆、档案馆、博物馆)协作的数字文化资源整合，才能真正地满足用户需求，综合全面地提供服务。基于机构合作的数字文化资源整合，同时要求不同类型、不同层级的公共文化机构之间能做到密切合作，通过统一的协调与配合，实现不同优势资源与特色服务之间的互补，真正实现数字资源共享。但在实践中，由于不同的公共文化机构分属于不同的系统，服务架构和体系标准不一，各机构不仅在实体场馆合作方面合作意愿不强，在数字文化资源整合方面更显不足。要实现基于机构合作的数字文化资源的整合，需要政府层面的宏观调控和机构层面的合作协调。也就是在大数据资源规划与统筹发展的过程中，通过政府层面的大数据发展规划和相关政策，一定程度上促进公共文化机构之间的横向、纵向联系；在公共文化机构之间建立起大数据发展协调合作组织，形成高效的运行机制，平衡各方利益，保障平等参与，合理分配任务，① 以促进公共数字文化资源的整合与服务为目标，以更好地满足公众的不同文化需求。

(2)基于项目建设的数字文化资源整合

除不同类型、不同机构之间的有效合作之外，还可以基于公共文化建设项目实现数字文化资源的整合，如已经开展多年的全国文化信息资源共享工程、数字图书馆推广工程、公共电子阅览室建设计划，这三大惠民工程实际上是国家层面对公共数字文化资源整合项目的顶层设计。地区级的文化资源整合项目有深圳市文化信息资源共享工程、广州城市记忆工程、北京记忆、天下湖南等，② 这些项目促进了我国公共数字文化资源整合与共享体系的发展。但总体来看，公共数字文化资源整合项目数量还较少，这需要通过大数据资源的规划与统筹发展，进一步促进不同层级文化建设项目之间的纵向联系，以及城市与城市之间、地区与地区之间的横向合作。要加强对地方项目建设的宏观调控和统筹规划，避免重复建设和资源

① 肖希明，完颜邓邓．以公共数字文化资源整合促进基本公共文化服务均等化[J]．图书馆，2015(11)：24.

② 郑燃，李晶．我国图书馆、档案馆与博物馆数字资源整合研究进展[J]．情报资料工作，2012(3)：69.

浪费。以大数据捕捉区域发展情况和地方特色，形成区域建设模式，设立各具特色的公共数字文化资源库群。

(3)基于平台构建的数字文化资源整合

公共数字文化资源整合平台是资源整合项目建设的最终实践成果,① 也是解决公共数字文化资源共享问题的主要途径。2017 年 11 月 29 日，我国由文化部公共文化司指导、文化部全国公共文化发展中心具体建设的国家公共文化云正式开通。国家公共文化云统筹整合了国家三大惠民数字工程，并升级推出了公共数字文化服务总平台，包括国家公共文化云网站(www. culturedc. cn)、微信号、移动客户端，取得了较好的效果。

公共数字文化资源整合平台的构建，不仅要注重资源内容的广泛性和包容性，同时也要在平台的功能设计和外在呈现形式上下功夫，并形成用户大数据的重要来源。首先，应以用户需求为导向进行网站界面设计，完善手机用户使用界面。平台各板块的外观设计应友好、功能键操作方便，提供必要的查询提示与帮助，语言界面上还可针对不同民族地区提供多语种的网页界面，并能实现数据的采集。其次，在模块构建与功能实现方面，注重通过网络定位功能，实现智能化、个性化的信息推送服务，扩充平台的资源广度和深度，增添必要的资源存储和服务项目，利用平台完善公共数字文化服务的同时获取用户真实数据。最后，在营销推广形式上，满足用户体验的多样性。例如，清华大学“爱上图书馆”②的游戏视频营销形式、武汉大学图书馆的“拯救小布”新生开卡游戏体验等，这些轻松娱乐的游戏形式不仅增强了用户的体验感，还能通过游戏数据收集用户的体验和行为信息。再如，抖音平台的“第一届文物戏精大会”，是与中国国家博物馆、湖南省博物馆、南京博物院、陕西历史博物馆、浙江省博物馆、山西博物院、广东省博物馆合作，开展的国际博物日策划视频，长达一个月的策划周期，使得微

① 肖希明，田蓉．国外公共数字文化资源整合的现状与发展趋势[J]．国家图书馆学刊，2014(5)：48.

② 罗金增．图书馆游戏式营销探究[J]．图书馆学研究，2013(7)：87.

信朋友圈迅速刷屏，并积累了大量的用户评价数据，对后期的公共文化改进提供必要的数据基础。总之，公共数字平台的建设与大数据应用相辅相成，通过大数据资源规划能够有效提升公共数字文化平台的服务性能。

以政府行政主管部门的决策引导为前提，以大数据分析的公众真实需求为基础，以均等化治理创新为条件，以公共文化跨机构合作为主流，是公共文化大数据统筹发展的重要支撑。公共文化大数据必将应用到公共文化领域的各个方面，提供高效科学的管理与全面的数据支撑。这是公共文化大数据发展的必然趋势。

7.6 公共文化大数据资源规划与统筹发展的保障体系构建

基于规划的公共文化大数据统筹发展是一个全面、循环、持续的系统工程，它不仅需要中央、地方以及基层的各级政府机关、直属部门和公共文化服务机构的共同参与实施，也涉及除政府部门及国家机构以外的社会非营利性组织、企业乃至社会公众的广泛参与。在规划实施与统筹发展过程中，需要协调若干方面的要素，让它们相互影响、共同支撑、形成合力，为公共文化服务大数据统筹发展保驾护航，从机制、政策、技术、安全四大方面形成一个健全的保障体系。其中，主体运行机制是规划能否顺利实施的核心保障，它明确了各个参与主体应尽的责任和义务，通过动力、目标和约束因素统领规划实施过程及统筹发展的每一个环节，并能对变动的环境信息做出及时反馈，保证规划实施的顺利开展；政策与法规进一步规范主体的权利与责任，从制度层面保障大数据统筹发展的方向，是各项工作有效开展的前提条件，基础设施、人才、资金投入也是保障规划顺利实施的重要政策支持；技术平台是大数据统筹发展的后台支撑力量，提供技术操作的标准规范和相关制度；大数据环境下的网络安全保障则是大数据发展与应用必不可少的环节。四大要素之间紧密联系、互为影响、互为制约，共同保障我国公共

文化服务大数据统筹发展工作的不断推进。

7.6.1　公共文化大数据资源规划与统筹发展的机制保障

机制是指通过一定的制度或规律的相互作用来限制或确定某个系统的存在或发展状态的过程中的各种相关因素和各个相关的进程和内容。① 由此，我们可以从统筹规划的主体角度形成两个层面的保障机制。一是组织运行机制。明确公共文化服务大数据统筹发展的组织结构，以及组织各层级之间的关系，机制才能发挥实际的作用。二是管理运行机制。为协调好大数据统筹发展过程中各相关因素之间的关系，将各个要素联系起来，就必须有一套行之有效的管理运行方式。基于以上认识，公共文化服务大数据统筹发展的机制保障是指协调发展各要素关系、明确运行方式并保证规划目标顺利完成的基础。具体来说，主体运行机制以文化单位内部的结构为基础，由众多子机制有机组成，主要涉及政府管理公共文化的方式、政府与公共文化机构之间的关系、公共文化机构与社会其他文化组织之间的关系等领域，决定着公共文化大数据发展的方式，影响着公共文化服务的管理和发展水平。②

7.6.1.1　确定规范的组织运行机制

大数据资源规划与统筹发展是一项涉及多行业、多部门的综合协调性工作，需要依靠强有力的顶层设计破除条块分割的部门壁垒，减少因交叉管理和财政投入造成的资源浪费，通过对公共文化服务大数据建设的总体协调规划，形成统一、高效、畅通的组织运行推进机制。首先，政府相关部门如文化部对大数据资源规划与统筹发展运行情况进行宏观管理，由规划委员会具体负责大数据项目

① 张志军．当代中国领导干部管理机制研究[D]．长春：吉林大学，2005.

② 倪菁，王锰，郑建明．社会信息化环境下的数字文化治理运行机制[J]．图书馆论坛，2015(10)：25.

建设的总体规划方案与实施标准，做好公共数字文化资源的整合工作，做好各部门的协调工作，以保证统筹发展策略的有序推进；其次，委员会下设规划制定工作小组进行总体规划与设计，统筹发展工作小组协调不同层级、不同类型的公共文化服务机构的大数据资源统筹发展工作，加强不同机构与部门的跨系统协作；再次，由不同学科背景的专业人士组成专家小组，参与公共文化服务资源规划与统筹发展的绩效评估工作，对各项工作的进程和结果进行审议；最后，还可设立由财务人员、信息技术人员等组成的常务工作小组，负责具体日常工作的执行与反馈，对专项建设计划进行立项审核、资金调拨、项目评估，以及对相关项目建设的监督考核和项目验收工作。通过明确规范的大数据组织运行机制，不仅能够保障不同部门之间的协调配合，也可以将从事公共文化服务的相关人员紧密联系起来，以适应大数据资源规划与统筹工作中的动态发展。

7.6.1.2 创新科学的管理运行机制

新公共服务理念和文化治理理念都强调要提高公共文化服务的治理能力，倡导其管理运行需要政府、社会力量、企业和个人等多方力量的广泛参与。基于这一管理理念，国家采取各项政策进行扶持和财政补贴加以引导。目前，在全国范围内已经展开了公共文化服务社会化管理的实践，且基本框架初步搭成，逐渐形成了以政府为主导，非营利组织、企业和公众等社会力量共同参与的公共文化服务的管理运行格局。

公共文化大数据资源规划与统筹发展的实施过程，也需要与社会化的管理创新相融合。首先，社会化的管理方式要求文化管理部门树立市场思维，明晰政府的角色定位，以政府采购方式代替一部分生产模式，引入第三方的市场竞争机制，形成由多种主体、多种渠道提供公共文化产品和服务的格局；其次，改变传统投资方式，以项目补贴、定向资助、贷款贴息等创新性资助政策，鼓励社会各类文化机构和组织参与提供产品和服务，其中包括民间文化企业、文化类社会公益性组织等；再次，要加强对公共文化服务资金管理使用情况的监督和审计，开展绩效评估，确保公共文化服务投入方

式社会效益的最大化。①

具体来说，社会力量参与管理活动主要有以下几种方式。一是参与公共文化服务设施建设和运营。从全国来看，参与公共文化设施建设融资及运营是企业和部分企业家参与公共文化服务的重要渠道，如投资建设具有高品位体验的博物馆、文化馆等公共文化建筑群，参与古镇、古建筑、古遗址的修复或重建，建造以文化广场为中心向四周辐射的文化商圈等。二是参与公共文化活动项目的组织和管理运作。目前，非营利组织、企业或公众通过参与公共文化活动项目的方式参与到公共文化服务过程中来，如非营利组织通过公益基金资助的方式参与公共文化活动项目的组织和监督，企业以冠名赞助方式参与管理运作，公众以咨询顾问或志愿者的身份参与管理运行。三是积极参与公共文化人才队伍建设。非营利组织和各文化企业为公共文化服务人才建设提供了坚实的平台和丰厚的给养，而以公众为基础的文化志愿者队伍建设也越来越被重视，北京市、深圳市、厦门市、成都市等地方都已经形成一整套文化志愿者队伍管理体系。② 基于以上管理运行机制，公共文化领域的大数据资源规划与统筹发展也将通过吸纳社会化力量投资、项目第三方经营管理、公众参与建设等方式保障规划实施过程的顺利进行。

7.6.2 公共文化大数据资源规划与统筹发展的政策保障

为保证组织运行机制和管理运行机制的有效运行，还需要制定一系列的约束性政策保障措施、激励性政策保障措施和基础性政策保障措施。约束性措施如法律法规等一系列制度规范性的政策文件，为公共文化服务大数据的合理及安全使用提供法律保障；人才

① 范周．创新公共文化管理体制和运行机制 加大公共文化服务保障力度[J]．人文天下，2015(2)：18.

② 张永新．公共文化服务的社会化发展：基本内涵、理论基础和现实路径[M]//于平，傅才武．中国文化创新报告：文化创新蓝皮书(2015)．北京：社会科学文献出版社，2015：41.

队伍建设、财政支持政策作为激励措施保障公共文化服务的效率和效益；基础性政策用以保障大数据应用于公共文化服务的基础设施条件不断加强完善。

7.6.2.1 制度规范

作为最早应用大数据的国家，美国一直重视大数据在公共文化服务领域的应用。一方面，联邦政府努力推动博物馆与图书馆服务法、信息自由法、隐私法和版权法等重要立法修改工作，为大数据战略的实施奠定了公共数字文化的制度基础；另一方面，由政府出台的数据开放的相关政策，保证公众能够随时随地使用任何设备获得高品质的数字政务信息和服务，对促进国家政务创新、提高政府服务质量提供便利，为公共文化服务大数据的合理及安全使用提供法律保障，

我国大数据战略发展也就是近几年的事情，与此相关的法律法规建设仍然较为滞后，但近几年全国各地相继出台了公共文化相关法律、法规和一系列具有普遍约束力的地方规范性文件。地方公共文化法律、法规的完善为公共数字文化发展奠定了基础。① 可见，我国政府高度重视数字文化制度规范的建立，把数字文化制度建设提到了政府管理的重要议程，相关法律、法规的逐步完善为公共文化领域的大数据资源规划与统筹发展奠定了环境基础，但还需要在国家层面出台一部针对大数据及文化发展并规范其各项工作内容的政策法规，以确保大数据发展环境下数字文化健康发展的政策保障。

大数据环境下的公共数字文化制度体系建设至少应包含三个方面的内容：一是数字文化市场立法体制建设；二是加强对数字文化资源版权的保护；三是加大数字文化市场监管力度。② 此外，公共

① 冯佳. 地方公共文化相关法规与公共图书馆发展[J]. 中国图书馆学报，2014(6)：55.

② 倪菁，王锰，郑建明. 社会信息化环境下的数字文化治理运行机制[J]. 图书馆论坛，2015(10)：25.

文化服务大数据的应用建设还需要相关信息化政策法规的保障，其涉及政府信息公开、信息安全与共享、信息化建设与隐私保护、信息特许经营等方面的内容，以此为契机可进一步推动政府公开条例的出台，同时加紧制定“公共文化服务大数据建设条例”“信息安全条例”等方面的法律法规，以加强信息化治理能力，保障大数据在公共文化服务领域应用推进的法制化、制度化。

7.6.2.2 激励措施

激励措施的主要作用是调动大数据资源规划与统筹发展各参与主体的积极性。在规划实施与统筹发展过程中，政府采取一定的激励政策和手段，对公共文化服务相关机构和个人的工作业绩进行有效的评估和必要的奖励，引导各参与主体以更积极的状态投入到工作中去，确定明确的目标，统一思想、态度和行动，积极推动公共文化服务大数据应用的发展。① 激励措施主要可考虑人才和资金两个方面：一是要坚持公平、公正的人事考核原则，通过量化、客观的考核量表开展过程监督与效果核查，在对各部门相关工作人员进行全面考核的基础之上，对重点工作进程和环节进行详细评估，通过对工作人员给出绩效考核成绩，评选出优秀人员并给予适当的奖励，② 鼓励他们并激励带动更多的仿效性行为；二是加大政策倾斜、扩大财政投入的同时，吸引和激励社会资金竞争性“挤入”，形成多元化的投入机制，并引导社会企业的目标与资源规划目标相统一，最大程度上激励和提高文化大数据资源规划与统筹发展各级参与主体的主观能动性。

人才激励的关键是要与人才队伍的建设联系起来，通过多元化的奖励性人才政策吸引人才、留住人才，为战略实施提供人才的保障。首先，充分发挥物质和精神的双重激励作用，对于优秀人才不

---

① 崔萌．论图书馆联盟中的文化融合机制[J]．大学图书馆学报，2014(3)：106.

② 倪菁，王锰，郑建明．社会信息化环境下的数字文化治理运行机制[J]．图书馆论坛，2015(10)：25.

仅提供丰厚的物质奖励，更为其营造舒适的居住环境和工作环境，借鉴企业管理的经验，适当采取团建、出游等激励政策增强组织凝聚力和团队精神；其次，加强产学研合作奖励计划，与高校、科研院所和专业培训基地建立广泛的联系，以学科教育方式促进大数据技术与其他专业的融合，通过深造、进修等奖励性政策推动适用人才的联合培养；再次，开展广泛的人才培养计划，通过多元化的信息传播平台和在线教育方式提供行业教育服务，尤其针对少数民族人员、进城务工人员、基层工作人员开展针对性强、多渠道、多层次的培训教育活动，使得人才队伍的建设实现常态化、规范化、科学化，为实现人才激励和人才保障提供有利的环境。

激励和引导社会资金的竞争性“挤入”，可以为规划战略实施提供重要的资金保障。公共文化大数据资源规划实施的过程需要大量充足的资金支持，以保证基础设施建设、数字资源建设、人才培养建设以及其他统筹发展工作的顺利进行。除保障国家及地方政府机构设置的项目专项资金的足额按时投入外，还需制定并采取一定的激励性措施，引导社会资金的竞争性投入。其一，通过积极的政府导向型政策和市场竞争方式，进一步充实现有的信息化投资有限公司，引导社会性力量为公共文化服务大数据发展注入资金，形成以政府主导投入与社会资金竞争性投入相结合的资金保障机制。其二，建立风险投资机制，鼓励国内外风险投资基金设立公共文化服务大数据机构，吸收国内外的资金参与公共文化服务建设，创造优厚的条件支持相关优良企业上市融资，促成国外资本和民间闲散资本的多渠道投融资体制。总之，通过政府主导、企业化运作的政策保障和机制，促进商业模式的引进和创新，从资金保障上有效推进大数据资源规划与统筹发展的建设。

7.6.2.3　基础保障

对于大数据基础性的保障政策，国家领导人明确指出：要加快构建高速、移动、安全、泛在的新一代信息基础设施，统筹规划政务数据资源和社会数据资源，完善基础信息资源和重要领域信息资源建设，形成万物互联、人机交互、天地一体的网络空间。① 基于基础设施建设的基础性保障政策，是实现大数据资源规划与统筹发展保持可持续性建设的前提和基础。

对于公共文化服务大数据战略的基础性保障政策，重点需要把握互联网平台建设和大数据供需的基础两端，即存储、服务系统和应用终端，抓住了它们就抓住了各类大数据的来源。从供给端来说，要加紧建设国家公共文化云平台，使之满足大数据采集和运行的需要，更要借助通用的互联网基础服务。从消费端来说，用户信息大数据是与公共文化资源大数据同等重要的战略性大数据资源，是建立公共文化大数据服务所必须掌握的核心资源。在此基础之上建立大数据挖掘和分析平台，其基础建设应保障如何使各类信息分析机构有更大的积极性激活和开发他们所拥有的大数据资源，从而建立完整的公共文化大数据基础设施，这是公共文化大数据战略能否实施到位的关键所在。

对于互联网平台的基础设施建设需要以下政策支持。首先，需要制定清晰的网络基础设施发展蓝图。宽带网络是信息化和大数据发展的基础设施之一，其基础建设和服务运营对于互联网平台的发展来说至关重要。国家层面已实施“宽带中国”的战略，各地区应在此政策基础上进一步确定各区域内网络基础设施的发展目标，落实各区域建设主体的责任，为信息化建设和大数据发展目标保驾护航。其次，引入市场竞争机制，鼓励网络基础设施建设各主体进入市场参与完全竞争，鼓励民营资本投入网络运营服务领域，如通过简化办理执照程序、减免税费、资金扶持等政策引导方式，发挥“鲶鱼效应”，打破通信运营服务领域三足鼎立的垄断局面，创造良性竞争的环境。再次，加快基础服务方面的优化升级，扩大网络容量，提升网络速度和性能，保障新建公共广场、商业建筑、住宅小区中通信管道设施的同步建设，铺设入户光纤，有效解决固定网络接入用户的“最后一公里”垄断问题。最后，积极探索移动网络

① 新华社．习近平：推动实施国家大数据战略，完善数字基础设施［EB/OL］．［2020-12-09］．https：//www.iyiou.com/p/61797.

运营的多样化资费模式，提供不同标准供消费者选择，以维护消费者的选择权益和消费权益。①

7.6.3 公共文化大数据资源规划与统筹发展的技术保障

技术保障是通过制定技术操作的标准规范和相关制度，建立健全大数据技术标准体系，以打造先进的技术支撑平台，保障大数据资源规划与统筹发展工作的技术支撑力量。从某种程度上来说，技术的保障就是技术标准保障和技术平台保障。技术标准保障的内容包括技术标准与规范的制定。通过制定适用性强、兼容性好的标准和规范，利用计算机、通信技术实现各公共文化机构之间的资源共享和平台互联，协调大数据资源规划与统筹发展各主体之间的关系。② 技术平台保障则是在技术标准规范的基础上，构建集成了数据采集技术、数据清洗技术、数据可视化技术和数据场景应用技术等手段的智能型技术服务平台，以提供面向公共文化服务领域的大数据技术综合场景应用效果。

7.6.3.1 技术标准保障

《大数据产业“十三五”发展规划》指出，要健全大数据产业支撑体系，就必须加强大数据标准化顶层设计。因此，制定一套统一的标准规范体系就显得至关重要。这套标准规范应包括大数据应用标准、数据格式和访问接口、交换标准和交易规程等，涉及资源形式、平台管理、服务流程和质量控制、用户体验、界面规范和可视化，以及各类设计规范、互操作规范等。

同时还应注意大数据技术标准与公共文化服务行业标准的融合。推进公共文化服务领域大数据标准体系建设，对公共文化服务

① 马玥．我国大数据基础设施构成、问题及对策建议[EB/OL]．[2021-02-28]．http：//www.amr.gov.cn/ghbg/cyjj/201706/t20170605_63599.html.

② 倪菁，王锰，郑建明．社会信息化环境下的数字文化治理运行机制[J]．图书馆论坛，2015(10)：25-29.

数据的采集、数据的质量、数据的开放、数据的安全、数据的共享等制定相关规范和应用标准；推动公共文化服务不同机构、不同部门、不同层级的信息系统、数据库之间建立统一的互通技术标准，以信息化程度较高的图书馆系统为依托和突破口，实现网络互联互通和系统互操作，真正实现公共文化服务大数据的开放共享；加强公共文化服务领域开放数据格式的研究，建立科学规范的开放数据格式标准，实现一次输入多种输出、一次提供多次利用、既机器可读又可再利用的效果。①

7.6.3.2 技术平台保障

要实现公共文化大数据资源规划与统筹发展的技术保障，在遵循标准规范的基础上，还应在已有的基础设施条件下，对公共文化服务大数据的获取、存储、利用等技术进行优化，构建基于各种大数据核心技术的资源规划与统筹发展的技术支撑平台，不断扩大信息资源整合的范围，提升资源共享开放的深度和广度，实现公共文化服务大数据安全高效、使用便捷、可管可控的目标。技术支撑平台除以大数据技术为核心外，还应重点实现以下技术服务保障。

首先，构建数字文化资源整合技术平台。近几年，基于 LAM（图书馆、档案馆、博物馆）协作的数字文化资源整合逐渐展开，2008 年，国际图联在《公共图书馆、档案馆与博物馆合作》的报告中对世界各种类型的图书馆、档案馆和博物馆的合作给出了多种类型的合作案例。其中国外在数字资源整合的技术平台合作开发方面，可以给我们提供一些借鉴，如美国联机计算机图书馆中心（Online Computer Library Center, Inc.，OCLC）的“图书馆、档案馆和博物馆馆藏一站式检索”平台，德国图书馆、档案馆和博物馆门户（BAMP）项目平台，欧洲数字图书馆（Europeana）平台，英国的“聚宝盆”（Cornucopia）项目，韩国的“国家数字图书馆”（National

① 刘炜．大数据创新公共文化服务研究[J]．图书馆建设，2016(3)：4.

Digital Library）平台等。① 我国数字文化资源整合技术平台的建设可以按照一定的标准和规范，通过高科技技术手段，采用分布式、集群式资源模式，逐层逐级整合各地区、各类型的数字文化资源，形成数字文化资源的规模效应。②

其次，建设分布式数字资源共建共享技术系统。采用开放式、分级管理方式，实现数字资源的分布式加工、存储和元数据的统一管理使用；利用技术手段实现数字资源的长期保存，通过对数字资源的深入挖掘，实现现有数字资源与传统文化资源之间的有效对接，对应公众需求的社会文化资源，形成区域数字文化资源发展联动机制；积极引入先进技术与设备，提升全数字网络、宽带网络传输速率，拓展数字文化资源的传播与利用范围，并为公共文化服务协同发展提供指导。③

最后，加强与公共文化传播平台的技术合作保障。加强与广播电视技术系统、互联网技术、通信技术部门的合作共建，建立能支持不同传播媒体的公共文化信息服务平台，以丰富的资源优势和可控的技术保障推送信息资源；建设不同层级的自上而下的分布式网站集群，结合移动通信技术为公众提供移动式文化信息服务；深入开发网络视频直播、网络点播以及网络视频分享等技术服务，满足广大公众多样化的公共数字文化信息需求。

7.6.4 公共文化大数据资源规划与统筹发展的安全保障

国务院《促进大数据发展行动纲要》提出，要加强大数据环境下的网络安全问题研究和基于大数据的网络安全技术研究，健全大

① 罗红．LAM（图书馆、档案馆、博物馆）协作内容与模式研究［J］．情报理论与实践，2017（6）：36.

② 陈露．我国公共数字文化服务体系研究［D］．南京：南京大学，2013（5）：23.

③ 金玉．大数据时代公共图书馆数字文化治理实现路径研究［J］．中国中医药图书情报杂志，2016（3）：27.

数据安全保障体系。① 因此，面向公共文化服务领域的大数据应用，在推进公共文化数据开放利用的同时，还需要加强公共文化服务数据安全框架的构建，通过开展安全规划、建立安全组织、保证安全运行、实现安全技术来建构多维立体的保障体系。

7.6.4.1 公共文化大数据安全规划保障

公共文化大数据安全规划，要能在国家大数据总体安全策略的基础上，指导并推进公共文化服务大数据安全相关管理制度、技术防护、安全运营以及过程管理等工作的开展。可从完善大数据安全法律法规、健全大数据安全标准、建立大数据安全保障组织规划、制定大数据安全保障策略规划、制定数据开放策略等方面着手，做好公共文化大数据安全框架的整体规划。要在遵循国家安全政策的基础上，制定大数据安全保护方面的法规政策及实施方法，健全大数据应用安全的相关标准及指南，完善大数据安全保障组织机构和组织角色的规划，制定大数据安全保障规划和指导意见，既能推进公共文化大数据安全开放共享，又能满足国家层面对安全管控的严格要求。

7.6.4.2 公共文化大数据安全组织管理

公共文化大数据安全需要相应的组织管理，公共文化大数据资源规划委员会可根据需要和实际运作方式设置专门性岗位，以承担大数据安全的组织管理职责。通过储备安全管理人才、宣传教育安全管理知识、组织安全管理培训、加强安全基础设施建设、提供安全资金保障、推进数据安全分级分类管理等手段，积极促进大数据安全责任的落实到位；通过明确分工、协同配合、强化执行、规范运行、过程监督等手段，建立跨机构、跨部门的大数据安全组织协同机制，确保大数据安全管理要求的落地，共同推进大数据安全能力建设。

---

① 国务院．国务院关于印发促进大数据发展行动纲要的通知(国发〔2015〕50号)[S].

7.6.4.3 公共文化大数据安全运行保障

公共文化大数据安全运行保障包括公共文化大数据生命周期安全保障和公共文化大数据安全运行能力保障。公共文化服务大数据的生命周期，是将公共文化的原始大数据进行转化，成为可用于公共文化服务决策、公共文化个性化服务、公共文化精准化服务的信息，信息加以运用直至被自然遗忘或主动遗忘的过程。大数据生命周期安全保障是要保障大数据生命周期各环节的安全，包括数据采集安全、传输安全、存储安全、处理安全、共享安全、使用安全、销毁安全。在这一过程中，需要对所涉及的个人敏感信息进行安全保障，确保个人信息得到严格保密，不得出售或者非法向他人提供。大数据安全运行能力保障需要做好态势感知、预警监测、安全防护、应急响应和灾备恢复，对大数据运行过程中的安全风险进行管控。

7.6.4.4 公共文化大数据安全技术保障

公共文化大数据安全技术保障包括对平台与设施层安全、接口层安全、数据层安全、应用层安全和系统层安全等的安全保障。①

公共文化大数据平台与设施层是由大数据框架提供商提供的大数据基础设施及大数据分析平台软件的集合，为公共文化服务大数据应用提供大数据存储、计算和基础的大数据分析功能。大数据平台与设施层安全防护包括基础设施层安全、数据存储层安全、数据计算层安全和数据分析层安全。

公共文化大数据接口层安全主要解决大数据系统中数据提供者、数据消费者、大数据应用提供者、大数据框架提供者、系统协调者等角色之间接口面临的安全问题。②

① 吕欣，韩晓露．大数据安全和隐私保护技术架构研究[J]．信息安全研究，2016，2(3)：244.

② 叶润国，吴迪，韩晓露．地理信息大数据安全保障模型和标准体系[J]．科学技术与工程，2017(12)：107.

公共文化数据层安全主要解决数据生命周期各阶段面临的安全问题，采用的关键安全防护技术包括数据加密技术、安全数据融合技术、数据脱敏技术、数据溯源技术等。

公共文化应用层安全主要解决大数据业务应用的安全问题，采用的关键安全防护技术包括身份访问与控制、业务逻辑安全、服务管理安全、不良信息管控等。

公共文化系统层安全主要解决系统面临的安全问题，采用的关键技术包括大数据安全态势感知、实时安全检测、安全事件管理、系统边界防御、高级持续性威胁(APT)攻击防御等关键技术。①

总之，公共文化大数据安全框架的建立，要坚持管理与技术并重，加强大数据安全理论研究，按照《国家网络与信息安全事件应急预案》的要求建立公共文化服务大数据系统的应急安全机制，全面开展公共文化服务网络安全防护体系建设，以综合平衡安全成本和风险威胁，② 实现公共文化服务信息安全资源的配置优化，保障大数据资源规划与统筹发展的安全顺利实施。

7.7 公共文化大数据资源规划与统筹发展的成效评估

基于规划的公共文化大数据资源统筹发展，需要完成以加快推进现代公共数字文化服务体系为目标，实现传播中国文化、为社会提供文化服务的使命。从这一使命出发，形成了以推动公共文化决策科学化、完善公共文化供需机制、促进公共文化治理创新、提升公共文化效能的四大战略目标。随着信息技术的进一步发展与信息的持续爆炸性增长，大数据在推动公共文化治理、提高公共文化效能等方面的作用会日益突出，但也会面临着技术、管理和运营等方

① 杨娟，赵娜．新疆大数据产业发展的安全保障体系研究[J]．物流科技，2018(1)：123.

② 陈露．我国公共数字文化服务体系研究[D]．南京：南京大学，2013.

面的挑战，其资源规划与统筹的成效需要得到有效评估。通过运用全面准确的评价指标，形成层次清晰、指标明确的多级评价体系，分别对规划实施过程和规划实施效果进行评估，以便于对规划方案提供及时有效的信息反馈，督促决策管理人员后期改进工作方案，作为统筹发展工作的后保障环节，以确保大数据资源规划和统筹发展的长效性。

7.7.1 公共文化大数据资源规划与统筹发展成效评估的要素构成

本节主要从评估主体、评估客体、评估指标、评估技术这四个方面对公共文化大数据资源规划与统筹发展成效评估要素进行阐述。

7.7.1.1 评估主体

评估主体指的是承担评估职责、实施评估具体工作的参与者。当前国内公共数字文化服务评估的主体有服务供给单位、服务供给单位的上级领导部门和服务对象。① 第六次公共图书馆评估定级还引进了第三方评估。借鉴这一评估模式，本规划实施效果评估主体可以上级主管部门、公共文化大数据资源规划委员会、社会公众为主。

上级主管部门作为评估主体，是公共文化大数据资源规划顶层设计的必要条件，文化部及全国公共文化发展中心是其直接主管上级，同时也一直承担着我国公共数字文化服务规模化统计与评估的主要职责，社会公众作为评估主体，主要是对大数据应用于公共数字文化服务的满意度进行评价。新公共管理理论所确立的“顾客至上”原则，不仅要求公共服务以满足公众的需求为核心，也要求以公众满意度为服务效果评估的标准，公共文化机构应随时对公众的需求和反馈做出即时反应。此外，还可引入第三方评估的模式，如在规划委员会之外成立由学术组织、咨询公司、技术顾问等多方人

① 林芳．国内公共数字文化服务评价研究述评[J]．图书情报工作，2017，61(15)：147.

员参与的评估专家小组，或直接聘请第三方专业评估机构进行评估。由于第三方评估降低了直接利益相关者参与评估的不公正性因素，且一般具备较为成熟的评估模型或指标体系，在一定程度上更能保障评估工作的客观性和全面性。

7.7.1.2 评估客体

评估客体指的是实施评估的对象及内容。规划实施的评估，从总体上来说，包括对规划实施的过程评估和规划实施的效果评估两大方面。从规划实施的过程来看，各种实施推进措施是否到位是评估的关键，这些评估客体可包括组织机制和管理机制是否完善、制度是否健全和规范、激励措施是否到位、基础设施建设是否完整、技术和安全保障是否达到要求、实施进度是否按计划进行等。从规划实施的效果来看，其评价客体应着重于两个方面：其一，是否推进了现代公共数字文化服务体系的建设？其二，是否实现了传播中国文化的使命？具体则围绕公共文化决策科学、公共文化供需平衡、公共文化治理创新、公共文化效能提升四个方面，评估其具体目标达成的情况。

从评估客体的层级来说，可分为目标层、准则层和指标层三个层级。上文所述的"是否推进了现代公共数字文化服务体系的建设""是否实现了传播中国文化的使命"两个方面实际上对应于评估的目标层；决策科学、供需平衡、治理创新、效能提升则对应了准则的层面，因而可以作为规划评估的第一级指标；还有更为细化的指标层面需要根据规划情况从不同的理论视角进行构建，这将在后文的评估指标体系中作进一步说明。

国内现有的公共数字文化服务领域的评估客体研究主要以公共图书馆、档案馆、博物馆为代表，其评估客体研究有以下主要成果可供借鉴：公共图书馆的评估客体研究较多围绕数字服务和新媒体服务领域，前者的评估客体多集中于数字服务网站的可用性及可访问性、数字资源信息及咨询的可用性及有效性，网站个性化服务、网络影响力、信息安全风险等方面的评估也是其研究的热点问题；后者的评估客体主要围绕新媒体应用成果，包括推广率、应用效果、服务质量、不同媒体服务水平及互动能力比较，尤其针对移动服务的用户需求、营销效果、用户体验及服务能力等内容进行了评估研究。档案馆评估的客体包括网站及信息资源整合绩效、数字档案馆功能及成熟度、信息服务质量、利用服务质量、服务能力、知识服务模式、用户满意度、信息安全、数字化程度、信息化水平、信息化系统效益等多方面。博物馆评估的客体也多集中于可用性方面，如博物馆门户的可用性评估、数字博物馆的可用性评估，也有关于新媒体服务的评估研究。此外，还有关于 LAM(图书馆、档案馆、博物馆)整合的评估研究，其评估客体主要针对馆际资源整合及共享方面的主体意识。①

7.7.1.3 评估指标

如前所述，评估指标实际上是评估客体的下层指标层，是针对评估对象所设计的更为细致、更为详尽的考核标准，是进行规划绩效评估的二级指标，也是规划评估更为具体的内容。针对不同的评估客体，可从不同维度构建多种评估指标体系，其中包括国家标准和行业规范、工作绩效考量、用户需求与满意、规划主体能力评价，以及经验判断总结等多种维度。

从国家标准与行业规范维度构建评估指标体系，主要从服务的可用性及可访问性角度进行评估。其可依据的标准规范主要是 MUG(微软可用性指南)和 WCAG2.0。从工作绩效考量的维度构建评估指标体系，最具代表性的是基于平衡计分卡的方法。从用户需求与满意的维度构建评估指标体系，是遵循“用户中心”理念的要求和结果。从规划主体能力评价的维度构建评估指标体系，主要从规划主体完成战略目标及任务时所表现出来的能力和水平本身来评估。此外，还有根据经验判断总结的评估指标体系，主要在已有研究的基础上，根据自身评估的目的和评估对象实际情况来构建评估指标体系。

① 林芳. 国内公共数字文化服务评价研究述评[J]. 图书情报工作, 2017, 61(15): 147.

借鉴已有的研究基础，公共文化大数据资源规划与统筹发展评估可结合主体能力评价和经验确定法进行评估指标体系的构建，主体能力评价主要针对规划实施的过程，经验确定法则应结合较为成熟的公共数字文化评估指标体系和大数据产业发展评估体系，根据目标逐层分解形成具有针对性的指标体系。

7.7.1.4　评估技术

各指标体系构建以后，一般情况下还需通过科学的方法来确定各指标的权重。权重的合理性与科学性直接关系到评估结果的真实性与有效性，因此评估过程也需要采用一定的技术标准和科学的评估方法。

对国内外有关绩效评估的方法进行研究与实践分析，层次分析法、模糊综合评价法是公共数字文化服务评价中运用较多的方法。①此外，灰色关联度评价方法②、可拓方法③、广义函数法④、DSGA法⑤、深度访谈和焦点小组法⑥、德尔菲法⑦、网络分析法 ANP⑧等方法也得到了一定的应用。

---

①　林芳．国内公共数字文化服务评价研究述评[J].图书情报工作，2017,61(15):147.

②　沈红雨．基于坎蒂雷赋权法和灰色关联度的数字档案馆服务评价研究——以绍兴五所高校为例[J].档案与建设,2014(12):17.

③　毕新华,王雅薇,苏婉．移动互联网环境下云图书馆的 IT 能力分析及评价研究[J].图书情报工作,2015,59(15):20.

④　洪萍．数字档案馆评价方法研究[J].科技情报开发与经济,2011(8):146.

⑤　郭伟,方昀．数字档案馆评价方法研究(下)[J].档案学研究,2014(3):30.

⑥　张艳芳，过仕明，谭凤茹．基于 Lib QUAL +Ⓡ的移动图书馆服务质量评价模型构建研究——以哈尔滨师范大学移动图书馆为例[J]．情报科学，2014(12)：98.

⑦　李鹏．数字图书馆内容管理开源软件应用与评价研究[D]．长春：吉林大学，2012：30.

⑧　武瑞原，许强．基于 ANP-Fuzzy 模型的高校移动图书馆服务质量评价研究[J]．情报杂志，2016(5)：155.

关于指标权重的赋值，有的采用经验判断法确定各项指标权重①，有的采用专家法赋予指标权重②，有的采用简单关联法和最大离差化法③来确定权重，有的采用坎蒂雷赋权法④，还有的以独立配点法对重要性和满意度进行加权评分计算。⑤

在数据如何获取方面，公共数字文化服务领域的评估研究主要以问卷调查、专家咨询访谈、网络数据分析、田野调查、启发式评估、用户测试、网络计量等方法来获取研究所需要的数据。⑥

另外，在公共数字文化服务评估研究中使用的技术工具有开源的网络可访问性评价工具 Achecker⑦、QR 码技术⑧、SPSS⑨、MATLAB42⑩、层次分析法软件 YAAHP20⑪、Excel52⑫、MCEv1.0

---

① 傅荣校，韩云云．基于功能角度的档案网站评价指标体系研究[J]．档案管理，2006(5)：11.

② 吕元智，朱颖．数字档案馆服务能力评价的 D-S 理论模型构建与验证[J]．档案学研究，2014(6)：66.

③ 毕新华，王雅薇，苏婉．移动互联网环境下云图书馆的 IT 能力分析及评价研究[J]．图书情报工作，2015，59(15)：20.

④ 沈红雨．基于坎蒂雷赋权法和灰色关联度的数字档案馆服务评价研究——以绍兴五所高校为例[J]．档案与建设，2014(12)：17.

⑤ 施国洪，张晓慧，夏前龙．基于 QFD 的移动图书馆用户需求评估研究[J]．图书情报工作，2014，58(17)：46-51.

⑥ 林芳．国内公共数字文化服务评价研究述评[J]．图书情报工作，2017，61(15)：147.

⑦ 黄崑，宋灵超，张路路，等．基于 WCAG 2.0 的国家图书馆可访问性评价研究[J]．图书情报工作，2014，58(17)：52.

⑧ 杜志新，亢琦．QR 码技术在移动图书馆营销中的应用及效用评估研究[J]．图书馆杂志，2013(1)：56.

⑨ 宋雪雁，张岩琛，王小东，等．公共档案馆微信公众平台服务质量评价研究[J]．图书情报工作，2016，60(16)：9.

⑩ 沈红雨．基于坎蒂雷赋权法和灰色关联度的数字档案馆服务评价研究——以绍兴五所高校为例[J]．档案与建设，2014(12)：17.

⑪ 胡唐明，魏大威，郑建明．公共数字文化评价指标体系构建研究[J]．图书馆论坛，2014(12)：20.

⑫ 朱晓欢．基于 ISO 27000 的复合图书馆信息安全风险评估理论与实证研究[D]．南京：南京农业大学，2007：56.

软件中 AHP 分析模块①等。

7.7.2　公共文化大数据资源规划与统筹发展成效评估的基本原则

公共文化大数据资源规划与统筹发展成效的评估，一般遵循着客观性、全面性、层级性和可操作性的指导原则。客观性原则要求指标层级的分布、指标数量的选取和指标内容的确定要以公共文化供给水平和大数据规划发展水平测度为依据，确保指标内涵清晰准确，并且能够进行数据化处理。全面性原则要求各指标涵盖范围广泛，能全面真实地反映研究对象的特质，在内容上保证从不同组成部分和不同角度分别对公共文化大数据统筹发展进行全面评估，确保不出现遗漏和偏差。层级性原则是在全面性的基础上，根据系统的结构、研究对象的类别和功能分出层级结构，体现指标体系的多层维度，便于理解、分析和操作，即前文所述的一级指标、二级指标和三级指标。可操作性原则是指评价指标的概念要内涵明确、阐述简明，数据易于采集，充分考虑日常操作的可能性和方便程度，并且便于使用大数据技术进行采集和统计分析。

(1)模式确定原则

评估模式处于评估战略层面，决定着评估的总体思路、指导方向、评估内容和结果，因而选择不同的评估模式，可能会导致不同的评估效果。本规划实施效果评估主体在以上级主管部门、公共文化大数据资源规划委员会、社会公众为主的基础上，还可引入第三方专家小组评估，提供三种基本的评估模式：一是规划委员会专家组的自评；二是上级主管部门的评估；三是第三方机构评估。在实际评估过程中，应依据规划目标和评估对象具体情况，对以上模式进行整合，在上级主管部门的领导下，带动大数据资源规划委员会与第三方专门评估机构合作，按照相关程序与制度的要求，组织社

① 赵春燕. 基于 AHP 的移动图书馆服务质量评价研究[J]. 图书情报工作，2014，58(S2)：146.

会公众积极参与评估过程。评估指标的确定应以此为依据，能明确各主体在评估过程中各自所担负的职责，明确各指标的责任主体，以及不同主体责任担当的转接承起。

(2)顶层设计原则

评估模式的选择既要符合我国的国情，又要在评估指标设计过程中遵循顶层设计的原则，这是指标体系设计的基础。因为单个的评估主体总是受限于自身理论思维视域的局限性，在设计和执行评估时，往往会有一定的主观性；指标体系的多层级化和多样化，以及指标数据来源的广泛性，如各种形式的网络数据、调查统计数据、观察访谈数据、田野调查数据等，都需要制定统一的数据标准以保证数据的准确性；而指标体系本身作为公共文化大数据整体规划建设的一部分，更需要从公共数字文化服务的整体利益出发，以顶层设计构建公共数字文化服务评估的指标体系框架。

(3)视野开拓原则

当前国内关于公共数字文化服务评估指标体系的设计视角较为单一，往往集中于图书馆、档案馆、博物馆等评估客体，其他公共文化机构如美术馆、公益性新闻出版单位较少被论及，文化馆、农家书屋等其他基层公共文化机构更是无人探讨。评估客体的窄视化，不利于形成统一的框架以对规划进行整合性评估。而从更广阔的大文化视野来看，我国的文化资源也不仅仅集聚在公共文化机构，除博物馆、纪念馆、图书馆、美术馆、文化馆等服务机构，还有文化生产机构，如出版社、唱片公司、文艺院团、广播电台电视台、电影制片厂，以及高校科研院所等。因而在评估传播中国文化、为社会提供文化服务这一总体战略目标时，其评估指标的设计不仅要置于整个文化领域的视野之中，考虑文化领域的特殊性，还应考虑文化与经济的互动性，将文化活动的指标置于经济与社会统计系统当中，使文化活动的统计与其他经济社会活动的统计处于同一个系统之中，便于测量文化对经济与社会发展的贡献。同时还应参照大数据产业评估系统，使得评估指标的设计最终能够反映大数据应用的效果。

(4)效能导向原则

"提升公共文化服务效能"，是《关于加快构建现代公共文化服务体系的意见》的明确要求。因此，公共文化服务评价要"以效能为导向"。公共文化服务效能是公共文化体系达到预期结果或影响的程度，即公共文化体系功能的实现程度。公共文化效能评价就是通过设定的指标体系对公共文化体系的功能实现程度进行测量。① 作为公共文化评价的组成部分，公共文化大数据资源规划与统筹发展的评估指标在设计时也应以效能为导向，注重对投入的资源与提供服务的能力进行评价，注重工作量和投入量的评价，以及效果评估中注重最终结果的评价，更要求对于服务能力和服务水平是否与投入的资源相匹配、当前的投入是否达到预期的目的等效能评价指标给予关注，评估资源与服务对公众、经济与社会的影响和价值。

7.7.3 公共文化大数据资源规划与统筹发展成效评估的主要内容

科学规范的评估体系是有效开展评估活动的核心。评估体系应涉及从规划实施到规划完成的每一个环节，根据每一环节的阶段目标来确认整个评估的指标和权重，由此而确定的评估体系既包括规划实施过程的评估，又包括规划实施效果的评估。而评估体系的确立和实施也有着规范的流程。第一步，根据规划实施的目标以及公共文化大数据的特点确定评估的目的和动机，即全面评价规划实施的完整性、管理组织的有效性、业务运行能力的成熟性、规划实施的成效性；第二步，根据前文所述，确定规划评估的主客体及评估模式：以上级主管部门为领导小组，大数据战略规划委员会积极配合社会第三方专门评估机构，按相关程序与制度并组织公众积极参与进行评价的评估模式；第三步，分析评估的对象和内容，确定评估的各层级指标；第四步，根据文献调研和实践验证的结果，选择科学的评估方法；第五步，运用各级评估指标开展评估；第六步，

① 胡守勇．公共文化服务效能评价指标体系初探[J]．中共福建省委党校学报，2014(2)：45.

分析评估结果，撰写评估报告，并向规划委员会和上级主管部门反馈，为规划与统筹发展的可持续性提供参考。以下从规划实施过程和规划实施效果两个方面，重点介绍公共文化大数据资源规划评估体系的基本内容，以及各项评估指标的内涵和评估具体要求。

7.7.3.1 公共文化大数据资源规划的过程评估

就规划实施过程而言，公共文化大数据资源规划评估体系是根据大数据规划的层级，对规划的基本建设、运行能力、发展态势进行逐层分解得到的一系列指标构成的。公共文化大数据资源规划过程评估体系共有三个层级，其中一级指标和二级指标构成的指标体系框架如图 7-5 所示。一级指标中，基本建设指标用于评估规划实施的基础保障措施，运行能力指标用于评估规划实施的运行水平和能力，发展态势指标用于评估规划实施的阶段效果。二级指标中依据大数据规划的对象和内容，对一级指标进行分析和分解后设计，具体指标内涵和评估要求包括以下内容。

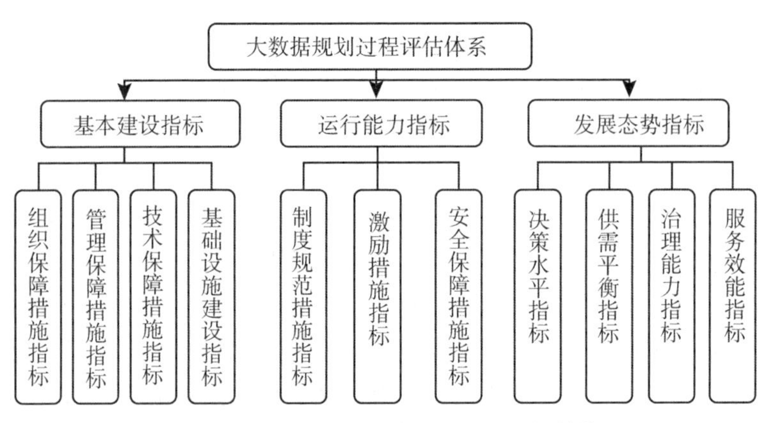

图 7-5 公共文化大数据资源规划过程评估体系

(1)基本建设指标

基本建设指标主要评估公共文化大数据规划与发展的基本建设情况，其下评估指标包括：组织保障措施指标，是指为了完成大数据规划的使命、功能、任务等，按照规划方案所建成的组织架构指

标，主要评估组织机构建设情况、岗位职责建设情况；管理保障措施指标，是根据战略规划制定要求所采用的管理方法、管理职责，管理保障措施指标，主要评价社会化管理机制的运行情况，包括制度、人员、资金、技术、市场、信息等各方面的管理要素；技术保障措施指标，是指所提供的技术基础设施、技术平台和技术工具等技术保障指标，主要评价大数据信息系统技术保障控制等方面情况；基础设施建设指标，是关于大数据应用的基础设施，互联网、服务系统和应用终端建设情况的指标，主要评价大数据基础设施采购、建设与服务安全情况等。

(2)运行能力指标

运行能力指标主要评估公共文化大数据资源规划与发展的运行水平和能力，其下评估指标包括：制度规范措施指标，是指保障大数据在公共文化领域应用推进的制度规范指标，主要评估相关法律、法规、条例、办法、意见、实施细则等的建设程度；激励措施指标，是指为调动大数据规划与实施参与主体的积极性所采取的各种激励指标，这里主要评估人才的激励措施和资金的激励措施；安全保障措施指标，是指公共文化数据安全框架指标，评估因大数据开放利用而产生的安全风险及保障措施，包括安全规划、安全组织管理、安全运行保障、安全技术保障等方面。

(3)发展态势指标

发展态势指标主要评估大数据规划实施过程中所实现的阶段性成果，该指标同时与公共文化大数据规划效果评估指标体系一一对应，其区别在于前者是阶段性的效果评价，要依据规划实施的阶段目标和实施进度进行合理评估。根据本规划实施的战略目标，该指标下分为四个二级评估指标：决策水平指标、供需平衡指标、治理能力指标、服务效能指标。过程评估阶段应根据实际建设情况设计具体的阶段评估指标权重的赋值，衡量计划时间内指标完成的情况，以便及时调整规划实施的进度和效力，校正项目实施进展的偏差。

7.7.3.2 公共文化大数据资源规划的效果评估

根据前文所述的评估指标确定原则及方法，在公共文化大数据资源规划与统筹发展案例中，以实施效果作为评价对象，基于主观经验归纳初步构建一套评估指标。在实际应用中，经验确定法是较为常用的指标项目确定方法，同时应参考已有规范和惯例来确定。通过借鉴较为完善的公共数字文化评估指标体系和大数据产业发展评估体系，可以由经验确定法初步构建指标体系。具体地说，鉴于本案例中规划战略目标明确，利用层次分析法，将最终的评估目的作为顶层目标，逐级分解，根据不同类别评价对象的职责和建设内容，初步确定出两级评估指标体系，其中下一层的每项指标都应是上一级目标的核心因素。同时，为了强调大数据应用的效果，评估指标的设计应着重于大数据应用层面的考量，依据此思想构建指标体系见表 7-3。当然，最终指标以及指标权重赋值的确定还需经过调查研究和实践验证，并征询专家意见，在此指标体系基础之上进行修正优化。

表 7-3　　公共文化大数据资源规划效果评估指标体系

编号	一级指标	编号	二级指标	指标说明	类型
Ⅰ	决策水平	Ⅰ-1	决策信息大数据系统	有助于公共文化科学决策的可用信息的资源集合率	数值
		Ⅰ-2	决策咨询大数据系统	公共文化决策方案设计、评估信息的集合率	数值
Ⅱ	供需平衡	Ⅱ-1	供给侧资源大数据库	公共文化供给数据以及供给评价数据汇集(含采集率、数据库数量等)	数值
		Ⅱ-2	需求侧资源大数据库	公共文化需求信息数据汇集(含采集率、数据库数量等)	数值
		Ⅱ-3	供需数据开放共享平台	政府、社会和部门、机构的数据信息整合共享(含数据流通量)	数值

续表

编号	一级指标	编号	二级指标	指标说明	类型
Ⅲ	治理能力	Ⅲ-1	均等化精准供给机制	对目标区域、目标群体提供公共文化精准供给数量	数值
		Ⅲ-2	均等化评价反馈机制	通过评价反馈，纠正公共文化供给偏差	二值
Ⅳ	服务效能	Ⅳ-1	服务终端的有效性	服务终端的可用性，网站、手机等新媒体服务的可访问性，媒体信息构建的可用性以及数据参考咨询的有效性	二值
		Ⅳ-2	用户体验满意度	服务质量满意率、需求满足度、公众知晓率、公众满意度	数值
		Ⅳ-3	大数据综合服务平台	国家层面的综合性的文化大数据云服务平台	二值

(1)决策水平指标

决策水平指标是根据规划战略目标所提出的“推动公共文化决策科学化”的要求而设定的，以评估大数据应用于公共文化决策水平的效度。以大数据决策支持系统为依据，又分解为两个二级指标：决策信息大数据系统、决策咨询大数据系统，前者主要考察利用大数据系统所获得的决策可用信息的资源集合率，后者则主要考察利用大数据系统所获得的决策方案设计、评估信息的集合率。通过这两个指标数值的考核，能进一步确认决策的科学化水平以及决策的效率。

(2)供需平衡指标

供需平衡指标是根据规划战略目标所提出的“完善公共文化供需机制”这一要求设定的，以评估大数据应用对于公共文化供需机制的效度。由于供给和需求两端往往信息不对称，通过不同端大数据库的建设和开放共享促进供需平衡，由此而分解为三个二级指标，以考察供给侧和需求侧的大数据资源汇集情况，包括资源的自动采集率和数据库的建设情况，以及是否建设了开放的供需数据共享平台。对于资源汇集情况需要核算具体的数值，对于已建设的共享平台也需要考核其数据流通量，以进一步确认大数据应用的有效性。

(3)治理能力指标

治理能力指标是根据规划战略目标所提出的“促进公共文化治理创新”的要求而设定的，以评估大数据应用于公共文化均等化治理创新的效度。均等化是现代公共文化体系的治理目标，首先要实现精准化的供给机制；其次还要有相应的评价反馈机制。由此而确定了两个二级指标：均等化精准供给机制以考察对不同区域、不同群体以及城乡公共文化供给数量，以及是否满足了真实的需求；均等化评价反馈机制用以评估是否通过评价反馈纠正了供给偏差，需要对比评价前后的供给情况以确认该项指标的完成度。

(4)服务效能指标

服务效能指标是根据规划战略目标所提出的“提升公共文化服务效能”的具体要求而设定的，以评估大数据应用于公共文化效能的效度。服务效能可从服务终端的可用性和用户体验的满意度两方面进行验证，另外，国家层面的综合性的大数据服务平台的建立与否也是服务效能的重要评价指标，由此从三个维度确定了二级指标：服务终端的有效性主要考察服务终端的可用性，网站、手机等新媒体服务的可访问性，媒体信息构建的可用性以及数据参考咨询的有效性；用户体验满意度主要从用户中心的视角，考察用户对服务质量的满意率、需求满足程度，以及公众知晓率、公众整体的满意度等；大数据综合服务平台考察是否建立了国家层面的综合性的文化大数据云服务平台，是否实现了传播中国文化的使命。目前，国家已经建立了以文化馆、图书馆、博物馆、美术馆为服务主体的公共文化云平台，但从更广阔的大文化视野来看，这一平台还有待进一步汇聚更为广泛的文化资源，开发更多的数字化文化产品，切实维护国家的意识形态和主流文化传播。

从所构建的两个评估框架来看，过程评估获得的是阶段性评估结果，效果评估获得的是总体性评估结果。阶段性评估结果可以让评估主体和被评估者及时发现阶段性目标的完成情况，规划进度是否符合要求，统筹发展实施的各个环节是否科学规范，所采集的数据是否真实有效，人财物的投入是否充足，公众参与是否充分等。对于阶段性评估结果要充分合理地运用，通过对所提问题的总结与反思及时改进和调整，以便促进评估活动的良性循环。通过对总体评估结果的分析，可以发现规划实施是否最终达成目标要求，公众满意度如何，尚存问题或不足有哪些，根据多方主体意见做出策略调整，从而有效促进公共文化大数据统筹的可持续性发展，同时评估结果还可以作为上级主管单位进行工作奖惩的依据，以及下一次经费划拨的参考。

总之，评估不是目的，评估只是手段。我们进行过程评估和效果评估的最终目的是为了发现问题，解决问题，从而改进工作，提升工作水平。评估结果的运用可以促进评估功能的发挥，推动评估体系不断完善、发展。

8 研究总结与展望

8.1 研究结论

早在 2013 年 7 月，习近平总书记视察中国科学院时指出：“大数据是工业社会的‘自由’资源，谁掌握了数据，谁就掌握了主动权。”①大数据兴起时间不长，但发展迅猛，极大地推动了社会经济生活的变革，也是推进“数字中国”建设的资源支撑。

大数据资源规划与统筹发展作为一种顶层设计和战略管理手段，兼具指导功能和工具属性，在引导多元主体参与大数据资源建设、规范大数据资源应用、促进大数据产业发展、保障大数据资源安全等方面有着积极作用。但是，从现实状况来看，大数据资源规划与统筹发展还面临着一系列问题，增加了大数据资源的整合、流动和应用的难度，制约了大数据资源在公共服务、社会管理、决策支持、科学研究等实践活动中的价值实现。② 鉴于此，笔者在明确大数据资源规划与统筹发展基本内涵、调研国内外大数据资源规划

① 赋能新时代，习近平的大数据之道[EB/OL].[2021-01-10]. http://big5.chbcnet.com/web/content_115011.shtml.

② 周耀林，常大伟.大数据资源统筹发展的困境分析与对策研究[J].图书馆学研究，2018(14)：66-70.

与统筹发展现实状况、分析大数据资源规划与统筹发展需求以及大数据资源规划与统筹发展面临障碍的基础上，构建了大数据资源规划理论框架，设计了大数据资源统筹发展的推进路径，构建了大数据资源规划与统筹发展的保障体系，并通过面向公共文化服务的大数据资源规划与统筹发展研究对上述研究成果进行了实证分析。现将本书主要研究结论总结如下：

①随着国家大数据发展战略的确立，大数据资源规划与统筹发展的需求具有多样性，面临的障碍也呈现出多元化特点。

从大数据资源规划与统筹发展的需求来看，既有基于数据管理视角的大数据资源规划与统筹发展需求，例如，要求通过资源配置实现大数据资源的供需平衡，通过数据治理实现大数据资源治理现代化，通过价值服务促进大数据资源的实践应用，通过发展保障夯实大数据资源的发展基础等；也有基于数据应用视角的大数据资源规划与统筹发展需求，例如，要求服务从数据大国走向数据强国的国家发展战略，促进政府决策由经验式决策向基于数据的科学化决策转型，顺应大数据驱动的组织管理模式变革趋势，满足数据密集型科学研究范式兴起的需求等。

②大数据发展如火如荼的现象下，不仅需要分析组织机构、行业、区域乃至国家层面的需求，而且需要明确大数据资源规划和统筹发展的障碍。

大数据规划和统筹发展存在着多种需求。不同的组织机构、行业、区域对于大数据资源规划和统筹发展的需求并不相同，但可以概括为服务于国家战略、政府决策、组织管理、数据治理、资源配置、价值服务、科学研究、发展保障八个主要方面。同时，通过调研分析，课题组明确了大数据资源规划与统筹发展面临的障碍，主要表现为理论认知不深刻、体制机制不完善、法律制度不健全、技术手段不充分等问题，由此形成了大数据资源规划与统筹发展的理论障碍、体制障碍、制度障碍和技术障碍。这些是目前大数据资源规划和统筹发展过程中亟待解决的问题。

③大数据资源规划涉及的资源要素、工具要素和主体要素众多，需要在明确大数据资源规划理论的基础上，构建大数据资源规

划的模型，从而提高大数据资源规划的可操作性。

在大数据资源规划理论研究方面，需要积极吸收战略规划、协同发展、信息资源规划和信息资源配置等的理论价值，拓展大数据资源规划研究的理论视野；需要从战略引导、数据驱动、资源统筹、综合保障等方面，明确大数据资源规划的基本原则；需要从促进大数据产业发展、落实大数据政策法规、促进大数据资源共享、服务管理决策转型等方面，明确大数据资源规划的功能定位；需要从国家、区域、行业和组织等不同层面，以及政策驱动型、市场驱动型、业务驱动型和技术驱动型等不同类型，理解大数据资源规划的层次和性质差异，提高大数据资源规划在不同层面、不同场景的可行性。

在大数据资源规划模型构建方面，在明确大数据资源规划模型构建整体思路的基础上，构建了大数据资源规划的流程模型、大数据资源规划的组织模型、大数据资源规划的文本模型和大数据资源规划的评估模型，从而将大数据资源规划的主要内容和基本程式纳入大数据资源规划之中，提高大数据资源规划模型的实用价值。

④基于规划的大数据资源统筹发展，是从大数据资源规划迈向大数据资源统筹发展的关键步骤，也是大数据资源规划理论转变为大数据资源统筹发展实践的重要环节。

从基于规划的大数据资源统筹发展的内容来看，主要包括基于规划的大数据资源统筹发展的组织管理要素(如组织管理主体、组织管理体制和组织管理运作机制等)、数据资源要素(如传感数据、社会数据、历史数据、实时数据、线上数据、线下数据等)、基础设施要素(如数据汇聚设施、数据存储设施、数据处理设施、数据传输设施、通用硬件设施等)、法规标准要素(如数据公开法律、数据交易法律、数据隐私保护法律、数据传输标准、数据共享标准、数据安全标准等)、应用技术要素(如大数据采集技术、预处理技术、存储与管理技术、分析技术、展示技术等)、安全管控要素(如大数据资源安全管控的组织体系、制度体系、技术体系和运维体系等)。

为了实现基于规划的大数据资源统筹发展，需要结合大数据资

源统筹发展涉及的要素、环节、机构和区域等内容，设计基于要素整合的大数据资源统筹发展，基于流程优化的大数据资源统筹发展，基于跨部门合作的大数据资源统筹发展和基于区域协同的大数据资源统筹发展四个层面，针对大数据资源实施全面的统一管理和精细的靶向管理，从而促进大数据资源统筹发展的有序进行。

⑤大数据资源规划与统筹发展作为一项整体性工程，需要完善的保障体系作为进一步发展的支撑。

本课题组构建了由机制保障(如组织管理机制、运行机制、监管机制等)、政策保障(如数据共享开发政策、大数据交易流通政策、公民信息保护政策等)、标准保障(如数据采集标准、数据存储标准、数据交易流通标准、大数据系统互操作标准等)、技术保障(如大数据采集技术、大数据清洗技术、大数据存储技术、大数据处理技术平台等)、安全保障(如数据风险监测技术、数据风险分析技术、数据风险管控技术等大数据安全的战略规划保障、技术保障和运行管理保障等)构成的大数据资源规划与统筹发展保障机制，确保大数据资源规划与统筹发展实践的推进。

8.2 研究展望

自2015年国务院出台《促进大数据发展行动纲要》以来，关于大数据资源的研究日益引起学界和业界的重视，内容涉及基于主权区块链网络的公共安全大数据资源管理体系建设、① 社会化媒体平台数据资源模型构建、② 大数据资源统筹发展的策略研究、③ 面向

① 曾子明，万品玉．基于主权区块链网络的公共安全大数据资源管理体系研究[J]．情报理论与实践，2019，42(8)：110-115.

② 王晹，蔡淑琴．社会化媒体平台大数据资源模型研究[J]．管理学报，2018，15(10)：1064-1071.

③ 周耀林，常大伟．大数据资源统筹发展的困境分析与对策研究[J]．图书馆学研究，2018(14)：66-70.

政府决策的大数据资源建设与规划模型设计、①② 大数据资源的产权结构分析及其制度建构、③ 大数据资源的共建共享与服务平台建设、④⑤ 等。相关研究成果的出现，为本课题研究的开展提供了有益借鉴，也为进一步深化课题研究的内容指明了方向。具体来讲，还需要从以下方面加强大数据资源规划理论与统筹发展的研究：

①强化大数据资源利用服务、共建共享等的研究。结合“大数据资源规划理论与统筹发展研究”的主题，笔者在“基于规划的大数据资源统筹发展的路径设计”，特别是“基于流程优化的大数据资源统筹发展”“基于机构协作的大数据资源统筹发展”和“基于区域协同的大数据资源统筹发展”中，对大数据资源利用服务和共建共享的内容作了简单论述。但是考虑到利用服务是大数据资源价值实现的基本方式，共建共享是大数据资源建设的重要途径，需要在后续的研究中进一步强化大数据资源利用服务、大数据资源共建共享在大数据资源规划与统筹发展的地位。

②加强域外大数据资源规划与统筹发展的理论和实践借鉴。随着大数据时代的到来，世界主要国家纷纷制定了大数据发展战略规划，以谋求在新的竞争中保持领先地位。例如，美国制定了《大数据研究与发展计划》，澳大利亚制定了《公共服务大数据战略》，英国制定了《英国数据能力战略》，法国制定了《法国政府大数据五项支持计划》，等等。这为我国大数据资源规划的制定和统筹发展战略的推进提供了重要参考。但是考虑到构建大数据利用政策、隐私

① 常大伟. 面向政府决策的大数据资源建设研究[J]. 图书馆学研究，2018(13)：28-32.

② 周耀林，常大伟. 面向政府决策的大数据资源规划模型研究[J]. 情报理论与实践，2018，41(8)：42-47.

③ 段忠贤，吴艳秋. 大数据资源的产权结构及其制度构建[J]. 电子政务，2017(6)：23-30.

④ 陈祖琴，蒋勋，苏新宁. 图书馆视角下的大数据资源共建共享[J]. 情报杂志，2015，34(4)：165-168.

⑤ 蒋昌俊，丁志军，王俊丽，闫春钢. 面向互联网金融行业的大数据资源服务平台[J]. 科学通报，2014，59(36)：3547-3554.

保护政策、数据产权结构等方面的巨大差异，本课题在研究过程中主要是结合我国信息领域的相关政策来构建大数据资源统筹规划的理论框架和大数据资源统筹发展的实践路径。为了更好地吸收国外大数据资源规划和统筹发展的经验，本课题将在后续的研究中强化中外理论和实践的比较研究，更加注重吸收国外大数据资源规划和统筹发展的有益经验，并结合中国国情进行相应的调整完善。

③丰富大数据资源规划理论与统筹发展的应用场景。笔者在建构大数据资源规划模型和大数据资源统筹发展路径的同时，以公共文化服务为具体应用场景，在分析面向公共文化服务的大数据资源规划需求和障碍的基础上，设计了面向公共文化服务的大数据资源规划与统筹发展的实施流程，编制了面向公共文化服务的大数据资源规划文本，构建了面向公共文化服务的大数据资源规划与统筹发展的保障体系与效果评估体系，对大数据资源规划的理论和统筹发展的策略进行了场景验证。但是考虑到政策决策、社会治理、应急管理、交通规划、环境监测等不同场景对大数据资源规划和统筹发展的要求存在很大差异，还需要进一步丰富大数据资源规划理论与统筹发展的应用场景，提高大数据资源规划模型的灵活性和大数据资源统筹发展路径的普适性。

参考文献

1. 论著

[1]苑迎春．大数据导论[M]．北京：中国水利水电出版社，2021.

[2]龚卫．大数据挖掘技术与应用研究[M]．长春：吉林文史出版社，2021.

[3][美]朱尔斯·J. 伯曼．大数据原理与实践[M]．张桂刚，等，译. 北京：机械工业出版社，2020.

[4]谢朝阳．大数据：规划、实施、运维[M]．北京：电子工业出版社，2018.

[5]冯慧玲．数字人文——改变只是创新与分享的游戏规则[M]．北京：中国人民大学出版社，2018.

[6]吴殿廷，吴昊．区域发展产业规划[M]．南京：东南大学出版社，2018.

[7]朱扬勇．大数据资源[M]．上海：上海科学技术出版社，2018.

[8]刘蕤，周光有．大数据分析[M]．重庆：重庆大学出版社，2017.

[9]冯意刚，喻定权，张鸿辉，黄军林．城市规划中的大数据应用与实践[M]．北京：中国建筑工业出版社，2017.

[10]海天电商金融研究中心．玩转大数据：商业分析+运营推广+营销技巧+实战案例[M]．北京：清华大学出版社，2017.

[11]熊赟，朱扬勇，陈志渊．大数据挖掘[M]．上海：上海科学技术出版社，2016.
[12]方振邦．管理学基础[M]．北京：中国人民大学出版社，2016.
[13]张绍华，潘蓉，宗宇伟．大数据治理与服务[M]．上海：上海科学技术出版社，2016.
[14]李军．移动大数据商业分析与行业营销[M]．北京：人民邮电出版社，2016.
[15]张绍华，潘蓉，宗宇伟．大数据治理与服务[M]．上海：上海科学技术出版社，2016.
[16]张永新．公共文化服务的社会化发展：基本内涵、理论基础和现实路径[M]．北京：社会科学文献出版社，2015.
[17]罗清亮，戴剑．战略规划：企业持续成功的基因[M]．上海：上海财经大学出版社，2015.
[18]陈潭，等．大数据时代的国家治理[M]．北京：中国社会科学出版社，2015.
[19]涂子沛．数据之巅：大数据革命，历史、现实与未来[M]．北京：中信出版社，2014.
[20]黄颖．一本书读懂大数据[M]．长春：吉林出版集团有限责任公司，2014.
[21]美国麦肯锡(上海)咨询有限公司．大数据：你的规划是什么？[M]．上海：上海交通大学出版社，2014.
[22]Davenport T H. Big Data at Work: Dispelling the Myths, Uncovering the Opportunities [M]. Boston, MA: Harvard Business Review Press, 2014.
[23]Rijmenam B M V. Think Bigger: Developing a Successful Big Data Strategy for Your Business [M]. AMACOM Div American Mgmt Assn, 2014.
[24]Christine L. Borgman. Big Data, Little Data, No Data: Scholarship in the Networked World [M]. London: The MIT Press, 2014.

[25]马建堂．大数据在政府统计中的探索与应用[M]．北京：中国统计出版社，2013.
[26][英]维克托・迈尔-舍恩伯格，肯尼斯・库克耶．大数据时代：生活、工作思维的大变革[M]．盛杨燕，周涛，译．杭州：浙江人民出版社，2013.
[27]水藏玺，吴平新，刘志坚．流程优化与再造(第3版)[M]．北京：中国经济出版社，2013.
[28]柯平．图书馆战略规划：理论、模型与实证[M]．北京：国家图书馆出版社，2013.
[29]文辉．城镇发展规划研究与实践[M]．北京：中国经济出版社，2013.
[30][美]曼昆．经济学原理：微观经济学分册[M]．梁小民，梁砾，译，北京：北京大学出版社，2012.
[31]海伊，等．第四范式：数据密集型科学发现[M]．潘教峰，张晓林，等，译．北京：科学出版社，2012.
[32]赵益民．图书馆战略规划流程研究[M]．北京：国家图书馆出版社，2011.
[33]靖继鹏，马费成，张向先．情报科学理论[M]．北京：科学出版社，2009.
[34]朱晓峰．政府信息资源生命周期管理[M]．南京：南京大学出版社，2009.
[35]王列生．国家公共文化服务体系论[M]．北京：文化艺术出版社，2009.
[36]朱扬勇，熊赟．数据学[M]．上海：复旦大学出版社，2009.
[37]Foucault M. Security, Territory, Population: Lectures at the Collège de France, 1977-78 [M]. Basingstoke and New York: Palgrave Macmillan, 2009.
[38]查先进．信息资源配置与共享[M]．武汉：武汉大学出版社，2008.
[39]孟广均．信息资源管理导论(第三版)[M]．北京：科学出版社，2008.

[40]柯青．数字信息资源战略规划[M]．南京：东南大学出版社，2008.
[41]孙建军．信息资源管理概论[M]．南京：东南大学出版社，2008.
[42]柯青．数字信息资源战略规划——基于“我国学术数字信息资源公共存取战略”的分析[M]．南京：东南大学出版社，2008.
[43]“大学战略规划与管理”课题组．大学战略规划与管理[M]．北京：高等教育出版社，2007.
[44]张保胜．网络产业：技术创新与竞争[M]．北京：经济管理出版社，2007.
[45]马费成，赖茂生．信息资源管理[M]．北京：高等教育出版社，2006.
[46]程焕文，潘燕桃．信息资源共享[M]．北京：高等教育出版社，2006.
[47]宋建阳，张良卫．物流战略与规划[M]．广州：华南理工大学出版社，2006.
[48]王能宪．文化建设论[M]．北京：人民出版社，2006.
[49]陈京民．人力资源规划[M]．上海：上海交通大学出版社，2006.
[50][德]赫尔曼·哈肯．协同学——大自然构成的奥秘[M]．凌复华，译．上海：上海译文出版社，2005.
[51][美]杰弗里·雷格斯比，盖伊·格雷科．精通战略：如何发现你的竞争优势[M]．魏晓燕，薛梅，译．北京：中国财政经济出版社，2005.
[52][美]伦纳德·古德斯坦，等．战略计划实务：企业执行版[M]．曹彦博，王宇，译．北京：中国财政经济出版社，2004.
[53]甘华鸣，等．战略管理操作规范[M]．北京：企业管理出版社，2004.
[54][美]艾尔佛雷德·D. 钱德勒．战略与结构：美国工商企业成长的若干篇章[M]．孟昕，译．昆明：云南人民出版

社，2002.
[55]金炳华．马克思主义哲学大辞典[M]．上海：上海辞书出版社，2002.
[56]高复先．信息资源规划——信息化建设基础工程[M]．北京：清华大学出版社，2002.
[57][美]乔治·达伊．市场驱动战略[M]．牛海鹏，译．北京：华夏出版社，2000.
[58] Stueart Robert D，Moran Barbara B. Library and Information Center Management[M]．Englewood：Libraries Unlimited，1998.
[59]Henry Mintzberg. The Rise and Fall of Strategic Planning[M]. Free Press，New York，1994.
[60]Paul W. Mattessich. Collaboration：What Makes It Work. A Review of Research Literature on Factors Influencing Successful Collaboration[M]．Fieldstone Alliance，1992.
[61]孙光．政策科学[M]．杭州：浙江教育出版社，1989.
[62]约翰·弗里德曼．公共领域的规划——从知识到行动[M]．普林斯顿：普林斯顿大学出版社，1988.
[63][比]伊普里戈金，[法]伊·斯唐热．从混沌到有序：人与自然的对话[M]．曾庆宏，沈小峰，译．上海：上海译文出版社，1987.
[64]黄净．政策学基础知识[M]．哈尔滨：哈尔滨工业大学出版社，1987.
[65][德]H. 哈肯．协同学引论[M]．徐锡申，陈雅深，等，译．北京：原子能出版社，1984.
[66][美]阿尔温·托夫勒．第三次浪潮[M]．朱志焱，潘琪，译．北京：北京三联书店，1983.
[67]金悦霖．形式逻辑[M]．北京：人民出版社，1979.
[68]Mintzberg H. The Rise and Fall of Strategic Planing[M]. New York：Free Press，1994.
[69]Kingma B R. The Economics of Information：A Guide to Economic and Cost-benefit Analysis for Information Professionals [M].

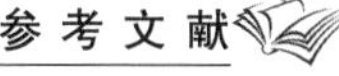

Englewood: Libraries Unlimited, Inc., 1996.
[70] Koopmans T C. Three Essays on the State of Economic Science [M]. Mc Graw-hill Book Company, 1957: 18-21.

2. 期刊论文

(1)中文期刊

[1] 巴志超，刘学太，马亚雪，李纲．国家安全大数据综合信息集成的战略思考与路径选择[J]．情报学报，2021，40(11)：1139-1149.
[2] 王加祥．基于大数据的教育宏观决策信息化智库构建研究[J]．智库理论与实践，2021，6(5)：86-94.
[3] 吴朝文，景星维，张欢．国家治理中大数据智能化的价值、困境与实现路径[J]．重庆社会科学，2021(10)：70-81.
[4] 陈潭．国家治理的大数据赋能：向度与限度[J]．中南大学学报(社会科学版)，2021，27(5)：133-143.
[5] 洪永淼，汪寿阳．大数据如何改变经济学研究范式？[J]．管理世界，2021，37(10)：40-55，72，56.
[6] 刘德林，周冬．大数据产业发展与地方经济增长[J]．统计与决策，2021，37(19)：102-105.
[7] 刘晓晨，王卓昊．基于大数据环境的科技管理数据集成平台研究[J]．情报学报，2021，40(9)：953-961.
[8] 王世恩．大数据环境下公共图书馆精准服务：内涵、价值及应用路径[J]．出版广角，2021(17)：94-96.
[9] 蒋勋，朱晓峰，肖连杰．大数据环境领域知识组织方法研究[J]．情报资料工作，2021，42(5)：6-13.
[10] 杨红岩．大数据环境下高校图书馆知识共享生态系统模型构建[J]．图书馆理论与实践，2021(5)：52-57.
[11] 高国伟，竺沐雨，段佳琪．基于数据策展的政府大数据服务规范化体系研究[J]．电子政务，2020(12)：110-120.

[12]马亮．大数据时代的政府绩效管理[J]．理论探索，2020(6)：14-22.
[13]化柏林，赵东在，申泳国．公共文化服务大数据集成架构设计研究[J]．图书情报工作，2020，64(10)：3-11.
[14]夏义堃．论政府首席数据官制度的建立：兼论大数据局模式与运行机制[J]．图书情报工作，2020，64(18)：21-29.
[15]曾子明，万品玉．基于主权区块链网络的公共安全大数据资源管理体系研究[J]．情报理论与实践，2019(8)：110-115.
[16]韩丽华，魏明珠．大数据环境下信息资源管理模式创新研究[J]．情报科学，2019，37(8)：158-162.
[17]梁卓，褚鑫，曾艳，周桔，马俊才．我国战略生物资源大数据及应用[J]．中国科学院院刊，2019，34(12)：1399-1405.
[18]张克．省级大数据局的机构设置与职能配置：基于新一轮机构改革的实证分析[J]．电子政务，2019(6)：113-120.
[19]廖迅．公共文化大数据研究现状综述与趋势研判[J]．图书馆，2019(7)：42-49.
[20]郭路生．基于EA的公共文化服务大数据资源规划研究[J]．图书馆学刊，2019，41(12)：75-81.
[21]李见恩．政府怎样加强大数据管理[J]．人民论坛，2018(36)：82-83.
[22]王红梅．基于知识创新的大数据资源管理系统研究[J]．管理观察，2018(26)：98-99.
[23]肖炯恩，吴应良．大数据背景下的政府数据治理：共享机制、管理机制研究[J]．科技管理研究，2018，38(17)：195-201.
[24]常大伟．面向政府决策的大数据资源建设研究[J]．图书馆学研究，2018(13)：28-32.
[25]王旸，蔡淑琴．社会化媒体平台大数据资源模型研究[J]．管理学报，2018，15(10)：1064-1071.
[26]周耀林，常大伟．大数据资源统筹发展的困境分析与对策研究[J]．图书馆学研究，2018(14)：66-70.
[27]孟庆麟，刘巍．新时代出版业与大数据战略[J]．中国出版，

2018(13)：21-24.
[28]周耀林，常大伟．面向政府决策的大数据资源规划模型研究[J]．情报理论与实践，2018，41(8)：42-47.
[29]吴晓光，王振．金融大数据战略的关键[J]．中国金融，2018(7)：58-59.
[30]邵剑兵，刘力钢，赵鹏举．大数据资源的双元属性与互联网企业的商业环境重构及战略选择[J]．辽宁大学学报(哲学社会科学版)，2018，46(5)：67-75.
[31]司林波，刘畅．智慧政府治理：大数据时代政府治理变革之道[J]．电子政务，2018(5)：85-92.
[32]米加宁，章昌平，李大宇，等．第四研究范式：大数据驱动的社会科学研究转型[J]．社会科学文摘，2018(4).
[33]周晓英，冯向梅．组织机构信息资源管理战略规划研究——以 NARA 信息资源管理十年战略规划为基础的研究[J]．情报资料工作，2018(3)：30-36.
[34]段忠贤，沈昊天，吴艳秋．大数据驱动型政府决策：要素、特征与模式[J]．电子政务，2018(2)：45-52.
[35]向芳青，张翊红．政府实施大数据治理的应用框架构建[J]．凯里学院学报，2018，36(2)：32-38.
[36]王正青，徐辉．大数据时代美国的教育大数据战略与实施[J]．教育研究，2018，39(2)：120-126.
[37]沈志宏，姚畅，等．关联大数据管理技术：挑战、对策与实践[J]．数据分析与知识发现，2018，2(1)：9-20.
[38]宋懿，安小米，马广惠．美英澳政府大数据治理能力研究——基于大数据政策的内容分析[J]．情报资料工作，2018(1)：13.
[39]李月，侯卫真，李琳琳．我国地方政府大数据战略研究[J]．情报理论与实践，2017，40(10)：31-35.
[40]周耀林，赵跃，段先娥．大数据时代信息资源规划研究发展路径探析[J]．图书馆学研究，2017(15)：39.
[41]朱光，丰米宁，刘硕．大数据流动的安全风险识别与应对策

略研究——基于信息生命周期的视角[J]. 图书馆学研究，2017(9)：84-90.
[42]储节旺，朱玲玲．基于大数据分析的突发事件网络舆情预警研究[J]. 情报理论与实践，2017(8)：612.
[43]蒋余浩．开放共享下的政务大数据管理机制创新[J]. 中国行政管理，2017(8)：42-46.
[44]段忠贤，吴艳秋．大数据资源的产权结构及其制度构建[J]. 电子政务，2017(6)：23-30.
[45]安小米，宋懿，马广惠，等．大数据时代数字档案资源整合与服务的机遇与挑战[J]. 档案学通讯，2017(6)：57.
[46]贾一苇．全国一体化国家大数据中心体系研究[J]. 电子政务，2017(6)：31.
[47]白春礼．大数据：塑造未来的战略资源[J]. 电子政务，2017(6)：2.
[48]李树栋，贾焰，吴晓波，李爱平，杨小东，赵大伟．从全生命周期管理角度看大数据安全技术研究[J]. 大数据，2017，3(5)：3-19.
[49]周耀林，赵跃，Zhou Jiani. 大数据资源规划研究框架的构建[J]. 图书情报知识，2017(4)：59-70.
[50]董春雨，薛永红．数据密集型、大数据与“第四范式”[J]. 自然辩证法研究，2017(5)：74-80.
[51]张群，吴东亚，赵菁华．大数据标准体系[J]. 大数据，2017(4)：17-18.
[52]陆泉，张良韬．处理流程视角下的大数据技术发展现状与趋势[J]. 信息资源管理学报，2017，7(4)：17-28.
[53]莫祖英．大数据处理流程中的数据质量影响分析[J]. 现代情报，2017(3)：72.
[54]穆勇，王薇，赵莹，邵熠星．我国数据资源资产化管理现状、问题及对策研究[J]. 电子政务，2017(2)：66-74.
[55]曾忠禄．大数据分析：方向、方法与工具[J]. 情报理论与实践，2017(1)：3.

[56]陈臣．基于 Hadoop 的图书馆非结构化大数据分析与决策系统研究[J]．情报科学，2017(1)：24.
[57]孙粤文．大数据：风险社会公共安全治理的新思维与新技术[J]．求实，2016(12)：75.
[58]魏红江，李彬，祝慧琳．制定我国大数据战略与开放数据战略：日本的经验与启示[J]．东北亚学刊，2016(6)：32-39.
[59]李信．基于霍尔模型的大数据战略实施体系构建[J]．数字图书馆论坛，2016(6)：28-33.
[60]郭路生，刘春年．大数据环境下基于 EA 的政府应急信息资源规划研究[J]．情报杂志，2016，35(6)：171-176.
[61]王世伟．论大数据时代信息安全的新特点与新要求[J]．图书情报工作，2016(6)：6.
[62]裴成发．信息资源规划中的战略协同问题[J]．情报理论与实践，2016(5)：1-4.
[63]彭知辉．论大数据环境下公安情报流程的优化[J]．情报杂志，2016(4)：18.
[64]张永新．构建现代公共文化服务体系的重点任务[J]．行政管理改革，2016(4)：38.
[65]唐辉．基于信息资源共享的大数据管理与利用探究[J]．图书情报导刊，2016(4)：147-149.
[66]刘炜，张奇，张昱．大数据创新公共文化服务研究[J]．图书馆建设，2016(3)：4-12.
[67]李天柱，马佳，吕健露，等．大数据价值孵化机制研究[J]．科学学研究，2016(3)：321.
[68]刘磊．从数据科学到第四范式：大数据研究的科学渊源[J]．广告大观(理论版)，2016(2)：44-52.
[69]化柏林，李广建．大数据环境下多源信息融合的理论与应用探讨[J]．图书情报工作，2015(16)：7.
[70]秦珂．大数据法律保护摭谈[J]．图书馆学研究，2015(12)：98.
[71]嵇婷，吴政．公共文化服务大数据的来源、采集与分析研究

[J]. 图书馆建设, 2015(11): 21-24.
[72]吴晓英, 明均仁. 基于数据挖掘的大数据管理模型研究[J]. 情报科学, 2015, 33(11): 131-134.
[73]宁家骏. 推进我国大数据战略实施的举措刍议[J]. 电子政务, 2015(9): 2-5.
[74]张亚斌, 马莉莉. 大数据时代的异质性需求、网络化供给与新型工业化[J]. 经济学家, 2015(8): 44-51.
[75]张群. 大数据标准化现状及标准研制[J]. 信息技术与标准化, 2015(7): 23.
[76]邓灵斌, 余玲. 大数据时代数据共享与知识产权保护的冲突与协调[J]. 图书馆论坛, 2015(6): 62.
[77]郭建锦, 郭建平. 大数据背景下的国家治理能力建设研究[J]. 中国行政管理, 2015(6): 73-76.
[78]杨善林, 周开乐. 大数据中的管理问题: 基于大数据的资源观[J]. 管理科学学报, 2015, 18(5): 1-8.
[79]陈祖琴, 蒋勋, 苏新宁. 图书馆视角下的大数据资源共建共享[J]. 情报杂志, 2015, 34(4): 165-168.
[80]李一男. 世界主要国家大数据战略的新发展及对我国的启示——基于PV-GPG框架的比较研究[J]. 图书与情报, 2015(2): 61-68.
[81]闫建, 高华丽. 发达国家大数据发展战略的启示[J]. 理论探索, 2015(1): 91-94.
[82]魏凯. 对大数据国家战略的几点考虑[J]. 大数据, 2015, 1(1): 115-121.

[83]张弛. 大数据资源扩展性探究[J]. 山西师大学报(社会科学版), 2015(1): 61.
[84]朱扬勇, 熊赟. 大数据是数据、技术、还是应用[J]. 大数据, 2015, 1(1): 71-81.
[85]蒋昌俊, 丁志军, 等. 面向互联网金融行业的大数据资源服务平台[J]. 科学通报, 2014(36): 47-54.
[86]张勇进, 王璟璇. 主要发达国家大数据政策比较研究[J]. 中

国行政管理，2014(12)：113.
[87]徐宗本，冯芷艳，等．大数据驱动的管理与决策前沿课题[J]．管理世界，2014(11)：158-163.
[88]李月，侯卫真．我国信息资源规划研究综述[J]．情报杂志，2014(9)：152-156.
[89]沈国麟．大数据时代的数据主权和国家数据战略[J]．南京社会科学，2014(6)：113-119.
[90]张斌，马费成．大数据环境下数字信息资源服务创新[J]．情报理论与实践，2014(6)：28-33.
[91]任志锋，陶立业．论大数据背景下的政府“循数”治理[J]．理论探索，2014(6)：82-86.
[92]冯佳．地方公共文化相关法规与公共图书馆发展[J]．中国图书馆学报，2014(6)：55-66.
[93]刘叶婷，唐斯斯．大数据对政府治理的影响及挑战[J]．电子政务，2014(6).
[94]李广建，化柏林．大数据分析与情报分析关系辨析[J]．中国图书馆学报，2014(5)：16.
[95]周世佳，殷杰．山西省实施大数据战略：优势、差距及路径[J]．理论探索，2014(4)：108-111.
[96]王成红，陈伟能，等．大数据技术与应用中的挑战性科学问题[J]．中国科学基金，2014(2)：92-98.
[97]李志芳，邓仲华．科学研究范式演变视角下的情报学[J]．情报理论与实践，2014，37(1)：4-7.
[98]白如江，冷伏海．“大数据”时代科学数据整合研究[J]．情报理论与实践，2014(1)：94.
[99]孟小峰，慈祥．大数据管理：概念、技术与挑战[J]．计算机研究与发展，2013，50(1)：146-169.
[100]陈明奇．大数据国家发展战略呼之欲出——中美两国大数据发展战略对比分析[J]．人民论坛，2013(15)：28-29.
[101]安晖．大数据竞争前沿动态[J]．人民论坛，2013(15)：15.
[102]王飞跃．知识产生方式和科技决策支撑的重大变革——面向

大数据和开源信息的科技态势解析与决策服务[J]. 中国科学院院刊，2012，27(5)：527-537.

[103]裴成发. 对信息资源规划研究的理性思考[J]. 情报理论与实践，2008(2)：189-192.

[104]刘辉. 信息资源配置方式的理论模式分析[J]. 中国图书馆学报，2005(2)：68-70.

[105]马费成，杜佳，宫强. 中国信息法规建设措施与对策[J]. 中国软科学，2003(6)：30-35.

[106]吴爱明，董晓宇. 信息社会政府管理方式的六大变化[J]. 中国行政管理，2003(4)：31-34.

[107]H. 哈肯，等. 二十世纪八十年代的物理思想[J]. 自然杂志，1984.

(2)外文期刊

[1]Daniel Höller，Gregor Behnke，Pascal Bercher，Susanne Biundo. The PANDA Framework for Hierarchical Planning [J]. KI-Künstliche Intelligenz，2021(prepublish).

[2]Chalmeta R，Santos-deLeón N J. Sustainable Supply Chain in the Era of Industry 4.0 and Big Data：A Systematic Analysis of Literature and Research[J]. Sustainability，2020，12(10).

[3]Shamima S，Zenga Syed J，Shariqb M，et al. Role of Big Data Management in Enhancing Big Data Decision-making Capability and Quality Among Chinese Firms：A Dynamic Capabilities View[J]. Information & Management，2019，56(6).

[4]Tabesh P，Mousavidin E，Hasani S. Implementing Big Data Strategies：A Managerial Perspective [J]. Business Horizons，2019，62(3)：347-358.

[5]Sun Y，Shi Y，Zhang Z. Finance Big Data：Management，Analysis，and Applic ations[J]. International Journal of Electronic Commerce，2019，23(1)：9-11.

[6]Ullah S，Awan D M，Khiyal M S H. Big Data in Cloud Computing：

A Resource Management Perspective [J]. Scientific Programming, 2018.

[7] Antoine M, Pellegrino L, Huet F, et al. A Generic API for Load Balancing in Distributed Systems for Big Data Management[J]. Concurrency and Computation: Practice and Experience, 2016, 28(8): 2440-2456.

[8] Hameurlain A, Morvan F. Big Data Management in the Cloud: Evolution or Crossroad? [J]. Beyond Databases, Architectures and Structures, BDAS, 2016: 23-38.

[9] Orike S, Brown D. Big Data Management: An Investigation into Wireless and Cloud Computing [J]. International Journal of Interdisciplinary Telecommunications and Networking (IJITN), 2016, 8(4): 34-50.

[10] Schaeffer C, Booton L, Halleck J, et al. Big Data Management in US Hospitals: Benefits and Barriers [J]. The Health Care Manager, 2017, 36(1): 87-95.

[11] Kemp R. Legal Aspects of Managing Big Data[J]. Computer Law & Security Review the International Journal of Technology Law & Practice, 2014, 30(5): 482-491.

[12] Rathore M M, Ahmad A, Paul A, et al. Urban Planning and Building Smart Cities Based on the Internet of Things Using Big Data Analytics[J]. Computer Networks, 2016, 101(C): 63-80.

[13] Zhu M, Liu X, Qiu M, et al. Traffic Big Data Based Path Planning Strategy in Public Vehicle Systems[J]. Proceedings of the 24th International Symposium on Quality of Service (IWQoS), IEEE, 2016: 1-2.

[14] Agrawala A, Choudhary A. Materials Informatics and Big Data: Realization of the "Fourth Paradigm" of Science in Materials Science[J]. APL Materials, 2016(4).

[15] Auffray C, Balling R, Barroso I, et al. Making Sense of Big Data in Health Research: Towards an EU Action Plan[J]. Genome

Medicine, 2016, 8(1): 71.

[16]Hyeon N S, Kyoo-Sung N. A Study on the Effective Approaches to Big Data Planning[J]. Journal of Digital Convergence, 2015, 13(1): 227-235.

[17]Hashem I A T, Yaqoob I, Anuar N B, et al. The Rise of "Big Data" on Cloud Computing[J]. Information Systems, 2015, 47(C): 100.

[18]Wamba S F, Akter S, Edwards A, et al. How "Big Data" Can Make Big Impact: Findings from a Systematic Review and a Longitudinal Case Study[J]. International Journal of Production Economics, 2015(165): 235.

[19] Dutta D, Bose I. Managing a Big Data Project: The Case of Ramco Cements Limited[J]. International Journal of Production Economics, 2015(165): 293-306.

[20]Namn S H, Noh K S. A Study on the Effective Approaches to Big Data Planning[J]. Journal of Digital Convergence, 2015, 13(1): 227-235.

[21]Jiang C, Ding Z, Wang J, et al. Big Data Resource Service Platform for the Internet Financial Industry[J]. Chinese Science Bulletin, 2014, 59(35): 5051-5058.

[22]Berkeley Data Analytics Stack (BDAS) Overview. http://ampcamp. berkeley. edu/wp-content/uploads/2013/02/Berkeley-Data-Analytics-Stack-BDAS-Overview-Ion-Stoica-Strata-2013. pdf.

[23]Guerard J B, Rachev S T, Shao B P. Efficient Global Portfolios: Big Data and Investment Universes[J]. IBM Journal of Research and Development, 2013, 57(5): 1-11.

[24] Urbanski A. Big Data Needs Big Planning[J]. Direct Marketing News, 2013(4): 10.

[25]Oh O, Agrawal M, Rao H R. Community Intelligence and Social Media Services: A Rumor Theoretic Analysis of Tweets During Social Crises[J]. Mis Quarterly, 2013, 37(2): 407-426.

[26] Biesdorf S, Court D, Willmott P. Big Data: What's Your Plan? [J]. Mckinsey Quarterly, 2013(2): 40-51.

[27] Stonebraker M, Madden S, Dubey P. Intel "Big Data" Science and Technology Center Vision and Execution Plan [J]. ACM SIGMOD Record, 2013, 42(1): 44.

[28] Havens T C, Bezdek J C, Leckie C, Hall L O, Palaniswami M. Fuzzy C-means Algorithms for Very Large Data[J]. Fuzzy Syst IEEE Trans, 2012, 20(6): 1130.

[29] Boyd D, Crawford K. Critical Questions for Big Data: Provocations for a Cultural, Technological, and Scholarly Phenomenon[J]. Information Communication & Society, 2012, 15(5): 663.

[30] White M. Digital Workplaces: Visionan Dreality [J]. Business Information Review, 2012, 29(4): 205.

[31] Johnson B D. Thes Ecret Life of Data[J]. Futurist, 2012, 46(4): 21.

[32] Fisher D, DeLine R, Czerwinski M, Drucker S. Interactions with Big Data Analytics[J]. Interactions, 2012, 19(3): 50.

[33] Davenport T H, Barth P, Bean R. How Big Data is Different[J]. MIT Sloan Manag. Rev, 2012, 54(1): 22.

[34] Berke P, Godschalk D. Searching for the Good Plan: A Meta-Analysis of PlaQuality Studies[J]. Journal of Planning Literature, 2009, 23(3): 227-240.

[35] Jack Smith. Data Science as an Academic Discipline [J/OL]. [2008-03-05]. Data Science Journal, Volume 5, 2006. 10. 19: 163-164.

[36] Antony J, Ishwara B. Marketing of Library and Information Services: A Strategic Perspective[J]. The Journal of Business Perspective, 2007, 11(2): 23-28.

[37] Johari R, Tsitsiklis J N. A Scalable Network Resource Allocation Mechanism with Bounded Efficiency Loss [J]. IEEE Journal on

Selected Areas in Communications, 2006, 24(5): 992-999.
[38] Wilson S. Saint Paul's Strategic[J]. Library Journal, 2005(9): 34-37.
[39] Berke C. What Makes a Good Sustainable Development Plan: An Analysis of Factors that Influence Principles of Sustainable Development[J]. Environment and Planning A, 2004, 36(8): 1381-1396.
[40] Brody S D. Are We Learning to Make Better Plans? A Longitudinal Analysis of Plan Quality Associated with Natural Hazards[J]. Journal of Planning Education and Research, 2003, 23(2): 191-201.
[41] Berke P R. Enhancing Plan Quality: Evaluating the Role of State Planning Mandates for Natural Hazard Mitigation[J]. Journal of Environmental Planning and Management, 1996, 39(1): 79-96.
[42] Henry Mintzberg. The Fall and Rise of Strategic Planning[J]. Harvard Business Review, 1994(1-2): 107-114.
[43] Edda Sveinsdottir, Erik Frøkjær. Datalogy—the Copenhagen Tradition of Computer Science[J]. BIT, 1988, 28(9): 458-459.
[44] Mishan E J. The Postwar Literature on Externality: An Interpretative Essay[J]. Journal of Economic Literature, 1971(3).
[45] Ansoff I. Corporation Strategy [J] . Teaching Business & Economics, 1965(3): 25.
[46] Hamel G. Strategy as Revolution[J]. Harvard Business Review, 1996.

3. 学位论文

[1]唐彬. 跨界搜寻、大数据能力对平台企业商业模式创新的影响研究[D]. 长春：吉林大学，2021.
[2]杨泽宇. 基于不同学习范式的工业大数据建模与质量预报[D].

杭州：浙江大学，2021.
[3]申云成．个人大数据定价方法研究[D]．成都：四川大学，2021.
[4]高元照．面向监管的大数据世系关键技术研究[D]．郑州：战略支援部队信息工程大学，2021.
[5]朱光辉．分布式与自动化大数据智能分析算法与编程计算平台[D]．南京：南京大学，2020.
[6]刘培．基于大数据的网络空间主流意识形态传播研究[D]．北京：中国矿业大学，2020.
[7]刘明谋．大数据背景下的数据结构复杂性研究：并行与简洁数据结构[D]．南京：南京大学，2020.
[8]高雅丽．面向大数据的网络威胁情报可信感知关键技术研究[D]．北京：北京邮电大学，2020.
[9]邢海龙．大数据联盟数据挖掘服务模式研究[D]．哈尔滨：哈尔滨理工大学，2020.
[10]唐朝辉．大数据场景中的图像语义信息提取与检索优化研究[D]．成都：电子科技大学，2020.
[11]李朋．面向大数据特征学习的深度卷积计算模型研究[D]．大连：大连理工大学，2019.
[12]陈晓皎．大数据信息空间复杂网络构建及可视化表征研究[D]．南京：东南大学，2019.
[13]晏燕．大数据发布隐私保护技术研究[D]．兰州：兰州理工大学，2018.
[14]卢洪．国家治理中大数据应用问题研究[D]．北京：中共中央党校，2018.
[15]吴昊．大数据时代中国政府信息共享机制研究[D]．长春：吉林大学，2017.
[16]任龙龙．大数据时代的个人信息民法保护[D]．北京：对外经济贸易大学，2017.
[17]许浒．大数据环境下政府投资建设项目决策模型研究[D]．北京：华北电力大学(北京)，2017.
[18]马力．大数据环境下人文社会科学评价创新的研究[D]．武

汉：武汉大学，2016.
[19]徐涛．结构化大数据存储与查询优化关键技术[D]．北京：清华大学，2016.
[20]赵博．基于大数据的战略预见研究[D]．北京：中共中央党校，2016.
[21]王占业．大数据处理若干关键技术研究[D]．北京：清华大学，2016.
[22]马妮．大数据时代旨在政策参与的幸福研究[D]．长春：吉林大学，2015.
[23]骆涛．面向大数据处理的并行计算模型及性能优化[D]．合肥：中国科学技术大学，2015.
[24]张清辰．面向大数据特征学习的深度计算模型研究[D]．大连：大连理工大学，2015.
[25]张万军．基于大数据的个人信用风险评估模型研究[D]．北京：对外经济贸易大学，2016.

4. 网络资源

[1]大数据协同安全技术国家工程实验室打造“超级智囊团”[EB/OL]．[2021-06-08]．http：//tech. china. com. cn/roll/20210108/373442. shtml.
[2]农业农村部 中央网络安全和信息化委员会办公室关于印发《数字农业农村发展规划(2019—2025年)》的通知[EB/OL]．[2020-01-20]．http：//www. moa. gov. cn/gk/ghjh _ 1/202001/t20200120_6336316. htm.
[3]中共中央 国务院关于构建更加完善的要素市场化配置体制机制的意见[EB/OL]．[2020-04-09]．http：//www. gov. cn/xinwen/2020-04/09/content_5500622. htm.
[4]大数据产业生态联盟：2020中国大数据产业发展白皮书[EB/OL]．[2020-09-10]．http：//www. 199it. com/archives/1115151. html.

[5]中华人民共和国数据安全法(草案)[EB/OL].[2020-09-14]. http://www.npc.gov.cn/flcaw/flca/ff80808172b5fee801731385d3e429dd/attachment.pdf.
[6]美国政府《大数据研究和发展计划》全文[EB/OL].[2019-02-23]. https://www.360kuai.com/pc/9eb9349135c634d89?cota=4&kuai_so=1&tj_url=so_rec&sign=360_57c3bbd1&refer_scene=so_1.
[7]温程辉.2018年公共图书馆行业数字化发展现状与市场趋势分析[EB/OL].[2019-04-24]. https://www.qianzhan.com/analyst/detail/220/190424-41c2f21e.html.
[8]数据安全管理办法(征求意见稿)[EB/OL].[2019-05-28]. http://www.moj.gov.cn/news/content/2019-05/28/zlk_235861.html.
[9]美政府发布《联邦数据战略》[EB/OL].[2019-06-13]. https://www.secrss.com/articles/11352.
[10]FSSC一线实践案例集:中铁四局集团财务共享模式下的大数据建设与应用[EB/OL].[2019-07-15]. https://www.sohu.com/a/326975954_100139516.
[11]陈恩红:大数据管理机构职能要因问题而设[EB/OL].[2019-08-01]. http://www.sc.gov.cn/10462/10464/13298/13302/2019/8/1/051f805ff53846ce8cabb16b1b5a28e9.shtml.
[12]工业和信息化部公开征求对《工业大数据发展指导意见(征求意见稿)》的意见[EB/OL].[2019-09-05]. http://www.cac.gov.cn/2019-09/05/c1569218552788238.htm.
[13]中共中央关于坚持和完善中国特色社会主义制度 推进国家治理体系和治理能力现代化若干重大问题的决定[EB/OL].[2019-11-05]. http://www.gov.cn/zhengce/2019-11/05/content_5449023.htm.
[14]大数据战略下,企业的未来有哪些重点[EB/OL].[2018-01-04]. http://www.sohu.com/a/214597578_462503.
[15]政务大数据三大共享难题如何破解?[EB/OL].[2018-03-

16]. https://blog.csdn.net/qq_40040366/article/details/79583553.

[16]中国电子技术标准化研究院. 大数据标准化白皮书(2018)[EB/OL]. [2018-03-29]. http://www.cesi.cn/201803/3709.html.

[17]贵州省大数据发展应用促进条例[EB/OL]. [2018-04-01]. http://search.chinalaw.gov.cn/law/searchTitleDetail? LawID=342599&Query=%E5%A4%A7%E6%95%B0%E6%8D%AE&IsExact=&PageIndex=1.

[18]内蒙古自治区大数据发展总体规划(2017—2020年)[EB/OL]. [2018-05-07]. http://www.nmg.gov.cn/zwgk/zdxxgk/ghjh/fzgh/201805/t20180507_292571.html.

[19]深入学习贯彻习近平新时代中国特色社会主义思想 让大数据创造大价值[EB/OL]. [2018-08-02]. http://theory.people.com.cn/n1/2018/0802/c40531-30191526.html.

[20]英国白皮书《产业战略：建设适应未来的英国》解读[EB/OL]. [2018-10-30]. http://www.istis.sh.cn/list/list.aspx? id=11595.

[21]习近平：实施国家大数据战略，加快建设数字中国[EB/OL]. [2018-12-12]. https://www.ccps.gov.cn/xytt/201812/t20181212_123952.shtml.

[22]重庆市经济和信息化委员会[EB/OL]. [2017-03-13]. wjj.cq.gov.cn/xxgk/jgzn/4502.htm.

[23]关于印发青岛西海岸新区(黄岛区)大数据产业发展“十三五”规划的通知[EB/OL]. [2017-04-10]. http://www.huangdao.gov.cn/n10/n27/n31/n39/n45/170410140757035153.html.

[24]大数据安全标准化白皮书[EB/OL]. [2017-04-13]. http://www.cac.gov.cn/2017-04/13/c_1120805470.htm.

[25]马玥. 我国大数据基础设施构成、问题及对策建议[EB/OL]. [2017-04-28]. http://www.amr.gov.cn/ghbg/cyjj/201706/t20170605_63599.html.

[26]中国宏观经济研究院．我国大数据基础设施构成、问题及对策建议[EB/OL]．[2017-04-28]．http：//www.amr.gov.cn/ghbg/cyjj/201706/t20170605_63599.html.
[27]青海省人民政府办公厅关于促进和规范健康医疗大数据应用发展的实施意见[EB/OL]．[2017-05-08]．http：//zwgk.qh.gov.cn/xxgk/fd/zfwj/201712/t20171222_20798.html.
[28]促进大数据发展部际联席会议第二次会议[EB/OL]．[2017-05-10]．http：//www.gov.cn/xinwen/2017-05/10/content_5192362.htm.
[29]国家大数据专家咨询委启动大会暨国家大数据创新联盟成立大会召开[EB/OL]．[2017-05-27]．http：//bigdata.sic.gov.cn/Column/550/0.htm.
[30]国家大数据发展专家咨询委员会[EB/OL]．[2017-05-27]．http：//bigdata.sic.gov.cn/index.htm.
[31]国务院关于积极推进“互联网+”行动的指导意见[EB/OL]．[2017-08-02]．http：//www.cicpa.org.cn/Column/hyxxhckzl/zcyxs/201708/t20170802_50095.html.
[32]李燕．用好大数据，创新政府管理思维与手段[EB/OL]．[2017-08-08]．http：//www.echinagov.com/news/54424.htm.
[33]发展改革委副主任主持召开政务信息系统整合共享推进落实工作领导小组工作推进会[EB/OL]．[2017-08-25]．www.gov.cn/xinwen/2017-08/25/content_5220517.htm.
[34]大数据已成为重要战略性资源[EB/OL]．[2017-09-13]．https：//www.sohu.com/a/191710708_678947.
[35]习近平：推动实施国家大数据战略，完善数字基础设施[EB/OL]．[2017-12-09]．https：//www.iyiou.com/p/61797.
[36]杭州市政府信息公开[EB/OL]．[2017-12-27]．http：//www.hangzhou.gov.cn/art/2017/12/27/art_1256321_14677332.html.
[37]人民网．我国首部大数据地方法规在贵州诞生[EB/OL]．[2016-01-19]．http：//scitech.people.com.cn/n1/2016/0119/

c1007-28065667. html.

[38]生态环保部．生态环境大数据建设整体方案[EB/OL]．[2016-03-08]．http：//www. zhb. gov. cn/gkml/hbb/bgt/201603/t20160311_332712. htm.

[39]关于印发《生态环境大数据建设总体方案》[2016-03-11]．http：//www. mee. gov. cn/gkml/hbb/bgt/201603/t20160311_332712. htm.

[40]国家发展改革委组织召开促进大数据发展部际联席会议第一次会议[EB/OL]．[2016-04-14]．http：//bigdata. sic. gov. cn/News/509/6462. htm.

[41]重庆市人大．关于制定《重庆市促进大数据发展应用管理条例》的建议[EB/OL]．[2016-04-18]．http：//scitech. people. com. cn/n1/2016/0119/c1007-28065667. html.

[42]中华人民共和国自然资源部．关于促进国土资源大数据应用发展的实施意见[EB/OL]．[2016-07-04]．http：//www. mlr. gov. cn/zwgk/zytz/201607/t20160712_1411348. htm.

[43]国务院．推进煤炭大数据发展指导意见[EB/OL]．[2016-07-13]．http：//www. gov. cn/xinwen/2016-07/21/content_5093524. htm.

[44]国务院．政务信息资源共享管理暂行办法[EB/OL]．[2016-09-05]．http：//www. gov. cn/zhengce/content/2016-09/19/content_5109486. htm.

[45]大数据助推我国经济转型[EB/OL]．[2016-09-22]．http：//finance. china. com. cn/roll/20160922/3914005. shtml.

[46]北京市人民政府关于印发《北京市大数据和云计算发展行动计划（2016—2020 年）》的通知[EB/OL]．[2016-09-01]．http：//www. beijing. gov. cn/zhengce/zhengcefagui/201905/t20190522_59364. html.

[47]人力资源社会保障部关于印发“互联网+人社”2020 行动计划的通知[EB/OL]．[2016-11-08]．http：//www. gov. cn/xinwen/2016-11/08/content_5130208. htm.

[48]科技部关于国家重点基础研究计划(973计划)2015年立项152个项目后三年预算安排初步方案的公示[EB/OL]. [2016-12-16]. http://www.most.gov.cn/tztg/201612/t20161216_129633.htm.
[49]国家网络空间安全战略[EB/OL]. [2016-12-27]. http://www.cac.gov.cn/2016-12/27/c_1120195926.htm.
[50]国务院关于印发"十三五"国家信息化规划的通知[EB/OL]. [2016-12-27]. http://www.gov.cn/zhengce/content/2016-12/27/content_5153411.htm.
[51]工业和信息化部. 大数据产业发展规划(2016—2020年)[EB/OL]. [2016-12-30]. http://www.miit.gov.cn/n1146295/n1652858/n1652930/n3757016/c5464999/content.html.
[52]中共中央办公厅 国务院办公厅. 关于加快构建现代公共文化服务体系的意见[EB/OL]. [2015-01-14]. http://news.hexun.com/2015-01-14/172381949.html.
[53]国务院办公厅关于运用大数据加强对市场主体服务和监管的若干意见[EB/OL]. [2015-07-01]. http://www.gov.cn/zhengce/content/2015-07/01/content_9994.htm.
[54]国务院. 促进大数据发展行动纲要[EB/OL]. [2015-09-05]. http://www.gov.cn/zhengce/content/2015/09/05/content_10137.htm.
[55]五中全会，大数据战略上升为国家战略[EB/OL]. [2015-11-08]. http://politics.people.com.cn/n/2015/1108/c1001-27790239.html.
[56]文化部，财政部. 关于进一步加强公共数字文化建设的指导意见[EB/OL][2013-08-05]. http://www.mof.gov.cn/zhengwuxinxi/zhengcefabu/201112/t20111209_614350.htm.
[57]澳大利亚《公共服务大数据战略》[EB/OL]. [2013-08-14]. http://intl.ce.cn/specials/zxgjzh/201308/14/t20130814_24662628.shtml.
[58]联合国"全球脉动"计划发布《大数据开发：机遇与挑战》报告

[EB/OL]. [2012-07-02]. http://www.ecas.cas.cn/xxkw/kbcd/201115_89141/ml/xxhcxyyy/glxxh/201207/t20120702_3607723.html.

[59] IBM 大数据的战略和技术优势[EB/OL]. [2012-09-21]. http://cio.it168.com/a2012/0921/1400/000001400926.shtml.

[60]科学网.《科学》推出“数据处理”专题[EB/OL]. [2011-02-11]. http://news.sciencenet.cn/htmlnews/2011/2/243737.shtm.

[61] Cape Town Global Action Plan for Sustainable Development Data [EB/OL]. [2021-01-25]. https://unstats.un.org/sdgs/hlg/Cape_Town_Global_Action_Plan_for_Sustainable_Development_Data.pdf.

[62] National Strategy for Artificial Intelligence [EB/OL]. [2019-01-20]. https://niti.gov.in/sites/default/files/2019-01/National-Strategy-for-AI-Discussion-Paper.pdf.

[63] Big Data Strategy to Support the CFO and Governance Agenda [EB/OL]. [2019-08-15]. http://www.de.ey.com/Publication/vwLUAssets/EY-big-data-strategy-to-support-the-cfo-andgovernance-agenda/$FILE/EY-big-data-strategy-to-supportthe-cfo-and-governance-agenda.pdf.

[64] Plan Clear Services [EB/OL]. [2019-08-15]. http://www.planclear.com/planclear-services.php.

[65] Big Data-Before You Jump in Make Sure You are Planning Appropriately [EB/OL]. [2019-08-15]. http://www.datasciencecentral.com/profiles/blogs/big-data-before-youjump-in-make-sure-you-are-planning.

[66] Gartner. Big data [EB/OL]. [2018-07-17]. https://www.gartner.com/it-glossary/big-data.

[67] World Economic Forum. Big Data, Big Impact: New Possibilities for International Development [EB/OL]. [2018-07-18]. http://www3.weforum.org/docs/WEF_TC_MFS_BigDataBigImpact_Briefing_2012.pdf.

[68] Nick Heudecker. Big Data Challenges Move from Tech to the Organization [EB/OL]. [2018-08-03]. https://blogs.gartner.com/nick-heudecker/big-data-challenges-move-from-tech-to-the-organization/.

[69] Stevens J P. Big Data-Before you jump in make sure you are planning appropriately [EB/OL]. [2018-08-25]. http://www.datasciencecentral.com/profiles/blog/big data before you jump in make sure you are planning appropriately.

[70] Declaration to be the world's most advanced IT nation [EB/OL]. [2018-09-04]. https://wwwitdash-board.gojp/en/achievement/kpi.

[71] Obama Whitehouse, Big data research and development Initiative [EB/OL]. [2018-09-08]. https://obamawhitehouse.ar-chives.gov /blog /2012 /03 /29 /big-data-big-deal.

[72] Council for Science, Technology and innovation cabinet office, government of Japan. report on the 5th science and technology basic plan [EB/OL]. [2018-09-11]. http: / /www8. Cao. go jp/cstp/kihonkeikaku /5 basic plan_en. pdf.

[73] Gov. UK. Seizing the data opportunity: A strategy for UK data capability [EB/OL]. [2018-09-12]. https://www. Gov. uk /government/publications/uk-data-capability-strategy.

[74] The Economist. The world's most valuable resource is no longer oil, but data—The data economy demands a new approach to antitrust rules [EB/OL]. [2017-05-06]. https://www.economist.com/leaders/2017/05/06/the-worlds-most-valuable-resource-is-no-longer-oil-but-data.

[75] Gartner . big data [EB/OL]. [2017-07-18]. https://www.gartner.com/it-glossary/big-data/.

[76] The Digital Universe in 2020: BigData, Bigger Digital Shadows, and Biggest Growth in the Far East [EB/OL]. [2017-07-18]. https://www.emc.

[77] UK Data Capability Strategy: Seizing the Data Opportunity [EB/

OL]. [2017-07-31]. https: //www. gov. uk/government/publications/uk-data-capability-strategy.

[78]Gartner, Inc. Gartner Survey Reveals That 64 Percent of Organizations Have Invested or Plan to Invest in Big Data in 2013 [EB/OL]. [2017-02-27]. http: //www. gartner. com/newsroom/id/2593815.

[79]The Australian Public Service Big Data Strategy: Improved Understanding through Enhanced Data-analytics Capability Strategy Report[EB/OL]. [2016-04-20]. http: //www. finance. gov. au/sites/default/files/Big-Data-Strategy. pdf.

[80]TDWIBest Practices Report: Managing Big Data[R/OL]. [2016-12-12]. http: //iras. lib. whu. edu. cn: 8080/rwt/401/http/MWZGTZ5VMWSXR6DBM7TT6Z5QNF/sms/sas/wp-content/uploads/2014/07/managing-big-data. pdf.

[81]IDG. 2016 Data & Analytics Research[EB/OL]. [2016-12-12]. http: //www. idgenterprise. com/resource/research/tech-2016-data-analytics-research.

[82]Biesdorf S, Court D, Willmott P. Big Data: What's Your Plan? [EB/OL]. [2016-12-15]. http: //www. mckinsey. com/business-functions/digital-mckinsey/our-insights/big-data-whatsyour-plan.

[83]Kelly T. Transforming Big Data into Big Value[EB/OL]. [2016-12-15]. http: //www. slideshare. net/ThomasKellyPMP/transforming-big-data-into-big-value.

[84]Proactive Planning for Big Data [EB/OL]. [2016-12-16]. http: //www. fedtechmagazine. com/sites/default/files/122210-wp-big-data-df. pdf.

[85]2014 ILTA/Inside Legal Technology Purchasing Survey[EB/OL]. [2016-12-16]. https: //insidelegal. typepad. com/files/2014/08/2014_ILTA_InsideLegal_Technology_Purchasing_Survey. pdf.

[86]European Commission. Open Data: An Engine for Innovation, Growth, and Transparent Governance[EB/OL]. [2015-02-03].

http: //eur-lex. europa. eu/LexUriServ/LexUriServ. do? uri = COM: 2011: 0882: FIN: EN: PDF.

[87] Yiu C. The Big Data Opportunity: Making Government Faster, Smarter and More Personal [R/OL]. [2015-02-13]. http: //www. policyexchange. org. uk/images/publications/the%20big%20data%20opportunity. pdf.

[88] Office of Managernent and Budget. Turning Government Data into Better Public Service [EB/OL]. [2015-03-20]. https: //www. whitehouse. gov/blog/2015/03/19/turning-government-data-better-public-service.

[89] 2015 ILTA/Inside Legal Technology Purchasing Survey [EB/OL]. [2015-08-16]. https: //insidelegal. typepad. com/files/2015/08/2015_ILTA_InsideLegal_Technology_Purchasing_Survey. pdf.

[90] French national digital security strategy [EB/OL]. [2015-10-02]. https: //www. ssi. gouv. fr/uploads/2015/10/strategie_nationale_securite_numerique_en. pdf.

[91] Adopt-A-Sidewalk, Chicago's Next Big Push to Get Snow off Streets [EB/OL]. [2013-01-25]. https: //chi. streetsblog. org/2013/01/25/adopt-a-sidewalk-chicagos-next-big-push-to-get-snow-off-streets/.

[92] Big Data Research and Development Initiative [EB/OL]. [2013-9-11]. http: //www. whitehouse. gov/sites/default/files/microsites/OS-TP/big_data_press_release_final_2. pdf, 2013-9-11.

[93] Feuille de route du Gouvernement sur le numérique [EB/OL]. [2013-10-9]. http: //www. gouvernement. fr/sites/default/files/fichiers_joints/feuille_de_route_du_gouvernement_sur_le_numerique. pdf, 2013-10-09.

[94] French Government support for Big Data [EB/OL]. [2013-10-9]. http: //www. invest-in-france. org/us/news/french-government-support-for-big-data. html, 2013-10-9.

[95] Memorandum for the heads of executive departments and agencies:

open government directive [EB/OL]. [2012-07-03]. http://www.whitehouse.gov/sites/default/files/omb/assets/...2010/m10-06.pdf.

[96] European Commission. Digital agenda: commission's open data strategy, questions & answers [EB/OL]. [2012-07-03]. http://europa.eu/rapid/pressReleasesAction.do?reference=MEMO/11/891.

[97] Communication Commission. Open data engine of innovation, economic growth and transparent governance[EB/OL]. [2012-07-03]. http://ec.europa.eu/information_society/.../opendata 2012/...data../es.pdf.

[98] IBM Unveils Groundbreaking Technology to Reduce Traffic Jams on the Road [EB/OL]. [2012-11-14]. https://mashable.com/2012/11/14/ibm-technology-traffic/.

5. 报刊资料

[1] 崔维利，杨率鑫．加强政企间大数据战略合作[N]．吉林日报，2021-11-27(2).

[2] 陈森森．关于强化税收大数据分析运用赋能县域经济高质量发展的思考[N]．江苏经济报，2021-11-26(B03).

[3] 秦瑞丽．对大数据审计的认识和思考[N]．山西科技报，2021-11-25(A06).

[4] 彭耀永．贵州开启大数据与实体经济深度融合实训[N]．贵州日报，2021-11-25(14).

[5] 唐星波．大数据治超 长沙路况优良率稳步提升[N]．中国交通报，2020-12-31(16).

[6] 杨强．贵阳市为大数据发展提供法治保障[N]．法制生活报，2020-12-31(2).

[7] 李佳师．大数据：中国市场增幅领跑全球[N]．中国电子报，2020-12-30(6).

[8]李兴彩．大数据产业将步入一体化发展期[N]．上海证券报，2020-12-29(6)．

[9]戴娟．规范引导大数据智能化产业健康发展[N]．重庆日报，2019-12-31(7)．

[10]工业大数据应用的四大挑战[N]．中国信息化周报，2019-12-30(26)．

[11]钱馨瑶．航空核心产业为主导，大数据产业协同发展——双龙航空港经济区全力打造贵州对外开放先行区[N]．贵阳日报，2018-08-03(B4)．

[12]天雨．大数据提升政府决策智能化水平[N]．人民邮电，2018-02-05(4)．

[13]郑赫南．推进跨部门大数据整合共享[N]．检察日报，2018-03-08(1)．

[14]王治国．推进跨部门大数据办案平台建设[N]．检察日报，2017-07-13(2)．

[15]赵祎多．我省推动地理信息大数据跨部门区域应用[N]．黑龙江经济报，2017．

[16]工业和信息化部信息化和软件服务业司．打造自主产业生态体系 建设"数据强国"[N]．中国电子报，2017-02-21(3)．

[17]邬贺铨．大数据是智慧城市的重要资产——例说大数据在城市精细化管理中的作用[N]．北京日报，2016-12-26(14)．

[18]省人大法制委 省人大常委会法工委．《贵州省大数据发展应用促进条例》解读[N]．贵州日报，2016-01-25(4)．

[19]大数据时代，公共文化服务需要转变思路[N]．中国文化报，2015-08-05．

[20]陈小艳，代桂云．邵峰晶代表：制定大数据资源保护法[N]．北京政协报，2016-03-14(18)．

[21]Hey T，Tansley S，Tolle K. Jim Grey on eScience：A transformed scientific method. In：Hey T，Tansley S and Tolle K(eds)．The Fourth Paradigm：Data-Intensive Scientific Discovery [N]．Redmond：Microsoft Research，2009-08-21(1)．

6. 会议论文及研究报告

[1]李建学."分层规划—片区协同—事权下沉"三部曲助推珠三角专业镇集群统筹发展——以《中山市西北城市副中心发展总体规划》为例[A]. 中国城市规划学会，沈阳市人民政府．规划60年：成就与挑战——2016中国城市规划年会论文集("十二"规划实施与管理)[C]. 中国城市规划学会，沈阳市人民政府：中国城市规划学会，2016：12.

[2]叶春森．云计算和大数据环境下社会公共服务的区域协同战略[A]. 中国软科学研究会．第十一届中国软科学学术年会论文集(上)[C]. 中国软科学研究会，2015：6.

[3]工业和信息化部电信研究院．工信部电信研究院大数据白皮书(2014年)[R]. 北京：工业和信息化部电信研究院，2014.

[4]Philip Russom. Managing Big Data[R]. [2019-08-15]. http://www. 2portsug. org/images/MeetingDocs/tdwi-managing-big-data-106702. pdf.

[5]Big Data: Seizing Opportunities Preserving Values [R]. Washington DC, 2014.

[6]PCAST. Big Data and Privacy: A Technological Perspective[R]. Washington DC, 2014.

[7]McKinsey Global Institute. Big data: The next frontier for innovation, competition[R]. McKinsey & Company, 2011: 5.

[8]Zhiwen Pan, Wen Ji, Yiqiang Chen, Lianjun Dai, Jun Zhang. Big Data Management and Analytics for Disability Datasets [C]// Proceedings of The 3rd International Conference on Crowd Science and Engineering, ICCSE, 2018.

[9]Uğur N G, Turan A H. Managing Big Data: A Research on Adoption Issue [C]// Proceedings of the Fifth International Management Information Systems Conference, IMISC, 2018: 70-75.

[10]Pant P, Kumar P, Alam I, Rawat S. Analytical Planning and Implementation of Big Data Technology Working at Enterprise Level [C]//Proceedings of Information Systems Design and Intelligent Applications, Springer, 2018: 1031-1043.

[11]Mahdis Banaie D, Mohammad H. Nadimi, Hoda Z. A Novel Tour Planning Model using Big Data[C]//Proceedings of International Conference on Artificial Intelligence and Data Processing(IDAP), IEEE, 2018.

[12] Zhimin Z. Study on Big Data Management Platform of Pro-poor Tourism[C]// 2017 International Conference on Smart Grid and Electrical Automation(ICSGEA), IEEE, 2017.

[13]Mingjun M, Yongfeng W, Weiwei C. Telecom big data based investment strategy of value areas [C]//Proceedings of 1st International Conference on Signal and Information Processing, Networking and Computers(ICSINC), 2016: 281-287.

[14]Budin Posavec A. Krajnović S. Challenges in adopting big data strategies and plans in organizations[C]//Proceedings of the 39th International Convention on Information and Communication Technology, Electronics and Microelectronics(MIPRO), Opatija, 2016: 1229-1234.

[15]Min X, He Y. Research on the Application Strategy of Big Data of Securities Companies[C]//Proceedings of International Conference on Strategic Management(ICSM 2016), 2016: 187-190.

[16]Beri P, Ojha S. Comparative analysis of big data management for social networking sites[C]// Proceedings of The 3rd International Conference on Computing for Sustainable Global Development (INDIACom), IEEE, 2016: 1196-1200.

[17]Jing X, Liu Y, Wei L. Ontology-Based Integration and Sharing of Big Data Educational Resources[C]// Web Information System & Application Conference, 2015.

[18]Pirzadeh P, Carey M J, Westmann T. BigFUN: A performance

study of big data management system functionality [C]// International Conference on Big Data, IEEE, 2015: 507-514.

[19] Yang J. From Google File System to Omega: A Decade of Advancement in Big Data Management at Google [C]// Proceedings of First International Conference on Big Data Computing Service and Applications, IEEE, 2015: 249-255.

[20] Kung L, Kung H, Jones-Farmer A, Wang Y. Managing big data for firm performance: A configurational approach [C]// Proceedings of the Twenty-First Americas Conference on Information Systems, AMCIS, 2015.

[21] Van Oort N, Cats O. Improving Public Transport Decision Making, Planning and Operations by Using Big Data: Cases from Sweden and the Netherlands [C]// Proceedings of 18th International Conference on Intelligent Transportation Systems, IEEE, 2015.

[22] Ashish Patel J, Sharma P. Big data for better health planning [C]// Proceedings of 2014 International Conference on Advances in Engineering & Technology Research (ICAETR-2014), IEEE, 2015: 1-5.

[23] Sickle D V, Smith T, Barrett M. Louisville asthma data initiative-a municipal digital health program to improve self-management and public health surveillance of asthma [C]// 141st APHA Annual Meeting and Exposition 2013. 2013.

[24] Bennett T. Putting Policy into Cultural Studies [C]// Grossberg, L. et al. (eda.), Cultural Studies. New York and London: Routledge, 1992: 26.

致　谢

本书是教育部人文社科重点研究基地重大项目《大数据资源规划理论与统筹发展研究》(项目编号 16JJD870001)最终成果。

大数据在增加人类知识盈余、揭示事物发展规律、助力科学高效决策、构建数据思维模式等方面的重要作用正逐步凸显，已经成为比肩自然资源和人力资源的一种新型社会资源。随着大数据资源战略地位的提升，世界主要国家开始将其视为新环境下实现国家创新发展的新动能，并对大数据资源的开发与应用、存储与保管、开放与共享等进行前瞻性规划部署。大数据资源规划与统筹发展作为一种顶层设计和战略管理手段，在引导多元主体参与大数据资源建设、规范大数据资源应用、促进大数据产业发展、保障大数据资源安全等方面有着积极作用。课题以“大数据资源规划理论与统筹发展研究”为切入点，围绕大数据资源规划的理论建构和大数据资源统筹发展的实践进路展开系统研究，形成大数据资源规划理论、基于规划的大数据资源统筹发展路径、大数据资源规划与统筹发展保障体系以及公共文化服务大数据资源规划与统筹发展应用案例等研究成果，为大数据资源的多场景应用和国家大数据发展战略的实现提供思路和建议。

本著作由武汉大学信息资源研究中心周耀林、郑州大学信息管理学院常大伟等撰著。周耀林制定了本著作的总体写作框架，并对各章内容写作提出了建议。各章写作分工如下：第 1 章由常大伟、姬荣伟执笔，第 2 章由常大伟、栾翔执笔，第 3 章由周耀林、白云执笔，第 4 章由周耀林、姬荣伟执笔，第 5 章由常大伟执笔，第 6 章由戴旸、赵跃执笔，第 7 章由周耀林、刘晗执笔，第 8 章由周耀林执笔。费丁俊参与了相关资料的搜集和著作的校对。

项目研究过程中，笔者对工业和信息化部、文化和旅游部、重庆市大数据应用发展管理局、贵州省大数据发展管理局、湖北省大数据中心、河南省大数据管理局、武汉市政务服务和大数据管理局、昆明市工业和信息化局等 20 余家国家部委和大数据管理机构进行实地调研，得到了他们的热情接待。研究过程中，笔者参考了大量国内外研究成果。在开题报告会、中期会议上，笔者得到了中国社会科学院学部委员黄长著研究员、中国人民大学冯惠玲教授、原中国科学技术信息研究所贺德方研究员、北京大学李广建教授、南京大学孙建军教授、中山大学曹树金教授、南开大学柯平教授、华中师范大学夏立新教授、上海大学金波教授、上海师范大学吕元智教授的指导。武汉大学信息资源研究中心马费成教授、胡昌平教授、李纲教授等提供了全方位的支持。在此，笔者对相关调研机构、被引文献作者、各位咨询专家、评审专家和武汉大学信息资源研究中心谨致谢忱。

本书旨在抛砖引玉，希望更多的专家学者加入到这一研究行列。近年来国内外大数据实践发展很快，加之著者学术水平有限，文中难免有错误和不妥之处，敬请各位读者批评指正。